城市居住区生态设计

吴正旺　吴彦强　王岩慧　著

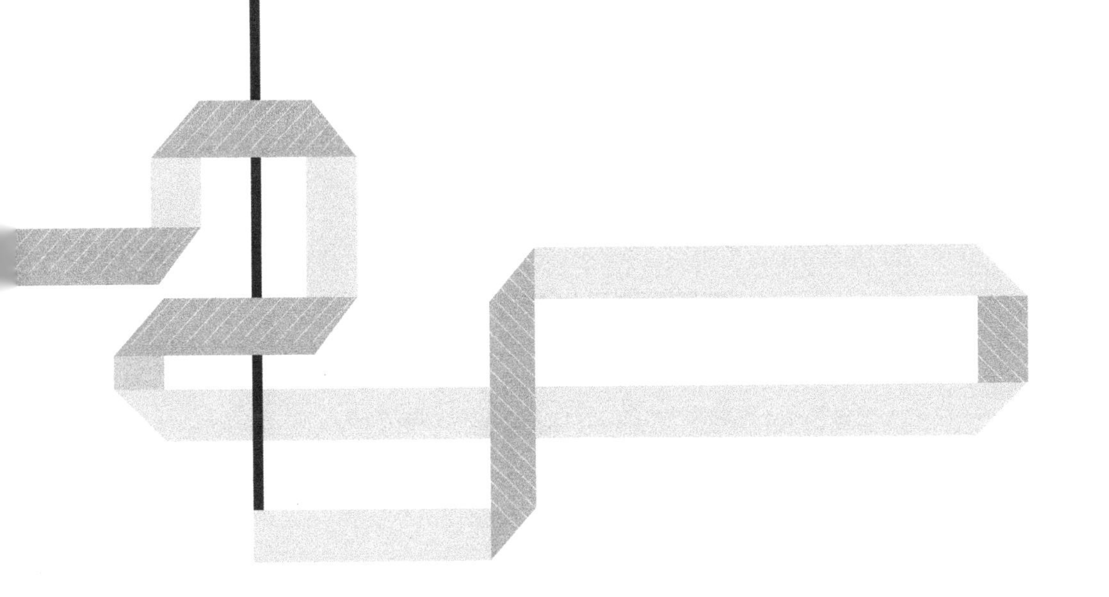

中国建筑工业出版社

图书在版编目（CIP）数据

城市居住区生态设计／吴正旺，吴彦强，王岩慧著
．—北京：中国建筑工业出版社，2021.5
ISBN 978-7-112-24880-3

Ⅰ.①城… Ⅱ.①吴… ②吴… ③王… Ⅲ.①居住区
－生态环境建设－城市规划－设计 Ⅳ.①TU984.12

中国版本图书馆CIP数据核字（2020）第030124号

责任编辑：王晓迪　郑淮兵
书籍设计：锋尚设计
责任校对：张惠雯

城市居住区生态设计
吴正旺　吴彦强　王岩慧　著
*
中国建筑工业出版社出版、发行（北京海淀三里河路9号）
各地新华书店、建筑书店经销
北京锋尚制版有限公司制版
北京建筑工业印刷厂印刷
*
开本：787毫米×1092毫米　1/16　印张：19¾　字数：475千字
2021年5月第一版　2021年5月第一次印刷
定价：88.00元
ISBN 978-7-112-24880-3
（35626）

前言

居住区是城市最主要的组成要素之一，是居民居住、生活、休憩的主要场所，是邻里交往的重要载体。因此，城市居住区的生态设计是提升居民生态意识、建设生态文明的重要途径。如何才能把居住区规划设计得更生态一些呢？不同的人可能关注的点都有差异，本书不是全面地去解释这一问题，而是从比较重要且可行的几个方面加以阐释。

首先是在居住区总体布局中应当采取的基本观点，要摆脱完全以人为本的狭隘视角。现代社会的建筑材料、经济、结构和施工等手段已经能在保证住宅通风、采光及景观的基本前提下采取很多方式进行居住区的规划设计，也就是说，如果只是满足人的基本居住、生活的需要，居住区规划设计是有很多选项都能满足要求的，然而这些布局中有些会带来较好的生态影响，有些则差一些。如何利用景观生态学、城市植物学、城市生态学等理论方法来改善城市居住区的整体生态质量，兼顾人的居住生活需要和保护及发展自然的可能，是当前居住区生态设计最迫切要思考的问题。这个问题牵涉人的基本环境观点，即环境伦理学范畴。我们将从人类中心主义开始，探讨在规划设计中如何处理环境问题，协调开发建设与动植物保护利用的矛盾，怎么在规划设计中营造良好的生态意境等策略。

其次是要将“城市绿道”等生态设计理论方法引入城市居住区的规划设计中。本书以北京为例，介绍了近年来北京开始实施建设市级规模的绿道网络体系，同时带动区级和社区级绿道建设，帮助解决城市交通问题，改善城市生态环境的概况。社区绿道由于和居民生活最为密切，因此也是绿道建设发展的重点。我们调查了绿道在国内外居住区中的实践案例，分析了绿道在居住区规划设计中的建设特点和规划策略。针对北京居住区实际情况，总结了北京居住区规划设计的特点和现存问题，提出相应的绿道规划设计策略。

再次是结合“小网格、密路网”的规划设计思路。2016年国家城市工作会议就提出停止建设封闭式居住区的指导原则，2019年3月《居住区规划设计标准》等相关规范出台实施。应该说，将来的居住区生态设计一定是基于开放式居住区的设计。在本书中，我们以郑州市的居住区规划设计为例，探讨了封闭式居住小区模式的弊端，分析了“居住街区”这一模式在改善住区与城市关系、缓解城市交通拥堵、优化城市空间形态、合理分配资源、塑造城市活力等方面的优势。提出根据郑州市城区现状，在建成环境中合理推进街区制住区，以改善城市问题的若干思考，包括整体系统规划、住区文化传承、维护居住安全、优化居住环境、提升街区活力、资源共享、降低业主合法权益受损程度、有机更新等多个方面的内容。

目录

附录

第一篇

概述

1 绪论

作为人类赖以生存的庇护所，对居住区的探索从来都是建筑学这一学科的主要研究内容之一，居住区生态设计更是其中的热点。芬兰赫尔辛基早在1992年就启动了“生态型居住区”的规划和建设，在其总体规划中用绿道切割出围合式的居住区，这种典型的院落式布局是当地人习惯和喜欢的形式，具有很好的环境适应性和场所感、围合感（图1-1）[1]。德国的“太阳城”、英国伦敦贝丁顿的“零碳城”（零碳社区）（图1-2）等则着力探索居住区碳排放的减少[2]。虽然仅凭借直观感受我们就能大致了解“生态型居住区”所具有的内涵，但实际上对于我国来说情况很不一样，需要面对的挑战完全不同（图1-3）。

图1-1 芬兰赫尔辛基典型院落式布局的居住区

图1-2 英国伦敦贝丁顿零碳城2018年5月卫星影像图

图1-3 厦门市某骑楼街景

目前，虽然对居住区生态设计的理论探索非常丰富，实践案例也不少，但根据关注的内容不同，仍然可大致将其分为以下几类：（1）以节能减排为主要指标，全面推进住宅的绿色设计[3]；（2）以景观生态学等理论为基础的[4]，以居住区景观格局优化为手段的生态居住区规划[5]；（3）以新型能源高效利用为目标的探索[6]；（4）以“绿视率”为指标的居住区视觉生态设计[7]等。

自2016年2月中央城市工作会议①提出原则上不再建设封闭式居住区，以及2018年12月1日《城市居住区规划设计标准》GB 50180—2018被批准为国家标准并正式实施之后，我国对封闭式居住区街区化、社会化改造的争论及探索日益增多，主要问题聚焦在“私改公[8]”“小网格[9]”“开放性[10]”“街区尺度[11]”“空间体系[12]”及“道路网[13]”等方面。目前已经取得的共识是，居住区的社会化肯定有利于完善交通路网，确实能缓解城市交通拥堵及停车难问题，其构筑的开放、配套、邻里和谐的生活街区对商业、邻里、行人无疑都具有极大的吸引力[14]。但在具体实施中也存在不少难点，主要在于：既要保持居住区的安静、安全，又要缓解交通拥堵、停车位缺乏等问题[15]；既要合乎《物权法》等各种法规，又要平衡业主的诉求以及居住区开放的需要；要实现街区化势必增加若干服务设施，这对居民的采光权等既得利益可能会造成影响，如何公平合理地开展工作？因此改造的具体策略显得十分重要。

由于新建居住区和以往封闭式居住区的形态、道路网以及街区尺度等均完全不同，居住区生态设计已经成为一个全新、重要且紧迫的课题。不少人已经作了一些勇敢的尝试，其中，李亮博士早在2011年就在昆明呈贡新区城市设计中将“小网格、密路网”的模式引入，探索了基于自行车、步行、城市公交的更绿色的交通模式，并构筑了更为亲切的城市街道形态[16]。这种居住区模式由于街道围合、宽度较小，比较适宜于南方中小城市。街道两旁可以作为商业用途，比起目前普遍采用的点式高层为主的居住区，这种模式无疑有利于邻里交往，适宜于商业活动，受到当地居民的喜欢，对经济发展也很有好处。

虽然“小网格、密路网”有许多优点，但在居住区生态设计中，目前极其缺乏可以直接参考的实际案例，理论研究也不多见。路网改变、街区不同、形态各异，势必导致整个居住区规划设计完全不同，就其生态设计而言，至少还有以下课题需要探讨。

1.1　野生动物保护

生物多样性保护是城市健康的根本，未来的居住区中，应当将自然引入城市，建设接近自然的建成环境。野生动物应当成为其中重要的组成部分。但在当前，我国居住区生态设计还普遍很少考虑到对野生动物、山川河流等自然要素的保护。传统的居住区规划设计一般采用绿地率来衡

① 2016年2月中央城市工作会议提出，全面停止建设封闭式居住区，已经建成的居住区要逐步打开社会化，全面推进“小街区、密路网”的开放式居住区。

量生态保护的优劣程度，其优点是可操作性强，设计简单，但缺点也很明显，就是缺乏整体性，和真实的生态机能差别很大[17]。在景观生态学理论看来，正是绿地的破碎化、孤立化导致了城市绿地机能的退化[18]。一些学者进而提出要在居住区规划设计中将自然要素纳入考虑。例如贺扬明、杨柳青等对居住区水体内的生物多样性进行了调查和分析，认为不能仅仅满足人的视觉、活动等需要，还要关注水体内的各种植物、鱼类等，进而提出了若干水体生态设计的策略[19]。可惜，大多数城市居住区由于生物多样性水平低，加上居民的生态意识不强，导致我国大多数城市居住区的绿地很难涵养野生动物。

一些城市采取了更加积极的做法。例如广州市在2011年正式启动了“野生动物进城”放生活动，在大学城湾咀头、越秀公园、流花湖公园进行了两年的试点和研究，主要以引鸟为主，动物都是本土物种，采取放生和自然招引两种方式，但这些做法引起了较大争议，目前也没有进一步的措施。

那么是否可以采取建设栖息地的做法呢？即便是在城市商业中心区，适当引入植物绿化既能为野生动物提供一些栖息地，同时也能显著地改善生态视觉。例如，作为外廊式建筑的主要类型之一，骑楼源于澳门及南洋的殖民地建筑，民国初年引入闽南的厦门、漳州及泉州等地区。在屋顶增加绿化，可作为昆虫的栖息地（图1–4）。

而在乡村地区，香港大学林君翰设计的某农村住宅，其屋顶设计为台阶状并覆土成为菜园，

图1–4　骑楼屋顶绿化增加了绿色视觉，也可作为昆虫的栖息地

图1–5 林君翰设计的“屋顶菜园”农村住宅

这即便对于农村也有很大意义：一是减少山地、坡地的开发，保护居住环境；二是为每一户居民提供了较大面积的、可达性很高的菜园；三是为邻里之间提供了彼此沟通的场所；四是为昆虫等野生动物提供了栖息地（图1–5）。

1.2 生态意识的培育

现代社会的一个重大的挑战是，虽然科学技术日新月异，但人类所遭遇的生存危机却远远超过之前任何一个阶段。

自然价值论者罗尔斯顿认为，自然价值包括工具价值、内在价值和系统价值三个方面，其关键是系统价值，因为只有作为整体，自然才能最有效地创造内在价值[20]。但在城市化中，系统价值却最容易被各种建设所破坏。罗尔斯顿进一步认为，在自然价值的三方面中：工具价值是“被用来当作实现某一目的之手段”，其中依赖于人类主观性而存在的价值只是一部分，而非全部；自然的内在价值是指“那些能在自身中发现价值而无须借助其他参考物的事物”；在生态系统层面，自然还存在着系统价值，它是价值的生产者，它决定了自然的工具价值及内在价值[21]。因此，城市建设应当首先维护自然的系统价值。

余谋昌等认为，当我们把环境问题表述为环境污染和生态破坏时，只是指出其表象，而非实质。要解决环境问题，必须改变人的价值观，要在充分尊重自然内在价值的基础上对其工具价值进行保护和利用[22]。

从空间上看，自然是一个完整、美丽、和谐并相对稳定的生态系统。各要素相互作用，对系统的健康发挥着特定功能，通过物质循环、能量流动、信息交流等方式实现着自身价值。不仅动物，包括植物、单细胞生物甚至化学耗散结构等，都具有类似于人类的、追求自身价值的目的性，都具有一定程度的自我认识、自我调节、自我超越的能力[23]。在人与自然的关系中，人具有主观能动性，应当主动与自然协同。

要保护自然的内在价值，就必须把人类的城市建设、物质欲望和消费范式等限定在自然能够有序运作、自我恢复、有效承载以及自我循环的范围内[24]。而要真正解决环境问题，其根本是居民生态暴露的增加和生态意识的提升，达到生态自觉。基鲁索夫认为，生态意识是根据社会与自然的具体的可能性，最优解决社会与自然关系问题所反映的观点、理论和情感的总和[25]。居民生态意识的提高是城市生态建设的根本途径，是城市可持续发展的基础。

对于生态设计而言，让使用者充分暴露在生态环境优美的情境中，是最有效提高其生态意识的途径。同济大学刘悦来博士在这方面做了很长期的坚持，其“四叶草堂”“火车菜园”等居住区案例将城市农业引入社区。2014年1月，“四叶草堂”注册为自然教育类社会组织，宗旨是在都市环境里保留更多绿色，营造更丰富的自然生态。目前，“四叶草堂”已在上海市建造了20个各具特色的社区花园，既美化了身边的生活环境，又作为平台促进交流，加强了社区建设。通过居民参与，改善环境的同时还有效地提高了人们的生态意识，可谓一举两得[26]。

1.3　“社区自治”

在居住区的生态化过程中，设计只是起点，更重要的是居住区如何从“物业治理”走向“社区自治”。一个由物业进行治理的居住区很难有持久的理想和远大的目标，生态设计更无从谈起。原因其实很简单，物业只是短期、盈利性质的组织。而要形成“业主委员会”来治理居住区，则业主人数不能过多，因为从社会学角度看，人数越多就越难有效地作出决策。这一数值，社会学认为应当小于500。那么，在我国众多居住区中，最有可能实现这种自治的，恐怕是在农村了。前文所述香港大学林君翰设计的“屋顶菜园”，借助设计师作为组织者，促使当地居民选择了能够在屋顶上种菜的自用住宅，居民还对建筑布局、后退用地等共同问题达成共识，这是向农村导入社区自治的一次尝试，所幸农村自带宗族自治的基因，其社区自治力远远强于城市居住区[27]。

一些城市已经对社区自治进行了探索，例如上海市早在2002年就在华山、静安寺等社区中推行社区自治制度，设立“社区议事会”，并拥有对社区停车、安全、卫生及敬老等公共问题的议事、监督、决策权[28]。

1.4　居住区视觉生态设计

日本学者青木阳二在研究村落环境时发现，在那些长寿村中，人眼视野中绿色植物所占的比率大约为25%，随着这一研究的深入，环境心理学、越来越多城市园林绿地等领域中的学者逐渐接受了生态视觉与人体健康相关这一说法。

目前，在东京等地的城市环境改造中，绿视率已经成为主要的考察指标之一[29]。这一理论的最大贡献之一，在于将城市景观的生态视觉质量评价进行了量化[30]。很快，这一理论就被引入我国，首先应用于道路景观。其中，吴立蕾等从城市道路绿地的环境特征、动态特征、生命特征三方面入手，探讨了城市道路绿视率的影响因素，通过以张家港市城市道路绿地为调查对象的实证研究，提出了绿视率形成的若干规律[31]。

随后，李明霞等在对城市步行街景观视觉质量进行的研究中也引入了绿视率概念，其研究发现：当绿视率低于5%时，公众对街道步行空间的满意度评价为“非常不满”；绿视率为5%～13%时，公众对街道步行空间的满意度评价为“不满”；当绿视率继续上升到13%～20%时，公众对街道步行空间的满意度评价也随之上升为“一般”；绿视率为20%～40%时，公众对街道步行空间满意度评价进一步上升为“良好”，这已经超过了青木阳二的“25%”这一最佳绿视率了；更奇怪的是，绿视率高于40%时，公众对街道步行空间满意度评价继续上升为“满意”[32]。

显然这一研究结果与青木阳二的有明显不同：青木阳二认为，绿视率并非越高越好，而是在25%左右最佳；而李明霞等的调查则认为绿视率应当高于40%，而且是越高越好。在城市街区的“美景度”研究中，徐磊青、杨亚娟等人对建筑立面采用了虚拟现实等技术进行了模拟和主观感受评价等研究，进一步确定了绿视率理论的可行性[33, 34]（图1–6）。

图1-6 新加坡interlace居住区采取形体交错及屋顶绿化方式遮阳并提高绿视率

1.5　居住区与城市一体化

城市作为一种高度人工化的景观，受到道路、建筑的割裂而破碎化、孤立化，这是造成城市绿地生态质量不断下降的主要原因之一。因此，在居住区生态设计中，采取各种措施，将城市绿地整体化，将各种类型的绿地彼此连接，无疑具有重要的生态意义。

瑞典建筑师阿斯普伦德的“双层城镇”理论颇有意思（图1–7），他认为，现代城市由于汽车拥有量猛增，道路占用了大量土地。路多了，城市就更大，能源耗用就必须增加，如此恶性循环，必将导致越来越难以控制的恶果。于是，阿斯普伦德在20世纪80年代就提出了“双层城镇”的理论，更有意思的是，这位建筑师成功地说服了当地政府，在玛尔默和林德堡两个城镇进行了试验性建造。“双层城镇”对用地内的全部地下空间都进行开发，整个城镇分上下两层，人行在上，车行在下；地下层中的道路与地面层上下对应，有3条双行道，间隔5m，车行道两侧为停车场。双层城镇使交通问题得到解决，省下来的土地扩大了空地和绿地，改善了居住区的环境[35]。由于将机动车、机动交通等均引入地下，地面大面积的绿地和城市绿地的连接得以恢复，改善了整个城镇的绿地系统。

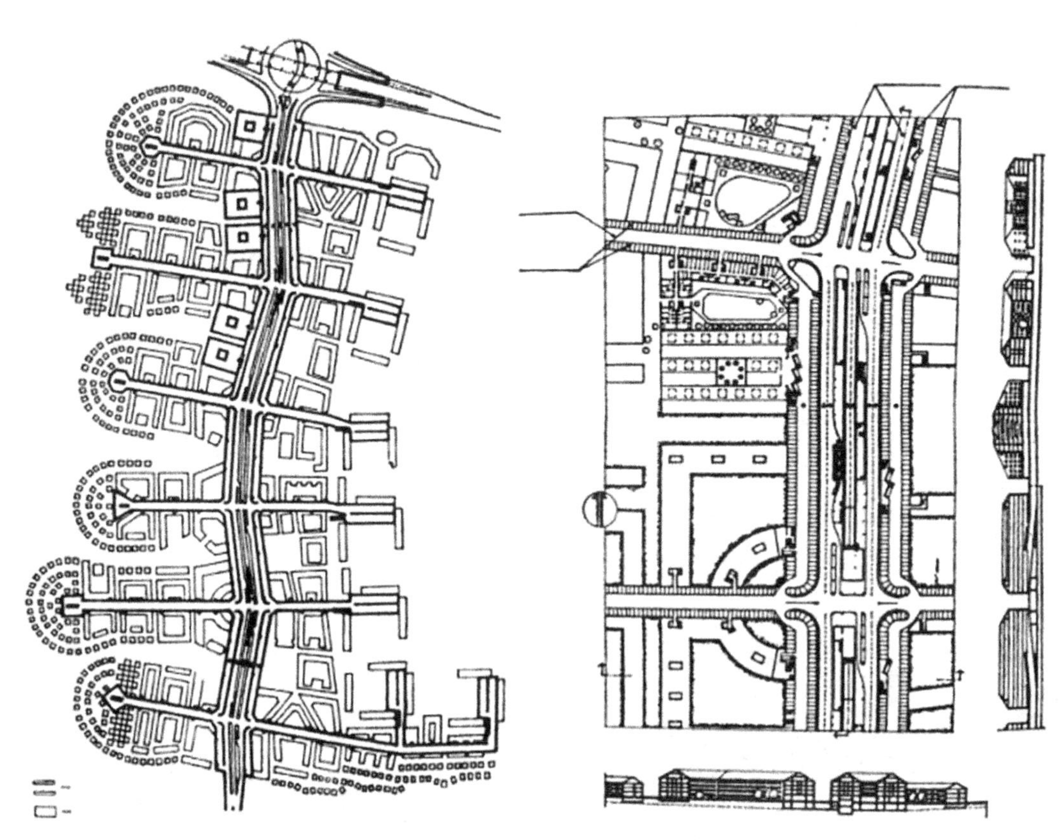

图1–7　阿斯普伦德的“双层城镇”居住区

类似地，在2008年北京奥运会的奥林匹克森林公园建设中，为了减少五环路对森林公园的割裂，设计师在南北两块绿地之间建设了“绿廊桥”跨越五环路，廊桥上种植乔、灌、草等植物，用作野生动物的迁移通道，以提高城市中心区绿地的生物多样性（图1-8）。

图1-8 北京奥林匹克森林公园生态廊桥跨越北五环将绿地相互连接

上述研究已经包含了居住区生态设计的很多方面，但由于居住区建设的复杂性，加上新的挑战不断出现、新的功能需要持续增加以及城市污染的长期性，我们还必须持续加以研究、关注和分析。近年来，笔者从景观生态学、“小网格、密路网”、新城市主义以及城市绿道理论等方面对居住区生态设计作了一些探索。经过这些探索，我们发现，居住区生态设计的基本原理就是需要把居住区规划设计与植物、绿地结合起来，使其成为一个整体，共同发挥生态效益。如果从宏观层面分析我国城市生态环境，就可以发现我们面临着多么严重的现状：目前，我国地级以上城市的建成区已占用了国土面积的6.5%[①]，这些建成区中的绿地已逾1/3[②]，但环境恶化之势仍未获根本扭转。截至2020年末，我国常住人口城市化率超过60%。[③]假设我国城市化率每年均提高1个百分点，那么即意味着每年有约1500万人进入城市。待到城市化率达到85%的峰值时，我国人口约为16亿，也就意味着大约有13.6亿人生活在城市中，那也就意味着还有6亿多人要进入城市。因此在下一步的城市化进程中，欲进一步提高绿地率之难度及代价越来越大（尤其是在城市中心区），而结合景观生态学的整体格局及生态效应等理论方法[④]来进一步优化居住区景观结构、健全建成环境的生态机能，或是可行且有效之途径。

---

① 数据来源于国家统计局网站（www.stats.gov.cn）。

② 据2019年3月12日全国绿化委员会办公室公布的《2018年中国国土绿化状况公报》，到2018年，我国城市建成区绿地率已达34.17%，北京市区绿地率更是超过40%；而同年美国纽约市的绿地率仅为21%，但纽约市的绿地采取了相对集中的形态，且更接近自然状态。

③ 数据来源于国家统计局网站2021年2月28日发布的《中华人民共和国2020年国民经济和社会发展统计公报》。

④ 有福尔曼提出的景观最优格局理论、俞孔坚提出的景观安全格局理论以及景观必要格局理论等。福尔曼认为，景观最优格局理论适用于从大到小各个级别尺度。

2　居住区设计要向“景观生态学”学习

景观生态学（Landscape Ecology）是研究在一个较大的区域内，由许多不同生态系统所组成的整体（即景观）的空间结构相互作用、协调功能及动态变化的一门生态学分支。由于景观生态学给生态学带来了新的思想和研究方法，目前它已成为当今北美、亚洲等地生态学的前沿学科之一，对我国居住区规划建设也产生了不小的影响[36]。

景观生态学理论方法的出现和发展是城市生态设计领域一个重要的突破，其重要意义在于这一理论方法使得城市生态设计可操作性大大提高了。从景观生态学角度看，居住区是一种在平方公里、公顷等尺度上由廊道、斑块和基质等组分构成的景观，是一种中尺度景观，其中建筑与绿地是居住区景观最主要的构成要素。本书主张向景观生态学学习，就是以建筑与绿地结合的方式来研究居住区的生态设计问题，其最大意义在于，即便是绿地率、容积率、建筑密度相近的居住区景观，也会因其绿地系统的结构及建筑布局的不同而导致其生态机能存在巨大差异。因此，对于人工化程度很高的城市居住区，只要合理、巧妙地安排好建筑、绿地、道路、水系等景观要素，就仍可能将居住区景观的生态质量维持在一个很高的水平上[37]。

虽然传统居住区设计取得了很大的成绩，但由于传统设计方法基本没有考虑居住区作为一种特殊的人工—自然复合生态系统的特殊性，很少为其中的野生动物、植物进行时间或空间上的安排，所以也就难免存在着建筑与绿地割裂，分别进行生态设计的不足。将建筑与绿地结合进行生态设计，就可能更合理地安排居住区中的多种景观组分，从而将其生物多样性维持在较高水平。在具体规划设计中，居住区景观要素的丰富度和景观组分的复杂度都比尺度大小具有更重要的生态意义。即便尺度很小，不同的布局也可能导致生态质量的显著差异[38]。

图2-1　福建农林大学2018年10月卫星影像图

以福建农林大学校园建设中同一地块上下两处面积和形状都相似的湖心岛为例（图2-1），经调查发现，只要在设计的关键要素上采取相关措施，就有可能改善整个居住区生态系统。在2010—2018年间，校园建设活动较多，但该两处湖心岛均得以保留，所不同的是下岛拆除了岛屿与校园连接的道路，使其与人工建成环境相隔离，建成了校园湿地公园。

在调查中，该岛屿已成为当地白鹭等珍稀鸟类优良的栖息地，在约300m^{2}的岛屿内生活着300多只白鹭[①]，为城市野生动物提供了良好的栖息、繁衍场所。而上岛则保留了原有1条曲折的步行道与校内路网相连，现状该岛鸟类稀少，未见白鹭栖息，仅有一定种类和数量的昆虫。这个案例的关键就在于将人工的不利干扰隔离出去，由此案例可推断出，即便在尺度较小的场地设计中，其总体布局的不同仍可能导致巨大的生态差别。对于尺度较小的居住区景观，若存在着较多组分类型，包含着一定数量的景观要素，则也可能因其整体格局的差异而导致生态功能不同。因而，在场地设计中结合景观生态学理论方法进行景观格局设计有可能提升居住区的生物多样性。

2.1 居住区的规模应当适度

我国的居住区规模越来越大的趋势明显，个别居住区的建筑面积甚至可达数百万平方米以上，居民达几万人[②]，简直就是国外一个小城市的人口规模，而且是在很短的时间内就规划、设计并建成的。在景观生态学理论看来，这些居住区景观各级尺度中普遍发生着多种生态效应，而景观生态效应正是居住区高效、稳定、持续地发挥其生态功能的基础。在尺度较大、组分和要素较复杂的居住区景观中结合景观生态效应理论进行总体布局，可有效地提升居住区景观的生态质量。以宽度效应为例，居住区景观中大量存在着线状、带状等廊道。同时，居住区外部也可能存在着不少社区级、城市级廊道。不同廊道担负着相应的生态功能，居住区设计常与这些廊道相关，有的自身还包含了若干廊道。按景观规划的廊道功能要求进行居住区设计和建设，有利于实现生态规划之意图。以笔者参与的华中农业大学2002年规划[③]为例，在格局分析的基础上，研究团队判定其景观演进的关键是打通北部狮子山与南部湖体间的绿地廊道，恢复原景观中山体与水体的联系，进而与校园道路构成绿网。为此规划沿湖汉向狮子山方向设4条绿带，宽30~40m，以适合于大多数居住区野生动物迁移，绿带内只拆不建。经9年建设，该廊道初步贯通，重构了湖体—绿色廊道—山体的生态格局，并显著地改善了校园生态环境。这些居住区绿地千姿百态，不同形状的绿地具有各自独特的功能，适应于各种不同的用地条件。绿地的形状如与其生态功能吻合，则有利于居住区景观的生态演进，反之亦然。

居住区景观中自然形态的斑块是其长时间演变的结果，因而往往最适宜于其相应功能。居住区生态设计应尊重、利用自然，确需改造之时，也要根据斑块的不同功能要求设计相应的形状，但应切实考察其可行性。福州市在其金山新区开发建设中将闽江中的江心小岛纳入建设用地范围，通过填土将小岛与陆地连通，形成大片陆地斑块，小岛大部作建设之用，降低了居住区栖息地多样性，可谓得不偿失。

---

① 实地调查采用了观察、照相、记录等方法，白鹭数量及岛屿面积采取了估算的方法。

② 例如绿地集团开发的湖南长沙湘江世纪城，其建筑面积达400万平方米，居民超过7万人。

③ 本规划由同济大学建筑与城规学院王伯伟教授负责的团队于2002年完成，2002—2012年陆续按照规划进行了教学楼群、图书馆、中央广场等建设，参加人包括李伟、陈晓恬、高蓓、吴正旺等。

2.2 居住区规划中的生物多样性保护

将居住区生态设计与植物结合还要考虑居住区内的生物多样性保护问题，这方面可以利用景观生态学的超种群理论。该理论认为，大、小斑块结合，并通过廊道将斑块连接，可在小斑块物种灭绝后经由其他斑块迁入使其重新定居，从而恢复物种。同时，大小斑块的数量宜在10个以上，这时对物种生存最为有利。居住区景观的高破碎化、低连接度所带来的景观孤立是造成其生物多样性低下的主要原因之一。设置绿化桥或用管道将被城市道路隔离的绿地相连[39]，可加以缓解。

这一理论已经在多位学者的研究及实践中被采用，其中，杨经文根据热带地区降雨充沛的特点，提出将建筑的屋顶绿化，种植以中等高度的乔木、灌木等，作为城市野生动物的栖息地，众多屋顶彼此接近，就能够为鸟类等野生动物提供大量栖息斑块（图2-2）。而作为蒙特利尔奥运会后保留下来的2幢建筑物之一，由摩西·萨夫迪设计的"栖息地67号"住宅更是将这一理论付诸实施（图2-3、图2-4）。

而对于居住区，如有意识地在总平面布置时采取集中与分散结合的方式在用地中部形成绿带，经多个居住小区组合后就会形成道路与绿带双网格交错的格局，这种格局的绿地相互连接并

图2-2 杨经文提出的利用建筑的屋顶为野生动物提供栖息地

图2-3 加拿大蒙特利尔"栖息地67号"住宅2018年6月卫星影像图

图2-4　加拿大蒙特利尔“栖息地67号”住宅外景

与机动车道错开，可在较大尺度的城市范围内形成高连接度的绿地系统，对城市生态环境保护十分有利。

由于人口持续涌入和建设用地难以大量增加，欲进一步提高我国城市绿地率之难度及代价越来越大且存在极限。结合景观生态学的面积效应提升绿地的生态质量，是改善城市生态环境的一条有效途径：第一，自然斑块具有极高的生物多样性价值，无论其面积多小都应尽可能地予以保留，有条件时也可重建，如法国、英国的城市微自然保护区等；第二，是在绿地率较高的居住区、大学校园中应适当设置2hm^{2}左右的中型绿地斑块，它有景观生态学面积效应理论中较合适的绿地尺度；第三，应避免大面积单一用地类型，用地超过10hm^{2}就应适当集中设置1hm^{2}左右的绿地；第四，尽可能采取较小网格和尺度的道路系统，并避免将规模巨大的建筑设在绿地系统重要的节点上。

如福州大学在其大学城新校区建设中保留了部分自然山体和湿地，而在教学区、图书馆、实验区则铺设大面积观赏草坪。笔者经实地调查发现，自然山体和湿地区域并无任何人工养护，生态系统运行良好，鸟类等野生动物较多，而人工观赏草坪耗费大量人力、水资源，却生物量极少（图2-5）。另外，城市生态系统中不同野生动物对栖息地的面积要求差异很大，城市生态设计立足于对基础资料的掌握方可切实加以改善。如1984年伦敦对大于0.5hm^{2}的所有野生动物生境进行调查，确定了野生动物的生境范围、质量和分布[40]。1990年德国杜赛尔多夫市的生物栖息地保

图2-5　福州大学新校区2018年9月卫星影像图

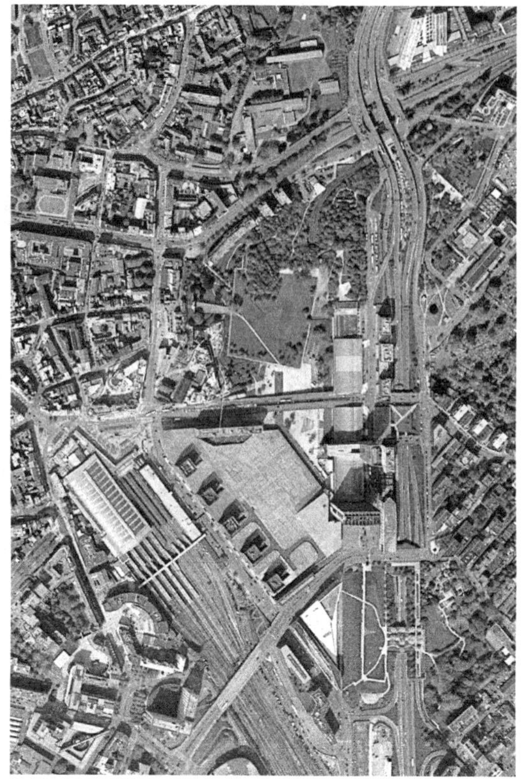

图2-6　法国里尔的“欧洲里尔”2018年4月卫星影像图

护规划则将城市生境分为公园、废地、河岸、水塘等32类，并选择维管束植物、蝴蝶、蚱蜢、蜗牛等为指示物种，将栖息地保护分成现存、扩大、重建及复原四类加以保护[41]。

库哈斯在法国里尔的“欧洲里尔”设计中，将场地平整产生的垃圾用混凝土堆放在中心绿地上，利用自然做功，由于高出地面近6m，因此很少有人的活动干扰，垃圾上逐渐生长出植物群落，很巧妙地提高了场地的生物多样性（图2-6）。

2.3　居住区的格局优化

在格局分析及优化方面，景观生态学理论具有明显的优势。哈佛大学景观生态学家福尔曼在1995年提出景观最优格局理论的时候，就认为该格局适用于从大到小各种尺度的景观。当前我国城市景观普遍存在格局不完整、功能残缺、生态机能低下等不足。利用景观生态学的整体格局和生态效应等理论在城市中、小尺度上对景观格局进行深化和优化，有利于完善城市景观整体格局，修复生态机能。在城市设计的格局优化方面，较大尺度城市景观的规划设计主要对整体功能产生影响。如贾刘强、舒波等对重庆主城区绿地进行的相关研究表明，采用面积为1.6 hm^2左右的绿地布局对降低城市热岛最为有效[42]，小尺度的细部设计则对景观中的关键要素意义重大。

通过建筑（群）布局与绿地结合的细部生态设计可改善微小环境的绿视率、风环境、温湿度、PM_{10}浓度等。例如新加坡建筑师郑庆顺的“峡谷效应”理论认为，通过将建筑群布局与平、立面连续绿化结合，可在热带地区使室外开放空间气温降低5～10℃。在生物多样性保护方面[①]，若只为满足基本的建筑功能，则城市景观有岛状、带形、交错、嵌套和散布等多种模式可选，但生态设计还应同时合乎城市生态环境保护的要求。

以居住区为例，岛状分布模式有较多大、中型绿地斑块可作野生动物的栖息地，如世界生态之都巴西的库里蒂巴采取了小网格道路[②]，大小不同的绿地点缀其中；带形分布模式适合于城市残留的自然山体、水体等连续绿地，具有很强的扩散能力，如伦敦西敏市某突出半岛中设置的贯穿绿带将陆地与河流连接，有利于水陆野生动物在城市景观中生存与繁衍；交错分布模式中建筑与绿地呈手指状交叉，在绿地与建筑间形成许多边界，如北京西四环北京印象居住小区，其建筑与城市绿带呈“之”字形交错，增加了栖息地的类型，但也可能增加对绿地的人为干扰；嵌套分布模式中绿地构成了景观的基质，对景观演变有较好的引导和控制作用，如北京东北四环的阳光上东居住小区采用“井”字形布局，绿地呈网格状并与城市绿地相连；而散布分布模式则较均匀，绿地间联系弱、破碎化程度较高，如北京西四环的紫金长安居住小区，其生物多样性较低。

要建设“小街区、密路网”的开放住区，居住区规划设计需要有很大的变化，其生态设计也应基于新的规划形态进行考虑。

向景观生态学学习，要基于我国国情，发挥其在格局分析、景观结构优化以及景观演变引导方面的优势。居住区生态建设的重点应从单纯量的建设转向量、质并举。快速城市化是我国完善城市景观格局、优化城市景观体系有利而关键的契机。结合绿地系统进行城市设计，在满足建筑基本功能需求的前提下兼顾绿地的格局完整与健康，利用与发挥绿地系统的多种生态效应，就能更有效地修复其系统，健全其机能，从而有利于从根本上遏制城市环境恶化之势，促进城市更加可持续、健康地发展。

3 在居住区规划设计中“敬畏自然”

当下，保护环境已成为我们必须关注的重要问题之一，如果不能改善，规划设计至少不应该继续破坏环境了。在城市建设中不可避免地会遇到如何对待环境，怎样处理人的需要和保护环境

---

① 城市生物多样性保护的关键是其栖息地多样性的保护。

② 库里蒂巴的道路网格为60~90m，东京为70~100m，北京为250~350m。

之间关系等问题，这就是环境伦理学的研究范畴。作为一门新兴学科，从独立成为一门学科开始，环境伦理学至今不过50多年时间。根据对待环境根本态度的不同，环境伦理学大致可以分为人类中心主义、非人类中心主义两大流派。

3.1 人类中心主义

人类中心主义是指把人类作为宇宙的中心或最后目的，按照人类的价值观来考察宇宙间所有事物的价值观。人类中心主义者认为，在自然界所有存在物中，只有人类才具有理性和语言能力，才具有内在价值（inherent value），因此只有人才有资格获得伦理道德的关怀，是道德的唯一顾客。所谓内在价值，是指事物不依赖于评价者评价而存在的那些价值。人类中心主义把理性和语言能力作为判断事物内在价值的依据，认为人作为理性存在物，是唯一的道德代理人，其道德地位优于其他物种，其他存在物都无内在价值，而只具有工具价值，即“对人类有用”，它们存在于道德共同体范围之外。

从苏格拉底到牛顿、笛卡儿，人类中心主义一直是西方社会长期以来所持有的环境伦理观[①]。应当承认，在当时特定的生产力条件下，人类中心主义曾经极大地促使人类摆脱愚昧，推动社会进步，其中蕴含的人文精神至今仍然是环境伦理学的基础之一。从认识论上说，人类中心主义认为：第一，所有环境伦理学思想都是人的道德思想，都属于人的道德范畴；第二，从生物学角度，它认为人作为一种生物必然要维护自己的生存与发展；第三，在价值论上，它认为人类是唯一具有内在价值的存在物，而其他存在物只有对人类的工具价值，从道德上无所谓“善”与“恶”，只有是否对人类的存在与发展是否有用的意义而已。人类中心主义至今，在世界上许多国家和地区仍拥有主导性地位。但在当今，人类已经走过农业文明、工业文明，已经进入了建设生态文明的历史阶段，因此，人类中心主义的不足就越来越明显了。一些学者认为，人类中心主义价值观的主要问题是无视人类认识的有限性，导致人类长期以来仅以其当时所认识到的自身利益作为保护自然的出发点。

3.2 非人类中心主义

海德格尔等认为，自工业革命以来，人类虽获得了比以往强大得多的改造自然的能力，但却没有相应地拥有如何合理地使用这种能力的知识。20世纪70年代以后，全球性生态危机日益加

---

① 西方哲学、宗教也是如此。如康德声称，只有理性的人才应该受到道德关怀，基督教《创世纪》中上帝就已经赋予人统治整个世界的权力。

剧，人类中心主义被普遍地认为是导致这一危机的罪魁祸首。非人类中心主义的环境伦理观不否认人类中心主义的认识论和人类的生物学本性，它反对的是人类中心主义的价值论。它认为，就像人类从人与人不平等的奴隶社会到人人生而平等的现代社会是人类的巨大进步一样，承认非人类存在物获得道德关怀的权利也是人类社会的巨大进步。非人类中心主义认为，非人类存在物的内在价值是客观的，不依人类的判断而存在，不因为它对人类是否有用而决定它是否有价值。它进一步认为，既然非人类存在物具有客观的内在价值，那么它就应当得到道德关怀。人类是道德的唯一代理人，因此，人类就客观地有义务保护自然。非人类中心主义的环境伦理观可以分为动物解放/权利论、生物中心论和生态中心论三个主要流派。

因此，从人与自然和谐共生、共同发展的角度看，在城市居住区规划设计中，完全以人的需要出发考虑问题，显然是片面的、不完整的，甚至可能是错误的。在居住区生态设计中，要在对待自然的根本态度上作出改变，要在规划设计中更多地考虑自然生存及发展的需要。

4 在居住区规划设计中“重建自然”

关于“重建自然”，不少先贤已经作了大胆的尝试。景观设计学的创始人，纽约中央公园的设计师奥姆斯特德在场地设计中提出了影响很大的6个主张：保护自然景观，在条件允许的时候，要采取措施对这些自然景观加以恢复或进一步加以强调（因地制宜，尊重现状），除了在非常有限的范围内，尽可能避免规则式（自然式规则）；保持公园中心区的草坪或草地；选用当地的乔灌木；大路和小路应规划成流畅的弯曲线，所有的道路成循环系统；全园靠主要道路划分不同区域。这些主张被后人称为“奥姆斯特德设计六原则”。麦克哈格在其著作《设计结合自然》中一反以往土地和城市规划中功能分区的做法，强调土地利用规划应遵从自然固有的价值和自然过程，即土地的适宜性，并因此完善了以因子分层分析和地图叠加技术为核心的规划方法论，被称为“千层饼模式”。

相比于城市尺度，居住区的规模较小，因此在城市居住区生态设计中，更需要脚踏实地、一点一滴地从细微处保护自然、重建自然。遗憾的是，人类活动的长期干扰已使生物多样性日益成为城市生态问题的焦点之一。在当前我国快速城市化时期，随着城市建设区域不断、逐步扩大，相当数量的土地被用于建设。这些城市居住区的开发与建设常导致原有相对自然的植物生境受到破坏，也导致不少绿地中植物群落结构缺损，原本就极为稀少的野生动物，也常常因为食物链断裂及栖息地丧失而难以生存。在居住区规划设计中模拟、保护并培育城市植物群落、“重建自然”，能高效地改善城市生态环境。

4.1 植物群落理论

多学科交叉是城市生态设计的重要方法之一，在居住区规划设计中重建自然首先要利用城市植物群落的理论方法。城市植物群落是城市绿地构成的基本单位，是城市绿地系统发挥其生态功能的基础，是提高城市绿地生态质量的前提。植物群落学是关于植物群落及其环境相互关系的一门学科，是植物学的一个分科。植物群落学中的城市植物群落，是指在城市地域中，以改善城市生态环境为目的，由以林木为主体的植被体系与其所在的环境共同构成的复杂植物生态系统。城市植物群落以木本植物为主，以改善城市空气、水和生物多样性等为目标、以促进市民身心健康、提高城市居住生活质量为目的。

不同的植物群落具有相应的生态功能，利用城市植物群落理论进行居住区生态设计应基于城市植物群落的基本功能，主要包括：城市植物群落是城市微生物、野生动物的栖息地和食物来源，微生物、野生动物和植物相互作用、彼此渗透、协同演进，在改善城市生态环境中起着关键性的作用。首先，城市植物群落是城市生态环境的基础，是城市极重要的生态基础设施，它能改善城市中空气、土壤、水等生态环境基础条件[①]，是大量城市鸟类等野生动物的生境；其次，城市植物群落为较多种类的植物提供了生境和繁衍的场所，成为城市生物多样性的重要保护基地，规模适中、结构合理的城市植物群落能稳定、经济、高效、健康地发展演替，对维持城市生态系统稳定和健康发展有着决定性的作用；再次，城市植物多样性是城市居民接触自然、保持身心健康、增强生态意识的主要场所。

在居住区绿地生态设计中，应结合城市植物群落的分类进行布局：按功能不同，城市植物群落可分为水源涵养类、自然边界类、环境保护类、物种保持类和景观类等。水源涵养类植物群落可调节、改善城市地下水的水量和水质；自然边界类植物群落处于两个或数个异质的生态系统交界处，如滨水带、山麓、城乡交界处等，可减少风沙、水土流失等；环境保护类能改善城市土壤、空气、水等环境基础条件；物种保持类是为了保护并提升城市生物多样性；景观类植物群落以植物群落的形态美作为欣赏对象，可结合建筑和城市空间环境布置。但这些类别区分常不明显，有时候某一群落也可能具有多种类别的特征。

植物生物量占全球总生物量的99%，是生态系统的生产者。在具体绿地设计中，应基于城市植物群落的特征。城市植物群落受到城市人类活动的巨大影响，其演进与更新是在人为干扰下进行的，与自然状态下的植物群落有很大差异。例如，在某些城市中心区，其土壤的硬度可与混凝土相比，而其生境中的土壤、空气、水、光等条件往往较为恶劣，不利于植物群落的生长演替；同时，群落的组成种类简化，尤其是灌木、草本和藤类稀缺，外来物种比例大。当然，外来植物

---

① 如群落中树木的作用有：防止雨水直击地表草本，造成水土流失；减少径流；根系和土壤中的微生物有重要的保水作用，可调节城市小气候旱涝平衡。

物种也不全是缺点，有的学者认为，尽管乡土植物具有诸多优势，但倘若在绿化中仅仅使用乡土植物，有时景观效果容易显得单调，生物多样性也较低。因此，一些学者主张合理引进和应用多样化的植物，以利于丰富城市植物多样性。事实上，不少外来树种经过多年的栽培已基本适应本地生长。过去引进的一些优秀种类，已经在我国城市园林建设中发挥了重要的作用。如北京市园林科学研究所于1983年从德国引入的金叶女贞，已成为我国东部和中北部城市绿化中重要的彩叶树种；丰花月季的引进，也填补了我国城市园林中缺乏地被型月季的空白等。

城市植物群落要发挥其应有的生态功能必须满足一定条件，具备一定特征：首先，是要满足不同植物群落相应的最小面积要求，城市植物群落的最小面积变化很大，如温带乔木群落最小面积一般为100～400m^2，热带森林更大些，为1000～2000m^2；而灌木群落为4～16m^2，草本群落为1～4m^2。面积大的如西双版纳的热带雨林，其群落结构复杂，物种多样性丰富，最小群落面积可达2500m^2，群落内主要高等植物约为130余种；而东北小兴安岭红松林群落，最小面积为400m^2，主要高等植物则约40种。植物群落面积越大，就越有利于维持健全的动植物群落，对城市生态有益。只有具有一定的规模和面积，城市植物群落才能展示其种类、组成、水平和垂直结构，保持群落发育和稳定，并形成一定的群落环境。其次，在满足群落最小面积的基础上，城市植物群落宜具有多种植物群落类型，具有较大面积，植物群落物种间相互作用有利于维持植物群落的稳定与平衡，有效抵抗虫灾并自我维持、自我更新，而且其自然生产力及自然信息总量远远大于人工群落。再次，城市植物群落中除了植物外，还应有野生动物、微生物，它们共同维持系统的平衡与稳定；需要注意的是，由于城市向外扩大，植物群落有减少的趋势，以西双版纳为例，20世纪50年代，其森林覆盖率可达60%以上，而现在仅约30%，随之水分蒸发加大，空气相对湿度降低。最后，作为城市野生动物的栖息地，城市植物群落应当注意克服城市中很强的人为干扰，以避免为满足人类活动的需要导致城市植物群落在垂直结构上缺乏灌木层和草本层，并且由于城市植物群落大多位于城区，为城市建筑所包围，空间设计上要确立一定区域使人类的行为不至于过多干扰城市植物群落的演替。

从城市居住区建设的发展趋势看，植物群落演替与居住区建设的发展既相互制约又相互激发，是一对矛盾的统一体。如果措施得当，很难说居住区建设一定就伴随着大量植物群落的消失。随着大量人口持续涌入城市，城市居住区的发展占用了许多原生态的城市植物群落用地，而植物群落的自然演化限制着城市居住区的无序蔓延，因此人们往往为了建设用地的扩张而干扰、限制城市植物群落的演化。但重建植物群落、保护植物群落能更有效地保护与改善城市居住环境，反过来促进城市居住区有序发展。

4.2 居住区规划设计要结合植物

在居住区建设中，规模越大，则开发商所获效益越高。同时，城市规划和管理部门也倾向于大规模地出让土地。多种因素作用下，居住区规模越来越大，甚至出现了长沙湘江世纪城这样建筑面积达400万平方米以上的超级居住区（图4-1）。城市居住区由于规模较大，所处的场所往往是城市的中心区或近郊区，其生物多样性和生物量一般都很低。

这种条件下，居住区的建筑设计就应当结合城市植物群落进行，因为建筑设计是对整个环境的安排，而植物绿地是极其重要的一部分，具体做法如下。

第一，应当在居住区规划的场地绿地植物群落设计方面采取相关措施，要尽可能地采用能够增加居住区生物多样性和生物量的植物群落。通过研究当地绿地的植物物种、群落和生物习性，在住宅建筑的单体设计和居住小区、居住区建筑群布局中模拟自然植物群落配植，在居住区中为城市野生动物提供一定的栖息地。这样做还能为居民提供近距离接触自然和野生动物的机会，即通过增加居民的“生态暴露”提高其生态意识。

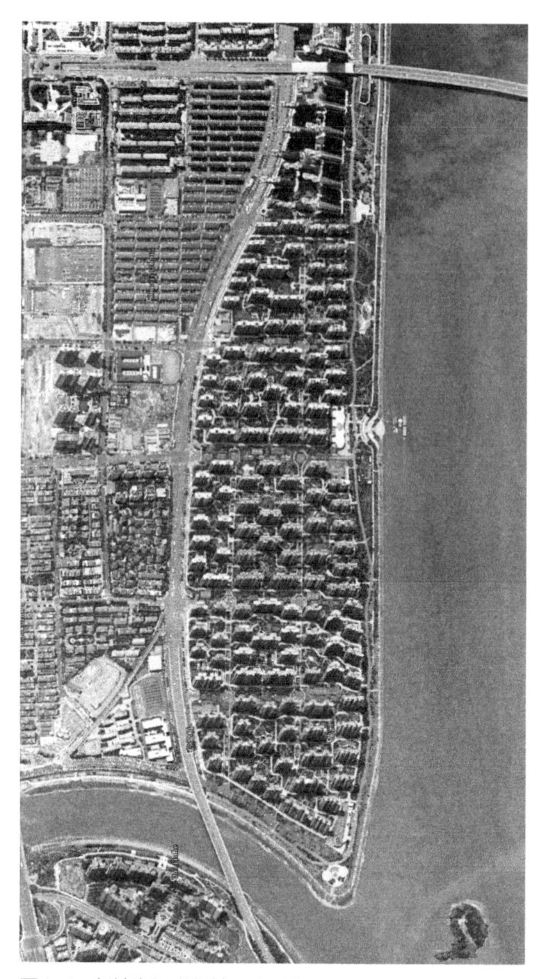

图4-1 长沙湘江世纪城卫星影像图

第二，居住区的建筑设计应根据其环境自然条件的不同，在绿地系统中引入相应的植物群落结构机制，因地制宜地建立起从次生群落、近自然群落到人工群落的过渡型体系，其重点是人工植物群落的培育，以协调城市居住区建设与环境保护的关系。在居住区的绿地系统中引入植物群落结构机制，可于有条件的城市居住区、大学校园、大型住区等设置自然群落保育中心，如生态公园[①]等。然后逐步恢复绿地自然斑块，建设近自然植物群落，以有效保护城市居住区的生物多样性。

第三，以地带性植物群落[②]为主，以适应城市所处的地域气候，在居住区绿地系统中为城市野生动物提供适宜的栖息生境，完善与显露绿地群落结构，促进城市生态文明的延续与继承。

第四，要结合住宅的建筑设计合理进行植物群落的种植结构配置，可以先种植群落的先锋树

① 伦敦中心城区的摄政王公园建立了禁猎地带和苍鹭栖息区，并成功地建立了多类型的混合生境。伦敦中心区的公园有40～50种鸟类自然栖息繁衍地，而伦敦市边缘只有12～15种。

② 地带性植物指的是由水平和垂直的生物气候所决定的，或随其变化而变化的植物群落。它特征稳定，物种多样，通常含有几十种物种，同时具有自我保育完善等特点。在建筑设计中建设地带性植物群落，利于野生动物的生存，提高绿地的生物多样性，为行人提供足够的遮阳场所，增加社会效益，降低养护费用，发挥较高的生态效益。

种，最好在场地建设初期就将集中绿地的树木种植好，这样至少能先成长若干年。此外，还要注意使植物群落自身的生理特性与建筑场所的室内外空间的自然特性紧密吻合，要顺应居住区用地的地理特征，结合周围环境，符合生态位要求，季相变化明显。

第五，增加植物多样性，以提高城市生态系统的稳定性，减少养护成本，促进绿地自然循环和演替。也可以适当引入一些经过驯化，基本适应了当地气候的外来植物群落。

第六，居住区的建筑布局应使植物群落获得充分的日照，使城市植物群落通过光合作用和蒸腾作用，改善城市居住区的小气候①。

对于城市居住区内部植物群落的保护和利用，由于植物群落对最小面积和土壤、环境等都有一定的要求，因此在居住区的空间布局中建立和完善植物群落需要进行细致的分析和设计。因为现代住宅的形体越来越复杂，各种居住区的布局也多种多样，因而植物群落的用地往往会受到很多限制，这就要结合植物群落对生长面积、日照、土壤和水等的要求，从居住区绿地的形态、格局等方面加以考虑。

首先，在进行居住区建筑布局的时候，应适当考虑植物群落的斑块形状和面积，设置相应的植物群落，这些建筑设计中的植物群落的斑块形状和分布具有许多岛屿栖息地的特性，要综合考虑植物群落的斑块形状和功能等景观生态效应，要能基本适应居住区生态环境演变的要求，要使居住区能够成为城市绿地系统的有机组成部分。

其次，对于某些要求具有较大面积的植物群落，可以通过加大用地面积、从居住区规划设计的尺度上考虑。一方面，加大用地面积上，并以较大尺度的建筑或建筑群进行总平面的布置，以获得较大面积的居住区、居住小区级的绿地，这样就能满足某些大型植物群落的面积要求，使其能够在居住区中生存和发展，从而完善居住区绿地的生态功能。另一方面，也可在居住区规划与城市设计尺度上，使用集中与分散结合的方式，将居住区绿地适当集中，降低居住区的建筑密度，或采取人车分离的布局方式构筑大面积的绿地，将机动交通安排在地下空间中。针对当前的小街区模式，也可将整个街区作为绿地。

再次，在居住区的建筑设计中结合植物群落设计，还要考虑适当减少人的不利干扰，当然，适度的干扰有利于植物群落演替，要根据居住区用地的综合生态适宜性分析进行群落系统的规划与设计。以新加坡Interlace居住区为例，这是一个和传统居住区很不一样的高档住区，其设计者声称要“创造一种与自然环境协调并注重交流互动的热带生活方式，让城市人脱离市中心却不失城市的感觉”。项目共计有31栋住宅，每栋6层高，以六边形的格局相互联结叠加，构成6个超大尺度的通透庭院，并做屋顶绿化（图4-2）。

大规模的城市居住区建设是导致城市植物群落栖息地破碎化的主要原因，但也是当前城市化加速发展过程中无法避免的。出于保护物种多样性的目的，针对尺度较小的居住区建筑设计，加强绿地植物群落间的连通性极为重要。世界野生生物（香港）基金会对面积和隔离程度不同

① 这些功能的发挥与植物群落在日照周期内得到太阳辐射的多少正相关。

的一些森林斑块中的鸟类群落的研究表明，在许多方面它们类似大洋群岛，大岛上物种较多，较小和更孤立的斑块上物种较少。但即便仅约一树之宽的狭窄通道也对大多数鸟类完全有效，可使小斑块林地鸟类的丰富度几乎和大得多的相邻森林一样。在城市居住区规划设计中，结合居住区级、居住小区级、组团级等道路绿化、林地、滨水岸设置供物种迁移使用的廊道可以提高植物群落之间的连通程度。居住区绿地中的植物群落既要满足住宅采光、通风、视线等基本要求，也要在植物群落的垂直结构上乔、灌、草层次丰富，比例、盖度[①]适中，以充分利用光能。在居住区规划设计中要结合植物群落，要考虑城市居住区中可能存活的野生动物的生活习性，如鸟类的惊飞距离[②]，在居住区建筑及绿地布局中，要考虑到多数鸟类对人为侵扰已有的一定适应性，但在观察者与鸟类之间也要设置适当的植物，以增加鸟类的容忍度。例如可在住宅建筑中利用底层架空创造庭院植物群落，在住宅屋面上利用覆土和乔木矮化等技术，通过建筑屋面的生态化建设，结合建筑的底层架空、庭院等，系统连接居住区绿地和城市绿地，则有可能形成空中庭院物种。也可像加拿大蒙特利尔的“栖息地67号”住宅一样，在居住区形态设计中结合不同高度住宅的屋面进行绿化，以适宜不同城市物种迁移与定居。

图4-2 新加坡Interrace居住区

居住区生态设计还要考虑其外部环境中的植物群落。研究发现，由于城市景观的梯度特征，现代城市的植物多样性在城市剖面上往往呈有序变化[43]。一般说来，从郊区到市中心，外来物种和一年生植物的数量逐渐增加；而稀有物种的数量逐渐减少。在市中心和郊区之间的过渡带中物种数最多，因为这些地带中人类的干扰适度，且土地利用镶嵌格局的异质性较大，符合生态学中的“中等干扰假说”[③]。可惜的是，居住区建设中相当一部分就位于这些用地上，这就不得不对其生物多样性造成一定的破坏。因此，城市居住区要具有较高的生物多样性水平，其绿地系统设

---

① 盖度是指植物种群在地面上的面积比率。

② 惊飞距离是指人在鸟类惊飞之前能接近鸟类的距离，反映了鸟类对人为侵扰的适应程度。对人为侵扰的惊飞距离是反映鸟类对人的容忍度和适应性的一个指标，惊飞距离越小表明对人的适应性越强。

③ 在适度干扰下生态系统具有较高的物种多样性，而在较低和较高频率的干扰作用下，生态系统中的物种多样性均趋于下降。

计应当注意以下方面：对场地进行优先保护，适当引入本土植物，使场地具有大量的本地植物作为居住区绿地的植物群落的种源；对于规模较大的城市居住区，应使其斑块具有较大的结构异质性，要有丰富的植物群落和土地利用格局，尽量避免采取单一、雷同的居住区布局模式；在居住区及其环境中利用建筑和绿地的布局和演替，促进物种通过不断进化和演替形成新的物种，以提高生物多样性。

4.3 居住区规划设计要考虑城市背景

居住区规划设计要正确利用城市环境中的生境资源，居住区的总平面设计应当结合、利用城市环境中的废墟、湿地、陡坡、野草地、洪泛区及冲沟、盐碱地、沙地、冲积滩涂等常被看作视觉质量低、栽植条件差的废弃地。这些用地往往又是需要保护的生态脆弱地带和珍稀植物群落的栖息地。例如在华侨大学厦门校区的居住区规划设计中，场地原来就是台湾海峡的滩涂，居住区实际上是将这些珍贵的湿地填海造陆形成的，这些湿地在促进城市生物多样性和景观多样性等方面具有巨大的价值，是白鹭等珍稀鸟类和水禽的栖息地（图4-3）。而对城市环境中的自然岸线、湿地、滨水区域等生物资源富集区更应当正确地加以评价并在居住区规划建设中切实加以保护。首先，在居住区规划设计中应通过流线设计、空间组合和功能分区将生境中的人为干扰控制在适度的范围内，减少不必要的不利干扰，以利于植物群落演替和生物多样性提高；其次，居住区绿地的植物群落斑块在空间上往往是非连续的，应注重对植物群落斑块形态的设计，利用斑块边界的形状影响物种的扩散，并有效地影响场地中物种的数量。在居住区布局中尽量将建筑集中布局，这样就更可能形成较大面积的绿地斑块。景观生态学认为，斑块所包含的能量和养分总量与其面积成正比，大斑块比小斑块含有更多的能量和矿物养分。斑块的形状对生物的扩散和觅食具有重要作用，利于动植物穿越居住区。居住区规划设计要迎合城市鸟类等野生动物对绿地斑块的选择，城市鸟类等野生动物对植物群落栖息地具有较强的选择性，这要求建筑设计在有限的面积条件下，综合考虑绿地的形状、植被盖度、微栖息地类型、连通性、隔离度、周围用地以及人为干扰等多种

图4-3 华侨大学厦门校区溪流廊道中嬉戏的白鹭

图4-4　中新天津生态城居住区中的河流（慧风溪）廊道

因素[①]。例如刘塨、郑志等在华侨大学厦门校区规划设计中，将校园用地的50%以上作为绿地，其中相当一部分作为“功能性湿地”，以满足当地白鹭等野生动物栖息、觅食等需要。中新天津生态城在其居住区绿地建设中，根据场地为盐碱地之特点，没有大量采用普通城市绿地使用的马尼拉草、白杨等植物，而是利用耐盐碱能力强的芦苇，不需要大量人工维护，生长得很旺盛（图4–4）。

研究发现，对于城市居住区道路中的行道树，由于其中鸟类群落的巢数随平均树高增加而增加，多数鸟类会避免在行人容易接近的树带筑巢，故此居住区规划设计中应当适当设置一些高大的植物群落，并将其设置在行人不易接近的地方，或将机动车道等安排在远离高大树木之处，抑或将机动车置于地下，以利于鸟类利用树冠。如果居住区在建设之初场地中就有高大的植物，那就更应该在规划设计中予以保留，在建设中避免伤害。城市居住区中植物群落作为野生动物的生境，其生态功能与植被类型及该植被斑块的面积、形状等几何特征有较大关系。

植物群落还可以作为野生动物的栖息地，对于某一种群，其栖息地越多，其种群越不容易灭

---

① 园林鸟类群落的物种数随园林面积的增大而增大，假如同时考虑其他可能影响鸟类分布的因素，面积对于大多数鸟类已不再是主要的影响因子。

绝。居住区规划设计还应当考虑到野生动物在不同时间会利用一些在空间上相互联系的不同斑块，所以它们十分依赖于栖息地的连通性，以便于它们在不同生境中迁移。因此居住区绿地之间应有树木形成的廊道相连，或利用行道树等，以加强不同绿地斑块的整体性。鸟类对居住区中栖息地的选择不仅与绿地的面积有关，还与其形状、植被盖度、微栖息地类型、连通性、隔离度、周围用地以及人为干扰等多种因素密切相关。

研究发现，栖息地的异质性以及鸟类物种与栖息地的关系是鸟类选择性分布的主要原因。栖息地种类越多，鸟类的选择面就越大，因而生存繁衍的概率也越高[44]。在居住区规划设计中应注意营造多样的环境，包括各种栖息地和微栖息地的创造，例如为蜜蜂营造的蜂巢、为蝴蝶种植的花卉以及为燕子筑巢设置的檐口等。城市植物群落应当遵循自然规律设计，借鉴地带性自然群落的种类组成、结构特点和演替规律，根据不同植被进行种植设计。居住区规划设计应当选用较少需要人工维护、与当地气候和土壤相适应的物种，注重改良立地条件，促进植物群落与建筑和谐共生。

参考文献

[1] 吴晓，汪晓茜．芬兰生态型居住区探察：以赫尔辛基的Viikki实验新区为例［J］．建筑学报，2008（11）：28-32.

[2] 刘姝宇，徐雷．德国居住区规划针对城市气候问题的应对策略［J］．建筑学报，2010（08）：20-23.

[3] 仇保兴．从绿色建筑到低碳生态城［J］．城市发展研究，2009，16（07）：1-11.

[4] 郑志，刘塨．福建小城镇居住区生态规划探索［J］．建筑学报，2007（11）：26-28.

[5] 严建伟，任娟．斑块、廊道、滨水：居住区绿地景观生态规划［J］．天津大学学报（社会科学版），2006（06）：454-457.

[6] 吴正旺，栗德祥．设计结合分布式能源［J］．建筑学报，2011（03）：84-87.

[7] 单海楠．绿视率理论在北京居住区景观设计中的应用研究［D］．北京：北方工业大学，2016.

[8] 石京，李卓斐，陶立．居住区空间模式与道路规划设计［J］．城市交通，2011，9（03）：60-65，4.

[9] 申凤，李亮，翟辉．“密路网，小街区”模式的路网规划与道路设计：以昆明呈贡新区核心区规划为例［J］．城市规划，2016，40（05）：43-53.

[10] 秦蔼．城市封闭式居住小区规划模式与城市交通发展的协调性研究［D］．西安：长安大学，2010.

[11] 杨保军．关于开放街区的讨论［J］．城市规划，2016，40（12）：113-117.

[12] 章利．“窄马路、密路网”空间体系构建及规划设计探索［J］．中外建筑，2017（01）：78-81.

[13] 张琳，农红萍，熊妮君．街区制推行下控规路网规划思路探究：以《南宁市中心城区友爱片区YA-04单元控制性详细规划》编制为例［J］．规划师，2016，32（S1）：38-41.

[14] 李靖源．居住区复合功能空间景观设计研究：以北京百旺府永丰嘉园景观改造为例［J］．建筑与文化，2016（06）：196-197.

[15] 吴正旺，韩宇婷，单海楠．从“通而不畅”走向“人车分离”［J］．华中建筑，2015（08）：73-76.

[16] 申凤，李亮，翟辉．“密路网，小街区”模式的路网规划与道路设计：以昆明呈贡新区核心区规划为例［J］．城市规划，2016，40（05）：43-53.

[17] 邓小军，王洪刚．绿化率 绿地率 绿视率［J］．新建筑，2002（06）：75-76.

[18] 蔡青. 基于景观生态学的城市空间格局演变规律分析与生态安全格局构建［D］. 长沙：湖南大学，2012.
[19] 贺扬明，杨柳青. 浅谈居住区水景区域生物多样性［J］. 北方园艺，2008（02）：144-146.
[20] 包庆德，李春娟. 从“工具价值”到“内在价值”：自然价值论进展［J］. 南京林业大学学报（人文社会科学版），2009，9（03）：10-20.
[21] 同［20］。
[22] 余谋昌. “自然价值”与21世纪［J］. 上海师范大学学报（哲学社会科学版），2003（01）：1-7.
[23] 张敏，肖爱民. 自然价值论伦理学的生态—整体论原则［J］. 科学技术与辩证法，2008，25（06）：69-71，79.
[24] 同［20］。
[25] 基鲁索夫，余谋昌. 生态意识是社会和自然最优相互作用的条件［J］. 哲学译丛，1986（04）：29-36.
[26] 刘悦来，范浩阳，魏闽，等. 从可食景观到活力社区：四叶草堂上海社区花园系列实践［J］. 景观设计学，2017，5（03）：72-83.
[27] 范路. “城村架构”中的一个砖墙原型：林君翰先生访谈［J］. 世界建筑，2014（07）：22-25.
[28] 刘晔. 公共参与、社区自治与协商民主：对一个城市社区公共交往行为的分析［J］. 复旦学报（社会科学版），2003（05）：39-48.
[29] 印文. 高绿视率有益人体健康［J］. 新疆林业，2001（03）：36.
[30] 肖希，韦怡凯，李敏. 日本城市绿视率计量方法与评价应用［J］. 国际城市规划，2018，33（02）：98-103.
[31] 吴立蕾. 基于绿视率的城市道路绿地设计研究［D］. 上海：上海交通大学，2008.
[32] 李明霞. 基于绿视率的城市街道步行空间绿量视觉评估［D］. 北京：中国林业科学研究院，2018.
[33] 徐磊青，孟若希，陈筝. 迷人的街道：建筑界面与绿视率的影响［J］. 风景园林，2017（10）：27-33.
[34] 杨亚娟. 昆明市主城区商业区绿视率及美景度研究［D］. 昆明：西南林业大学，2017.
[35] 吴正旺，王岩慧，单海楠. 双层城市［J］. 建筑学报，2015（S1）：158-161.
[36] 特罗勒，林超. 景观生态学［J］. 地理译报，1983（01）：1-7.
[37] 杨德伟，赵文武，吕一河. 景观生态学研究—传统领域的坚守与新兴领域的探索：2013 厦门景观生态学论坛述评［J］. 生态学报，2013（24）:7908-7909.
[38] 吴正旺. 城市景观的生态演进：以中新天津生态城为例［J］. 建筑学报，2010（04）：102-105.
[39] SANDERSON J, HARRS L D，Landscape ecology: a top-down approach［M］. New York: Lewis Publishers，2000.
[40] GOODE D A. 英国城市自然保护［J］，生态学报，1990，10（1）：96-105.
[41] Sukopp H NUMATA M, HUBER A. Urban ecology as the basis of urban planning［M］. Amsterdam: SPB Academic Publishing，1995.
[42] 贾刘强，舒波. 城市绿地与热岛效应关系研究回顾与展望［J］. 中国园林，2012，28（04）：37-40.
[43] 魏普杰，孙兵，贺心茹，等. 荆州城市公园植物群落多样性研究［J］. 河南师范大学学报（自然科学版），2019，47（03）：106-113.
[44] 汪伟. 徽栖息地营造方法在城市动物园鸟类展区设计中的应用［D］. 苏州：苏州大学，2018.

第二篇

绿道理论在居住区设计中的应用

按照规模大小及主要使用者的不同，绿道大致可分为城市级、区县级和社区级三类。在居住区规划设计中涉及的绿道一般属于其中的区县级或社区级，但常常也会与城市级的有关。鉴于广东、四川、福建等省在绿道建设上取得的进展，北京也已经于近年内展开了大规模城市级绿道网络体系的建设，同时积极推动区县级和社区级绿道构建，其目标是辅助缓解城市的交通拥堵问题，同时改善城市及其居住区的生态环境。在这3个级别的绿道中，社区绿道与居民生活最为密切，最容易到达，因此利用率也可能是最高的。社区级绿道最能发挥相关的社会作用和生态效益，能为居民生活提供许多便利，因此也是绿道建设发展的关注重点、热点之一。

在本篇中，我们将以北京市为例，对其城市中心区若干个比较典型的居住区进行研究，同时参考笔者实际走访、调查过的深圳、广州、福州、杭州等国内外绿道建设的一些优秀案例。对这些案例进行相互比较，可以帮助我们探讨运用绿道理论改进城市居住区生态设计的基本方法和途径。

虽然本篇主要关注的是与居住区相关的社区级绿道，研究的重点是绿道在北京市居住区规划设计中的应用问题，但也必须注意到各个级别的绿道实际上是一个整体，不可将其割裂进行单独的研究，或孤立地进行分析。通过对绿道相关概念的详细解读，结合绿道在布达佩斯、纽约、广州、成都、福州等国内外居住区中的实践应用案例，我们就可以分析出绿道在居住区规划设计中的建设特点和相关的规划设计策略。具体地说，本篇内容的核心部分主要是针对北京居住区实际情况进行的调查分析，然后总结了北京居住区规划设计的特点和现有问题，最后是对绿道在居住区中的应用问题进行的分析和讨论。

从具体内容看，本篇主要涉及的是既有小区社区绿道的改造问题。其具体内容涵盖了交通优化、停车布局、绿地改造及休闲体系设计等四个方面。其主要策略是将绿道理论与传统的居住区规划设计理论方法结合，基于当前居住区“小网格、密路网”的新需要，提出适宜于居住区规划的绿道设计相关策略。主要包括：在交通优化方面，提出改善绿道连接度、提高绿道空间拓展性、建设全面系统的绿道网络，从而提高居住区慢行交通的使用效率。在绿地改善方面，重点针对“街区制居住区”的绿地改造，提出利用绿道辅助居住区划分出“小网格、密路网”、建立内外联通的绿道体系、绿道结合商业建设街道空间、复兴街区活力等，其目标是提高居住区绿地的使用效率，缓解城市交通拥堵。在休闲体系建设方面，建议选择适宜的空间布局形式和空间构成方式，建立内外联通的交往游憩空间，改善人居环境的户外活动空间和休闲游憩生活。最后，本篇对北京恩济里小区进行案例试做，探寻绿道设计在北京居住区规划中应用的可行性。

结合国内外实际案例进行对比分析，但把国内外的经验直接搬用也是不可行的，要结合当地的气候、地理、人文，提出具有地域适应性的绿道，才能真正适用于居住区规划。这些研究对北京市等相关城市即将建设的大量绿道网络体系有一定建设性意义。

1 绿道理论的探索及实践

关于绿道理论的相关研究最早起源于西方国家，现已形成相对完善的理论体系。同时，国内外已有大量成功案例，这些案例表明，绿道建设对改善城市环境、优化城市结构、提高城市使用者生活质量等都具有重要作用。而我国对绿道理论的研究相对较晚，直到2010年左右，我国才开始较为系统地对绿道进行理论研究和实际项目的建设。其中，孙帅等对都市型绿道的来源、含义、特征以及对相关概念的辨析进行了研究，总结了构建都市型绿道的5个核心策略思想，即景观生态学思想、综合分析与整合实施思想、多用途多功能相容思想、构建和维护连通性思想以及对城市环境的适应性思想[1]。丁文清等以咸阳为例，以游憩学、景观生态学、行为科学以及线性空间相关理论为基础，通过对国内外绿道理论和实践的研究和分析，指出我国相关研究的不足之处，借鉴有益经验，指导国内相关建设。核心是对城市绿道景观规划设计的研究，包括规划和设计两个层面。规划层面探讨了城市绿道的选线、功能、结构、分类和绿道网络，总结出一套城市绿道规划的总体布局和构思。设计层面则对城市绿道景观规划设计的要素、设计原则、建设模式和指标体系进行了具体的分析和研究[2]。庄荣、高阳、陈冬娜从《珠三角区域绿道（省立）规划设计技术指引》编制过程中的思考入手，着重分析了《指引》中绿道分类、绿廊宽度、慢行道宽度、景观设施、节点系统以及标识系统等绿道组分的量化和设计细节[3]。

经过近10年的探索，我国南方特别是珠三角一带对绿道理论的研究已经相对完善，并已建成比较完整的绿道网络体系。而我国北方对城市绿道的建设则相对晚一些，但也取得了较大进展，其中北京于近几年在已有"城市通风廊道""城市绿化隔离带"等标志性项目的带动下开始大力推进绿道建设工程，力求以绿道建设改善城市结构，提升城市生态环境质量。

在上述研究和实践的推动下，我国的绿道规划建设和研究已经取得了一些成绩，但这些成果主要集中在区域和城市层面，对社区层面的绿道研究和建设则相对较少。而事实上居住区与人们的日常生活息息相关，社区绿道对居住区整体环境的改善更值得关注。

当前，我国城市化发展进程已经进入不可逆的加速发展阶段，人口集聚特征明显。即便是在北京，虽然采取了若干措施，使得城市人口有所减少，但在全国范围内城市人口仍不断大量增长，城市地面活动空间日益拥挤，这也导致土地等生态资源紧缺，生物多样性不高，人们的居住生活环境仍有恶化的趋势。因此，借社区绿道体系建设帮助改善居住区生活环境，以此提高人们的生活质量就具有一定的紧迫性。同时，虽然我国绿道建设已经取得一定的成绩，但也涌现出不少问题需要探索，有不少经验需要总结。总的来看，作为与人们生活密切相关的社区绿道建设还处于实践初期，还没有形成系统完善的理论及方法。

结合上述考虑，将绿道理论与居住区规划相结合，建设更适宜于人居的社区绿道体系，有助于提高居民的生活水平，并改善城市整体环境。

1.1 绿道概念及分类

绿道（greenway）的详细定义，最早是由美国作家查尔斯·莱托在他的著作《美国绿道》中提出的，他认为绿道是一种线形的开放空间，常常沿着自然廊道（如滨河、溪谷、山脊线等），或者沿陆地上的交通运输路线（如废弃的铁路、运河、风景道路等）建设，为步行者或自行车使用者提供自然或人工景观线路。同时，绿道也是将公园、自然保护区、文化历史场所、居住区等连接起来的开放空间。在乡村，主要指一些条状或线状公园道路或绿带[4]。

而后，美国的杰克·阿赫姆（Jack Ahem）在20世纪90年代从系统的网络结构层面将绿道定义进行延伸，提出绿道是由线状绿地组合构成的网络，这些线状要素通过规划、设计、管理等方式将城市公园、绿地、文化景观以及居住区等连接，构成一种具有生态、游憩、文化、审美等复合功能的可持续的土地利用模式[5]。

在我国，绿道被普遍接受的定义通常是：一种线形绿色开敞空间，通常沿河滨、溪谷、山脊、风景道路等自然和人工廊道建立，内设可供行人和骑车者进入的景观游憩线路，连接着城市及乡村地区主要的公园、自然保护区、风景名胜区、历史古迹和城乡居住区等，有利于更好地保护和利用自然、历史文化资源，并为居民提供充足的游憩和交往空间[6]。

如果仔细地对比中美两国对于绿道的定义，就可以发现二者还是有所区别的。在我国，绿道是一种串联城市和乡村地区各类自然和文化景观资源，适用于步行、骑行等慢行休闲方式的线性绿色空间，具有环境美化、文化展示、健康休闲、沟通城乡等多种功能。根据不同地域或城市规模，我国对绿道的分级方式也很不同。例如在珠三角地区，按照等级和规模，绿道被分为3级——区域级绿道、城市级绿道以及社区级绿道[7]。其中，区域级绿道主要起到连接城市和区域生态系统，保护区域生态环境的作用。城市级绿道主要连接城市内部的主要功能组团，帮助改善城市生态系统建设。社区级绿道主要连接社区周边及内部的公园、绿地等，为周边居民提供便捷的服务。

而在北京市，绿道体系主要根据空间尺度的不同，分为3个层级——市级绿道、区县级绿道和社区级绿道[8]。市级绿道主要指在市域空间层面串联城市各个重点区域（如居住区、风景名胜区、新城建设区、历史文化区等）的绿道，它体现了北京的核心景观特色和历史文化特征。区县级绿道主要在区县空间尺度层面串联风景区或区域内部的景观点、历史文化遗迹、公共服务设施和交通设施点，它能使城市绿道更好地发挥各节点的功能。社区级绿道主要在社区空间尺度串联不同居住区、村庄等，扩展辐射范围。市级绿道是骨架，区级和社区级绿道是补充，构成层级分布的绿道网络体系（图1-1）。

本章研究的重点，是北京地区服务周边居住区的社区绿道。这里所谓的社区级绿道，指的是以串联城市住区内的居住区游园、广场、街头绿地、城市公园等城市绿地，形成沟通和连接城市居住区和城市其他区域的纽带，进而为城市居民的安全出行、休闲游憩、娱乐生活提供保障和相应的空间。城市社区绿道主要服务于社区，其尺度小，等级最低，与周边居民的社区生活联系最为紧密。因此这些社区绿道对改善居住区环境品质、提高居民出行安全性和舒适性、优化居民户外休闲娱乐生活都具有重要的意义，为住区居民户外活动的开展、户外空间环境的改善提供更多选择和可能性[7]。

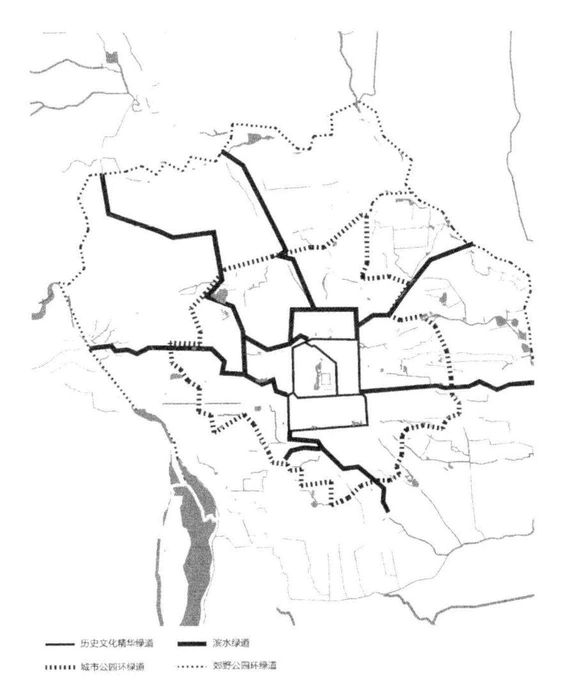

图1-1 北京中心城区范围的绿道体系

1.2 绿道的功能及构成

一般说来，绿道具有生态、交通、游憩、文化、社会、经济、审美等多种复合功能。从服务对象的角度来看，社区绿道与区县级和城市级的绿道相比明确很多，社区绿道相对尺度较小且服务的主要是周边的社区居民，因此，社区绿道的功能主要体现在：

（1）交通功能：交通是社区绿道的主要功能之一。社区绿道网络将居住区与周边公共服务设施、公共绿地、开放空间等串联在一起，可以为居民上学、通勤、游憩及交往等提供更加便捷、独立、安全、舒适、健康的绿色交通选项，并能有效减少机动车对步行、非机动车等慢行系统的干扰，满足居民日常生活、工作等通达需求。

（2）社会功能：社区绿道能够为居民提供更多亲近自然的空间和户外休闲活动的场地，这对保障居民的身心健康、促进邻里交往等社会需要是很重要的。具体地说，这些绿道一方面能促进社区居民进行多样化的户外活动，如慢跑、健身等；另一方面也为居民提供相互交流、沟通、休憩的平台。

（3）生态功能：相较于大尺度的城市级绿道，由于尺度较小，机构相对简单，单一社区绿道的生态功能可能较弱。但通过大量的社区绿道建设，则可有效改善居住区整体绿化环境，贴近居民的生活，显著地提高居住区绿地面积和绿化质量，并利于土壤保持、空气净化、住区微气候调节等。

（4）文化教育功能：社区绿道与居民日常生活联系密切，在社区绿道的建设过程中，若能够在其休闲、服务设施、植物配置、标识系统等方面融入相应的文化元素，展示、宣传各种相关文化知识，则可提升居住区的整体文化氛围。此外，相关生态理念和健康知识等信息也可通过绿道传播给大众，增强人们的生态健康意识，这是城市生态建设的根本。

社区绿道的构成要素有两部分：一部分是由绿地等自然要素所构成的绿廊系统；另一部分是为满足绿道游憩功能所配建的人工系统，这些人工系统主要包括发展节点慢行系统、服务设施系统以标识系统。

（1）绿廊系统：指利用地域性植物、水系、土壤等自然元素，以道路为骨架构建的绿化缓冲区，它起到一定的控制、隔离、防护作用。而由于社区绿道的尺度较小，绿廊系统多采用结构简单的组合方式构成，例如新加坡某居住区就采用了“丁字路”构筑了绿廊系统（图1-2）。

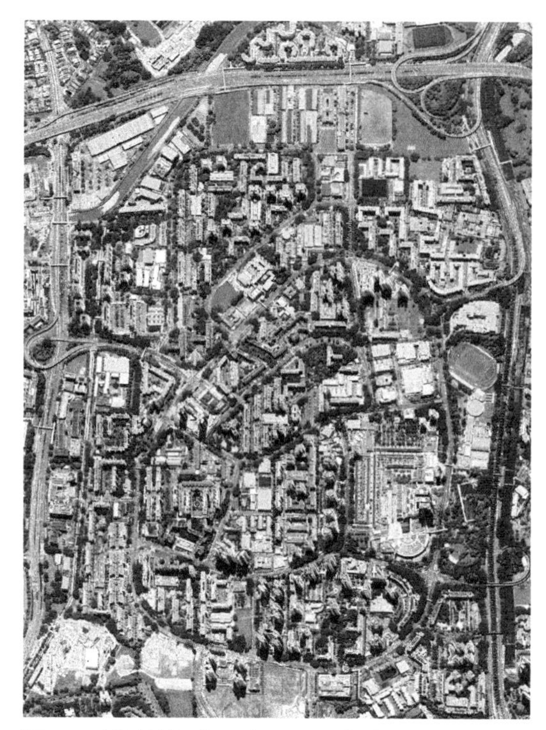

图1-2 新加坡某居住区利用一系列“丁”字形道路网构筑了复杂的绿廊系统

（2）发展节点：指风景名胜区、森林公园、郊野公园和人文景点等重要的游憩空间。在社区绿道中，主要指社区公园、小游园及小型开放空间等。

（3）慢行系统：主要包括骑行道、步行道、综合慢行道等。在具体的规划设计中，可依据实际情况及绿道功能有选择地建设一两种，主要承担慢行交通职能。

（4）服务设施系统：为发挥上述功能，绿道中必须包含各种服务设施，主要包括休憩设施、停车设施、卫生设施等，以便于为绿道提供便捷的服务。常见的有停车场、卫生间、茶室、咖啡厅、自行车租赁处、文化宣传栏等。

（5）标识系统：主要包括绿道相关信息牌、道路引导牌、安全警示标志牌等各类信息牌，引导使用者更明确地了解和使用绿道。

1.3 国内外对绿道的研究

国外对绿道的研究不算太早，相对而言，欧洲、北美和日本算是其中较早的几个地区和国家。20世纪90年代，由利特尔（Little）对绿道进行了定义[9]，随即在国际范围内逐步展开了较多绿道的相关研究和实践。一些学者经过研究发现，国外的绿道通常根据不同时期、不同地区的具体情况进行对应的层级划分[10]。利特尔通过对美国若干绿道进行案例调查及分析，将绿道划分为地方级、区域级或州级别。但埃亨（Ahern）等则将绿道分为市区级、市域级、省级、区域级四个层次。新加坡的公园连接道体系又主要分为区域、城镇和邻里公园三个层次，这些绿道构成了绿色网络型的花园城市[11]。由此可以看出，不同地区的绿道分级方式有差异，同时，国外的很多案例对社区级绿道的考虑并不完善。

在绿道相关研究中，连通性被普遍认为是形成绿道网络的关键[12~14]。一些学者认为，要构筑高连通性的网络，首先需要绿色通道网络本身能互相连通，然后再进一步与更广域的城市绿地系统等进行连接，以形成一个有序的整体[15]。在新加坡，绿道建设通常需要同时采用“土地划拨”和“借用”两种方式，以保证绿道各部分的连续性，并强调绿道的实用性及灵活性[11]。所以不仅需要注重社区绿道网络与周边的互联性，还要注意各个绿色空间之间的连续性。

国外研究进一步发现，社区绿道的建设还要注重对周边环境因素的考虑[16,17]。菲鲁塞思（Furuseth）和奥尔特曼（Altman）在对大量绿道进行调查后提出，多数绿道的服务对象并不是整个社区，而主要是邻里[18]。戈布斯特（Gobster）认为绿道与住所的距离直接影响了其使用格局，也就是说，可达性对绿道的布局具有重要的影响[19]。横张（Yokohari）等人在对日本新城镇的绿道进行调查后认为，绿道的建设需要考虑生态、环境与绿地的关系以及对绿带发挥的作用，要利用绿道建设保护物种多样性、降低温度，提供可进行娱乐活动的户外活动空间。针对以居住为主的新城镇绿道规划，提出通过“绿色矩阵系统”分析各个绿地特点及可能进行的活动，寻找相应适宜的开放空间类型，建设适宜的绿道网络，形成良好的乡土景观。此外，还需注重绿道计划的全面性和系统性，考虑绿道生态网络的扩展和延伸[20]。

而针对社区绿道的改善设计，则往往需要利用现有资源进行整合分析，从而提出基于现状的、适宜的改善策略。这方面目前也取得了一些进展，其中，朴淑贤等人针对社区绿道规划方法，提出利用社区绿道周边的生活区域和社区空间，扩大绿化面积，从而连接现有绿地，改善现有绿道使用情况，并将社区设施分类，根据社区绿道线路周边的土地利用特点进行对应性的整体评估，从而促进居民对社区绿道的使用，形成良好的社区氛围[21]。奎尔（Quayle）提出社区绿道应对公共公园和街道进行混合景观设计，从而改善邻里交往空间，促进社区与个人之间的环境沟通[22]。

根据笔者对相关文献进行整理分析的情况看，国外对社区绿道的研究还存在下列不足：①国外的绿道分级方式受地域影响而存在差异，并且部分地区缺乏对社区级别绿道的详细研究。②在绿道网络连接度方面，缺乏进一步针对社区绿道与居住区、公共服务设施等的网络规划的详细思考。③在社区级绿道的改善和设计方面，国外研究重点强调社区绿道与周边环境的关系，从绿地改善和结合公园设计等方面提出了设计思路，但缺乏详细系统的社区绿道设计方法。

目前，我国的绿道理论主要从“区域—城市—社区”3个层面进行研究。其中，在社区层面进行的绿道建设研究发现，绿道理论在改善居住区整体环境、丰富社区功能、提高社会效益等方面有很大作用。王婕等认为，通过运用社区绿道连接城市居住区、自然资源、公园绿地等，可有效提高居民对绿道的使用效率。通过进一步整合现有绿道系统、城市休闲系统和景观资源，能丰富社区绿道的功能，为城市居民提供多样化的使用选择[23]。还有一些学者对绿道的多功能结合进行了相关研究，其中，黎秋萃和胡剑双的研究表明，社区绿道的景观特色有助于改善城市生态环境，从整体使用效果来看具有良好的社会效益，且绿道效益的最大化发挥主要依靠绿道网络建设[24]。

国内研究进一步发现，社区绿道网络的建设，是提高社区绿道使用效率的主要有效措施之一。其中，姚睿通等对广州社区绿道存在的问题进行调查，发现社区绿道的联通性和完整性直接影响着它的使用率和舒适度。姚睿建议应完善社区绿道慢行系统，合理布局社区绿道网络，以提高社区绿道使用效率[25]。赖寿华和朱江分析了社区绿道存在的结构性问题，提出借鉴日本“纤维”绿廊的设计理念，总体改善城市的微观生态环境、公共空间环境以及城市交通环境[26]。陈福妹和艾玉红认为，通过社区绿道网络将居住区与周边商业区、办公区、休闲娱乐区、公用场所区等进行有效衔接，从而建立健康、安全的绿色通道，可缓解交通压力，改善住区环境，促进城市可持续发展[27]。

此外，国内研究还表明，社区绿道的详细设计内容应包括慢行系统、空间环境、空间布局及基础设施等方面，其首要目标是提高社区绿道的使用舒适度，改善社区生活环境。黄晶针对社区绿道的慢行系统、空间环境及其他细部设计等，对珠三角地区的中小型城市提出适宜的方法，进而探索其社区绿道的设计规律[28]。相关研究进一步揭示，社区绿道的详细设计会因为不同人群、不同地区而存在一定差异。王萱从老年人使用需求的角度出发，根据老年人的活动特征对社区绿道的空间布局和设计等提出了相应的景观设计策略[29]。同时，随着大气污染日益受到重视，一些学者也将注意力投向以绿道建设改善大气的可行性研究。其中，郝丽君和杨秋生等认为，通过分区建设、整合建设要素、合理配置绿化植被、提高地区文化意识等，社区绿道建设可以帮助降低社区内的$PM_{2.5}$浓度从而改善住区环境[30]。

一些学者还特别关注社区绿道规划中的公平问题，即居民能否公平地享用公共服务设施、社会服务设施和绿色环境。李方正、郭轩佑、陆叶等利用大数据资源对北京回龙观居住区进行计算，提出通过规划公平可达的社区绿道形式连接高密度社会基础设施分布区域，以实现社区的环境公平[31]。

综上所述，国内关于社区绿道理论的研究大多从侧面提出建设性意见，但缺乏绿道理论结合居住区的整体规划思路和详细系统的理论研究。因此，有必要结合北京实际情况，进行有效的实践总结，提出绿道理论在居住区规划设计中的规划设计要点，为进一步推进社区绿道建设研究提供有效的依据和参考。

1.4 国外案例

1.4.1 新加坡公园连接道系统

新加坡是岛屿国家，土地资源极其有限，因此建立公园连接网络是最优的土地优化策略。20世纪90年代，新加坡开始策划构建一个串联全国绿地和水域的绿道网络，用以连接各类城市开放空间、大型自然生态区、生活休闲场地、绿化隔离带以及部分绿色通道，并与周边水域相连。2001年，新加坡政府进一步提出建立串联各个公园、城市中心区、体育设施及社区等的无缝连接绿色廊道，以提高整体绿色空间的可达性（图1–3）。其总体规划将公园分为3个层级，即区域公园、城市公园、社区公园，并通过公园连接道将其串联成一个整体，最终形成区域、城市、社区多层级的绿道网络体系。

在具体建设过程中，为了优化土地利用，保证公园连接道的连通性，大部分公园连接道均主要由排水缓冲区（图1-4）、道路储备区及其他公共用地共同改造完成，形成统一连续的绿道网络，并作为城市景观的一部分，为市民提供了大量阴凉、安静、安全的休闲场所。一些穿越居住区的绿道，作为居住区与公园及其他自然保护区之间的直接联系，为居民提供了一种独立、安全的慢行出行方式（图1-5）。其中，较小的绿道主要服务于周边居住区，较大的绿道则服务于整个片区或整个岛屿。

新加坡公园连接道的特点是注重环城绿道建设，由于形成了有效的循环系统，因此该连接道还有着良好的边界效应。另外，通道型绿道建设也是考虑的重点之一，特别是街道景观绿化和公园连接道网络建设，通过多种不同手段提高通道型绿道的绿化质量。此外，新加坡还注重大型生

图1-3　2002年公园连接网络概念规划图
图片来源：WALLER E. Landscape planning in Singapore[M]. Singapore : Singapore University Press，2001.

图1-4　排水缓冲区改造的绿道
图片来源：WALLER E. Landscape planning in Singapore[M]. Singapore : Singapore University Press，2001.

图1-5　社区周边绿道
图片来源：WALLER E. Landscape planning in Singapore[M]. Singapore : Singapore University Press，2001.

态区、水系与城市建成区的相互联系，为居民提供了更多亲近自然的机会以及多样化的开放空间，丰富了绿道类型[32]。在高密度城市中建立的便捷完善的户外游憩交往空间，紧密地连接着区域绿色空间和城市开放空间，新加坡也由此成为“世界花园城市”。

新加坡公园连接道具有完整的绿道体系网络，良好地处理了区域、城市和社区三者之间的关系，对于社区绿道与城市绿道的衔接具有示范意义。此外，优化的土地利用模式和社区连接方式对社区与公园、公共服务设施及其他开放空间等的连接处理有一定的借鉴作用。

1.4.2 日本港北新城

20世纪70年代，由于城市发展迅猛，城市扩张导致环境急剧恶化。日本政府为有效控制这种无序蔓延，提出在横滨市的港北新城建设新型花园城市的理念，用绿地网络来保证城市农业用地不被侵害、改善城市整体环境水平、控制土地无序扩张趋势[33]。

在这一规划中，最突出的特点是明确提出保留农业用地及生产性的绿地，结合绿道设计改造成独特的城市绿道景观。此外，规划还尽可能保留了现有一切绿地资源，如自然景观、中心公园、社区绿地、庭院绿地等，并利用“绿色矩阵系统”[20]（图1-6），确定不同绿地适宜的活动类型进行开发改造，最后以绿道串联成结构丰富、独具特色的绿道网络体系（图1-7）。

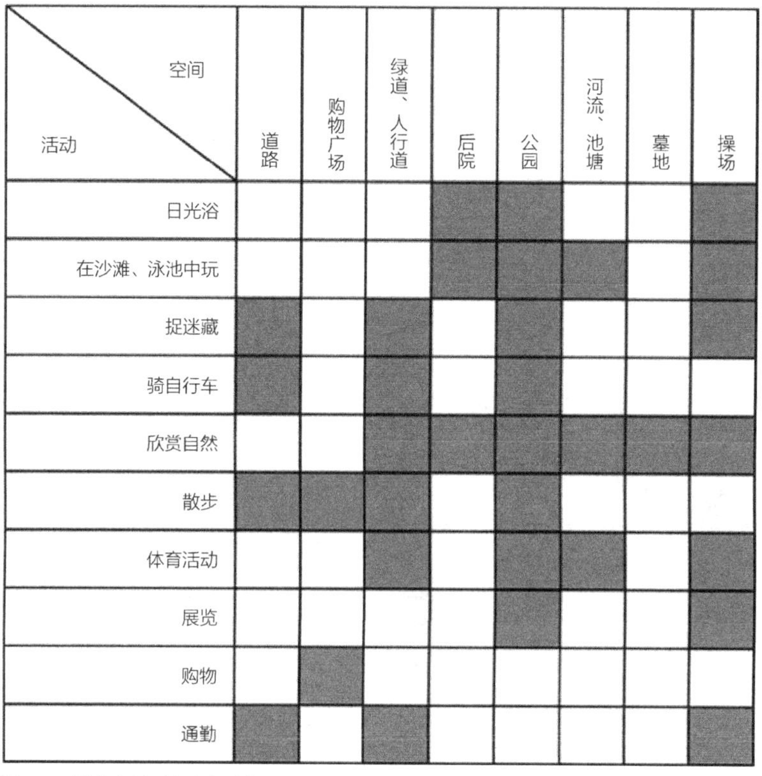

活动＼空间	道路	购物广场	绿道、人行道	后院	公园	河流、池塘	墓地	操场
日光浴				■	■			■
在沙滩、泳池中玩				■	■	■		■
捉迷藏	■		■		■			■
骑自行车	■		■		■			
欣赏自然			■	■	■	■	■	■
散步	■	■	■		■			
体育活动			■		■	■		■
展览					■			■
购物		■						
通勤	■		■					■

图1-6 港北新城“绿色矩阵”

图片来源：YOKOHARI M, AMEMIYA M, AMATI M. The history and future directions of greenways in Japanese new towns [J]. Landscape and urban planning, 2006, 76(1): 210-222.

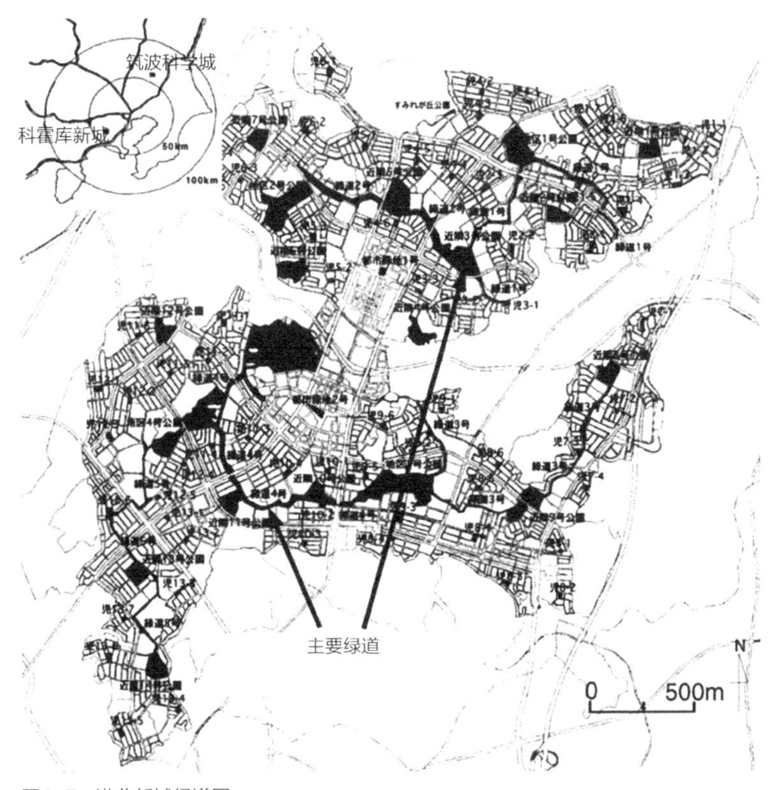

图1-7 港北新城绿道网

图片来源：YOKOHARI M, AMEMIYA M, AMATI M. The history and future directions of greenways in Japanese new towns [J]. Landscape and urban planning, 2006, 76(1): 210-222.

有趣的是，规划还在社区内尝试建立步行与车行道并行的交通体系，共享丰富的街道景观绿化。尽可能保留庭院绿化，并在居住建筑出入口预留足够的缓冲空间，让周围的绿色空间将其包围，营造花园社区效果。

总之，港北新城绿道是根据开放空间的功能来确定绿地类型，再利用良好的绿道系统连接各个城市公园及公共绿地，并逐步将绿道延伸至社区当中，形成比较完善的体系，这一案例为社区内部绿道的建设提供了借鉴。

1.4.3 纽约高线公园

美国纽约的高线公园由一条废弃的高架铁路改造而成，是结合景观生态设计形成的一条独特的空中绿道。整个公园分3期建设，目前已经建成，公园贯穿了22个街区，并在多处设有与地面的连接点，通过步行梯或电梯，使用者可以直达公园内部，可达性很高，也为公园提供了最便捷的交通方式，并将绿道公园与其周边的其他城市开放空间进行了有序连接。在公园设计中，其地面利用铺装材质与植物进行了比例精致的搭配，营造出比较自然的生态环境。同时设计师还利用高差设置了层次分明的开放空间，包括阶梯广场、错层开放空间平台、观景平台以及通透的步道等，为使用者提供了多样化的空间体验。此外，设计还通过建设公共开放平台将公园与邻近建

图1-8 纽约高线公园
图片来源：百度百科

图1-9 2018年6月纽约高线公园局部卫星影像图

筑进行了有效连接，这样就完善了绿道的连接与延伸，提供了更多样化的休息服务场所（图1-8、图1-9）。

该绿道的主要特征是以高架的形式将步行与机动交通相对分离，这样就有效地缓解了地面交通干扰对绿道慢行系统造成的影响，形成了独特连续的绿道连接体系。这一案例采取的立体空间营造、仿生自然系统设置、与街道及周边建筑的有效衔接等对社区绿道体系建设具有启示作用。

1.5 国内案例

1.5.1 广州东濠涌社区绿道

广州位于南亚热带，气候炎热，雨量充沛，季风气候明显。东濠涌绿道位于广州市越秀区，绿道沿河涌[①]两岸布置。该绿道周边是密集的居住区，绿道主要为周边社区服务。东濠涌过去曾是一条臭水沟，后经过污水处理和绿化整治而逐步变成具有一定规模的绿道体系。绿道沿河道两侧布置，主要由步行道和自行车道组成，周边或中间设有矮绿篱作隔离，串联了多个带状公园和开放空间。在水面较宽处设有亲水平台和景观。该绿道的驳岸是运用生态砌块建立的立体绿化，这样做的主要目的是为了节省空间、增加绿化、提升整体环境。该绿道的植物配置丰富，目前已经形成了乔木、灌木、草地结合的层次丰富的自然景观，提升了绿道环境氛围。由于绿道尺度相对

① 河涌，汉语词汇，读作hé chōng，释义为河汊。

较大，因此能够为市民提供多种不同类型的开放休闲空间，主要供周边居民使用。在绿道沿线还设有东濠涌博物馆和各种信息牌，人们可在游览过程中，了解东濠涌的历史文化。绿道沿线设有自行车租赁点和驿站，解决慢行交通问题（图1–10、表1–1）。

图1–10　广州东濠涌绿道卫星影像图

1.5.2　广州华侨新村社区绿道

广州华侨新村社区绿道建设的时间比东濠涌稍晚一些，且主要建设在社区内部，并由该居住区的出入口向西连接至东濠涌绿道，形成一条连贯的绿道体系。该社区绿道交通便利、环境优美、景观配植丰富、人车分行较明确。社区内部有一条环绕广州外国语中学建设的缓坡型社区绿道，该绿道主要由木质人行栈道、景观配植、景观小品以及众多小型开放空间组成。在具体建设中，该绿道依附地势在缓坡上架起步行木质栈道，这样既能有效地阻隔机动车道路对步行道路的干扰，又形成了独立的步行系统。在木栈道上，沿途设置了10个出入口，方便了居民更便捷地进出步行道。此外，该绿道还循地势高差变化进行建设和绿化，植物配置也更为丰富，形成多样化的景观效果，提升了整个社区的绿化环境。社区内其他绿道多采用铺装人行道、景观配植、车行道、自行车道相结合的方式布置（表1–1）。

1.5.3　深圳福田河绿道

福田河绿道位于深圳市福田区，福田河是该市的主要河流之一，该绿道是一条大型滨水城市绿道，其周边多为居住区。整条绿道北至笔架山北环路，南至滨河路。绿道沿福田河水系建设，串联笔架山公园和深圳中心公园，形成良好的滨水景观带。整个绿道环境优美、空气清新。因水系原因，该绿道与外界机动车道相隔离，形成相对独立的慢行空间。沿河设有多个亲水平台及野趣小品设计，使人们贴近自然、感受自然、热爱自然。又因连接大型公园，绿道周边的隔离绿化植物配置种类丰富，且相对面积较大，这样就营造出了良好的慢行空间氛围。该绿道还设有众多活动平台，类型丰富，能够满足人们多种需求，慢行系统与景观绿化的紧密结合，使得该绿道具有良好的休闲体验。其中，慢行自行车道采用彩色透水沥青路面，其排水降噪、低碳环保功能突出，在缓解城市"热岛效应"，提高人、车安全度等方面具有明显优势。同时，为了更好地缓解城市机动车道对绿道的阻隔问题，该绿道采用地下通道的形式有效地将慢行系统串联起来，保证了绿道系统的完整和连贯（图1–11、表1–1）。

图1-11 深圳福田河绿道的亲水设施

1.5.4 深圳银湖区社区绿道

作为一条城市郊区的绿道，深圳银湖区社区绿道位于广州市罗湖区的银湖社区内。银湖区是一个低密度的高端别墅区，依山傍水，自然景色十分优美，景观资源丰富。该社区绿道由银湖路至京湖二街，连接银湖路口，并与省立绿道2号线以及城市绿道5号线相连接，形成等级分明、层次较为丰富的绿道体系。该社区绿道由于占地面积较大，周边自然环境优美，绿道尺度相对舒适。又因社区内居民较少，绿道结构设置较为简单，主要由绿道游径沿道路两侧布置，自行车道与人行道并行，低矮灌木将其与机动车道相隔离。依托地势，社区绿道环绕银湖水库建设，景色优美，设有亲水小径和亲水平台（图1-12、表1-1）。

图1-12 深圳银湖绿道串联了多个城市郊野公园

国内绿道相关案例 表1-1

绿道名称	东濠涌绿道	华侨新村社区绿道	福田河绿道	银湖区绿道
所在地区	广州	广州	深圳	深圳
级别	城市绿道	社区绿道	城市绿道	社区绿道
卫星图				
长度	约4100m	约2100m	约6100m	约4800m
宽度	3~5m	1.2~3m	3~5m	3~4m
道路断面				
配套设施	自行车租赁点、驿站、休息区、东濠涌博物馆、卫生间等	卫生间、餐饮、学校、公交站、健身活动设施	自行车租赁处、停车场、卫生间、休息区、驿站、公交站	公交站、休息区

1.6 北京绿道建设情况

北京市在2013年提出用5年时间建设1000km以上的市级绿道网络，以构成“三环三翼多廊”的总体布局形式，目前已基本建成（图1-13）。该绿道网全面覆盖了整个市区及郊区，串联了圆明园、西山、香山、玉渊潭公园等多处公园、历史文化古迹、著名景点等城市节点。与此同时，依托该绿道网，近年来北京又陆续开展了定慧里、万寿路、蓝靛厂路等诸多社区级绿道建设。这些绿道的类型主要以中心城区或新城区等城市型绿道和位于城市建成区以外的郊野型绿道为主。此外，根据北京的地域特点，这些绿道还被设置成3级绿道系统——市级绿道、区县级绿道及社区级绿道，构成了比较完整的绿道体系。其建设方式主要有4种：结合现有自然景观资源改造，利用现有城市绿化带改造，通过用地划拨在用地不足地区建设绿道，受现有条件限制只能借由城市现有慢行系统进行连接。

从功能方面，北京市绿道体系主要有4种类型——生态绿道、风景绿道、历史文化绿道和城市绿道。其中，城市绿道多在城市带状绿地中建设，用于满足居民绿色出行需求，主要涉及区县和社区两个空间尺度。在区县空间尺度上，城市绿道主要发挥绿色交通主干道的作用。而在社区尺度上，城市绿道则发挥绿色交通支线的作用。

截至目前，北京已建成的城市绿道主要有环二环滨水绿道、三山五园绿道、西四环绿道、园

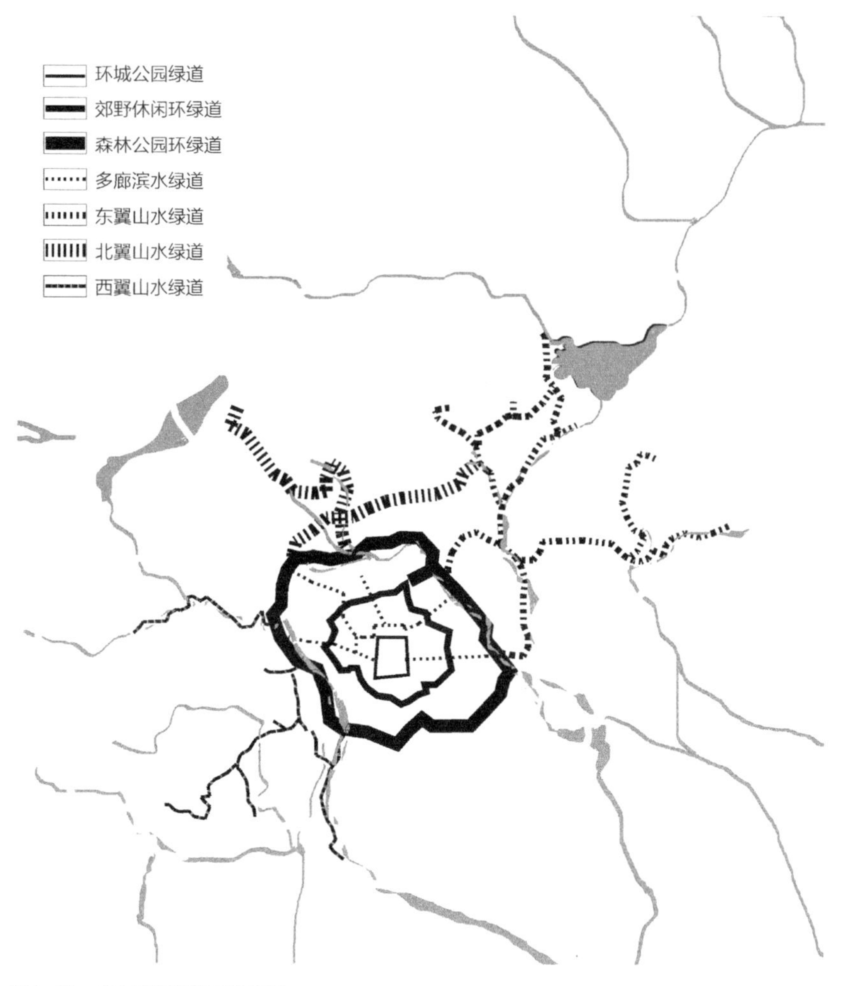

图1-13　北京市级绿道总体布局

博园绿道、温榆河绿道（通州段和昌平段）、顺义新城滨河公园绿道等。除此之外还有部分社区绿道，包括莲花河滨水绿道、南长河公园绿道以及一些建设在公园内部的社区绿道等，包括北坞公园绿道、奥林匹克森林公园绿道、四得公园绿道、香河园公园绿道、海淀公园绿道、颐和园绿道、莲石湖公园绿道等。相比而言，社区绿道实践案例相对较少，大部分正处于建设前期。由于北京土地资源集约，绿道网络密集发展，因此部分居住区周边的城市级绿道也承担部分社区绿道的职能。

得益于持续而稳步的努力，至2019年3月，全市共建成821km绿道，北京市计划在2019年继续推进283km的绿道建设，包括丰台城市公园环绿道、通州潮白河森林景观带绿道等。按照《北京市绿道体系规划》，北京市将绿道网的规模扩大到2000km，呈“环带成心、三翼延展”的绿道空间结构。其中包括3条环线绿道——环城公园环、森林公园环、郊野休闲环绿道，3条外翼绿道——东翼大河绿道、西翼山水绿道、北翼山水绿道和多条中心城滨水绿道，其中包括1000km的市级绿道和1000km的区级和社区级绿道。

2 基于绿道理论的居住区路网优化策略

为缓解交通拥堵，一些城市（如北京、广州、昆明等）已经提出允许城市道路穿越大型居住区的建设新方案，即“私改公”方案。例如，2008年2月，昆明市出台了《昆明主城区内单位及小区道路转为城市公用道路方案》，建议将39条单位及小区道路转为城市公用道路，供社会车辆通行，以期提高主城区道路资源利用率，缓解城市交通压力[34]。在探索居住区路网优化这一进程中，绿道理论不应缺席。

2.1 影响绿道交通的主要因素

交通是绿道的基本功能之一，影响绿道发挥其交通功能的主要因素，包括绿道的选线布局、绿道的连通性、空间拓展性和绿道网络体系的构建等。其中：绿道的选线布局决定了绿道服务范围及其延伸的方向；绿道的连通性主要影响绿道的通行效率；绿道的空间拓展性决定了绿道结构和慢行交通组织方式；绿道网络体系的构建是支撑绿道体系的整体架构，对绿道交通连接起关键作用。

一般认为，采取人车分离、适当立交以及彼此适度连接等规划设计方法可以提高绿道的连通性。

2.1.1 绿道的选线布局

在绿道的规划设计中，选线是基础构架，选线是否合理是绿道建设成功与否的关键。在实际操作过程中，由于各个案例的基础条件不同，绿道选线需结合当地环境、气候条件、土地利用情况以及人的生活习惯等因素，要因地制宜地进行设计，选择适宜当地环境、满足人们使用需求的选线布局方式。在具体的绿道设计当中，要根据绿道的选线布局来决定绿道线路的走向、串联节点的位置以及周边服务的范围。好的绿道选线布局能够最大化满足绿道使用者的需求，并具有适当的服务范围。

2.1.2 绿道的连通性

连通性是绿道设计中必须重点考虑的问题之一。绿道连通性的优劣直接影响慢行交通的使用效率及人们对绿道的使用频度。良好的绿道联通性能够保证绿道整体的连贯性，使人们以便捷的方式到达绿道中的相关节点，且保持往来交通的通畅。然而，绿道也不是连通性越高越好，特别是对于容易影响绿道使用的外部交通，绿道一般不应与其连通。同时，机动车道的干扰、绿道规划不完善等问题也容易阻碍绿道连通性的发挥，从而造成绿道使用效率降低。

2.1.3　绿道的空间拓展性

在既有小区特别是一些老旧小区中，由于在规划之初预留给绿道的道路空间不足，常常导致社区绿道的空间拓展性较弱，影响了绿道交通的使用和开放空间的设置。这方面存在的问题主要有：从居住区平面布局上看，现有老旧小区的外部开放空间常常严重不足，车辆乱停乱放、占道、地面停车空间不够等现象比较普遍，严重影响了既有小区的绿道改造；从垂直竖向空间的使用上看，由于涉及日照、天然采光等权益问题，现有居住区多依赖地面水平层面的空间，缺乏对垂直空间的开发和利用；从道路结构上看，现有居住区慢行系统结构普遍较简单，且各级道路宽度有限，常常缺乏独立安全的慢行系统。

2.1.4　绿道网络体系的构建

绿道网络体系承担着社区居民日常慢行交通、游憩休闲等多种服务功能，连接了社区与上级绿道、外部交通、绿地、广场等开放空间及相关公共服务设施等，建立了社区与周边服务设施的联系网，有效地提高了社区慢行系统的出行效率，提高了周边服务设施的使用效率，满足了居民的交通需求，为社区生活提供了诸多便利。等级分明、结构清晰的绿道网络体系，有助于提升绿道可达性，从而带动整个居住区的发展。

2.2　因地制宜的绿道选线布局

绿道选线布置应当基于绿道的级别，选择与之相适应的选线方式。其中，对于居住区内部的社区绿道，其选线应围绕内部主要道路进行布置，以最大限度地满足居住区大多数居民的需求，选择最适宜的路径。对于居住区外部的社区绿道，其选线布置则主要以线状沿水或城市的主要道路布置。如果用地有较为明显的竖向变化，则还要依据地势，选择有利地形选线。如果可能，应利用绿道线路串联周边居住区、公园及其他重要的城市节点，满足多种类型人群的使用需求，并创造良好的视觉景观效果。

据调查，目前绿道平面布局形式主要有线状布局、环状布局、多环布局、车轮环状布局、复合式布局等[35]。不同的布局结构具有各自的特点，需要结合实地情况有选择地进行设置。社区绿道的平面布局主要根据居住区、居住小区规模、周边公共绿地、公园、广场、公共服务设施，以及社区内的小游园等现有资源分布情况，考虑适宜的绿道平面布局形式。

2.2.1　线状布局

以距离最短为原则有效连接各节点，是绿道常用的布局形式之一。这一形式比较适用于较狭

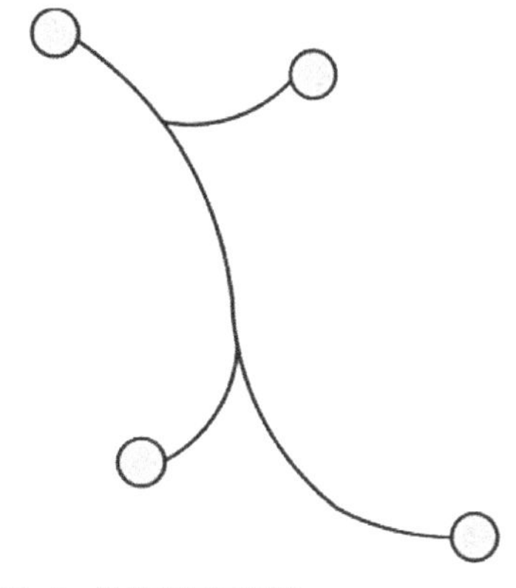

图2-1 线状布局示意图

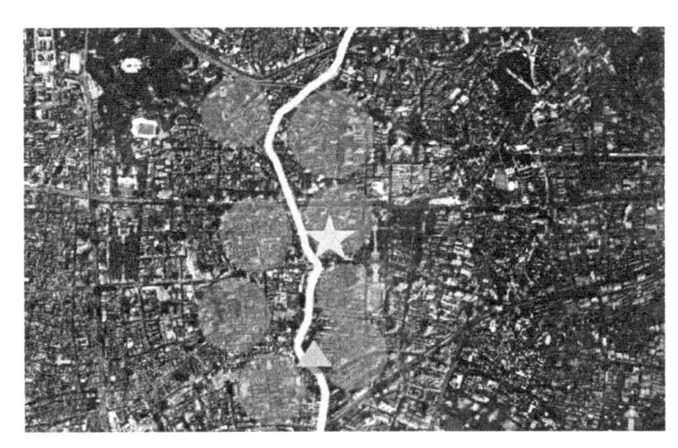

图2-2 东濠涌绿道线路布局

窄的地段，能起到便捷地连接各个社区或其周边主要公共节点的作用，还能集中整合社区周边资源，最大化发挥绿道价值，服务整个居住片区。但由于其单一的线状特性，使用中常存在“往返共用”同一条线路的问题，甚为不便。同时，这种绿道还可以用于贯穿大型居住片区，串联周边主要公园、绿地或开放空间等供周边社区居民使用的空间，服务于整个片区居民，成为社区绿道的骨架，利用支路连接其他类型的绿道平面布局，衔接各个居住小区或居住组团（图2–1）。

这一类型绿道的典型案例是位于广州越秀区的东濠涌绿道（图2–2）。该绿道自南向北沿河涌两岸布置，串联周边多个带状公园、开放空间及居住片区。由于绿道尺度相对较大，能够提供多种不同类型的休闲开放空间供周边居民使用。南北贯通的线状特性，为周边社区居民日常出行和游憩等活动提供多样化的服务。沿线设有东濠涌博物馆和信息指示牌，融入地区文化特色。此外，自行车租赁点和驿站的设置，为使用者解决了慢行交通问题。

2.2.2 带状布局

指的是由两条或多条同向的线状游径组成带状的布局形式，各个线状游径之间可能存在多条支路相互连通。这一布局模式适用于居住区范围较大，节点多且分布广泛，某两侧方向受限不能设置绿道通道，只沿单个方向布置绿道游径串联区域内同方向多个节点的场地。此绿道形式较为特殊，多出现在特殊场地中，使用频率较低（图2–3、图2–4）。

2.2.3 网状布局

网状布局的绿道是应用较为广泛的绿道布局类型之一。这一模式连通了住区各个方向，形成纵横交错的绿道网格，有较好的绿道连通性和可达性。串联节点形式较为多样化，布局灵活自由，可承担多种复合功能，提供多样化的使用需求和路径选择。适用于各类居住区内部及外部的绿道游径布局，不受居住区面积限制，是带状布局形式的拓展和延伸，适用范围广（图2–5、图2–6）。

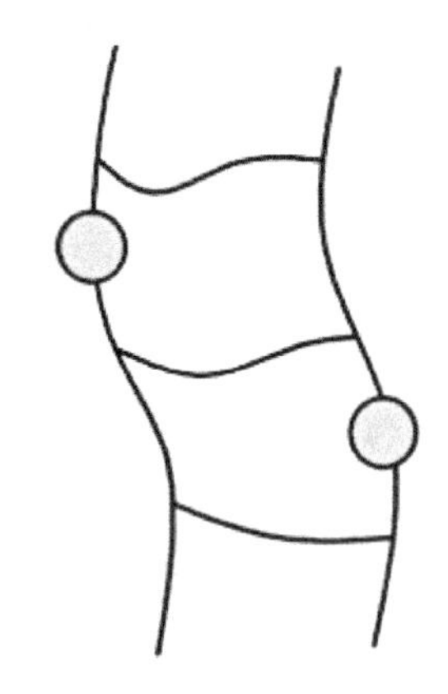

图2-3　带状布局示意图

图2-4　新加坡某居住区的带状布局的绿道

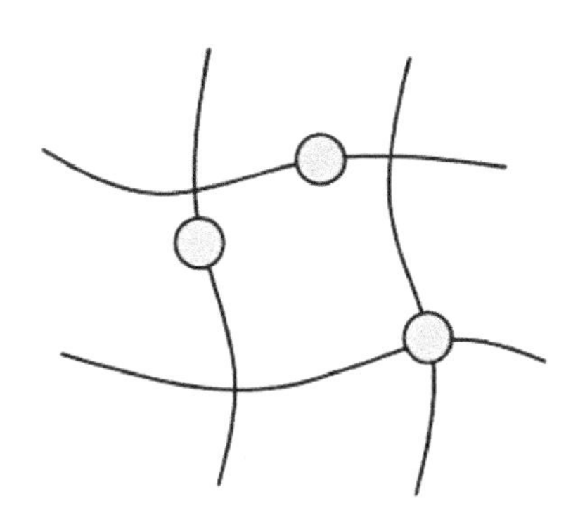

图2-5　网状布局示意图

图2-6　新加坡某居住区的网状布局的绿道

2.2.4　环状布局

这一模式具有封闭形态，适用于面积较大的地区，可提供多种复合功能，是一种能高效地组织、安排各种活动的布局形式（图2-7）。如果将这一模式与线状布局结合，就可以串联周边居住区，形成有效的循环系统，扩大社区绿道辐射范围，起到补充作用。但这一模式也有明显的不足之处，主要在于结构较为单一，缺乏多样性的组合方式。需要配合其他类型布局结构共同组成社区绿道网路，因此一般认为它适用于布置社区绿道的游憩线路。北京市沿恩济东街建设的线状绿道贯穿由恩济里小区、八里庄北里小区等形成的居住片区，作为居住区外环社区绿道，形成层级绿道网络，更好地发挥绿道的使用效率（图2-8）。

2.2.5　多环布局

针对环状布局过于单一的缺点，一些绿道采取了由两个或多个环状线路共同构成的线路布局结构（图2-9、图2-11）。这一模式可拓宽绿道服务范围，增加线路距离，同时它还具有丰富多样的组合模式，这就提高了绿道使用的趣味性，增加了使用者的愉悦感。这一模式的线路长度可根据地形合理调节，从而提供多样化的体验空间。此外，通过对各个环进行等级划分，可形成主次分明的布局结构，根据不同环路特征配置不同主题和功能，能够满足游憩、交通等多种使用需求。此类绿道既适用于大型居住片区的整体绿道布局，又适用于居住区或居住小区内部的小型社区绿道建设。通过建设适宜的绿道布局结构形成一定规模的绿道体系，有助于居住区的长期发展。位于深圳罗湖区的银湖社区绿道，沿社区主要道路布置多环式绿道布局，服务居住区内大多数住户。同时该社区绿道还与省立绿道2号线以及城市绿道5号线相连接，形成等级分明的绿道体系。绿道串联部分景观节点，银湖沿岸设有亲水平台（图2-10）。

多环绿道的另一个典型案例是位于广州东山区华侨新村社区内部的社区级绿道，该绿道主要沿社区内部主干道布置，主要为社区内部居民的日常活动提供服务。该社区中心有一所外国语学校，由于许多家庭的日常行为都以子女上学为中心，因此它是整个绿道的核心，围绕学校外围建

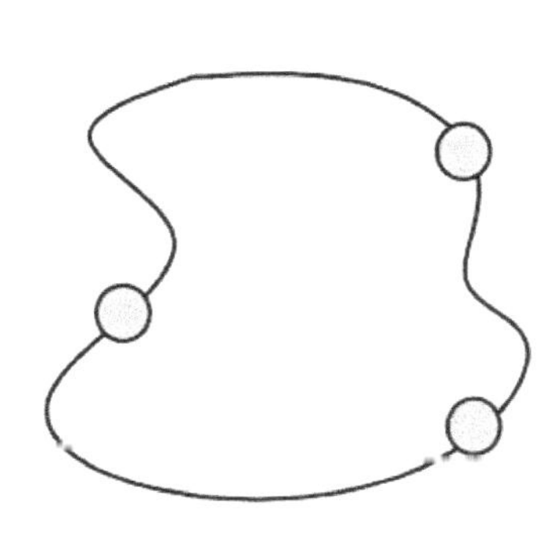

图2-7 环状布局示意图

图2-8 恩济东街环状绿道示意图

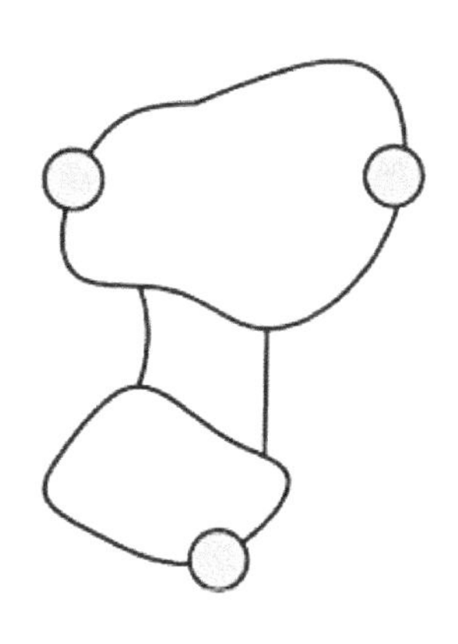

图2-9 多环布局示意图1

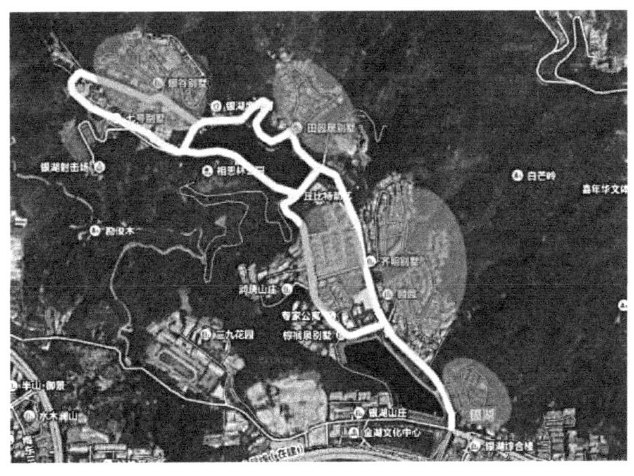

图2-10 银湖区环状绿道线路布局

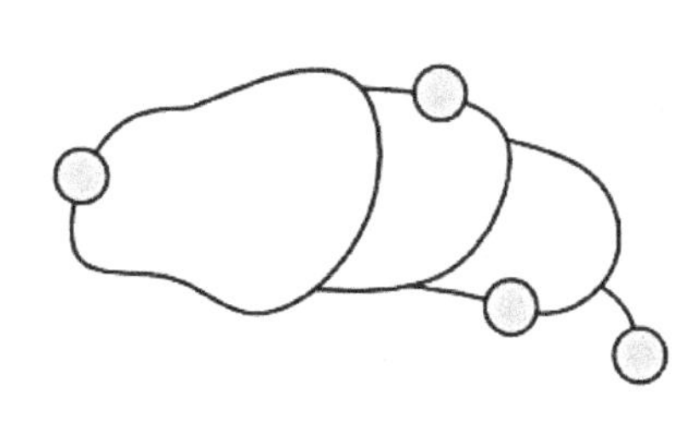

图2-11 多环布局示意图2

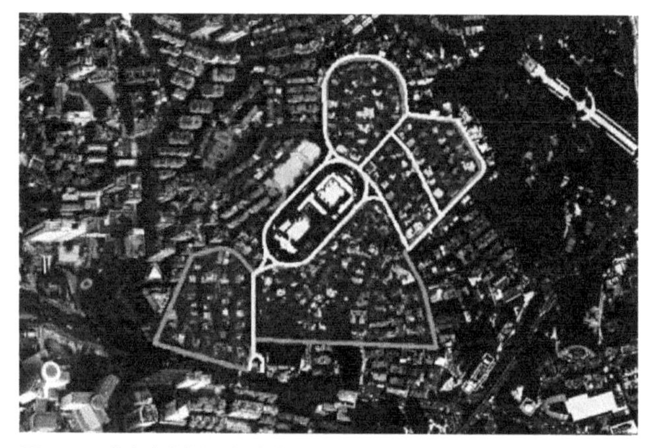

图2-12 华侨新村社区绿道线路布局

设了社区主环路、次环路层层嵌套。根据周边居住组团分布，这些主、次环路形成了类似“虫子状”结构分明的多环状绿道布局。绿道串联多个社区小型活动开放空间，满足居民多样化的活动需求（图2-12）。

2.2.6 车轮环状布局

这是一种由中心向外围扩散的绿道布局形式，用以连接中心区及周边居住区、居住小区等区域（图2-13）。这一模式的特点是辐射范围广，覆盖区域更全面、具体。这一模式还能提供自由多样的线路组织方式和出行距离，使用者可任意选择适合的线路，体验不同的绿道空间；适宜于多种不同风格的绿道游径设置和功能选择，满足复合多样化的使用需求。这一模式适用于中心节点被较大规模居住片区包围的区域，串联中心节点及串联周边不同社区，扩大中心节点服务范围，提高社区绿道的使用效率。

这一模式的典型案例是北京世纪城居住区，它是北京大型居住区之一，占地面积约120hm^2，主要包括10个居住区和1个商业区（图2-14）。其中，大型商业区——金源时代购物中心是集商业、娱乐、购物、休闲于一体的多元化购物中心，其建筑面积超过55万平方米，为居住区提供综合性服务，位于居住区的中心地段。因此，适宜建设车轮环状绿道网络，在商业区和各个居住区之间建立有效连接，扩散商业区的服务范围，为周边所有居住区提供合理、安全、便捷的绿道线路。

2.2.7 复合式布局

该模式采取线状、带状、网状与环状等多种布局自由组合，构成不规则的布局组织方式。由于该模糊形式自由多变，具有多样化的线路选择方式和大量绿道节点，因此可提供不同的体验感受和功能，适用于功能复杂、区域面积较大的居住片区（图2-15）。

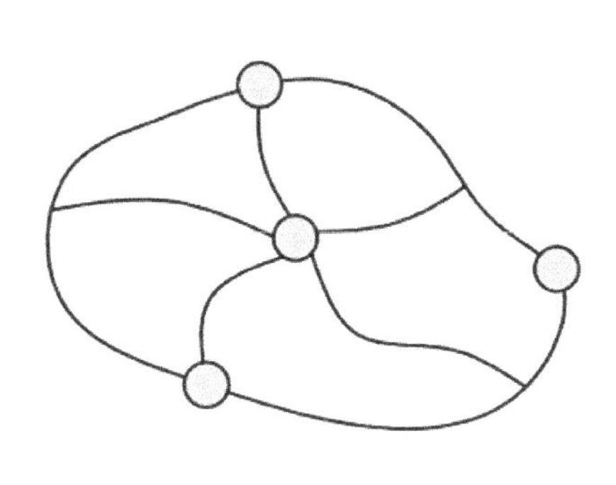

图2-13 车轮环状布局示意图

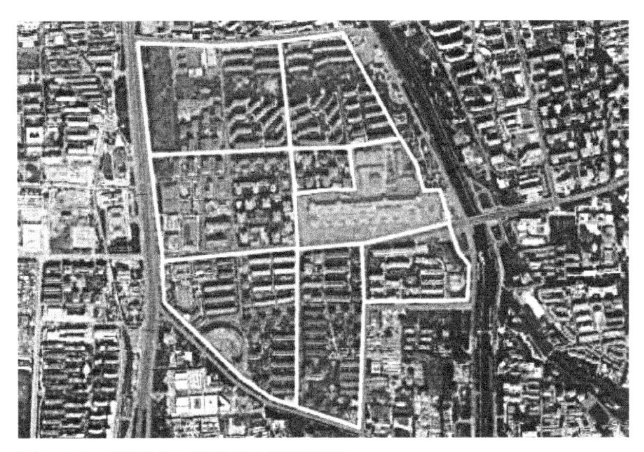

图2-14 世纪城车轮环状布局示意图

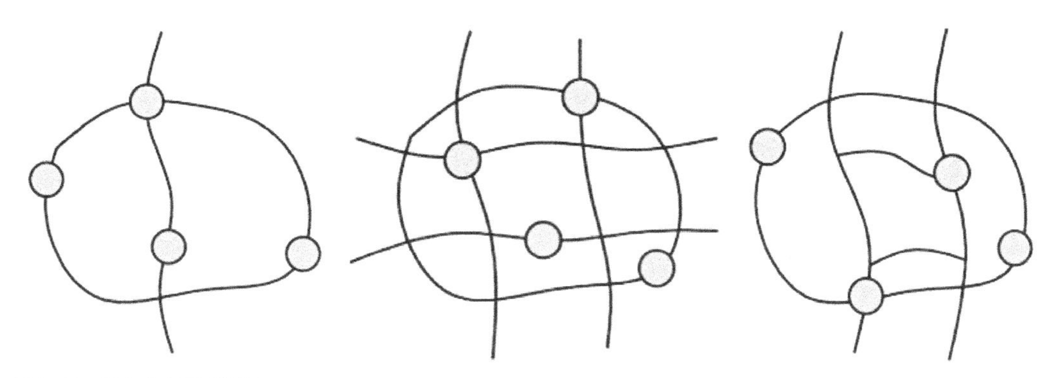

图2-15 复合式布局示意图

在各种组合模式中，线状与环状结合，适用于结构简单、地块较为狭长的居住片区，具有相对明确的路径方向。网状与环状结合，适用于规模较大的居住片区。这一模式在居住区外围建设环状道路网络，形成环绕居住片区的绿带，起到控制居住区的范围及连通内部和隔绝外部的作用。在内部以网状形式连接多个不同居住小区，形成内部交通便捷的绿道网络，并与外部环状绿道形成多个绿道节点，形成内外环绿道体系。带状与环状结合，适用于个别地区受限、两侧方向不适宜开设绿道出入口的居住片区。这一模式以带状形式贯穿整个片区，并形成多条相互连通的线状游径。在外围以环状形式连通居住区外部空间，形成内外连通的绿道网络。

2.3 改善绿道连接度

北京市的绿道建设，由于受道路、铁路、河流、桥梁等因素限制，绿道连通性受到了不小的影响，造成部分绿道使用不便。因此主要采取在绿道断点处利用借道交驳的方式与城市慢行系统进行连接，在借用现状道路时，常提前50~100m导入现状道路中，使绿道使用者能够按照现状交通系统进入下一个绿道中，减少安全隐患。但这种借道现象在使用中很明显地存在诸多问题，给使用者带来不便，且影响绿道的使用感受，因此规划设计应考虑在绿道断点处采取下列相应措施，改善现有绿道连通性。

2.3.1 设置立体交通

在绿道交叉口处设置立体交通，建立安全隔离的连接方式。如利用过街天桥或地下通廊，与社区绿道等慢行系统相连接，建立独立的绿道连接通廊，同时缓解机动车对绿道的干扰。避免慢行系统被城市机动车道截断，既不影响地面机动车交通，又保证慢行系统的连通性。当然，这种方法的主要缺点也很明显，那就是使用者需要登高后下降，会造成一定的体力消耗（图2-16~图2-19）。

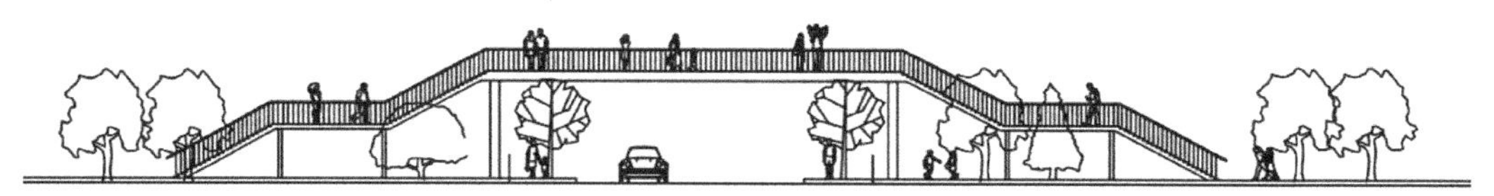

图2-16 地上连接方式立面图

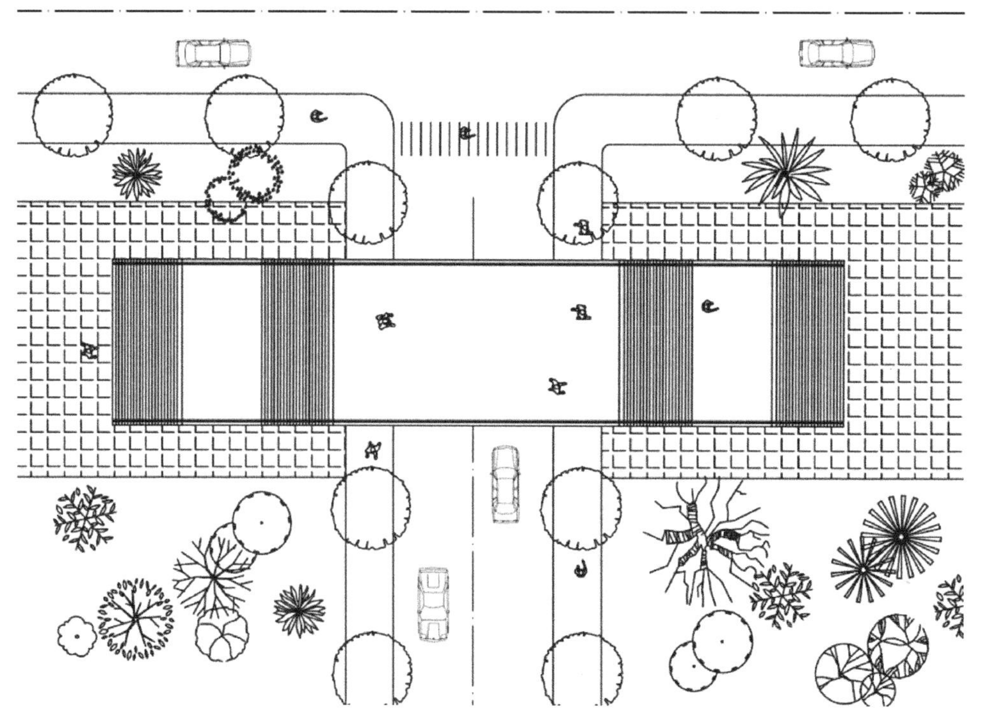

图2-17 地上连接方式平面图

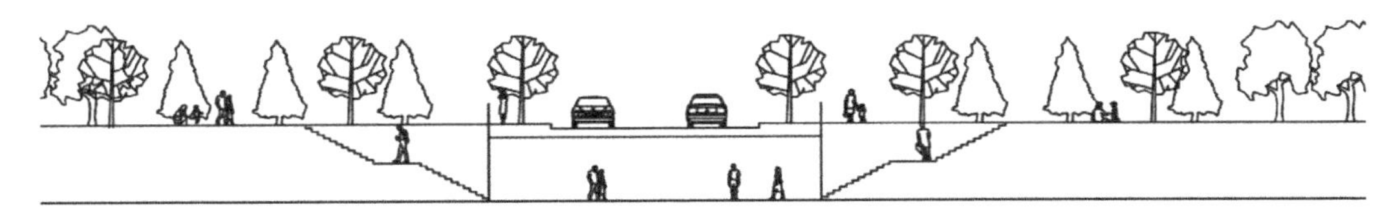

图2-18　地下连接方式立面图

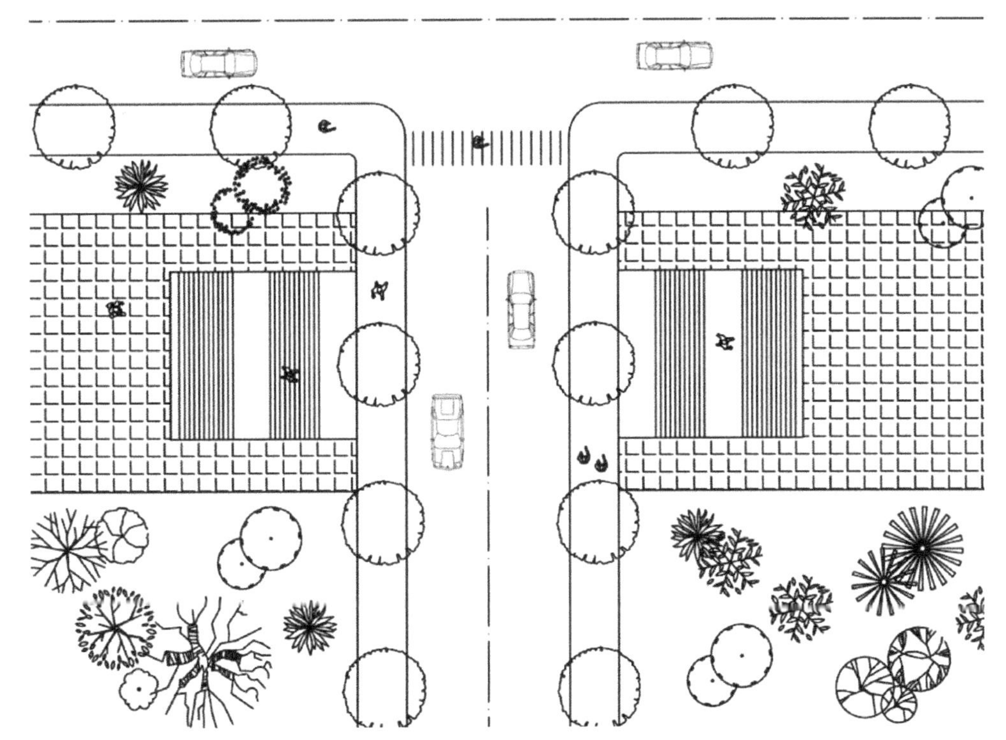

图2-19　地下连接方式平面图

2.3.2　建立“双层绿道”

在条件允许的地段，可以尝试建立“双层绿道”。即以地下通廊或高架绿道体系的形式，使绿道与现有的地面绿道线路平行，以建立地上或地下的“第二层绿道”。同时，利用台阶或坡道与地面层绿道的各个节点及出入口相连接，形成两条既独立又相互联系的绿道系统。这样可以有效减少城市机动车对绿道的阻隔，并为社区绿道提供多种行走使用空间和视觉景观体验。以北京昆玉河绿道选段1为例（图2-20），在现有沿河绿道的基础上，可以设计“第二层绿道”选线，该选线沿原有的地面层慢行系统建设，并串联各个小型开放空间及各个绿道出入口。在交叉口处设置台阶和坡道连通各个绿道出入口，便于地面与第二层绿道转换及快速进出绿道系统（图2-21）。

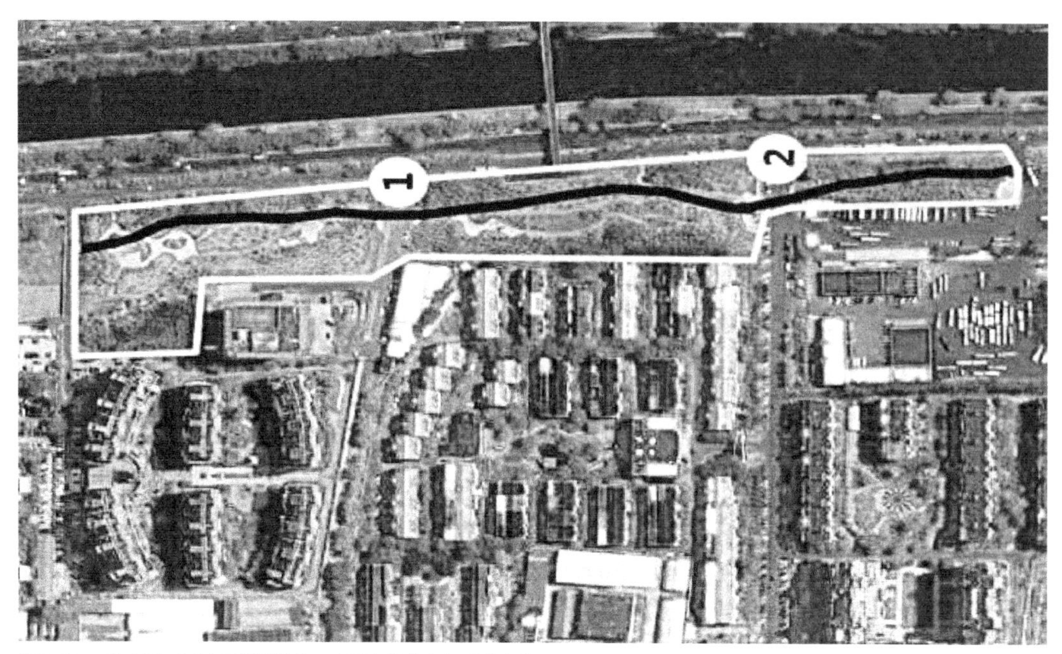

图2-20 北京昆玉河社区绿道选段1（图中①②为绿道节点）

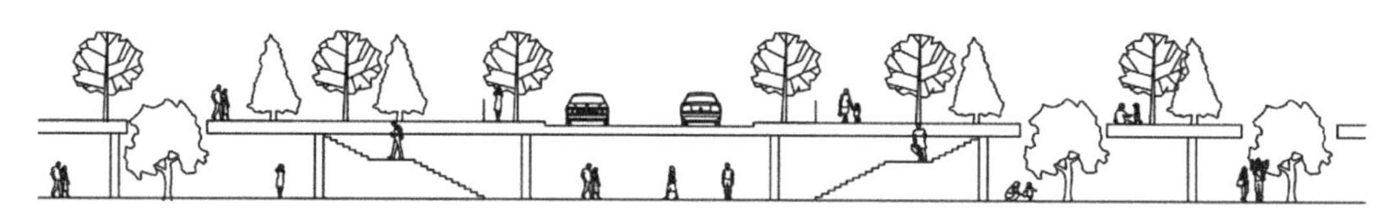
图2-21 地下通廊绿道体系示意图

2.3.3 设置小型开放空间

在人流过多的地段或人流与车流的交叉口（如社区主要出入口，与地铁或公交站相连接的交叉口等），可以考虑设置小型的开放空间，并以绿道慢行系统来串联这些空间，这样有助于缓解人流高峰时段绿道交叉口处出现的人流滞留现象，减少对机动车道造成的压力。设置供使用者进入、等待、停留、行走等多种功能的开放空间，可以帮助疏散交叉口处的人流，也可以为使用者提供进入绿道的缓冲空间，减少交叉口处的交通拥堵现象，保证绿道的通畅。

例如北京昆玉河社区绿道选段1的2号绿道交叉口（图2-22），这是通往其西侧社区的主要出入口之一。在交叉口南侧绿道出入口附近有一公交站，是服务于周边居民的主要通勤设施。在上下班高峰时段，此处车流量

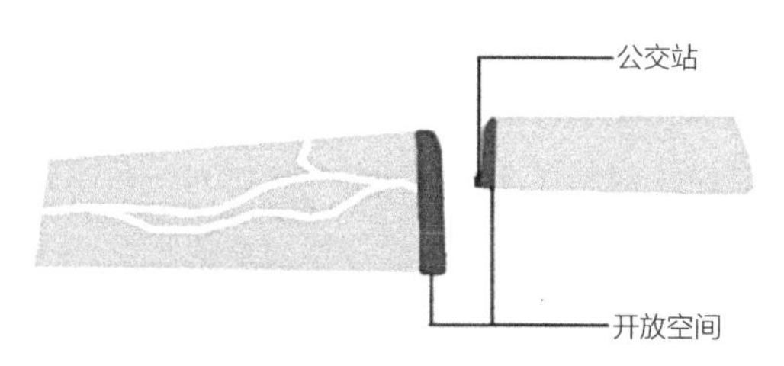

图2-22 2号节点开放空间示意图

较大且人流较多，遇到交通拥堵时段更是容易出现人流滞留及占道现象，影响城市交通。因此其绿道设计可以考虑在北侧绿道出入口及南侧绿道出入口与公交站之间开设小型开放空间，为公交站后侧及换乘通勤的人提供空间，且能减少绿道使用者与公交站通勤人流相互间的交叉干扰。

2.4　提高空间拓展性

笔者在对北京市的调研中发现，既有小区停车占用了较多的居住和交通空间，严重影响了社区绿道的建设和使用。规划设计应通过不同的技术手段，提高停车效率，改善停车环境，并结合社区绿道进行停车改善设计，以提高居住空间的实用性。此外，利用垂直空间进行绿道的剖面结构设计，也可有效缓解既有小区停车空间不足的问题，合理利用现有居住区的空间资源。

2.4.1　改善既有小区停车环境

调研发现，北京市内2006年以后建设的居住区均主要以地下车库解决大部分停车问题。地面仅有少量停车位且主要分布在主入口通往地下停车库入口的沿路周边，这样就能够为居住环境提供更多绿化空间和开放空间。住区内主要以慢行交通为主，这些居住区中的机动车道多沿居住区外围布置，通往地下车库出入口。此类居住区现有建设情况良好，不存在住区停车空间不足等问题，因此无需考虑停车改造（表2-1）。但是，部分1995年以前建设的居住区，由于现有用地空间不足，缺乏可改造的集中停车空间，因此建议不作为停车改造的重点考虑对象。

这些2005年以前建设的居住区主要有两种交通组织方式：一是带有地下车库的人车分流方式，二是以地面集中停车为主的人车混行方式。由于建设年代较早，因此，随着居住区停车数量增加，地下空间或地下停车位均不能满足现有住区的停车需求，因此在后期使用过程中，不得不通过利用现有地面空间（如机动车道路周边、居住建筑周边、绿地及一些开放空间等）加设停车位来解决居住区停车问题。但由于加设的停车位多根据地形随机设置，很容易对机动车道交通和慢行系统的使用造成干扰和阻隔。此外，大量开放空间被占用，也严重影响了住区的整体环境和实际使用。

因此，针对上述情况：规划设计应采取以下措施改善居住区停车情况：

调研居住区情况汇总　　表2-1

所在居住区	存在问题	现状实景
厂洼西街10号院	该小区原有道路宽度约8m，现由于道路两侧均被停车位占用，导致可以通行的道路宽度仅剩不足3m，严重影响道路通行	

续表

所在居住区	存在问题	现状实景
南菜园小区	该住区宅旁主干道两侧均被停车位占用，导致慢行道与机动车道混行严重，慢行系统受到严重的干扰，给使用带来不便	
定慧东里	该住区停车空间不足，导致慢行系统被机动车停车位占用，影响慢行系统的使用	
八里庄北里	该住区居住建筑出入口周边均被机动车停车位占用，影响住户的使用，并影响建筑周边的机动车正常通行	
白菜湾社区	该住区沿绿地周边划分停车位，降低了原有机动车道的通行宽度，阻碍居民使用和观赏绿地	
翠微北里	该住区的停车位占用并随意划分部分开放空间，影响居民对开放空间的使用，并浪费现有空间资源	

（1）利用居住区现有的集中停车区域或其他开放空间，将其改造为双层或多层停车架，以节省地面停车空间，提高居住区的停车效率。

（2）适当调整降低绿地率，借用部分绿地空间，将停车位布置方式变为垂直式或行列式，增加停车位数量。可以合理利用现有空间解决住区空间不足的问题，改善道路环境，提高出行效率。另外，也可以利用绿化带将停车位与慢行道隔离，形成独立安全的慢行系统（图2–23）。

（3）将停车空间与绿道结合设计，条件允许时可以改建半地下停车库，或利用车库屋顶建设多样化的社区绿道（图2–24）。

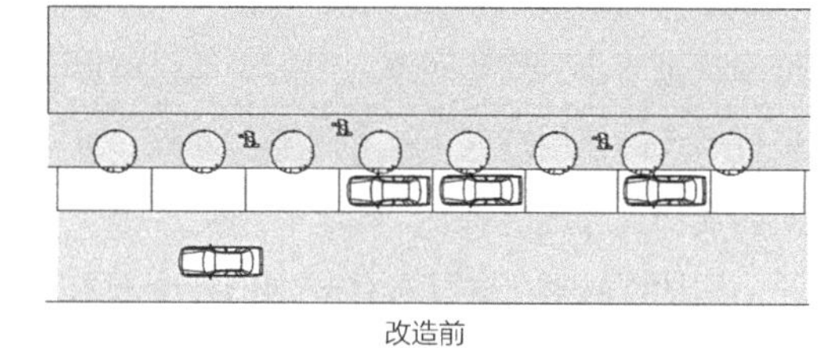

改造前

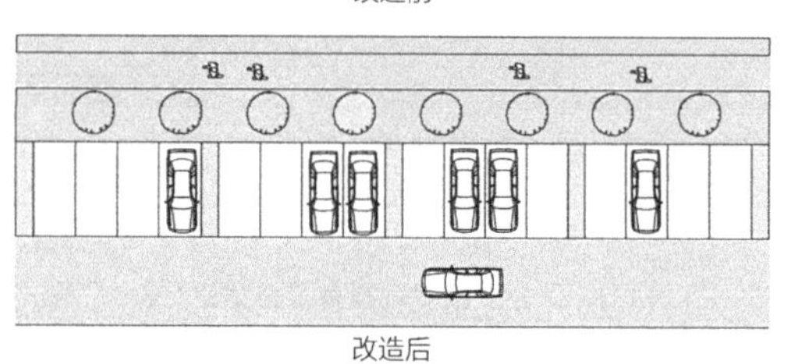

改造后

图2–23 停车位与绿道结合模式

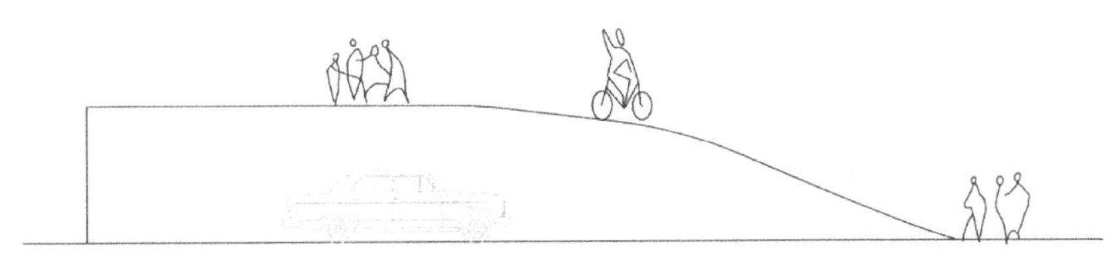

图2-24 停车改造与绿道结合模式

2.4.2 利用垂直空间设计

在绿地建设中，还可以通过利用高架桥等方式在居住区中设置与绿化相结合的独立社区绿道。这样做的优点是可以提高绿地使用率，节省慢行系统的占地空间以及创造舒适、安全、独立的社区绿道，其典型案例是广州华侨新村社区绿道。这一案例利用原有缓坡地势建立高架木栈道，沿途设置各类小型开放空间，缓解了慢行系统空间不足的问题，提高了绿地的使用率（图2–25）。

由于北京地形以平原为主，居住区内的竖向高差不大。因此，此类设计比较适用于具有大型缓坡绿地空间的居住区，或沿居住区最外围建设的绿地空间，以及社区与社区之间的连接绿道等（图2–26）。

图2-25 广州华侨新村社区绿道

图2-26 高架形式的绿道剖面图

2.4.3　绿道剖面设计

对于既有小区的社区绿道建设，应当主要考虑在现有慢行系统基础上根据实际情况进行改造。对于居住区的内部道路，由于其本身狭窄，常常人车混行，因此主要应以能够为使用者提供舒适、便捷、安全的社区绿道为目的进行道路断面设计为宜。而对于居住区外部的社区绿道，则应重点考虑串联各个绿道节点，并与其周边的带状绿地结合，进一步连接社区及周边服务设施，配置复合型多功能的社区绿道断面设计。

从北京居住区绿道的现状看，现有居住区慢行系统的组织方式主要有：

（1）步行道独立设置，但自行车道与机动车道混合使用。如中国水科院南小区，其人行道是独立的，但自行车和机动车共用道路。

（2）步行道独立设置，但自行车道与机动车道以护栏分隔。如颐园居、白云路西里居住区外部道路，其人行道是独立设置的，但自行车道与机动车道之间用护栏隔离。

（3）步行道、自行车道、机动车道三者混合使用，即三种交通方式混合共用一条道路。如颐和园新建宫门21号院、恩济里小区等为此种情况。

针对上述各类典型居住区道路使用的现状，其绿道规划设计可参考以下改造策略（表2-2）：

居住区道路剖面改造示意图　　　表2-2

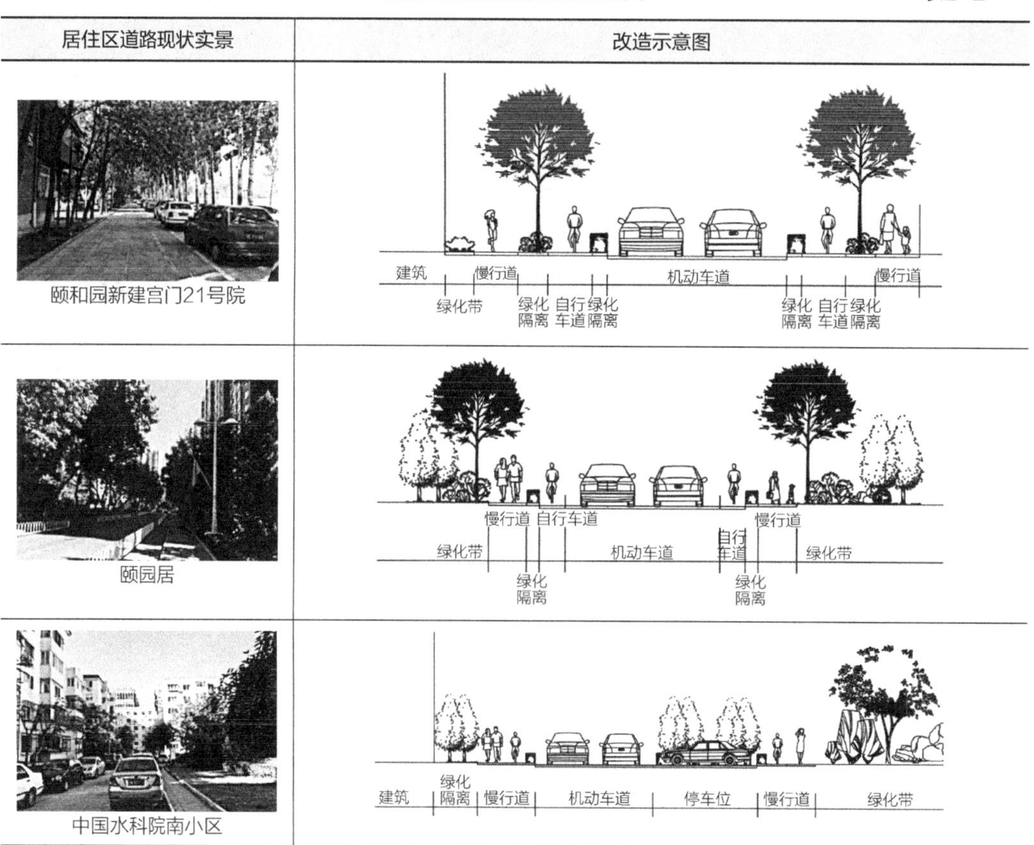

续表

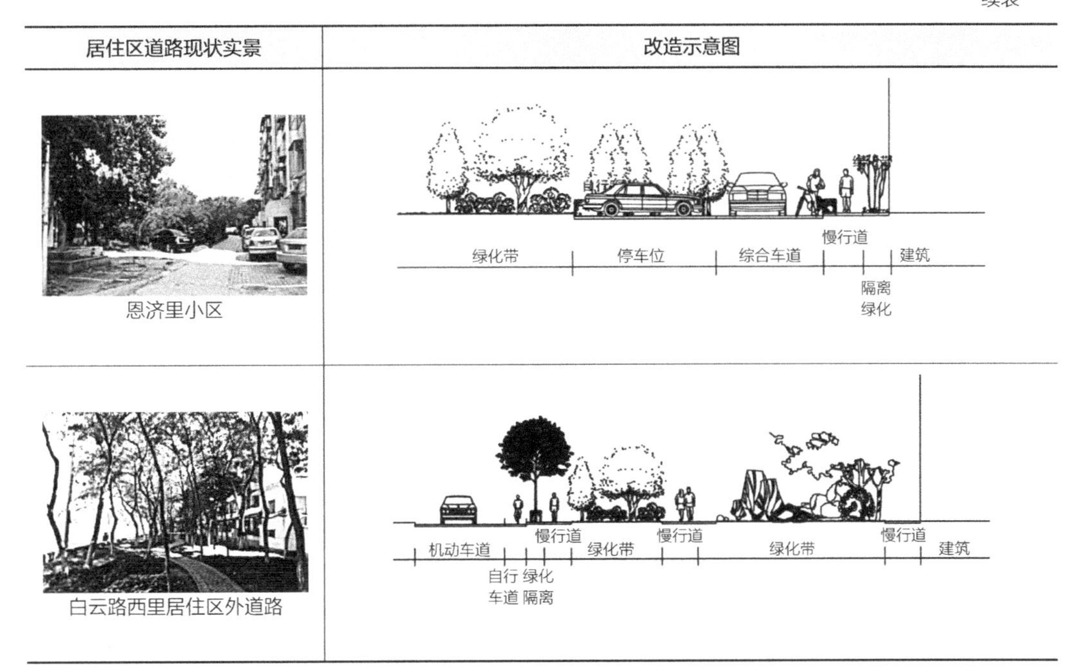

（1）建立独立的步行道、自行车道以及机动车道，配以不同宽度的绿化隔离带，形成各自相对独立的慢行系统。此种类型的绿道多用于居住区内部主干道较宽的路面改造。如颐和园新建宫门21号院居住区内部道路改造示意图所示。

（2）建立独立的步行道，配以不同类型的绿化隔离带。自行车道与机动车道平行设置，以矮柱或护栏等隔离带相隔。此种类型的绿道多适用于居住区内部主干道较窄的路面改造。如颐园居居住区内部道路改造示意图所示。

（3）将步行道与自行车道并行设置，配置低矮绿化隔离带，与机动车道相隔离。可以适当考虑降低绿地率，将停车位结合绿道进行设计，并以低矮绿篱相隔离，形成独立安全的慢行系统，提高停车效率，改善住区交通环境。此种类型的绿道也适用于居住区内部主干道较窄的路面改造。如中国水科院南小区内部道路改造示意图所示。

（4）沿居住建筑出入口一侧设置独立的步行系统。由于此类道路通行频率较低，因此可以考虑采用自行车道与机动车道混合使用的方式。也可以考虑借用部分宅旁绿地结合停车位设计，提高住区停车效率，改善停车环境。此类绿道多适用于居住区内部次干道或通往居住建筑出入口的支路路面改造。且由于受实际道路路面宽度限制，此类绿道多考虑沿居住区带状绿地或居住建筑出口单侧布置。如恩济里小区居住区内部道路改造示意图所示。

此外，可以利用绿地进行停车位的设计，以提高住区停车效率；还可以在宅旁绿地中设置独立慢行系统，以提高住区绿地的使用效率，并提供相对安全、独立的慢行系统。

（5）除沿机动车道布置的步行道和自行车道外，充分利用居住区外部的带状绿地等资源，在其中布置慢行道，将社区绿道与周边绿地融合设计，可以提高社区绿道慢行系统的环境质量。一般说来，此类绿道适用于居住区外部周边的道路改造。如白云路西里居住区外部道路改造示意图所示。

此外，社区绿道改造还应通过合理有效的绿道剖面设计，综合利用有限的用地空间，提高土地的使用效率。在社区绿道设计中采用低矮灌木等景观植被将慢行道与机动车道相隔离，在道路宽度较窄的地段，运用护栏或矮柱分隔替代绿化隔离，提供相对独立、安全的绿道空间，可以改善现有居住区人车混行的交通组织方式，减少汽车占道现象，减少机动车对慢行交通造成的干扰，并尽量保证绿道使用者的视线不受影响。

2.5 绿道网络规划

2.5.1 划分社区绿道层级

在社区绿道规划设计中，应参考完整的绿道体系划分，根据绿道的使用频率、需求程度、连接节点性质等，建立不同层级的社区绿道网络。本部分将针对社区内部和外部两种绿道体系，分别对如何进行合理设置层级的问题进行讨论。

社区内部绿道划分为主要道路、次要道路以及支路3个层级。在一些用地面积较小的居住区，也可以考虑只建设主要道路和次要道路两个层级的社区绿道。其中，主要社区绿道通常可以考虑沿社区主干道建设，串联社区多个重要节点及出入口。次要社区绿道则主要串联多个社区组团，尽可能满足大多数住户的出行需求。支路的作用主要是将次要社区绿道与住宅的各个出入口相连接，让居民可以最短的时间进入社区绿道。

社区外部的连接绿道可以划分为主要连接绿道和次要连接绿道两个级别。根据道路宽度、使用程度、服务范围、服务人群数量等设置相应等级的社区绿道。

2.5.2 社区与绿道之间的连接

从北京居住区建设的现状看，目前建成的社区绿道多与周边社区缺乏连接纽带，主要依靠现有道路的慢行系统进行连接。这样在使用上就容易受到机动车及其他因素的干扰，从而影响人们对社区绿道的使用感受和使用频率。因此，新的规划建设就应在绿道与社区住户之间建立连续完整的连接绿道，形成独立、便捷、安全的社区绿道体系，为使用者提供出行目的明确、方便、安全、快捷的绿道出行线路，提高社区绿道的使用效率。

在社区绿道服务半径覆盖的范围内，建立各社区之间的主要连接绿道，串联各个社区。依照现有道路，在社区绿道与各个居住小区之间选取一条或多条能够贯穿社区绿道服务范围的线路进行改造，在原有慢行系统的基础上，改建为简易独立的绿道线路。以北京市朝阳区姚家园路南侧某社区绿道的部分选段为例，该社区绿道临铁路两侧而建，周边为密集居住区。依据现有道路网络，可以选取串联周边居住区的连接绿道线路（图2-27）。

如果可能，则应在各个社区均设置独立的绿道出入口，并与主要的连接绿道连通。在社区内设置独立的社区绿道出入口，可避免慢行道与机动车相互干扰，特别是可以避免在上下班人流高峰密集时段发生拥堵。选择出入口的位置时，可借用现有的独立慢行系统并对其进行改造，也可在社区主入口周边开设单独的出入口。

在社区内部也应建立能够串联各个居住单元的社区连接绿道，通过独立的绿道出入口与外部道路连接形成整体循环系统。具体做法主要依靠居住区内部现有绿地系统及道路系统，选取多条贯穿各居住单元的连接线路进行改造，将其改建为简易连接绿道，连接居住单元与住区外部。以北京市朝阳区姚家园路南侧某社区绿道部分选段的其中两个居住区为例，在居住区内部按照现有慢行系统选取3条主要道路进行改造（图2-28）。

图2-27 社区外部连接道示意图

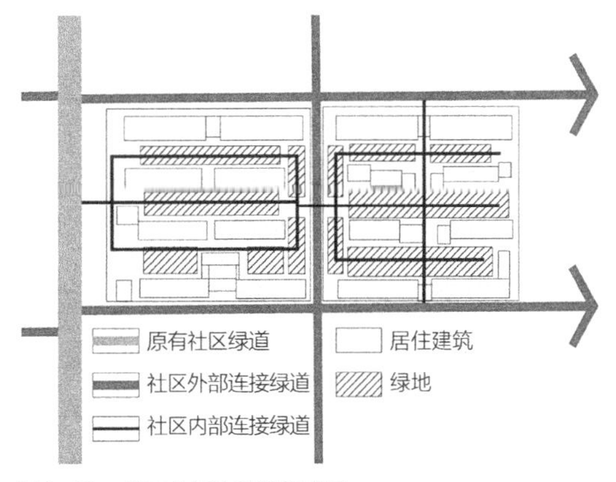

图2-28 社区内部连接道示意图

2.5.3 绿道与周边服务设施之间

要建立完整的社区绿道网络体系，还应串联周边服务设施，将其纳入网络体系，并根据社区周边公共服务设施的功能性质、使用频率、需求程度等设置相应等级的社区绿道节点。绿道节点应选在大型公共服务设施集中的区域或使用频率较高、功能性较强的公共服务设施周边（如医院、学校、商业、体育设施等），这样就能为人们的活动提供丰富多样的绿道空间和缓冲集散空间。此外，对于串联公共服务设施的社区连接绿道，则应主要依托对现有道路的改建。在规划设计中要注意保证绿道慢行系统的连贯性和独立性，并在公共服务设施周边开辟独立出入口，便于居民以最便捷的方式到达目的地。

以北京北四环南侧的昆玉河社区绿道选段2为例，现有社区绿道紧邻昆玉河建设，主要服务于东侧居住片区（图2-29）。在整个片区中分布着多种不同功能的公共服务设施用地，包括学校、医院、体育馆、商场、集中绿地等。因此其具体改造方法是：①根据用地现状，设计两条从现有社区绿道向东延伸的主要连接绿道，同时设置一条与之相交的贯穿整个片区的南北向的主要

图2-29 昆玉河社区绿道选段2

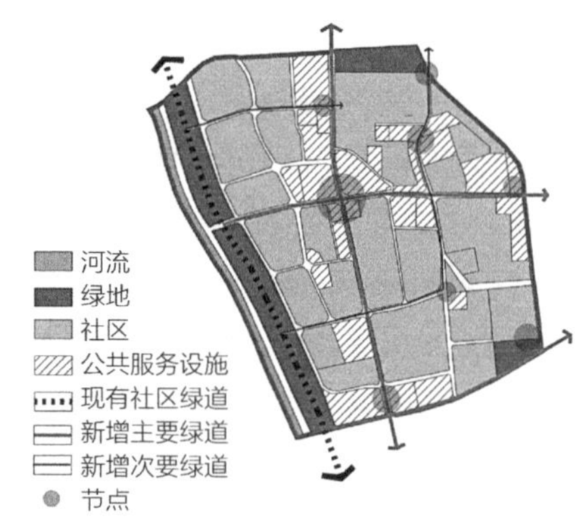

图2-30 绿道网络示意图

连接绿道，将居住区分为4个小型片区（图2-30）。②另设置2条次要连接绿道串联4个片区中的其他公共服务设施用地，使整个片区的公共服务设施通过社区绿道连接，形成有效的循环。③在绿道连接道的相交位置，即片区公共服务设施密集区，设置中心绿道节点。并选取北侧的商业集中地，南侧的市政办公地，东侧的学校、商业集中地、绿地公园等设置小型绿道节点。通过绿道网络设计，形成层次分明的绿道网络体系，帮助提高绿道使用活跃度及社区周边公共服务设施的可达性。

2.6 小结

在居住区绿道网络优化中，通过适宜的绿道选线布置，可最大化发挥绿道的使用效果。立体交通优化可改善绿道交叉口的连接度，提供安全独立的绿道体系。“双层绿道”模式可形成连续、便捷、独立的慢行空间，并改善绿道视野等。在绿道的出入口处设置小型开放空间可帮助缓解交通压力，提供进入绿道的缓冲空间，并提供多样的复合功能。通过对既有小区的停车改造、垂直空间设计和绿道剖面设计等手段，可拓展居住区使用空间，间接缓解交通压力。对不同层级的社区绿道进行划分，建立社区、绿道、周边服务设施三者之间的有效联系，可提高居民出行效率，改善住区交通环境。

3 基于绿道理论的居住区绿地改善策略

居住区绿地的生态环境在一定程度上直接决定了居住的品质，影响着居民对绿地的使用。

在本部分内容中，我们将通过对北京若干居住区的热环境进行分析来了解不同居住区布局中绿地生态环境质量的差异；然后通过人体舒适度指数对其进行评价分析，从而得出较为适宜居民使用的绿地空间布局模式，进而改善居住区绿地布置方式，提高绿地质量，促进居民使用绿地。

3.1 居住区内部绿地的生态环境

3.1.1 居住区内部热环境

我们选取北京世纪城居住区内烟树园小区、春荫园小区和晴波园小区3种不同布局形式的居住小区作为调研对象（图3-1）。3个居住小区分别简称住区1号、住区2号和住区3号（表3-1）。通过对同时段居住区内不同类型的绿地热环境和人体舒适度进行监测和分析，可以得到居住区内绿地景观生态环境的差异，进而对居住区绿地改善提出相应的设计策略。主要的监测指标为温度和湿度。监测仪器为宏诚科技（HCJYET）迷你型温湿度测量仪HT-853（图3-2）。

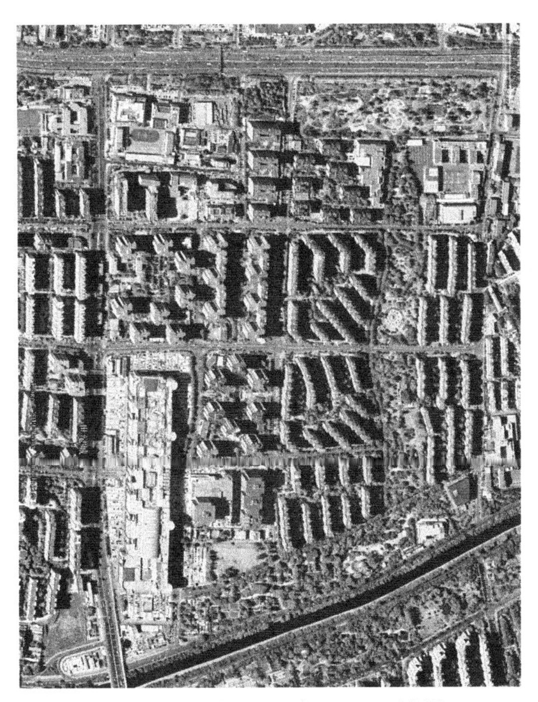

图3-1 北京世纪城居住区2018年9月卫星影像图

本次监测主要采取了两种方式：（1）在3个居住小区内各选取2个不同类型的绿地监测点，记为“绿地A”和“绿地B”。然后针对3个居住小区的同一绿地监测点（如绿地A或绿地B）进行同时性监测，以保证监测时段内3个居住小区的绿地监测点受外界环境因素影响的程度基本一致。同一绿地监测点的监测时间为5min，然后转移到下一监测点进行监测。2个监测点时间间隔为10min。（2）选取同一居住小区的2个监测点绿地A和绿地B，另外选取一个道路监测点C作为参照，进行同时性数据监测（表3-1）。

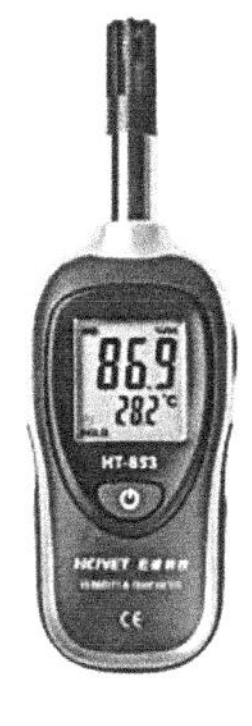

图3-2 宏诚科技（HCJYET）迷你型温湿度测量仪HT-853

3个居住小区监测点概况 表3-1

小区名称	监测点	绿地类型	现状情况	现状实景
烟树园	绿地A	宅旁绿地	绿地面积较小，常处于建筑阴影区。主要以落叶乔木、常绿乔木结合草地布置，灌木丛较少	
	绿地B	中心组团绿地	绿地结合住区中心开放空间布置。绿地被步行小径分隔，绿地斑块较零散。光照条件较好。灌草结合较多，配合少量乔木	
春荫园	绿地A	宅旁绿地	位于住宅建筑之间。部分时段受建筑遮挡。乔灌草结合配置。绿地面积相对集中	
	绿地B	宅旁绿地	位于住宅建筑之间。部分时段受建筑遮挡。乔灌草结合配置。绿地面积相对集中	
	绿地C	道路绿化	位于住区内部主要道路的中心位置。绿化层次单薄	
晴波园	绿地A	中心组团绿地	位于居住区中心地区主干道旁。乔灌草结合搭配。阳光充足，但夏季缺乏大量遮阴效果明显的乔木。绿地面积较大且连续	
	绿地B	宅旁绿地	位于居住建筑之间。乔木和草地结合配置，缺少围合的灌木。绿地面积相对集中	

监测日期：2013年11月—2014年6月，均选择晴朗、无风或微风的天气进行监测，尽量排除其他自然因素的干扰。通过对监测数据筛选和排查，除去因个别人为因素导致的数据异常情况，对有效数据进行分类比较和对比研究。

监测时间：全天的测量时段为8：00–17：00，上午和下午各分4个时段，每个时段间隔1h，中午休息时段间隔2h。

监测目的：①通过对不同居住小区的同一绿地监测点进行实时监测，对监测的数据进行对比分析，总结居住小区内不同绿地类型之间的生态环境差异。②通过对同一居住区内的绿地A、绿地B和道路绿地C进行实时监测对比，总结同一居住区内多种绿地类型的生态环境差异。

其中，2号春荫园和3号晴波园属于不同形式的行列式布局，绿地布局以中心绿地和行列住宅间的宅旁绿地为主。1号烟树园的布局形式属于自由式，绿地主要以中心配合大型开敞空间的组团绿地及周边的宅旁绿地为主。这2种布局方式均为北京现有居住区较为常见和典型的布局形式，具有一定的代表性。且3个居住小区地理位置相近，同属一个大型居住区，外界环境影响因素较为一致，景观绿化类型和植物配置方式相似，均为居住小区规模的绿地，便于案例对比分析（表3–2）。

各居住小区的概况及监测点位置　　表3–2

编号	1号	2号	3号
名称	烟树园	春荫园	晴波园
布局形式	自由式布局	行列式布局	行列式布局
建筑形式	塔楼，高层	板楼，高层	板楼，高层
容积率	2.2	2.2	2.5
绿化率	35%	48%	45%
监测位置	 ● 绿地A　■ 绿地B	 ● 绿地A　■ 绿地B　▲ 绿地C	 ● 绿地A　■ 绿地B

根据监测，3个居住区中监测点绿地A的温度数据表明（图3–3）：

（1）1号居住小区中的绿地A其温度普遍低于2号和3号居住区，其中与所监测的最高差值约为6℃。

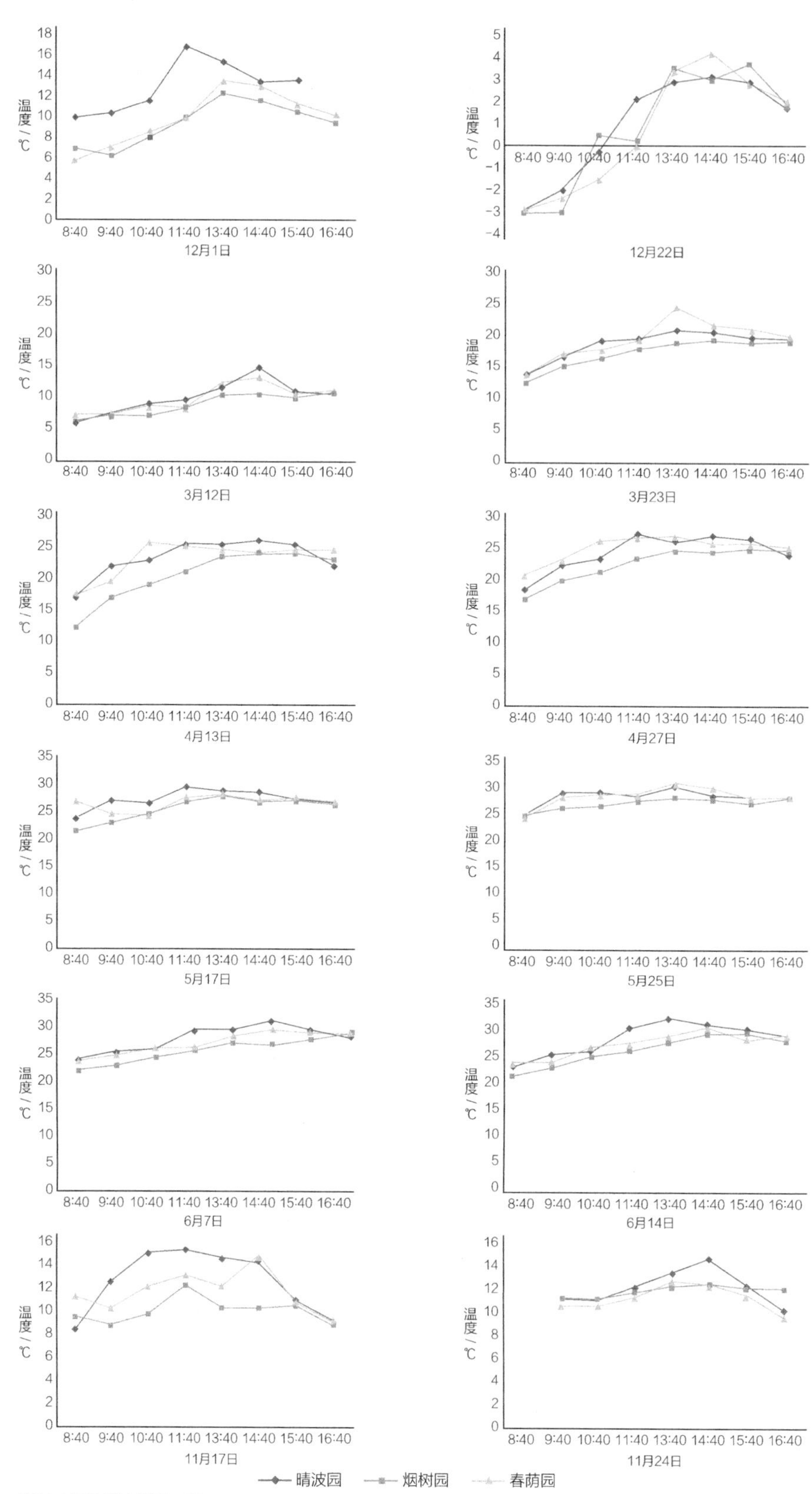

图3-3 绿地A各监测点温度对比

原因：1号居住小区的绿地A位置距离南侧居住小区的主要出入口通道较近，四周较为开阔，建筑围合度不高，扩散性较好，降温速度较快。日间处于阴影区的时间较长，接受光照时间较短，且多在上午7：00–9：00或下午16：00–18：00期间，光照辐射相对较弱，气温难以升高。

（2）2号和3号居住小区绿地A的温度趋势走向较为趋近一致。且部分时段，如11月、12月、6月，3号绿地A的平均温度略高于2号绿地A。

原因：3号绿地A的位置处于居住区中心的组团绿地，相对于2号的宅旁绿地受到建筑遮挡影响的时间段较少。11月、12月温度较高可能是因为秋冬季节落叶灌木叶片凋零，起到的遮挡作用较小，绿地升温主要依靠光照，3号绿地A的环境相对更开放，建筑遮挡时间段较少，获得光照的时间较长，绿地升温速度较快且持续稳定。因此全天平均温度相对较高。而初夏6月植物生长较为繁茂，午间时段的阳光辐射强，3号居住小区的绿地A比2号居住小区的光照更充足，因此升温的幅度较大。

根据监测，3个居住区监测点绿地A的湿度数据表明（图3–4）：

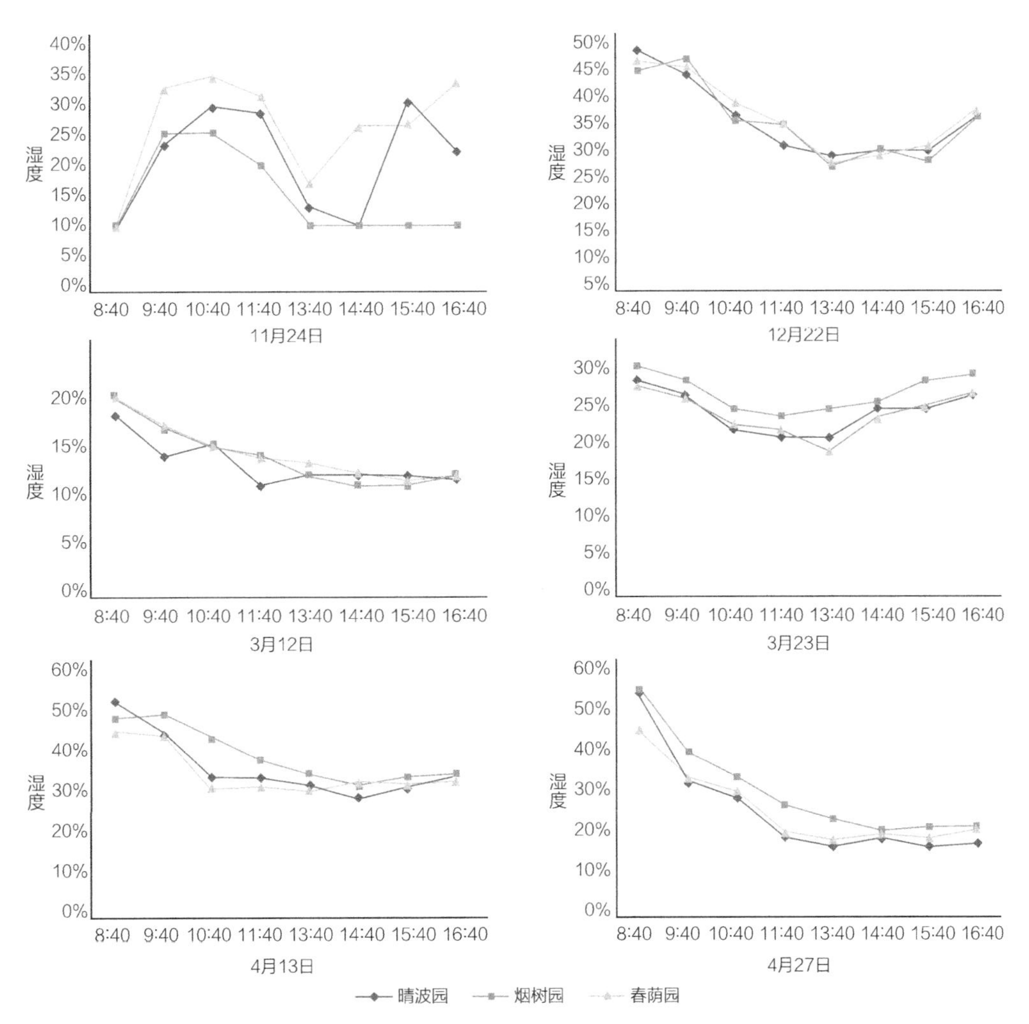

图3–4　绿地A各监测点湿度对比

（1）前一年11月至次年3月初，在整个秋冬季节，1号居住小区内的绿地A湿度变化起伏较大，2号绿地A的相对湿度普遍高于3号绿地。

原因：在秋冬季节，由于植物叶落凋零，平均湿度主要受空气因素影响较大，而绿地植物对湿度的影响较小。北方冬季寒冷干燥，多西北风，而1号居住小区绿地A的空间环境相对开放，临近住区主要出入口，周边又缺少西北方向的遮挡，因此该绿地湿度受外界影响较大。2号绿地A有南北两侧的住宅建筑作遮挡，特别是在以西北风为主导风向的秋冬季节，2号绿地A的位置环境更有利于减少风环境对绿地湿度的影响。而3号绿地A处于居住区的中心组团绿地位置，周围建筑遮挡较少，因此自然因素对绿地湿度的影响较大。

（2）在3–6月，1号绿地A湿度普遍高于2号和3号。但个别时段1号绿地A的湿度相对较低，如5月25日上午8：40–9：40。2号和3号绿地A湿度整体变化走势趋近。在3–5月，2号与3号绿地的湿度值变化较多且不固定。在6月，2号绿地A湿度略高于3号绿地。

原因：在3–6月春季期间，植物生长较为茂盛，3个居住小区中绿地A的湿度均有所增加。在日间，1号居住小区绿地A处于建筑阴影区的时间相对较长，这样就能有效地减少光照对空气湿度的影响，利于湿度的保持。且当地在春夏季节多南风，1号绿地A的南侧有商住结合建筑群作遮挡，降低了风环境对绿地湿度的影响。而5月25日上午8：00–10：00时段的风力较大，且为西南风向，1号绿地A西南侧为居住小区主要出入口，对绿地湿度的影响较大。2号和3号居住区整体空间布局环境相似，因此居住区内部的小气候也较为相近。在3–5月，春季风向多为南风但风向不固定，因此对2号和3号绿地湿度的影响存在差异且多变。进入6月，夏季风向以东南风向为主，相对于处于居住区中心绿地的3号绿地，2号绿地相对的南向建筑遮挡可以帮助减少风环境对绿地湿度的影响。此外，2号绿地南侧的建筑遮挡使得绿地处于阴影区时间长于3号绿地，减少直射光照对空气湿度的蒸发。

根据监测，3个居住区监测点绿地B的温度数据表明（图3–5）：

（1）3个居住区绿地B之间的温度差距相差不大，1号绿地B的温度变化较2号和3号绿地有所不同，且整体看来，平均温度略高于另外两个居住区绿地。而2号和3号绿地B温度则相对趋近。

原因：3个居住区绿地B的光照条件相似，部分时间段均有南部居住建筑遮挡。相较而言，1号绿地B的光照时间略长于2号和3号绿地，且1号中心绿地B中心设有小型开放广场，在光照条件充足的条件下，中心绿地整体的升温速度和温度均高于2号和3号的宅前绿地。而2号和3号居住区布局形式相同，绿地B的类型和位置相似，因此温度相对接近。

（2）3号居住小区绿地B的平均温度相对低于1号和2号绿地。

原因：2号和3号居住区的布局形式类似，但相比之下，3号住区的布局模式其整体通风性更好，且2号绿地B的绿地空间三面围合度较高，不利于通风散热。1号居住布局形式较为自由，虽然通风性相对较好，但绿地B的南侧和东侧均有商住建筑遮挡，这样就形成了半围合的空间形式，减弱了通风效果，另外该地段光照条件较好，温度升高幅度较大，综合考虑，风环境对3号绿地B的影响较弱。

根据监测，3个居住区监测点的绿地B湿度数据表明（图3–6）：

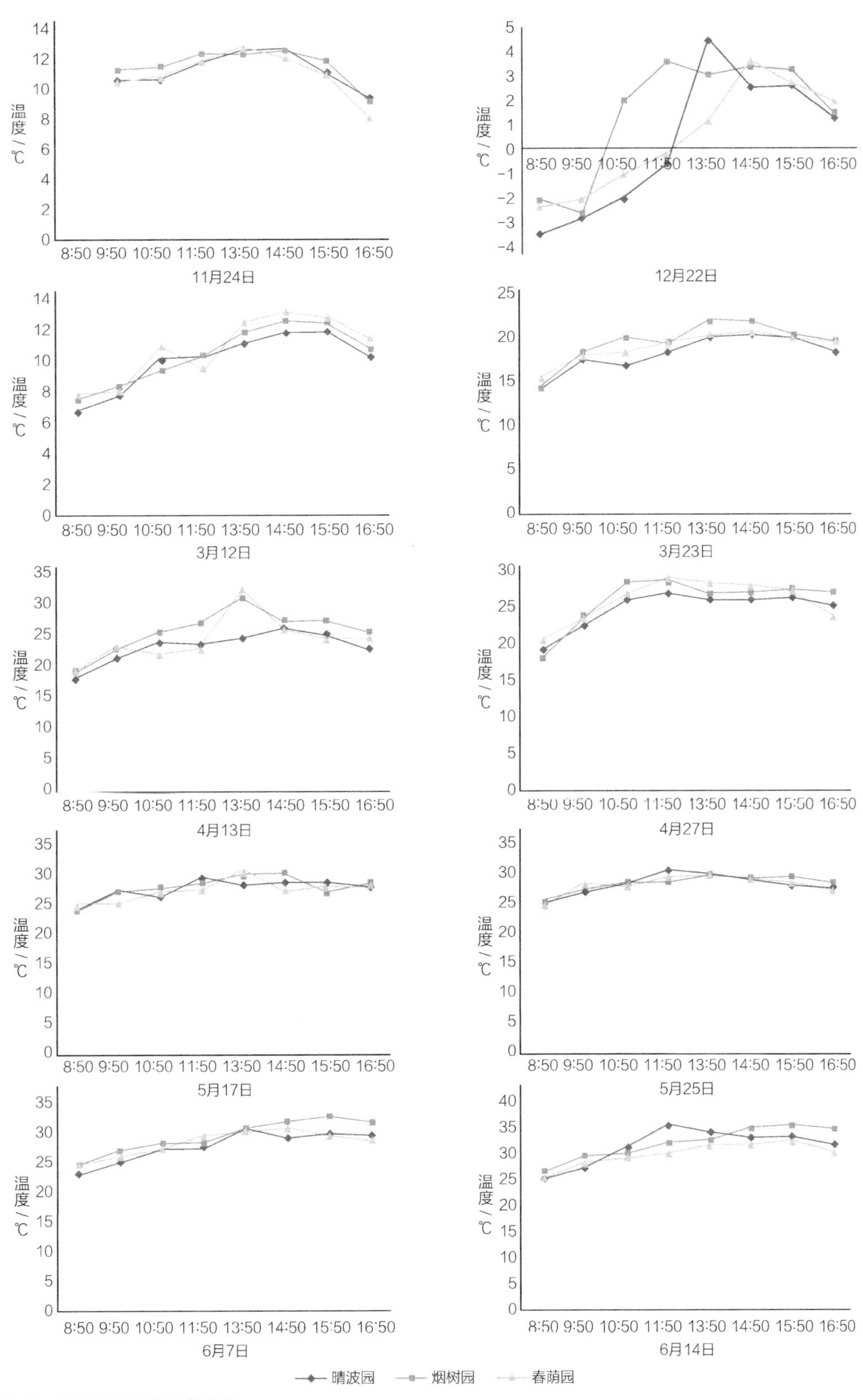

图3-5 绿地B各监测点温度对比

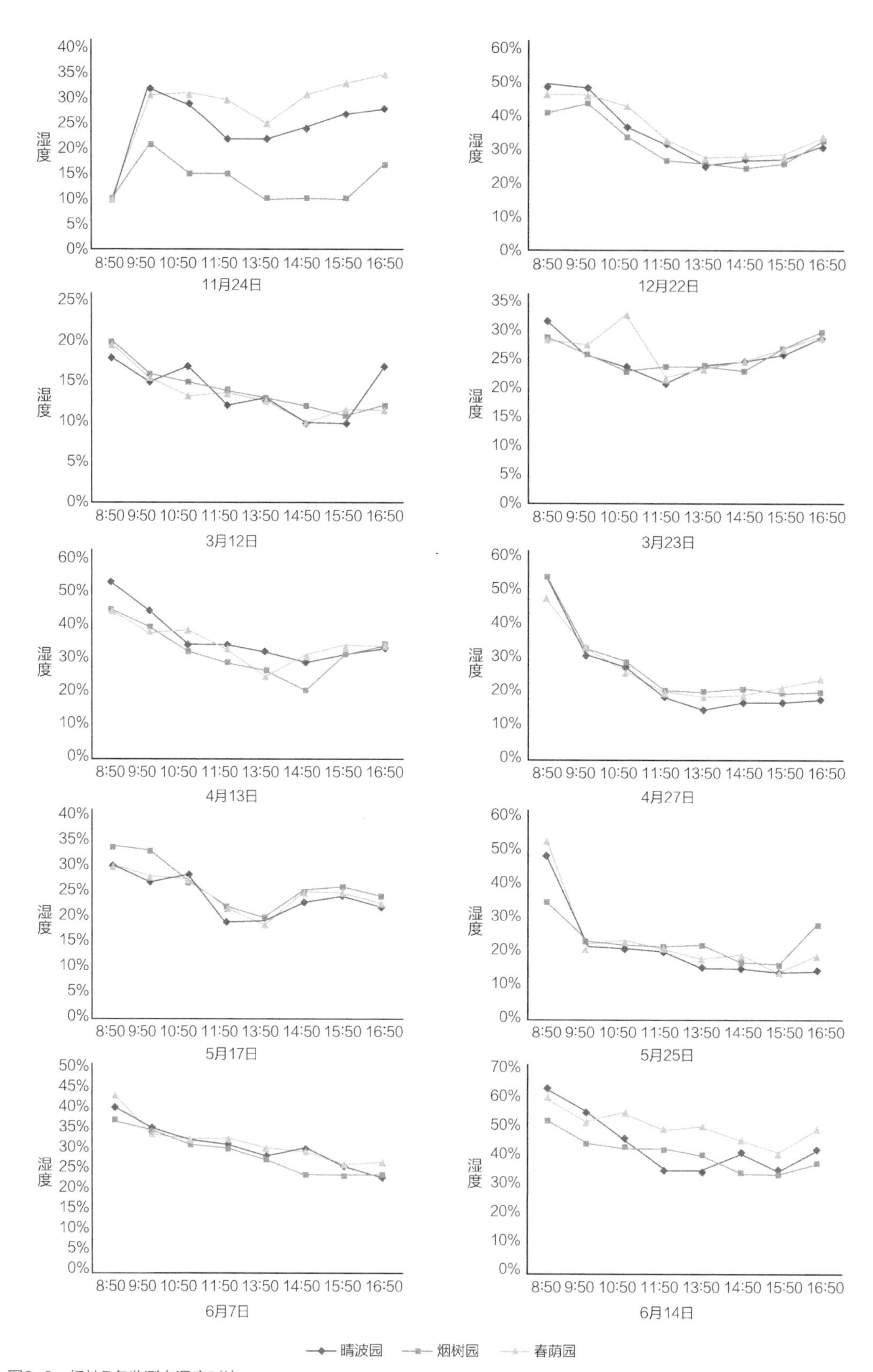

图3-6 绿地B各监测点湿度对比

（1）在11月、12月、6月秋冬季和夏季，1号绿地B相对湿度低于2号和3号绿地B。春季3–5月，1号绿地B湿度变化起伏较大。

原因：1号绿地B属于居住区的中心绿地，面积大于2号和3号的宅旁绿地，且1号居住区的布局形式围合度不高，导致空气湿度的扩散性较强。秋冬季节多西北风，自由式布局模式的中心绿地易受到风环境的干扰，降低绿地湿度。夏季1号绿地B的光照条件优于2号和3号绿地B，且光照时间较长，促进空气中水分蒸发，导致绿地湿度降低。春季多风且风向变化不稳定，植被生长，绿地蒸腾作用逐渐增强，绿地空间围合度不高等多种因素，导致1号绿地B的湿度变化较大。

（2）除个别时间点外，2号和3号绿地B湿度较趋近。4–6月期间，2号绿地B的湿度略高于3号绿地，且至6月14日，这种趋势更为明显。

原因：2号和3号居住区布局形式相同，监测点的绿地类型及光照条件相似，因此绿地的相对湿度较接近。在11–3月冬季期间，常绿植物较少，绿地植物对空间湿度的影响不明显。而4–6月春季期间，绿地植物随时间推移长势繁茂，植物的蒸腾作用逐渐发挥。对绿地湿度的影响不断增加。而2号绿地B的空间围合度较高，绿地通风环境较差，不利于绿地空气中水分扩散，因此2号绿地的湿度相对更高。

根据监测，2号居住小区监测点温湿度数据对比表明（图3–7）：

（1）绿地C的温度普遍高于绿地A和B的温度，最高温差可达3～4℃。绿地A和B的温度较为趋近。

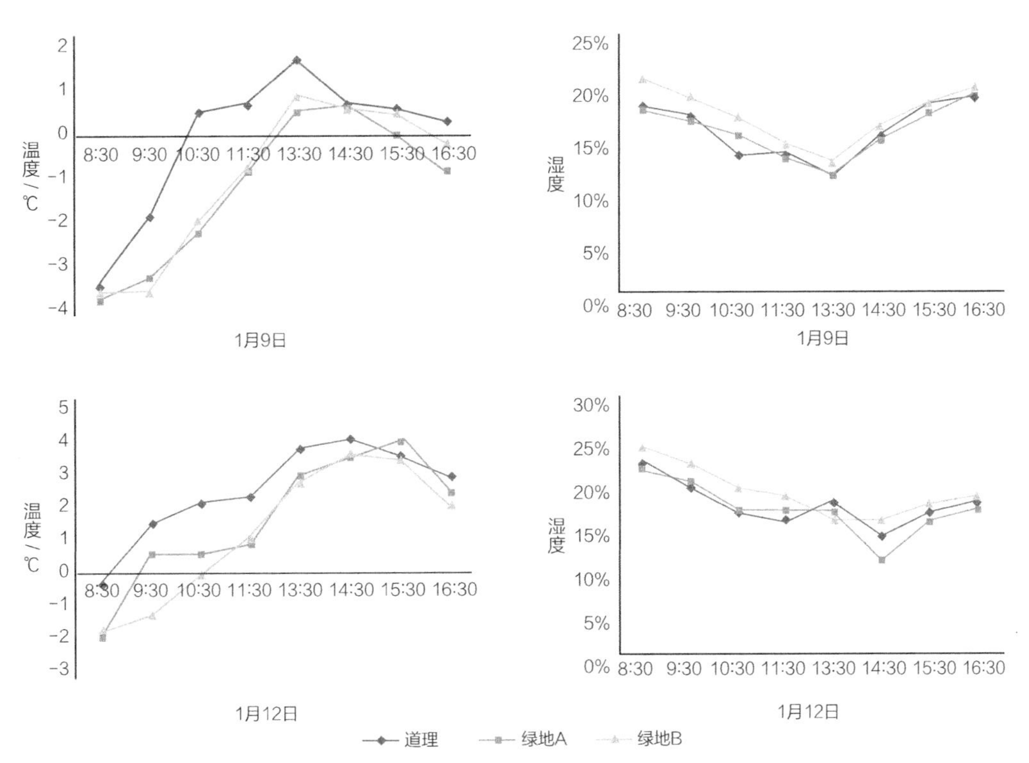

图3–7 2号居住小区各监测点温湿度对比

原因：绿地C的绿化面积小，乔木遮挡较少，且该绿地处于居住区中心位置的主要道路旁，受建筑物遮挡的时间段较少，光照条件充足，路面升温幅度大于绿地且速度较快，这样就会间接影响道旁绿地的温度。绿地A和B的绿地质量、类型和空间围合度均相近，受外界环境影响因素相同，因此温度幅度变化较一致。

（2）绿地B湿度普遍高于绿地A和C，绿地A和C的湿度较为趋近。

原因：绿地B的空间围合度高于绿地A和C，受风环境的影响相对较弱，利于绿地湿度的保持。而绿地A和C距离较近，且空间围合度均较差，因此，风环境对其绿地湿度的影响程度差距不大。

通过对不同居住小区中多类型绿地温湿度数据进行对比分析，发现：①居住区绿地的温度与绿地类型、植被组合形式、光照条件、通风条件、开放空间设置有关。其中，日照对居住区绿地温度的影响最明显，其次是通风条件。②在绿化条件相似的情况下，日照和通风对居住区绿地湿度的影响较大。遮阳或围合度较好的地段更有利于绿地湿度的保持。③行列式布局的居住区其绿地温度环境较稳定。其中，不同类型绿地之间的温度差异较小，中心绿地温度略高于行列间宅前绿地温度。④自由式布局居住区内不同类型绿地温度差异较大，且居住区内整体温度环境不稳定，易受到外界因素的干扰。⑤行列式布局比自由式布局的绿地湿度稳定性强。自由式布局居住区的绿地湿度变化起伏较大，易受到外界自然因素影响。⑥行列式布局中，宅间绿地比中心开放式绿地的湿度稳定性更高，且在夏季和冬季较为明显。不同类型的宅间绿地，空间围合度高的绿地湿度稳定性更强。⑦绿地与大型开放空间结合，升温速度更快。⑧行列式布局中，通风条件对绿地温湿度的影响较明显。⑨长时间处于阴影区的绿地降温增湿效果更好。⑩同一居住区内，同类型绿地之间的温度差距不大，而道路绿地温度普遍高于其他绿地温度。绿地湿度受通风条件影响较大。

3.1.2　人体舒适度指数评价分析

结合现有监测到的温度和湿度数据，即可计算出对应的温湿指数（THI）[36]，见式（3-1）。

$$THI=T-0.55(1-RH)(T-14.5) \quad \text{式（3-1）}$$

该温湿指数主要可以体现人体对绿地热环境是否感到舒适。根据计算结果，即可分析在某一相同时段，不同居住区规划布局内绿地的人体舒适度差异，进而总结出相对适宜的绿地使用时段及绿地类型。

从4月、5月、6月这3个适宜户外活动的月份分别抽取一天的数据进行温湿指数计算，同时段不同绿地温湿指数表征如下（表3-3～表3-5）：

（1）各类型绿地的温湿指数差距不大，上下浮动范围为1～3。

（2）烟树园绿地A的温湿指数普遍低于其他绿地。

（3）5月各绿地监测点数值相近，4月和6月不同绿地的数值差距较大。

（4）4月春荫园绿地B与晴波园绿地B数值相近。

（5）6月晴波园绿地A和烟树园绿地B的数值高于其他绿地。

4月27日绿地A、B监测点温湿指数　表3-3

绿地A监测点				绿地B监测点			
时间	晴波园	烟树园	春荫园	时间	晴波园	烟树园	春荫园
8：40	17.1	15.9	18.5	8：50	17.0	16.7	18.2
9：40	19.2	17.8	19.7	9：50	19.7	19.9	19.8
10：40	19.6	18.4	21.4	10：50	21.2	22.5	21.3
11：40	21.4	19.5	21.1	11：50	19.8	21.9	22.1
13：40	20.5	20.1	21.1	13：50	21.3	20.9	21.6
14：40	21.2	19.8	20.6	14：50	21.8	21.0	21.5
15：40	20.8	20.2	20.4	15：50	20.3	21.2	21.3
16：40	19.4	20.1	20.3	16：50	19.4	21.1	19.4

5月25日绿地A、B监测点温湿指数　表3-4

绿地A监测点				绿地B监测点			
时间	晴波园	烟树园	春荫园	时间	晴波园	烟树园	春荫园
8：40	21.5	21.0	21.6	8：50	21.8	21.1	21.8
9：40	22.7	20.8	22.5	9：50	21.4	21.7	22.1
10：40	22.5	21.1	22.3	10：50	22.0	22.2	22.0
11：40	21.9	21.6	22.2	11：50	23.3	22.3	22.8
13：40	22.9	21.7	22.0	13：50	22.6	22.0	22.6
14：40	21.8	21.6	22.4	14：50	22.0	22.2	22.4
15：40	21.5	21.2	21.4	15：50	21.4	22.4	21.6
16：40	21.6	21.5	21.5	16：50	21.3	22.7	21.3

6月14日绿地A、B监测点温湿指数　表3-5

绿地A监测点				绿地B监测点			
时间	晴波园	烟树园	春荫园	时间	晴波园	烟树园	春荫园
8：40	23.7	22.0	23.9	8：50	23.4	23.8	23.3
9：40	24.7	23.0	23.8	9：50	24.3	25.2	24.8
10：40	25.2	24.1	25.9	10：50	26.5	25.3	25.9
11：40	27.7	24.8	26.6	11：50	28.1	26.7	25.9
13：40	29.0	26.1	26.9	13：50	27.3	26.7	27.2
14：40	27.5	26.3	27.8	14：50	27.3	27.6	26.8
15：40	27.7	26.8	26.4	15：50	26.7	27.9	26.8
16：40	26.7	26.5	27.0	16：50	26.5	28.0	26.1

温湿指数与人对热环境舒适度相对关系的具体划分标准列表如下（表3-6）：

温湿指数与舒适度 表3-6

温湿指数	舒适度	评价
≥29.5	酷热	无降温措施难以工作
26.7~29.4	很热	很不舒服
23.9~26.6	热	不舒服
21.1~23.8	较热	较不舒服
≤21.1	凉爽	舒适

资料来源：王红娟. 石家庄市绿地秋季温湿效应研究［D］. 石家庄：河北师范大学，2014.

依据表3-6，即可对现有温湿指数进行对应评价，并列出各绿地舒适度指数的分布率，从而分析不同绿地对人体舒适度的影响。

根据各监测点人体舒适度汇总表（表3-7～表3-9），在春季4-5月，各类型绿地的人体舒适度均较高，适宜外出活动和使用绿地。6月开始进入夏季，1号烟树园绿地A，2号春荫园绿地A、B和3号晴波园绿地B这3个监测点的人体舒适度相对较高，而1号烟树园的绿地B和3号晴波园的绿地A使用感受相对较差，不适宜长时间的户外活动使用。

根据同一天不同时段中的人体舒适度数据，4月1号烟树园绿地A全天时段的使用感受较好，2号春荫园绿地B的从中午11：40-下午13：40的使用感受相对较差。5月各类型绿地的舒适度相近，1号烟树园绿地A上午时段的舒适度相对较高。6月所有绿地的舒适度均不高，1号烟树园绿地A整日的时段舒适度相对最高。其他绿地在上午8：00-10：00时段，使用感较舒适。下午16：00-17：00，3号晴波园绿地B和2号春荫园绿地B的舒适度较高。

4月27日绿地A、B监测点人体舒适度 表3-7

绿地A监测点				绿地B监测点			
时间	烟树园	春荫园	晴波园	时间	烟树园	春荫园	晴波园
8：40	凉爽	凉爽	凉爽	8：50	凉爽	凉爽	凉爽
9：40	凉爽	凉爽	凉爽	9：50	凉爽	凉爽	凉爽
10：40	凉爽	较热	凉爽	10：50	较热	较热	较热
11：40	凉爽	凉爽	较热	11：50	较热	较热	凉爽
13：40	凉爽	凉爽	凉爽	13：50	凉爽	较热	较热
14：40	凉爽	凉爽	较热	14：50	凉爽	较热	较热
15：40	凉爽	凉爽	凉爽	15：50	较热	较热	凉爽
16：40	凉爽	凉爽	凉爽	16：50	凉爽	凉爽	凉爽

5月25日绿地A、B监测点人体舒适度 表3-8

绿地A监测点				绿地B监测点			
时间	烟树园	春荫园	晴波园	时间	烟树园	春荫园	晴波园
8：40	凉爽	较热	较热	8：50	凉爽	较热	较热
9：40	凉爽	较热	较热	9：50	较热	较热	较热
10：40	凉爽	较热	较热	10：50	较热	较热	较热
11：40	较热	较热	较热	11：50	较热	较热	较热
13：40	较热	较热	较热	13：50	较热	较热	较热
14：40	较热	较热	较热	14：50	较热	较热	较热
15：40	较热	较热	较热	15：50	较热	较热	较热
16：40	较热	较热	较热	16：50	较热	较热	较热

6月14日绿地A、B监测点人体舒适度 表3-9

绿地A监测点				绿地B监测点			
时间	烟树园	春荫园	晴波园	时间	烟树园	春荫园	晴波园
8：40	较热	热	较热	8：50	较热	较热	较热
9：40	较热	较热	热	9：50	热	热	热
10：40	热	热	热	10：50	热	热	热
11：40	热	热	很热	11：50	很热	热	很热
13：40	热	很热	很热	13：50	很热	很热	很热
14：40	热	很热	很热	14：50	很热	很热	很热
15：40	很热	热	很热	15：50	很热	很热	很热
16：40	热	热	很热	16：50	很热	热	很热

根据各监测点人体舒适度的数据对比，可以得出以下结论：

在春季，各绿地环境的人体舒适度均较好，均较为适宜进行户外活动和使用。其中，上午8：00–11：00，人体舒适度最高，最适宜户外活动。11：00–14：00，居住区中心绿地的人体舒适度相对较差，不适宜进行活动。

在夏季，自由式布局的绿地或行列式布局的宅间绿地由于长时间处于建筑阴影区，其人体舒适度较好，适宜于长时间的户外活动。而自由式布局及行列式布局中，遮阳效果较差的中心绿地的人体舒适度也较差，不适宜长时间的户外活动。在夏季的一天当中，上午8：00–10：00，各绿地人体舒适度相对较高，适宜户外活动。下午16：00–17：00，自由式布局中的阴影区绿地、行列式布局中的宅旁绿地的人体舒适度相对较高，但在其他时段的绿地人体舒适度较差。

总结各绿地人体舒适度可知：①自由式布局与行列式布局相比，行列式布局的绿地热环境相对更稳定，自由式布局内不同绿地类型的热环境更易受到自然因素的干扰。②行列式布局中，宅间绿地比中心绿地的热环境稳定性强。而中心绿地的光照条件更好，空气湿度更大。③行列式布局中，空间围合程度较高的绿地热环境稳定性更强，但夏季使用的舒适度较差。

3.2 街区制居住区绿地与绿道结合设计

2016年2月，中央城市工作会议发布了《中共中央 国务院关于进一步加强城市规划建设管理工作的若干意见》，其中提到“新建住宅要推广街区制，原则上不再建设封闭住宅小区”，并要求将“已建成的住宅小区和单位大院要逐步打开，实现内部道路公共化”；另外，要“树立‘窄马路、密路网’的城市道路布局理念，建设快速路、主次干路和支路级配合理的道路网系统”。

因此，居住区规划设计必须考虑按照街区制进行，而将绿道理论方法引入居住区规划设计也应当基于此。将绿道与街区制、密路网结合设计，建设适宜城市慢行交通发展的慢行系统，理论上是可以提高城市交通出行效率、改善居民出行环境、提供更多出行选择、节省出行时间的。而街区制的建立主要通过打破现有大尺度规模的居住区，建立小网格、密路网，形成小尺度、多组团的居住小区模式。而密路网建设正好可以与绿道网络建设结合，具体地说，可利用现有绿地和新建绿地，在居住区内建设绿道体系，在各个组团及居住小区内外部建立连接，形成全面、开放、系统的街区式居住小区，例如柏林（图3-8）。

2019年，新版《城市居住区规划设计标准》GB 50180正式实施，该标准明确提出了“15分钟生活圈”的概念并落实到各个条文中。针对既有小区建立街区制居住区模式，主要途径是通过建立街区制的小网格、密路网，利用现有绿地资源结合绿道建设，打开封闭式住区，建设或包含机动车交通或不包含机动车交通的绿道网，从而建立街区制居住小区绿道网，提供更多道路选择，提高各公共节点的连通性。

3.2.1 北京既有小区绿地现状及存在问题

（1）现有居住区模式普遍均为封闭式住区，居住小区多在同一封闭布局模式内变化。完全封闭的管理模式导致大面积城市空间被占用，降低了道路密度和可达性，相邻的封闭式居住小区之间的道路无法得到联通共享，造成道路空间资源浪费。且部分居住片区内部出现断头路，不利于居住片区与外部交通连接，加剧了城市空间破碎化，不利于街区间相互交往，如石佛营东里居住区。

（2）居住小区规模过大，包含了城市主干道、次干道或支路。其布局过于封闭围合，且围合小区的道路之间距离较远，不利于居民就近出行。居住区内部道路自成一体，形成“通而不畅”的道路体系，很难为外部车辆穿行使用，如颐源居、中国水科院南小区等。

图3-8 柏林某居住区2018年8月卫星影像图

（3）绿地主要由防护绿地、道路绿地、公园绿地等公共绿地组成，呈片区式分散布置，很难形成连续的绿地体系，不利于居民使用绿地。由于居住区大多采用封闭的模式，造成居住区内部绿地资源专供居民使用，使用人群有限，且与城市其他绿地系统相割裂，无法发挥绿地的最大化效益。

（4）单调重复的居住区模式造成视觉审美疲劳，建筑布局中极少见到东西朝向的，因此在南北向道路上街道的界面很难连续，围合感较差。同时街道缺少空间方向性，街景缺乏可读性，且空间划分不清晰。

从调查现状看，北京现有的居住区模式由城市主次干道及大部分的城市支路围合而成，外部的步行交通环境相对不便。而小网格街区模式的城市支路更利于建立连续系统的慢行系统和尺度舒适、实用便捷的步行空间。

3.2.2 街区制居住区整体布局模式

街区制居住区主要强调其道路及服务设施的公共属性与功能，街区内的所有公共土地和设施为社会所有。街区包括居住小区，且各种服务设施及部分道路也是街区的组成部分。而居住小区主要强调居住功能，确保居民的基本安全，但不具备完全的公共属性。由于街区制居住区整体对外开放，因此安全问题相对而言会更突出一些。为确保居民的居住安全，可通过划分小尺度组团级住区单位进行统一封闭管理，以确保组团级居住区的安全性和私密性。

现有居住区大多数为封闭式住区，通过绿地改造建设绿道连接体系，在居住建筑与城市之间起到良好的过渡作用，避免封闭式居住区导致的居住区与城市隔离和割裂的问题，增进邻里间的互动交往，改善住区交通通行环境。

一个有活力的街区需要有适当的人口密度、合理有效的交通系统、一定数量的公用空间和部分相对独立而私密的休闲空间，并且空间类型要具有一定的多样性，这样才能够使空间既相互独立又互相联通共融，满足不同人群的使用需求。

从调查现状看，街区制居住区中绿地资源改造的空间布局模式有以下几种。

（1）建立小网格、密路网，设置开放式街区

要将封闭式居住区对外开放，最有效的途径是改造现状绿地，建造多条贯通居住区内外的连接绿道，形成贯穿多个居住小区的小网格、密路网，建设开放式街区。此种模式建设的城市支路更利于建立连续的慢行系统和尺度舒适、实用便捷的步行空间。利用绿道结合城市机动车道并行建设，形成有序的机动车道路骨架，打造良好的居住交通环境，缓解城市交通压力，创建利于邻里交往、尊重慢行交通的居住交通网络，并兼顾城市的通达性，理想的居住区交通模式为步行交通+自行车交通+公共交通。

根据生理学的相关研究，人的视力在超过130～140m的距离之后就无法分辨其他人的轮廓、衣服、年龄、性别等，因此传统街区通常将130～140m作为街与街之间的距离[37]。同济大学周俭等学者通过对居住空间进行研究后提出，我国居住小区规模应该是不超过150m的空间范围或4hm^2

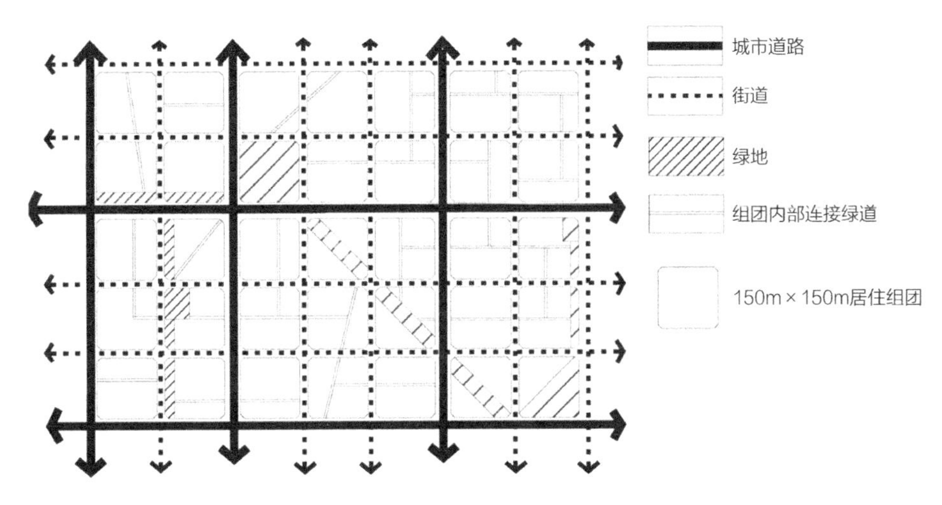

图3-9 街区制居住布局示意图

的用地规模[38, 39]（图3-9）。在对北京部分居住区的调研中发现，北京现有的居住区主要以边长300～400m的大型居住区及边长100～300m的居住小区为主，规模一般为5～20hm^2，这两种类型共同组成不同的居住片区结构。根据使用者对居住环境的控制力和认知力能力的分析，我国现有的居住区或居住小区规模相对较大，不利于居民使用和通行[40～43]。且大型封闭式居住区对城市交通也造成了一定阻碍和困扰，影响交通的有效运行，给居民出行带来不便。因此，相当一部分学者均认为小尺度街区更具有活力和渗透性，更能够体现住区特色和可识别性。合理的街区尺度应是边长130～150m。因此在居住区改造中应通过有效措施合理降低现有居住区或居住小区的尺度。在这方面可利用绿道建设减小现有居住区规模，打破大规模高密度居住小区的封闭感，增强居民与城市空间之间的联系和互动，提供更为便捷舒适的居住、交通、活动空间，提高居民慢行出行率，并改善城市交通拥堵现象。

（2）划分公用空间和私密空间

对绿地进行改造后，街区制居住区将形成对外开放的公共空间和较为私密的居住空间两种主要的空间形式。其中，最有效的方式是结合居住小区内部主要公共空间进行绿地改造，以街区制形式串联并对外开放，形成设施共享的公用空间，提高居住空间使用效率，促进居住区的可持续发展。在具体规划设计中可以通过绿道的建设围合形成大量小规模居住组团，以居住组团为基本单元组织居住空间，并针对各个居住组团采取相对封闭的安全管理方式，以保证居住组团内部的安全性和私密性。这些居住组团应以院落围合形式布置，这样能够提升居民的归属感和安全感。出于安全考虑，各组团应配置独立安全的慢行出入口，提供舒适便捷的慢行出行环境。街区绿道使居住私密空间和街道公共空间相互渗透和相互影响，形成联系密切的居住交通空间。

针对现有居住区，实行整体开放、局部封闭的思路。采取开放与交流、安全与隔离的双重措施，既促进居民邻里交往，又保证居住空间的安全稳定。

（3）建立绿道网络系统

这一模式主张针对居住片区整体进行绿道网络建设，建立具有优美景观的网络体系，串联居住小区内外的开放绿地资源，以提高绿地使用效率。

绿道景观网络系统对街区式居住小区的生态环境营造将起到重要作用。通过具有活力的绿地系统连接居住区内外主要绿地空间，能建立集中、系统且受欢迎的绿道网络体系。这一模式还考虑了在大范围内贯穿多个街区的大型绿道体系的可能性，以形成散布于居住片区的生态景观网络，这一网络与多条贯穿居住小区的街区绿道形成更加具有整体性的绿色网络空间，有助于实现绿地资源的最优化共享和连接，提高绿地可达性。这一网络还能帮助住区居民以近距离方式最大限度地接触绿色生态资源、接触自然，以提升居住区的生态感受。设置多方向的绿地连接出入口，方便居民以最短距离进出绿地。此外，在组团内部建立独立的绿道慢行系统，可为居民提供最舒适便捷的绿道使用空间。

（4）建立连续多样化的开放空间

这一模式主张通过绿道建设，也通过改造绿地空间，建立连续多样的开放空间。其中，利用绿道结合建筑围合建立不同功能、不同形式、不同规模尺度、不同类型的街区开放空间，形成丰富多样的绿道街景空间，并利用绿道串联居住区其他开放空间，如公园、广场、内部庭院等。这样做的优点是形成统一、连续、整体的开放空间体系，增进空间吸引力和使用便捷性，提高街区活力。

（5）复兴街区活力，复合功能开发

这一模式专注于改善住区单一的居住功能及社区活力不足的问题。其主要策略是将商业融入绿道街区周边的建筑中，以提高住区活力。同时，沿街区建设公共空间或商业空间，为每一个街区提供方便的公共设施和良好的配套服务设施。这些沿街商业主要针对居住街区的周边居民提供服务，形成15分钟生活圈，从而改善居民生活质量，为满足居民日常生活需求提供便利。

通过复合式的商业开发，这一模式集购物、休闲、娱乐、餐饮、服务等多功能于一体，有助于提升街区商业活力、改善社区组织结构、缓解城市压力等，有利于创造多样化街区制居住区，促进住区的整体可持续发展。

（6）促进组团之间交流

这一模式主张通过绿道设计，建设多样化的街道空间、开放或新建居住区内部大型开放空间，并以绿道沿组团周边布置，将整个居住区串联，形成连续统一的绿道体系，连接住区与城市交通空间，同时为居民提供便捷舒适的街区活动空间，增加居民户外活动和彼此交流的机会，并有效促进各个组团交往沟通。

3.2.3 居住区绿道的布局形式

条件允许时，应通过对现有的绿地进行改造，或建设新的绿道系统，将较大尺度的居住小区以小网格、密路网的形式划分为多个小型居住组团。这一策略通过增加道路密度，可以促进居住区相互连通，提高城市交通出行效率。下面我们将根据居住小区不同的布局形式、规模，以对北京若干居住区的调研实际案例为基础进行相关分析，寻求居住小区内部绿道建设布局规律。其基本前提是：可通过降低住区绿地率，利用现有绿地资源改造为绿道，同时结合机动车的交通布局方式，建立小网格街区模式，提供更多交通道路选择，提高道路联通性和可达性，从而改善交通环境。

（1）根据不同的居住规模进行绿道布局

a. 居住区规模

对于大型封闭式居住区，由于其内部建筑布局常常以混合式为主，变化较为多样，且部分居住区会自行采取小规模的组团划分，因此常常形成以组团为单位的居住区。此类居住区的绿道改造需要依据其居住区内部布局方式而定，因此形式比较多变。以石佛营西里居住区为例，该居住区东西向宽约412m，南北向长约545m，属于大型居住区。其绿道的线路布局主要以贯穿中心绿地的两条十字交叉绿道形成主要骨架，然后根据居住区内西侧的学校及南侧的商业中心划定两条串联主要公共服务设施的绿道线路并与主要绿道线路连接，形成整个居住区的绿道网络（图3-10）。

b. 居住小区规模

由于居住小区的规模相对较小，因而其绿道建设的形式也较为简单。通常主要在内部建立一条或两条贯穿居住小区中心绿地的绿道，再将该绿道与居住区内外部联通，并与周边的居住小区等形成相互联通的绿道体系。以光大水墨风景社区及蜂鸟社区为例（图3-11），图中左侧为光大水墨风景，右侧为蜂鸟社区，两个社区主要由一条贯穿南北的城市支路分隔。住区西侧是一条滨水城市绿道，具有良好的景观资源。因此，绿道改造的主要策略应是建设一条贯穿两个居住小区的东西向绿道，与西侧的绿道出入口相连通，形成连通居住小区内外的绿道体系，并方便该住区的居民使用绿道，改善绿道连通性，提高可达性和便捷性。由于该居住小区的规模较小，因此可考虑建设不含机动车道的绿道慢行系统进行连通，保证慢行空间的有序和安全，提高使用效率。

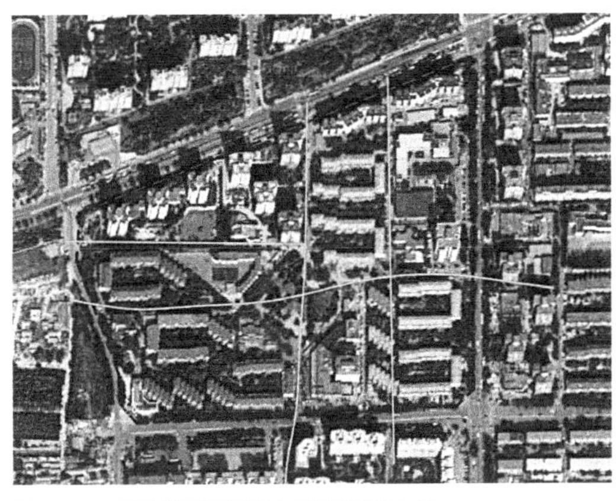

图3-10　石佛营西里居住区绿道线路布局

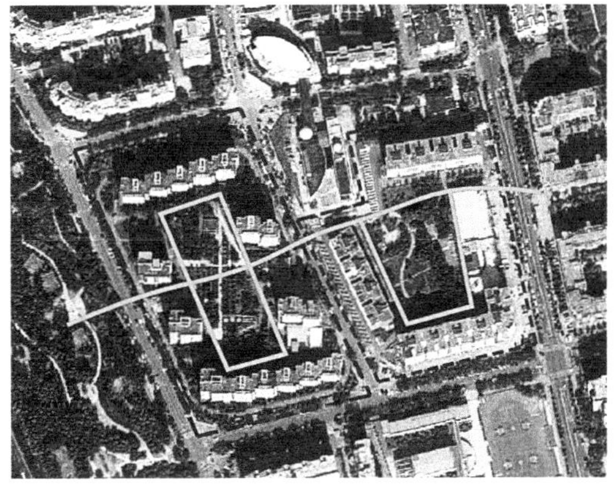

图3-11　光大水墨风景社区及蜂鸟社区绿道线路布局

（2）根据不同的交通组织方式进行绿道布局

a．人车分行

调查发现，建设年代较近的高层居住区多采用人车分行的方式来处理其内部交通，主要采用地下停车的方式来解决机动车停放问题，为居住区预留更多的绿地空间，提供绿化环境。地上主要以慢行系统组织交通，保证安全稳定性。此类居住区具有较好的绿地改造资源和空间。以蓝靛厂晴雪园居住小区为例，该居住区采用完全人车分离的交通方式，具有连贯的绿地体系。小区南侧、东侧是大型居住区级公园。因此，其绿道改造可以考虑建设一条东西向的绿道，串联西侧居住区及东侧绿地公园，同时建设一条南北向的绿道连接北侧居住区和南侧带状公园的“十”字形绿道，以串联西侧和北侧居住区、连接带状公园、提供连通的绿道体系并为住区居民提供便捷的公园连接通道（图3–12）。

b．人车混行

在本次调查中，发现北京多数居住区主要以人车混行的方式组织交通。针对此类居住区的绿道改造，主要采用在居住区原有道路的基础上进行连通的方式。以汽北小区为例，该居住区布局较为规整，内部道路结构很清晰。因此，绿道改造应当主要针对连通南北交通的居住区主干道进行，并在此基础上借用部分宅间绿地，增加一条东西向的连接绿道，将居住区划分为规整的4个居住组团，这样就可以改善整个居住区的内部交通网（图3–13）。

图3–12 蓝靛厂晴雪园绿道线路布局

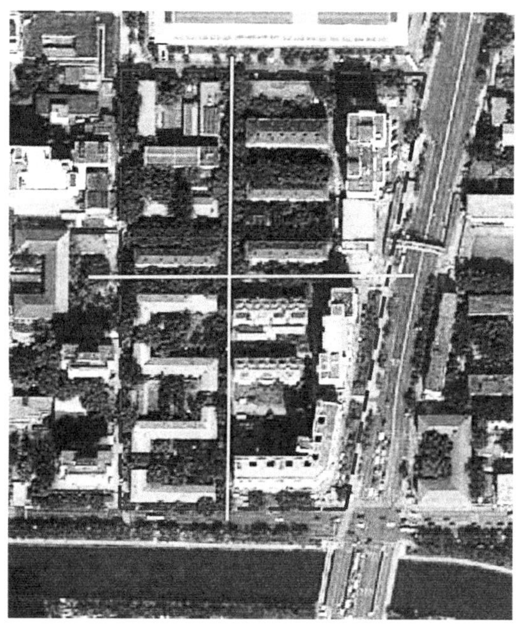

图3–13 汽北小区绿道线路布局

（3）根据不同的居住区布局方式进行绿道布局

a．行列式

行列式的居住区布局较为规整，且在早期建设的居住区中较为常见。此类居住区常常具有良好的宅间及中心绿地资源作绿道改造之用，且便于绿道的线路布置。以北坞嘉园居住区为例，该居住区北侧为北坞公园，东侧是三山五园绿道，周边多被同类型居住区包围。因此，其绿地改造的策略应主要根据居住区布局，建设贯穿居住区中心绿地的南北向绿道，连接北侧的公园和南侧的居住小区；然后利用规整的布局形式和充足的绿地资源，选取适中的距离建设3条连通东西向居住区和城市绿道的绿道线路，形成“丰”字形结构。此类改造的绿道交通比较便捷，连接顺畅，且便于居住小区的组团划分和管理（图3-14）。

图3-14 北坞嘉园绿道线路布局

b. 周边式

周边式的建筑布局有利于最大限度地利用建设用地，其形式也便于通过绿道划分形成围合感较好的院落组团。以厂洼西街10号院居住小区为例，该居住区采取典型的周边围合式的建筑布局形式，内部由3个居住组团组成，住区西侧是南长河绿道公园。因此，改造策略应主要根据组团的围合形式建设2条东西向的绿道连通南长河公园及东侧住区，同时考虑建设1条南北向的绿道串联另外2条绿道，形成有效的绿道体系（图3-15）。

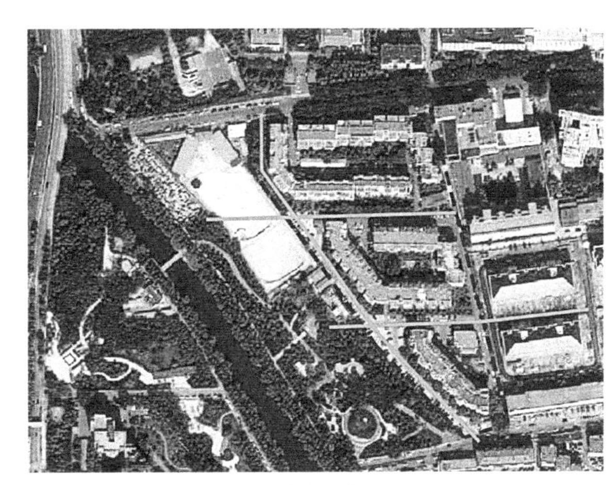

图3-15 厂洼西街10号院绿道线路布局

c. 散点式

散点式布局的居住区，其建筑多沿周边布置，且住区形状较为变化多样。此类布局形式多以高层塔楼建筑组成，易形成中心组团绿地。散点式布局的绿道改造形式可以相对自由，但受地形及建筑布局影响较大，难有固定模式。以世纪城烟树园居住小区为例，该居住小区周边以居住区为主，西侧是居住区带状绿地。主要考虑建设“十”字形连通绿道，连接周边住区及绿地资源，并将居住小区划分为4个不同大小的居住组团（图3-16）。

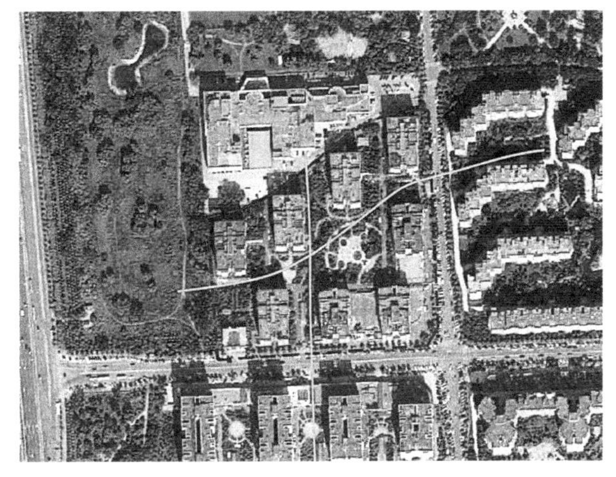

图3-16 世纪城烟树园绿道线路布局

d. 混合式

混合式布局具有不确定性，其绿道改造应当根据实际情况进行。以定慧东里居住区为例，该居住小区南侧紧邻滨水绿道，周边主要为居住区。出于地形和布局原因，在该居住区的绿地改造中，要建设多条横平竖直贯穿居住区的交叉绿道网络是很困难的，因此要结合现状建筑的布局来改造，改为建设连接南侧绿地与周边居住区的多条连通绿道较为合适，即依据外部条件建立多方向的绿道线路并相互连接，以此解决绿道的连通问题（图3-17）。

图3-17 定慧东里绿道线路布局

小结：通过对不同居住规模、交通组织方式及建筑布局形式的居住区的绿道改造案例进行分析，发现：①多数绿道改造都需要依托现有道路系统，改造的重点是绿道与各种居住区景观要素的连通设计。②宅间绿地和居住区中心绿地是住区绿道改造的重点对象。③居住区绿道改造时，需要对其周边的建筑、道路、绿地资源等情况进行仔细分析，要尽可能地建设连通的绿道系统，用绿道串联多个片区。要考虑与居住区周边绿道或其他绿地资源的连接，其目的是提高绿地可达性，促进居民对绿地的使用，从而改善居民出行环境。④绿道改造尽可能考虑与居住区外部多个方向的连通，建立居住区内外部都通畅的绿道网络，提高绿道彼此之间的连通性。

3.2.4 绿地空间改造

（1）和不同类型绿地相结合的绿道改造

a. 宅旁绿地

在一般居住区中，宅旁绿地数量多，分布广，且具有一定规模，因此是绿道改造的重点结合对象。由于宅旁绿地的类型较为多样化，因此与绿道相结合的方式也不同。对于坐北朝南的住宅而言，建筑南北两侧的宅旁绿地特别适宜于改造，特别是在行列式的布局中较为常见。

宅旁绿地的改造可根据绿地的规模大小有选择地设置慢行系统——既可以设置独立的慢行道，又可以结合机动车道混合设置，还可以设置一些仅适宜于步行的小径。其中，组团内部的宅旁绿地主要以带有独立慢行系统的绿道进行改造，为住区提供安静、舒适、便捷的慢行出行环境。也要区分是否应提供机动车临时停放空间，一些用地紧张的居住区，还要为居民提供就近活动的场所。位于各个居住组团之间的宅旁绿地，则更适宜于改造为结合商业模式的绿道，建设包含机动车交通的绿道连接道，并考虑在绿道中设置小型活动开放空间，以满足居民多样化的活动需求，促进居民进行户外活动和社会交往，并为街道中的穿行人群提供停靠、休息及聚集的场所，提升街区活力。而部分不适合设置商业的地段，主要以建设安全通行的绿道体系为主。

b. 中心绿地

中心绿地面积相对较大，可形成丰富多变的绿道空间。其中，绿道慢行道可考虑沿中心绿地一侧建设，例如珠海的恒荣溪谷城市居住区（图3-18）。这样做的好处是可以保留绿地的完整性，为居民提供大型的娱乐、健身及邻里交往的空间。在具体绿地设计中，还可考虑沿中心绿地两侧分别建设绿道系统，中心以机动车道将绿道一分为二，并结合商业模式建设，提供双向的街道空间。利用大面积绿地建立多个小型开放空间以绿道串联，形成连续的休闲体系，使绿道具有游憩、交通、商业、休闲等多种功能，满足不同人群的多样化需求，成为街区的主要活动中心，促进人群聚集使用。

c. 停车绿地

针对现有停车绿地，结合绿道改造模式，如果能够控制人的活动强度，满足绿地植物生长的基本需求，可采用绿道结合停车的设计模式。利用绿道中的绿地空间结合停车设计，以绿化隔离将停车空间与绿道步行空间相分隔，例如珠海的恒荣溪谷居住区（图3-19），既解决了停车问题，又提供了舒适的通行环境。

d. 道路绿地

由于既有居住区往往空间局促，因此在其绿道改造中，依靠现有道路进行的绿道改造使用度较高。利用现有道路空间，结合周边宅旁绿地或其他绿地进行改造设计，可为绿道提供更多的使用空间，并采用有效的绿化隔离措施，建设舒适、独立的慢行系统。此外，道路周边可多设置供停靠休息的绿地开放空间。

（2）与不同建筑布局和商业组合的模式

结合商业进行改造是街道改造的重点。商业模式主要分两种：一种是新建的低层商业，另一种是将现有一层住宅改造为商业店铺。此类改造主要适用于多层联排式住宅，其布局形式有行列式和周边式两种。目标是利用绿道形成安全舒适的街道空间。

图3-18 珠海恒荣溪谷居住区及其附近2019年1月卫星影像图

图3-19 珠海恒荣溪谷居住区

现有居住小区的布局形式主要以行列式、散点式、周边式、混合式为主。不同的居住建筑布局形式，影响着街区商业的布局模式。

a．行列式

行列式的建筑布局在居住区规划设计中应用广泛，其住宅多层或高层建筑均有。其绿地改造可将沿街周边一层住宅改造为商业用途，并在东西两侧建沿街的底层商业建筑，形成良好的围合庭院和连续的商业空间。此外，还可沿住宅外围加建底层商业建筑，形成独立的商业空间（图3-20、图3-21）。

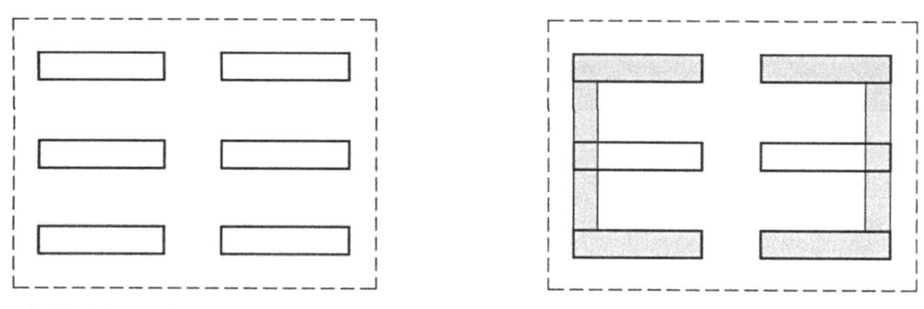

图3-20　行列式商业布局示意图

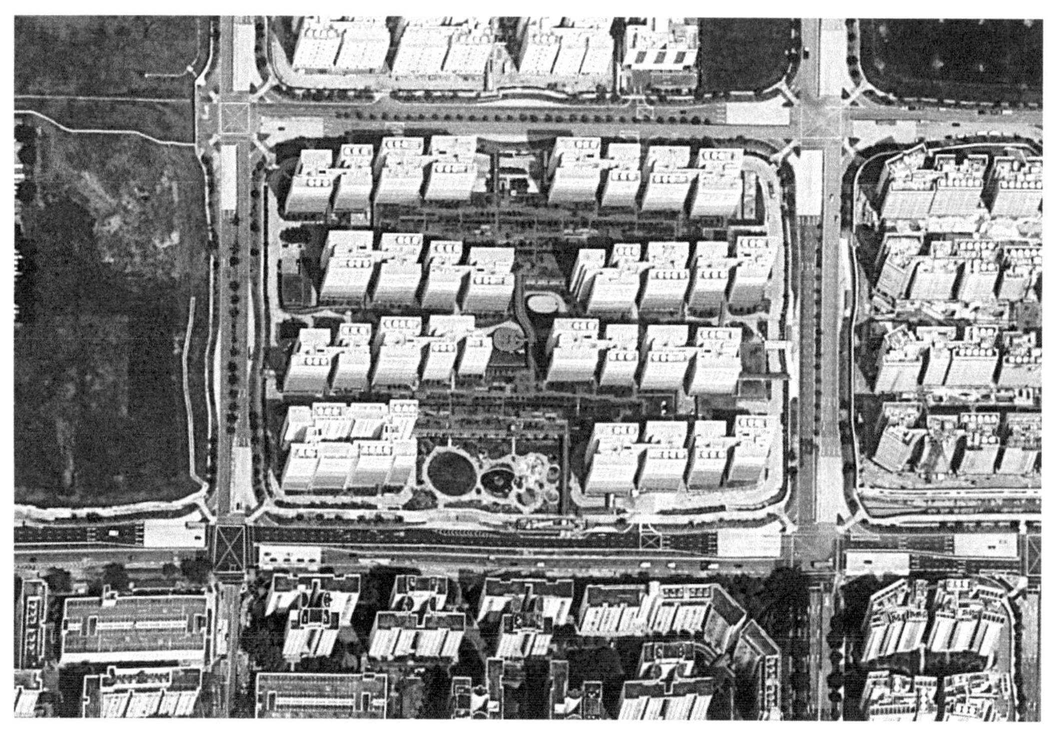

图3-21　新加坡某居住区的行列式商业布局

b. 散点式

散点式的居住区其建筑多以高层为主。此类建筑的一层平面围合度低，不利于商业改造和使用，且难以形成良好的街区围合氛围。因此，其改造主要考虑沿街区周边新建1层或2层的低层商业建筑连接周边居住建筑，形成围合式的居住庭院模式。在具体设计中可通过商业建设对居住组团进行围合保护，形成良好的街区公共空间和居住区内部私密空间（图3-22、图3-23）。

c. 周边式

周边式的建筑布局较利于对一层进行商业改造。此类建筑布局本身具有良好的围合感，因此，在将居住建筑的一层作为商业改造的同时，考虑在主要的街道沿线进行沿街商业加建，形成连续的沿街商业空间（图3-24、图3-25）。

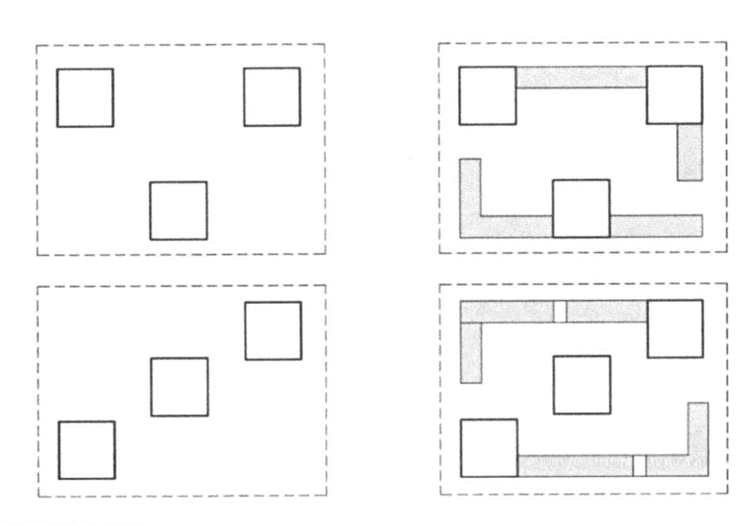

图3-22 散点式商业布局示意图

图3-23 深圳市某居住区的散点式布局

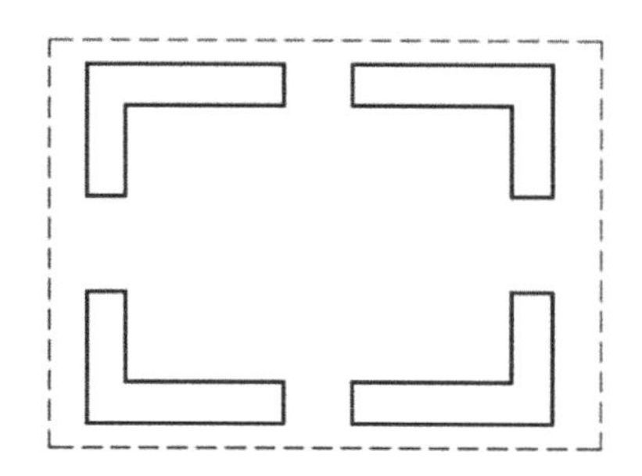

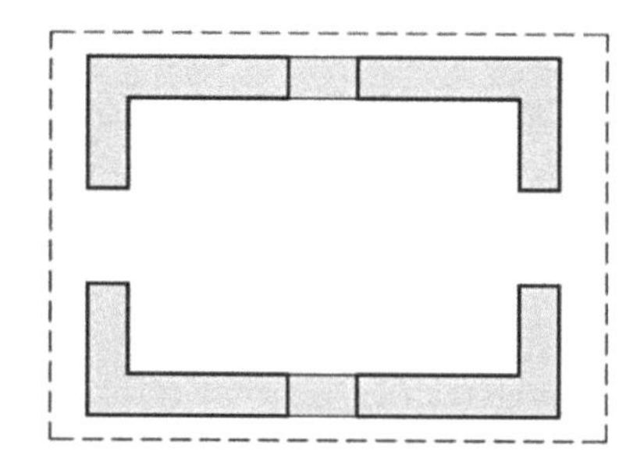

图3-24　周边式商业布局示意图

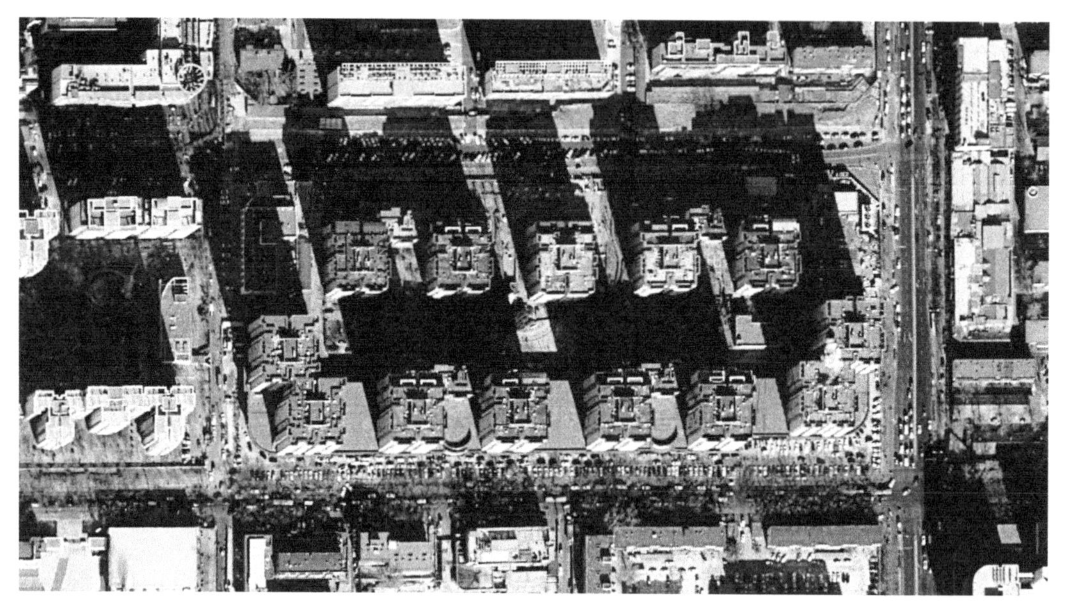

图3-25　北京今日家园居住区的周边式布局

d. 混合式

混合式建筑布局的居住区也较为常见，多以低层或多层建筑混合的形式体现。而由于混合式建筑布局的空间围合感相对较差，因此，可通过沿街加建并结合一层建筑改造的方式，形成较为封闭的围合商业空间（图3-26、图3-27）。

（3）街道空间设计

街区制居住区的街道更适宜建设小尺度空间，这些空间有利于促进居民的人际交往及邻里互动。街道内的机动车道尺度不宜过宽，这样可促使机动车减速行驶以观察路况。且街道形态适合设计得蜿蜒曲折，形成起伏变化的街景效果，并迫使机动车司机缓速行驶，保证街区内的行车安全。也可以通过复杂的路网，降低对住区内部街道空间的使用频率，以此保证街道的车行量不至于过大。街道空间应采取多样化的设计手法，结合绿道形成独具特色、富有活力的开放空间。其空间的类型主要分两种，一种是绿道结合商业布置，另一种是不设商业的绿道街道空间。

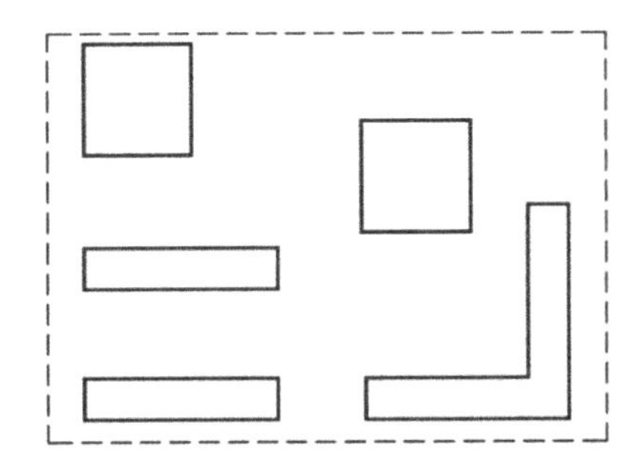
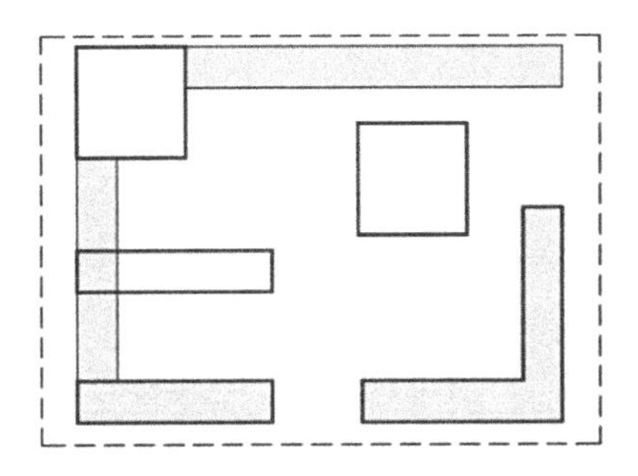

图3-26　混合式商业布局示意图

图3-27　苏州某湖滨居住区的混合布局

a．绿道结合商业布置

如果将绿道建设和商业结合，就有可能提升街道使用的舒适度，如通过设置绿化、小品等方式隔离慢行道与机动车道，可提高慢行系统的安全性，也可以满足住区居民生活使用需求，创造个性化、多样化的街道景观空间（图3-28、图3-29）。

街道空间界面：街道在结合商业布置的时候，需要注重商业界面的需要，可适当营造多样化且富有趣味性的商业氛围，利用光影、色彩、店面门前的不同造型以及小型门前开放空间等营造丰富多样的街道空间，为居民提供舒适、温馨的小尺度环境。此外，结合绿道设计，营造丰富的自然景观，可提供良好的绿色空间界面。

街道空间尺度：街道中绿道游径的宽度要满足使用者必要的通行需求（表3-10）。在结合商业布置时，还需考虑预留供人们停留、进入、寻找的空间。例如福州三坊七巷滨水空间（图3-30），即根据街道的使用频率、使用者数量、原有的空间资源等设计绿道慢行道宽度。

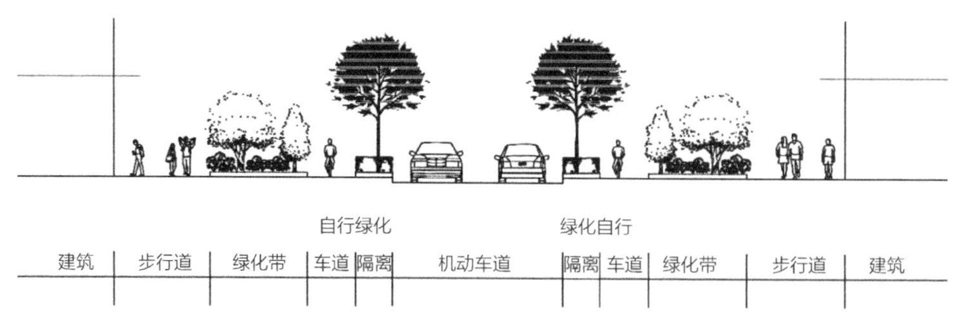

图3-28 绿道结合商业式的道路断面示意图

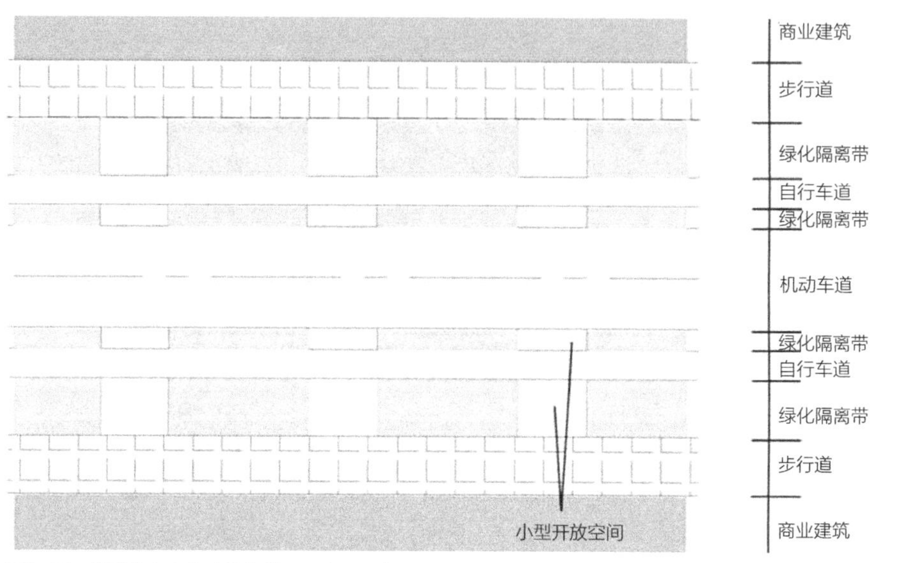

图3-29 绿道结合商业式的街道平面布局示意图

图3-30 福州三坊七巷滨水绿道的沿街空间

绿道最小控制宽度　表3-10

类型	步行道	自行车道	机动车道
宽度/m	1	1.5	3

在这一模式中，机动车道布置在中央位置，同时用绿化隔离带隔离绿道的慢行系统，以保证慢行系统的稳定性。在空间条件允许的情况下，尽可能采用分离式的综合慢行道，利用绿化隔离带隔离步行道与自行车道，保证交通系统各自的连贯性，降低相互间的干扰。同时利用绿化隔离带布置多样化的小型开放空间，既为慢行道提供相互穿行的空间，又可用作街区聚集活动的开放空间场所。步行道多沿商业街边两侧布置，既形成良好的街道空间，方便居民活动和使用，又提供相对安静、不受机动车道干扰的街道环境。

b. 不设商业的绿道街道空间

此类街道主要为居民提供舒适的交通环境和多样化开放空间，例如中新天津生态城的“生态谷”绿道（图3-31）。由于街道服务的主要是居住建筑，因此需要考虑居住建筑的私密性。故在沿街周边设置具有一定宽度的绿化隔离带，并配置高大乔木、灌木等植物进行组合搭配，以起到一定的遮挡作用。为减少机动车对住区居民的干扰，机动车道主要设置在街道中央，并利用绿化隔离带与绿道慢行系统相隔离，以保证人行空间相对安静。由于此类绿道主要为通行空间，因此可结合绿化隔离带设置小型休息空间，为通行者提供相对安静的休憩环境（图3-32）。

（4）绿道的景观绿化设计

借用各种居住区周边的防护绿地或道路绿地进行改造，充分利用周边绿地资源，结合慢行步道游径，将慢行道融入周边绿地中，充分发挥绿地的景观作用，改善社区慢行道的景观效果和使用感受。

图3-31　中新天津生态城“生态谷”绿道

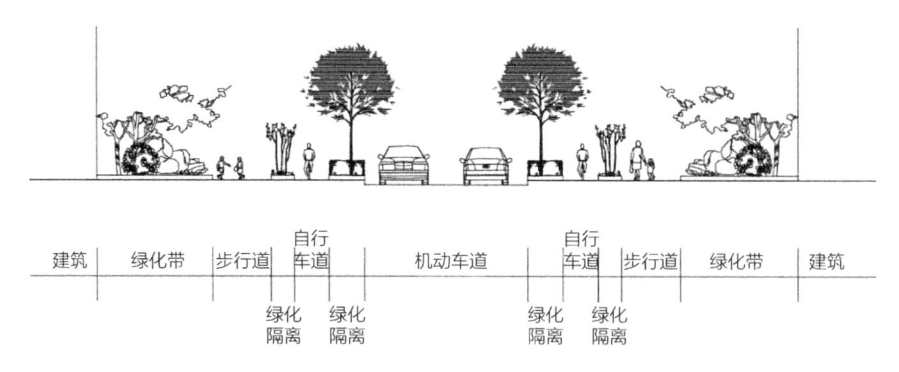

图3-32 不设商业的街道断面示意图

对于居住区周边的慢行道，其绿化宜采用立体形式，提高道路绿量。在临近道路一侧，可选用低矮绿植有效隔离慢行道与外部机动车道，保证视线通透，提高慢行道路的安全度和舒适度。同时可设置若干通往外部道路的出入口或跨越河流的桥梁，保证社区绿道与外部的连通性（图3-33），例如福州晋安河的河流绿道（图3-34、图3-35）。

在绿化配置方面，可采用乔、灌、草混合搭配的组合形式，建立完善的绿化空间。运用植物进行空间限定和空间围合，可以形成风格多样的活动空间。而利用不同植物组合搭配，则可以形成遮阳效果较好的休憩空间。另外，结合地形变化，配置丰富的植物组合形式，也可以营造多样化的空间环境。

考虑植物的色彩搭配，提升绿道空间使用感受。植物色彩随季节变化而形成不同的景观效果，通过不同层次的植物色彩搭配，丰富休闲空间的视觉效果，发挥心理调节作用。此外还要注重营造多样性的景观空间，保持整体环境的和谐性。

（5）考虑绿色出行的绿道设计

据统计，目前，步行和自行车交通仍是我国城市居民出行的主要方式，一般约占60%。在大多数人可接受的30分钟出行时间内，步行可以走2～2.5km，骑自行车可以走6km。依据中国城市居民平均出行距离推算，居民每天的出行中适于自行车交通的比例一般能达到50%～60%，由此可以看出，自行车是中短距离出行中一种高效的交通方式，自行车的骑行速度一般为11～14km/h，在

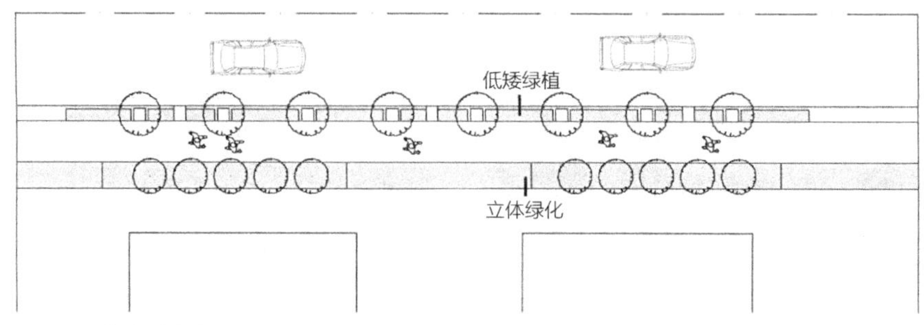

图3-33 慢行道改造示意图

出行高峰时段，自行车的速度优势更为明显。2011年《北京社会建设分析报告》指出，44%的私家车每天出行距离不足5km，如果自行车道比较舒适，这通常是自行车出行的可达范围。因此，在绿道改造设计中，可以考虑为慢行交通（特别是自行车出行）提供便利完善的配套设施。包括：①在街道设置一定数量的自行车租赁点，便于与住区周边公交站点有效衔接。②建立独立的自行车慢行系统，改善现有慢行系统出行环境，促进居民选择慢行出行，从而缓解私家车等对机动车交通的压力。

通过绿道建设，改造街区制居住区的绿地空间，将有利于居住小区的建设和城市的可持续发展，表现在：①有效形成更加完备的城市道路系统，缓解城市交通压力，促进居住区内部交通环境改善，提高居民出行效率。②绿道结合商业改造及其他配套设施建设，可以有效提升居住区的公共空间环境，为居民提供高效便捷的服务，促进公共服务设施高效、公平地配置。③小尺度居住组团级的居住模式更有利于社区管理和安全保障。④利用绿道划分居住空间可形成良好的住区内部空间。⑤利用连接绿道，将原有住区绿地资源对外开放，可提高绿地使用率。⑥贯穿居住区的大型绿道体系可创造更多良好的城市外部空间。

图3-34 福州市晋安河河流绿道2019年5月卫星影像图

图3-35 福州晋安河河流绿道

3.3 小结

本部分内容主要通过对居住区内部绿地生态环境进行热环境分析，并结合人体舒适度指数评价，得出不同绿地的环境舒适度，进而为绿地改善提供有效依据。之后以绿道结合街区制居住区的设计思路，对住区内部绿地开放改造模式进行详细分析，主要从整体结构布局模式、住区内部绿道线路布局以及绿地空间的详细改造等方面提出适宜的改造策略，从而优化整合住区绿地资源，提高住区绿地使用率，改善住区生态环境，提供绿色、舒适的住区绿地使用空间。

4 基于绿道理论的居住区休闲体系改造

4.1 绿道与人的户外活动特征

在本部分内容中，我们选取北京的南长河公园社区绿道、恩济里小区东侧社区绿道、万寿路甲十五号院北侧的带状社区绿道以及石佛营东里128号院东侧社区绿道4个典型案例进行现场调查，并结合拍照、观察记录、访谈和问卷调查等研究方法，对绿道使用者的组成结构、活动类型、行为特征以及活动空间等进行调查分析，总结人们在社区绿道中不同的行为特征，探索适宜人们居住生活的社区绿道休闲体系设计策略。此外，针对案例附近的部分居住小区也进行了现场调查和统计，其目的是分析居民在居住区内部的活动特征以及与外部社区绿道的活动形式的区别。

4.1.1 绿道的使用人群调查

（1）使用人群结构分析

通过观察统计，发现在社区绿道使用者的年龄结构中，中老年与青年人群的使用比例相当，而少年、儿童的使用比例相对较小（图4-1）。其中，在每周一到周五的工作日期间，社区绿道的使用人群以老年人为主，其次是儿童及陪伴儿童的青年父母或老年人。人群组合的方式则以群聚的中老年人为主，同时一些“成年人带小孩”的亲子组合形式也较为常见。

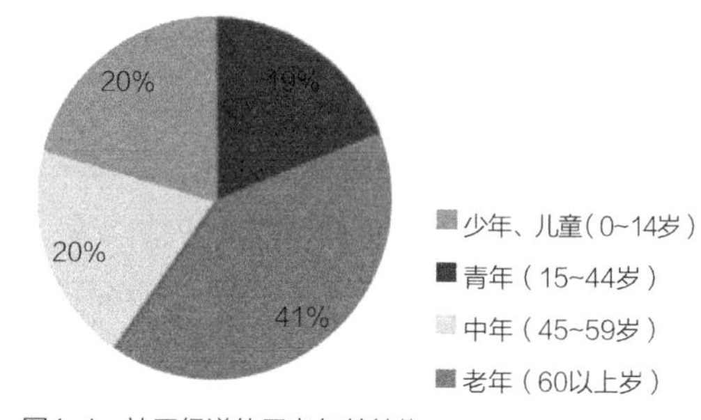

图4-1 社区绿道使用者年龄结构

在节假日期间，各年龄段人群的活动比例较均等，多以家庭结构形式，或多人组合形式进行户外活动，如夫妻、亲子、朋友、邻里等组合方式，还有部分个人单独进行户外活动。

（2）使用时间及频率

根据笔者对上述4个案例的调查，其数据显示，居民单次使用社区绿道的时长主要以1～2h居多，其次是0.5～1h。2h以上的使用时间相对较少。在2h以上的使用时间中，南长河公园社区绿道的使用者相对较多，这可能与该社区绿道开放空间丰富、绿道范围较大以及活动设施多样化有关。此外，居民单日户外活动的时间段主要以上午居多，其次是下午及晚上，中午的使用者较少。另外，一些使用者会在一天之中的多个时段使用绿道，且使用时间不固定。通过观察，发现上午8：00-10：00、下午4：00-6：00这两个时段绿道使用人群较多，该时段主要以上下班通勤以及学生放学后的户外活动为主。居民对社区绿道的使用时间较为灵活，多数会在工作日和节假日均有使用，且相对在节假日使用的人群数量较多（图4-2～图4-4）。

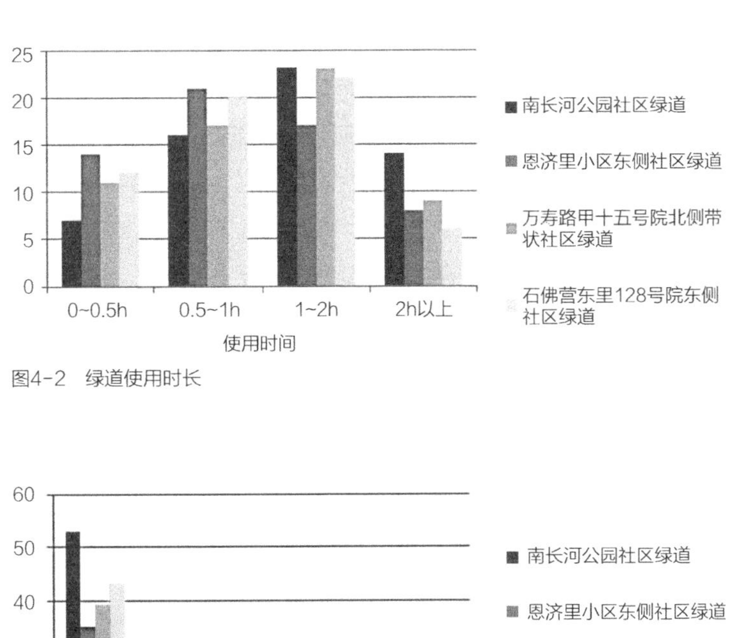

图4-2 绿道使用时长

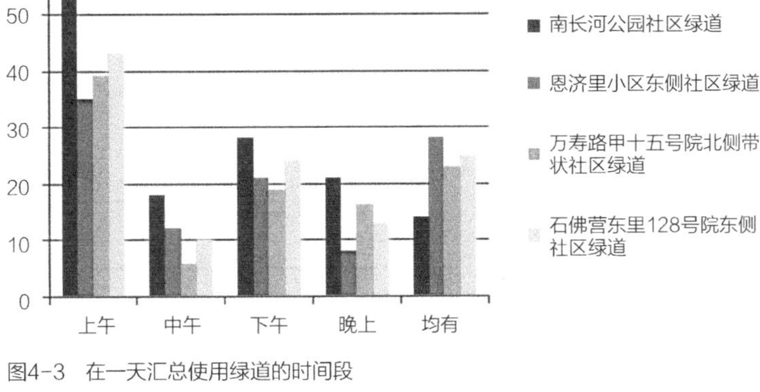

图4-3 在一天汇总使用绿道的时间段

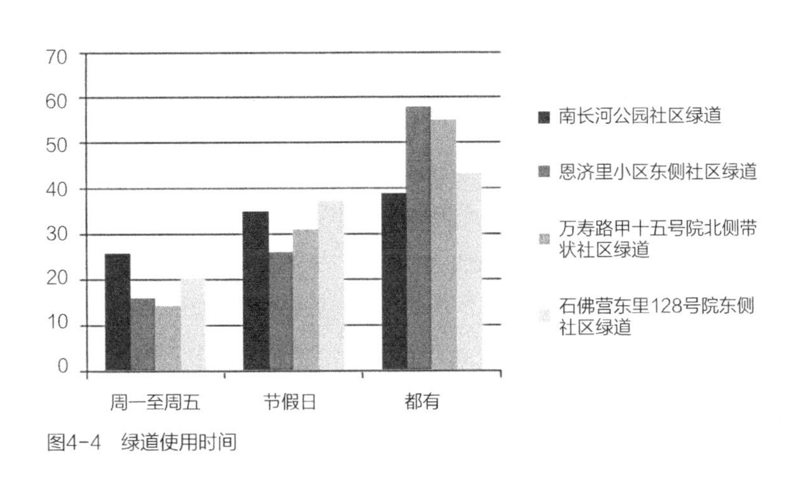

图4-4 绿道使用时间

本次对社区绿道周边居住区内部活动空间进行的调研表明，虽然社区绿道的绿化环境更好，活动类型更丰富，活动范围更大，但部分居民仍旧倾向于选择在居住区内部开放空间活动，其原因主要有：在居住区内部，活动空间离居民的住宅更近，便于使用，比居住区外的社区绿道更易到达；对于户外活动时间较短的使用者，相应地，愿意花费在路途上的时间也更少，因此居住区内部活动空间更易满足活动需求，而那些稍远一些的开放空间虽然设施齐备，但实际使用率却相对较低；对于部分高龄老人，到达居住区外的社区绿道消耗的体力过多，易导致身体劳累，随着人口老龄化趋势增强，这一现象比较普遍；部分邻里团体在居住区内部有长期固定的活动时间和地点，相对于住区外开放的社区绿道空间，居住区内部的活动空间更具私密性和熟悉度。

因此，从实际使用的角度看，需要建立统一连续的绿道休闲体系，提高社区绿道的使用效率，满足多种人群不同的活动需求。通过社区绿道体系建设，改善居民生活环境，提高户外活动的频率。

4.1.2 人群户外活动特征分析

参考扬·盖尔而所著《交往与空间》一书，笔者将户外活动分为三种类型：必要性活动、自发性活动、社会性活动[44]（表4–1）。

人的户外特征分类 表4–1

活动类型	活动基本特征	活动内容
必要性活动	受外部环境影响较小，在各种条件下均会发生	上班、上学、购物、遛狗、等人、候车
自发性活动	人们主动发生的活动，多在适宜条件下产生	散步、呼吸新鲜空气、健身、晒太阳、看风景、带小孩、
社会性活动	多发生在公共空间中，需要依赖他人参与的活动，即多人参加的活动	儿童游戏、拍照、游览、集体健身、跳舞、集会、表演

通过本次对北京若干居住区的调查，发现社区绿道的人群行为与其使用者的必要性、自发性以及社会性户外活动特征存在一定关系，包括以下三个方面：

（1）必要性活动依赖社区绿道的连通性

由于社区绿道与社区联系紧密，一些连接工作地与居住地的绿道能够满足人们日常的通勤需求，日常工作和生活事务等与步行相关的必要性活动，主要发生在社区绿道中。而使用者在社区绿道进行必要性活动的频率主要取决于连接住区与外部其他公共服务设施的社区绿道的连通性和便捷性。例如北京恩济里居住区（图4–5）。

（2）自发性活动发生的频率和时长取决于绿道质量

实际调查过程中发现，良好的绿道空间环境，有助于提高自发性活动发生的频率。在4个案例调查中发现，在南长河公园社区绿道中自发性活动发生的时间较长、频率较高，而在恩济里小区东侧社区绿道中自发性活动发生的时间较短、频率相对较低。通过两个案例对比，南长河公园社区绿道的绿化层次更丰富，开放空间种类、步道游径选择更多样化，社区绿道尺度更大，配套设施更完善。而恩济里小区东侧社区绿道的开放空间种类、步道游径选择较少，且绿化配置形式较为单一，可供使用的配套休闲设施也相对较少。因此，在条件允许、时间充足的情况下，使用者更倾向于选择质量更好的社区绿道进行自发性活动，并且活动时间相对更长。

图4-5 恩济里居住小区及其东侧绿道2018年卫星影像图

（3）绿道多样化的开放空间设置利于促进社交性（社会性）活动发生

社交性（社会性）活动发生的前提是有他人参与，且在大多数情况下由必要性活动和自发性活动发展而来。因此，社交性活动的发生取决于前两种类型活动的发生频率。又因必要性活动属于日常生活范畴，发生频率较为固定，因此，主要取决于自发性活动。通过调查，发现使用者对社区绿道的使用时间长，利于增加相互接触的机会，从而增加社交性活动发生的可能性。而适宜的尺度、丰富多样的开放空间是增加使用时间的重要因素。

4.1.3 绿道空间使用需求

（1）活动目的

本次调查的结果显示，使用社区绿道的活动目的主要有休闲游憩、锻炼身体、交往沟通、等。这些活动中休闲游憩所占比例最高，其次是锻炼身体和交往沟通及一些其他活动。

休闲游憩的活动形式主要有散步、晒太阳、儿童游戏、欣赏风景、拍照、演奏、休息等，各种活动形式对绿道空间的使用需求也有所不同。其中，由于休闲游憩的活动形式多样化，对活动场地的需求也不同，因此活动类型较为分散，对活动空间的使用相对灵活。部分活动还需要相应的配套设施，如儿童活动区、停靠休息区等。

锻炼身体的活动形式主要有晨跑、快走、健身、做操、打拳、练功、跳舞等。此类活动形式中除晨跑、快走等主要依赖道路空间外，其他活动依赖尺度相对较大、适宜多人活动的开放空间，以及配套的健身活动设施和休息设施，且空间设置要相对独立，以减少其他因素的干扰。

交往沟通的活动形式主要有聊天、打牌、下棋、聚会等。此类活动多发生的时间较长，需要相对私密或半开放的小型活动空间，对遮阳效果要求较高，需要大量座椅、桌子等供停靠休息的设施。人们的休闲游憩活动多属于自发性活动或社会性活动（图4-6）。

（2）活动分布特征

通过实地调查，发现在居住区内部的活动空间中，活动空间类型、数量、功能均相对较少，仅适宜于那些需要短时间活动的使用者，对于长时间活动就不是很适宜了。老年人、儿童及其陪伴的父母为主要活动群体。活动多集中在居住区中心开放空间、组团绿地、健身设施空间及部分小型开放空间中。

在居住区外部的社区绿道中，老年人聚集的活动空间主要包括距离自己住区较近的健身设施开放空间、光照条件较好的休息空间以及社区绿道出入口的开放空间等，这可能与老年人体力下降，不适宜远距离步行等有关。儿童和青少年多集中在儿童娱乐设施、健身设施、广场、戏水区、沙池等娱乐性和开放性较强的空间。中青年的活动范围较广，且活动形式多样，多分布在健身设施、慢行步道、小型运动场、广场、小型休憩开放空间等。

图4-6 居住区社区绿道中的社会性活动

4.2 不同类型的绿道休闲空间分析

绿道内的开放空间是组成绿道系统的重要元素，这些开放空间主要有线状的道路空间、点状的广场空间及其他小型开放空间等多种类型。社区绿道的休闲空间设计需要根据使用者的行为特征和使用需求，提供相应的满足条件，从而提高社区绿道休闲空间的使用率。

4.2.1 道路空间

道路空间是社区绿道休闲空间的重要组成部分之一，它分布最广，也是社区绿道使用频率较高的空间。道路空间主要满足使用者散步、观赏、通行的需求，少部分结合路边休憩功能设置。其空间设计的要点有：

（1）带状绿地内部的游径，道路空间应选择蜿蜒、曲折的形态，并连接各个开放空间节点，提高趣味性和观赏性。

（2）如果路面宽度足够，应适当配置一些供使用者休息的设施，如座椅、遮蔽物及构筑物等。

（3）根据适用人群数量和所连接开放空间的使用频率，设置相应等级的道路宽度。

（4）社区内部的绿道道路空间应注重空间的连续性和安全性。

（5）应结合景观系统进行布置，考虑景观系统的渗透性和参与性。

（6）道路空间应设置多个出入口，方便居民以最快捷的方式进入社区绿道。

4.2.2 广场空间

广场空间主要设置在绿地面积较大的社区绿道，多常见于居住区内部的社区公园或组团绿地中，有时也结合居住区外部的社区绿道布置，主要适用于社区居民的群体性活动或需要场地范围较大的健身、娱乐性活动。其空间设计要点有：

（1）注重广场空间的围合度，避免过度开放导致无法保证隐私或不便于人群聚集和使用。

（2）运用景观绿化、铺地、设施小品等划分广场空间，尽量设置多功能的小型空间，避免广场空间单一化。

（3）注重配套休闲设施的类型和数量，并以能够满足多数人的使用需求为标准。

（4）设置多个方向的出入口，方便进出和使用广场空间。

4.2.3 小型开放空间

小型开放空间是使用频率较高、规模较小、适宜少量人群集中使用的空间，具有多样化的功能组合方式，主要用于社区居民的休闲游憩、锻炼健身和交往沟通等活动；在居住区内部多结合宅旁绿化布置，在居住区外部则一般按照连接道路空间的方式分散布置。其空间设计要点有：

（1）合理划分空间，创造多样化、层次丰富的开放空间。

（2）根据使用环境和使用人群，设置不同类型的公共空间、半公共空间或私密空间。

（3）充分利用地形，创造多功能结合的开放空间，如设置健身设施的活动空间、设置儿童娱乐设施的活动空间、设置休息座椅的休憩空间等，提高空间使用效率，增进社区绿道活力。

（4）在各个绿道出入口布置相应尺度的小型开放空间，提供进入绿道的缓冲空间，并配置休闲座椅等供人休息、停留。

（5）合理布置小型开放空间的功能和位置，避免对居民生活造成干扰。

4.3 交往游憩空间改造

通过社区绿道建设，连接居住区内外的各重要节点，进行有机结合，形成统一连续的休闲开放空间体系，为使用者提供良好的户外交往空间和游憩空间，并且提供相对安全便捷的户外活动形式。而系统的交往游憩空间的建构需要结合不同人群的使用需求和规律，从开放空间的布局形式、空间的功能组织以及相应的配套设施三个方面进行分析，改善居民的社区生活质量，提高居民的休闲生活水平。

4.3.1 空间布局形式

在居住区内部，由于空间有限，休闲活动主要借助于现有居住区的开放空间为居民提供休闲服务。空间布局主要依靠道路空间连接社区内的广场或结合集中绿地、宅旁绿地布置的小型开放空间等，形成连通的休闲网络体系。空间布局根据现有居住小区的开放空间布置形式选择适宜的路线，通过道路空间进行有效连接；或借用住区内现有的封闭式宅旁绿地，结合道路空间布置小型围合空间，为部分居民的户外交往活动提供较为私密的场所。

居住区外部的社区绿道交往游憩空间布局因受带状绿地形态的限制，多以散点式或集约式的布置方式沿游憩线路连接。可通过不同类型小型开放空间的组合提高空间的使用效率，满足不同人群的使用需求，提升小型开放空间的活跃度；在主要的出入口或配套公共服务设施周边多设置大型广场空间，作为人流疏散、过渡、缓冲的空间；且需要布置大量的出入口，使人以最快捷的方式进入社区绿道并对其进行使用。

案例1　万寿路甲十五号院北侧带状社区绿道

该社区绿道绿地宽约40m，长约1023m，连接北侧多个居住区。内部设有以多种方式组合的小型开放空间，各开放空间的间隔距离较短，提供了既相互独立又可在短距离内满足多种活动需求的开放空间。内部开放空间多设有座椅、廊架、健身设施、儿童活动设施等，分别布置在不同的小型开放空间中（图4-7）。

案例2　莲花河滨水社区绿道

该社区绿道绿地宽约40m，长约1200m，沿机动车道两侧布置。开放空间布局紧凑，较为连续集中，且类型丰富且多样，以边缘连接道和内部连接道两部分道路空间串联了多个开放空间。其内部设有景观廊架、儿童活动区、健身运动区、门球场、休息平台、公共卫生间、园艺区等，为不同年龄段的人群提供了满足多样化活动需求的开放空间（图4-8）。

案例3　恩济里小区东侧社区绿道

该社区绿道绿地宽约70m，长约530m，沿恩济东街呈带状布置。社区绿道连接恩济里小区和六一小学。绿道内部开放空间以散点式布置，且在小学的东侧入口处设置了大型广场空间。该绿道的开放空间数量较少，其中一部分结合健身设施、儿童娱乐设施和休憩设施。开放空间的活动类型也较少，不能完全满足不同人群的使用需求（图4-9）。

通过上述案例可发现，居民在社区绿道的活动是多样化的，因而对开放空间的数量和质量要求较高，特别是对小型开放空间的使用需求较大。集约式的空间布置方式适合绿道面积和长度有

图4-7 北京市万寿路甲十五号院北侧带状社区绿道空间布局

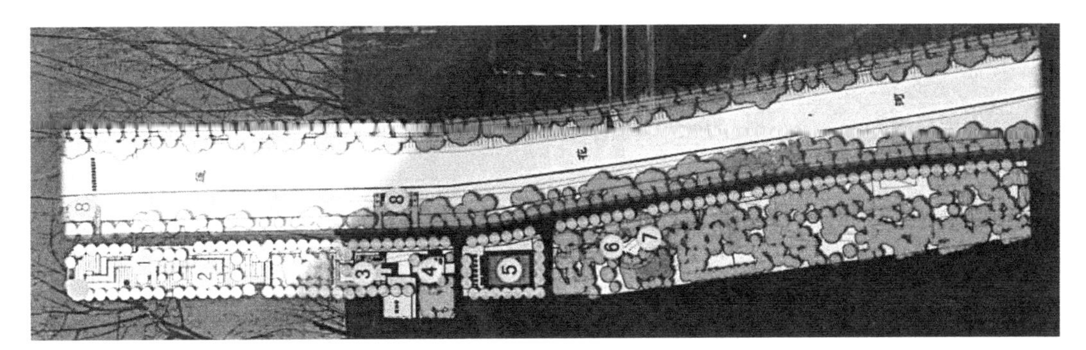

图4-8 莲花河滨水社区绿道空间布局

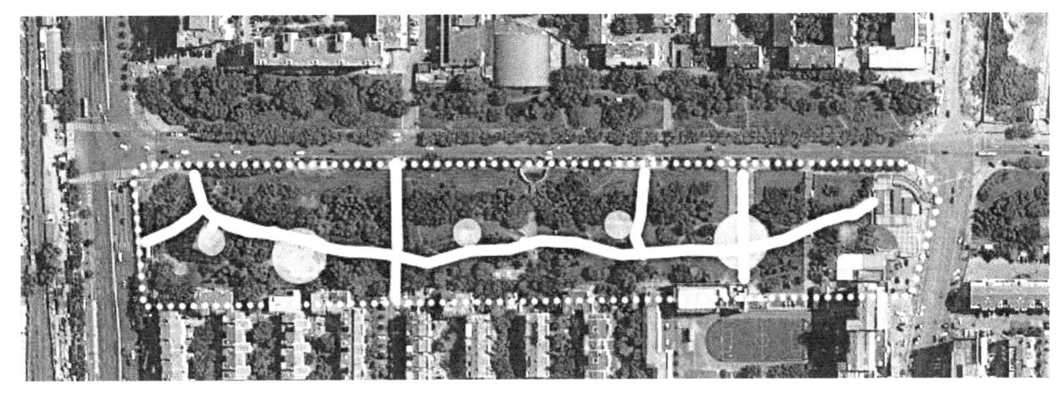

图4-9 恩济里小区东侧社区绿道空间布局

限的情况，因此需要综合利用土地资源，最大化开发不同类型的开放空间，为居民提供丰富的休闲空间。散点式的空间布置方式适合绿道范围较长的情况，能够服务的范围更广，且适宜布置类型多样的小型开放空间，其间隔距离不宜过长，可以为不同住区居民提供综合、便捷的休闲空间。

4.3.2 空间构成与需求设置

根据对人群活动方式的调查，社区绿道交往游憩空间的构成主要分为休息空间、娱乐活动空间、交往空间及交通游憩空间等几类。而由于人们在居住区内外空间的活动方式存在差异，空间构成设置需要满足不同的使用需求。

根据调查，居住区内部开放空间的使用者多为中老年人和带儿童的父母，主要活动为散步、晒太阳、交往沟通、儿童娱乐、休息、锻炼、下棋、聊天。因此，居住区内部的交往游憩空间构成主要如下。

（1）休息空间

指的是采光条件较好的开放空间，配有适当的休憩设施，方便老年人进行户外休息、健身或晒太阳等活动；也包括路旁等围合度较高的小型开放空间，具有相对独立性，能提供相关配套休憩设施，多选择在较为安静的地段。

（2）娱乐、活动空间

指的是带有健身设施、儿童娱乐设施等的开放空间，方便进行户外活动或儿童游戏。此外，配套设施周边需设置大量座椅，方便陪伴儿童的父母或健身锻炼后的人群短暂休息等使用。

（3）交往空间

指的是具有一定围合度的小型开放空间，配有成套桌椅，方便老年人下棋、打牌或闲谈等，也可以开展其他邻里交往活动。此类空间不宜设置在距离住宅建筑较近的地方，以免影响住户的日常生活。

（4）交通游憩空间

指的是道路空间，它需要较好的绿化环境，应有一定遮阳效果，道路连接应通畅且尽量保持与机动车道相对隔离，它连接着住区景观绿地或开放空间，为居民提供相对安全、舒适的慢行空间。

居住区外部的交通游憩空间的隔离性相对更好，多以单独建立的慢行系统为主要空间来源，空间连续且与其他空间联系紧密，使用的舒适度更佳。需要考虑根据使用人群数量设置交通游憩空间，保证交通通畅和与其他活动空间的衔接。此外，交往游憩空间宜建立多条连接线路，提供丰富的空间路径选择，带给人们不同的游憩感受。适宜结合休息空间布置，为短暂停留或休息提供方便。

4.3.3 配套设施

在绿道网络中建立和完善交往游憩空间需要依靠相关的配套设施，以增加居民进行游憩活动的机会，提供良好的休闲游憩体验和完备的休闲服务。相关的配套设施包括以下六个方面。

（1）标识系统

建立明确、统一的社区绿道标识系统，以提高社区绿道辨识度，如绿道标识标牌、信息牌、慢行道标识等。其中，住区外部的出入口标识应当格外明显、易辨识。要注重标识牌的信息内容，符合一般使用者的观察视角，并合理设置。标识牌的内容应详尽丰富地显示社区绿道的位置、周边交通设施、公共设施及住区的位置等。

（2）景观小品

配合不同开放空间设置相应的景观小品，如花池、廊架、雕塑等，用以装饰空间，提升空间的美观度和改善使用者的心理感受。此外，需要根据不同风格的空间，配置对应的景观小品，赋予空间特色。

（3）休憩设施

社区绿道中使用率最高的是户外休憩设施，包括座椅、茶室、咖啡屋以及组合桌凳等。此类设施使用人群广泛，使用率较高，是需要重点布置的配套设施。其中，特别要注意的是要根据不同的使用条件和使用环境布置配套设施，包括考虑光照、通风、遮阳等要素对配套设施的影响。休憩设施可选择多样化的形式，结合不同的外界环境，以满足不同的使用需求。其布置位置选择围合度较高、景观视觉良好的地段。此外，出入口的开放空间是休憩设施布置重点考虑的地段，且休憩设施的数量需要根据周边居民的使用情况进行选择。

（4）其他活动设施

根据不同人群的使用需求，还需配置健身设施、儿童游乐设施等相应的活动设施，提供多样化的活动方式，促进社交性活动发生，提升使用者使用感受，丰富社区生活，提高社区绿道的活力。

（5）公共服务设施

部分连接居住区的大型社区绿道需要配置相应的公共服务设施，如公厕、环境卫生设施以及自行车驿站等。条件允许时，还可以设置供社区居民使用的茶室、咖啡吧等，为不同使用者开展相关活动提供便利。

（6）无障碍设施

社区中有大量老人，社区绿道必须考虑设置无障碍设施，为坐轮椅的老人或其他残障人士提供便捷的使用环境。

4.4 小结

本章首先通过对社区绿道与人的户外活动特征进行调查分析，从社区绿道使用人群的年龄结构、使用频率、使用时间等方面的具体情况总结绿道的使用效果。通过对人群的户外特征进行分析，总结出人群户外活动与社区绿道的关系。通过对使用者的活动目的和活动分布进行统计分析，总结出不同人群对绿道空间的使用需求。然后分别针对道路空间、广场空间及小型开放空间3个主要构成绿道休闲空间的空间类型进行分析，总结空间建设特点。最后，根据社区绿道的空间布局形式、空间构成与使用需求设置，以及配套设施三个方面对交往游憩空间的改造提出相关设计策略。

5 绿道理论与居住区规划结合的示范设计

本部分我们将以北京恩济里居住区为例，把上述各部分论述的小结中的观点与居住区整体布局、道路交通流线、道路断面设计、停车空间改造、绿地系统以及商业改造等相关内容结合，来探讨如何将绿道理论与居住区规划设计结合。

5.1 案例现状分析

5.1.1 案例概况

恩济里小区位于北京市海淀区西四环东侧，在20世纪90年代由北京市建筑设计院设计建成，是该时期居住区规划的优秀代表。小区东侧紧邻大型带状绿地公园，东侧500m左右是玲珑公园及京密运河。住区周边环境优美，住区内部绿化完善，规模适当，公用配套设施齐全。

该居住小区占地约9.98hm^2，总建筑面积140813m^2。居住小区地形呈规整的长方形，可容纳住户约1885户。小区周边有配套公共服务设施（图5-1），六一小学位于居住小区的东南部，托儿所和幼儿园设置在北边较为安静的地段，且学校均离居住小区的主要出入口较近，方便周边住区居民使用。

该居住区主要采用周边式的建筑布局方式，分为4个组团，配套服务设施则安排在主要道路附近。该居住区最突出的特点是借鉴北京传统四合院的形态，形成多个内向、封闭的居住区院落，沿居住小区的主路形成“安、定、幸、福”4个相对独立的居住组团，每个组团人口规模为300～500，符合社会学关于群体决策的人口数，且每个院落组团都由栏杆或植被与外界隔离，保证组团内部的稳定性和安全性。居住小区内建筑层高以4～6层为主，西北角和东南角分别布置15层左右的高层住宅，形成错落有致的建筑布局形式。

（1）内部交通

内部由一条贯穿整个居住区的主要道路串联4个居住组团。为了改善居住区内部的交通环境，减少机动车对居住区内步行道的干扰，其机动车道采用单行道结合道路停车方式组织机动车交通，并由主要道路连接多个居住组团内部的机动车道。

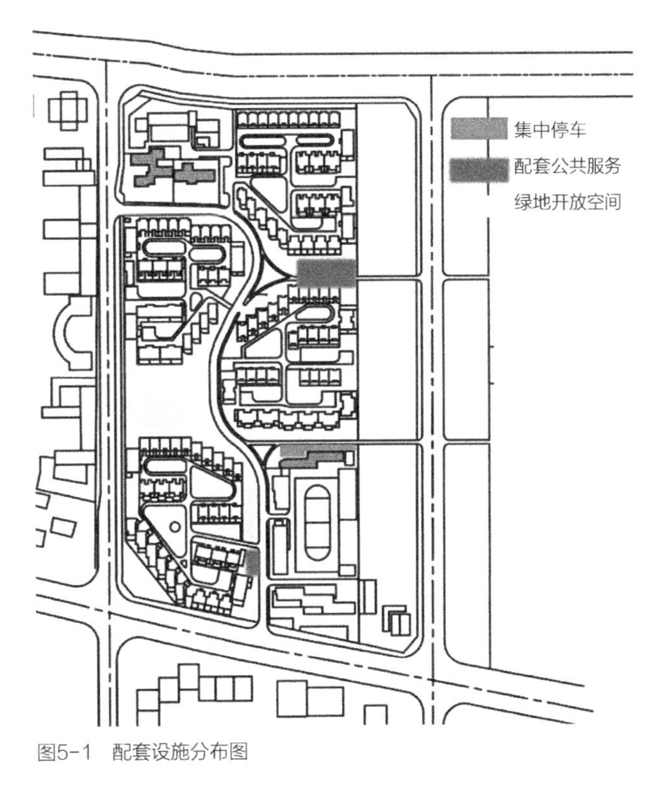

图5-1 配套设施分布图

（2）停车布置

由于恩济里小区建设年代较早，因此并未设置机动车的地下停车库。其机动车的停车模式主要是利用地面的开放空间及居住建筑周边、道路周边或绿地周边来布置停车位，如：利用居住组团内部的建筑周边用地，划分停车空间；将贯穿整个居住小区的一条主要交通道路设置为单行道，利用道路断面上剩余的部分道路空间来解决大部分停车问题；利用东侧的开敞空间设置小型地面停车场；在西侧组团之间及配套建设的学校周边设小型地面停车场，解决地面交通问题。

整个居住区的地面停车位共有680个，其中居住区道路周边有停车位154个，集中停车场有停车位88个，各组团内有停车位438个。此外，各个组团内部靠近出入口处均设有停放自行车的地下车库，地上的自行车停车位较少。由于进出地下空间不便，这一做法实际上限制了自行车的使用，值得商榷。

（3）绿地布局

居住小区内部沿主要道路设有一处大型的集中绿地，其内部设有多个小型开放空间供居民使用。绿地以模仿自然的绿化方式布置，设有廊架、亭子、活动设施、座椅等游憩设施，且中心有大片草坪并配有小型缓坡，形成变化多样的绿地空间，满足不同人群的使用需求。此外，部分居住组团外围设有小型开放绿地，配合多样化的活动设施布置，提供开放空间。各个居住组团内部均设有一个小型开放空间，但部分开放空间设施简陋，且遮阳效果较差，休憩设施不完善，因此使用率不高。此外，部分宅间绿化的绿地质量不高，其视线被围栏完全隔离，阻碍人们使用和观赏绿地空间。居住组团内的绿地从绿化结构到绿化质量均有待提高。

（4）开放空间

居住区内的开放空间主要分布在居住组团出入口及集中绿地中。开放空间的规模较小，且种类较少，仅可以供部分居民户外活动使用。各个居住组团的中心位置设有一个小型的开放空间，但使用率较低，舒适度较差。居民的户外活动除了依靠部分居住区内部的开放空间外，主要依靠居住区东侧的大型带状绿地空间。

5.1.2　改造建设难点

调查研究发现，恩济里小区绿道改造设计存在的主要问题有：①住区内部停车占用空间较多，导致可供绿道改造的空间不足，需要借用其他空间或改进设计方法。②住区内部的道路空间狭窄。唯一的住区主干道还设置成单行线路，不利于建立开放式街区模式的住区交通组织，很难与外部城市机动车道对接。③住区内部绿地资源有限，可供使用的绿地资源主要集中在住区中心组团绿地中，其他绿地资源较为零散，需要进行统一规划，整合利用。

5.2　整体规划布局

5.2.1　整体布局的调整

基于上述调查和分析，我们尝试通过调整规划来打破居住小区全封闭的管理模式，结合绿道建设将该居住区改造为开放式的街区制模式。主要策略是将居住小区分为6个小型开放街区，进行组团围合（图5-2），破除居住小区的封闭感，增进社区生活互动，改善城市交通环境。其中，部分街区直接面向城市打开，形成居住与城市公共活动紧密相连的一体化设计。改造南北向的居住小区主干道路，通过建设绿道融合慢行系统，建立居住小区的主要绿化轴线，以该轴线串联居住区内部的多个公共开放空间节点以及部分生活配套设施。然后，建立2条东西向贯穿整个居住小区的主要连接绿道，改造居住小区原有的主要道路，连通南北向的城市交通道路。由这3条主要绿道连接多个居住组团，形成居住小区的主要交通网络。

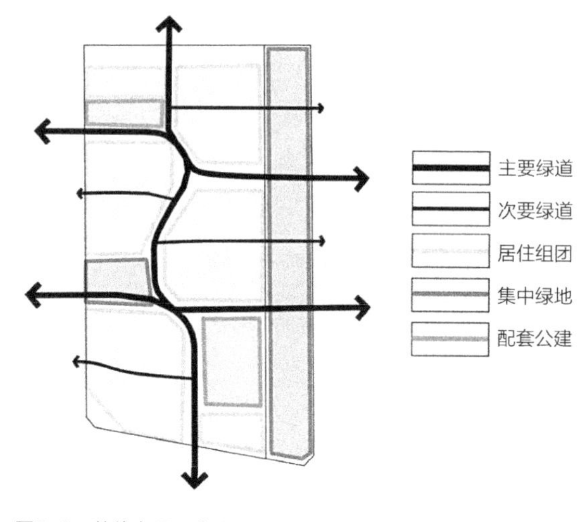

图5-2　整体布局示意图

5.2.2　商业布局

规划拟适度提高建筑密度，增建部分商业设施。考虑沿3条主要绿道两侧集中布置住区商业，根据居住建筑情况考虑新建或将一些底层住宅改造为商业建筑，为居民提供就近的商业服务。同时，可依靠商业街区改造，提升住区整体活力，促进邻里交往。街区结合商业的布置模式，有利于建立个性化街区，改善住区景观环境和道路交通模式，提供更适宜居民活动的居住交往空间（图5-3）。

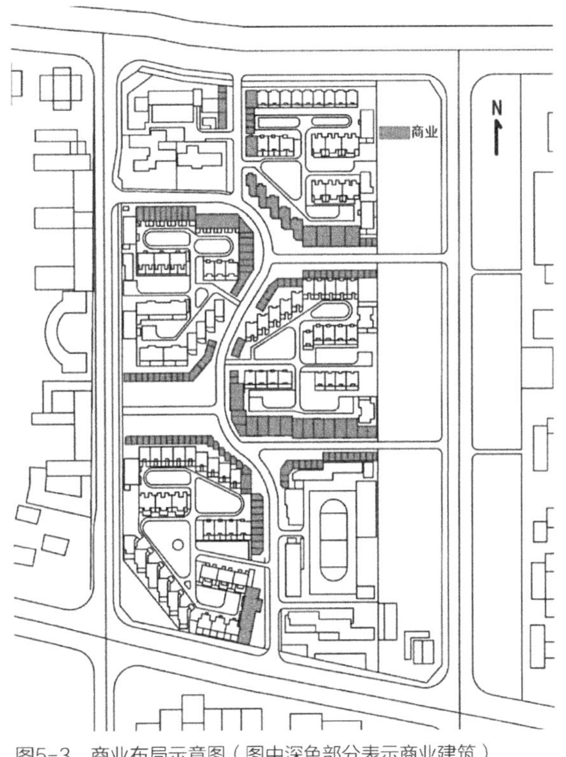

图5-3　商业布局示意图（图中深色部分表示商业建筑）

5.3　结合绿道建设的改造设计

5.3.1　道路交通流线设计

由于整个恩济里居住区由城市次干道及城市支路围合，其外部交通较为便捷，但衔接不畅。因此其改造应利用绿道改造，建立连通南北向的主干道，贯穿整个居住区，缓解住区南北向的交通问题，并起到串联多个居住组团的作用，成为居住组团与街区连接的主要通道。此外，新建2条东西向绿道，与城市主干道交叉，将住区划分为小网格街区，形成连通多个方向的街道系统，构成整个居住小区的道路骨架。新建绿道的出入口还考虑与周边的公交系统相连接，在每个居住组团内部设置独立的慢行绿道线路，连通住区主要道路及住区外部（图5-4）。

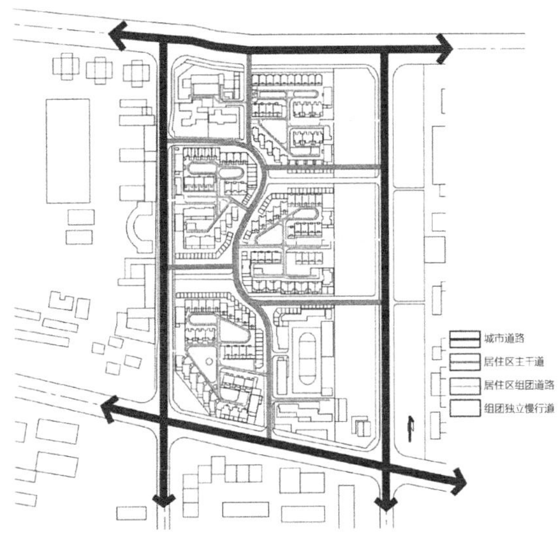

图5-4　道路交通流线图

5.3.2 道路断面设计

（1）居住区主干道的道路断面改造

由于住区内贯穿南北的主干道断面资源有限，因此不宜建设大型的隔离绿带，应当采用紧凑型的综合慢行道。为提高街区的舒适度，主干道周边可考虑建设沿街商业，与慢行道紧密相连，并以适当的绿化隔离方式与机动车道相隔离，形成独立安全的慢行环境，这样有利于形成小尺度的街道空间（图5-5）。

（2）居住区主干道结合绿地的道路断面改造

对于居住小区原有的集中绿地，可以考虑结合绿道模式进行改造，沿两侧的居住建筑外围建设1层小尺度的底商建筑。沿商业建筑周边设置慢行步道，形成小型开放性的街道空间。机动车道设置在绿地中央，并沿两侧利用绿化隔离综合慢行步道，以利于快速穿行。在商业与机动车道之间设置大型绿地，在绿地中设置多样化的开放空间，形成安静、舒适的慢行空间及快速通过的机动车交通环境，为周边居民户外活动提供多功能的开放空间，成为住区主要的活动聚集场所，提高住区街区的活力（图5-6）。

（3）居住组团内部独立慢行道的道路断面改造

利用居住组团内的宅旁绿地进行绿道改造，主要作用之一是串联组团内的绿地节点空间。改造沿住宅主要出入口一侧设置小型慢行道，为居民快速进出住宅提供安全便捷的路线。这些

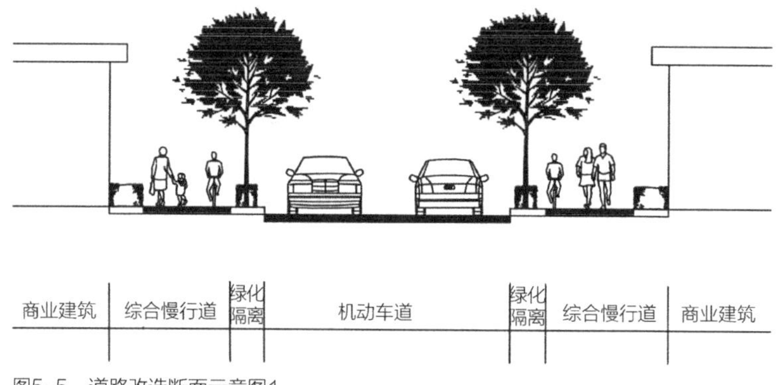

图5-5 道路改造断面示意图1

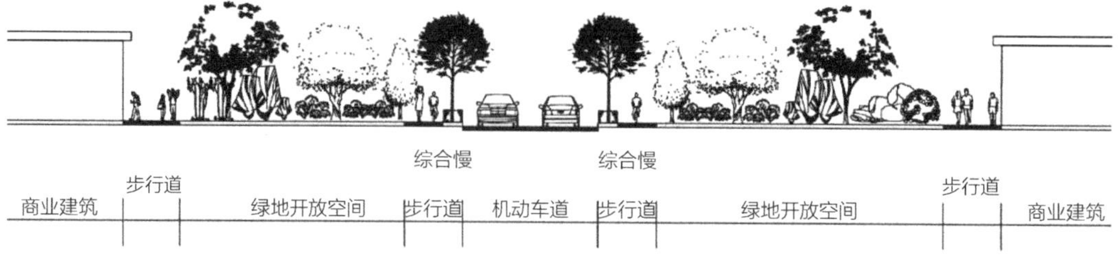

图5-6 道路改造断面示意图2

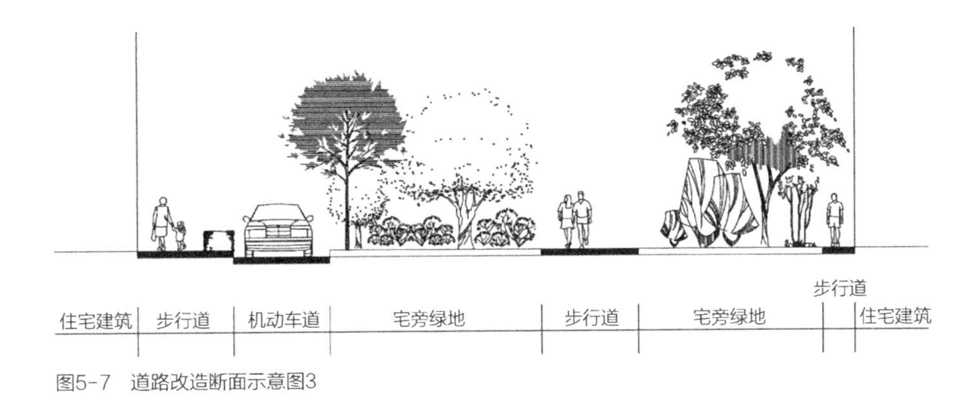

图5-7 道路改造断面示意图3

慢行道与机动车道之间以低矮绿植相隔，以保证慢行系统不受机动车道过度干扰。此外，在宅旁绿地中心区域设置绿道慢行道线路，解决住区主要的出行问题，并提供良好的景观绿化环境（图5-7）。

5.3.3 停车改造设计

由于该居住区的地面资源有限，现有可用的空间几乎全被占用。因此在进行改造时可考虑适当降低居住区的绿地面积，增加停车空间，解决居住区停车位不足的问题以及居住小区主干道的道边停车问题，为街区的绿道建设预留更多空间（图5-8）。

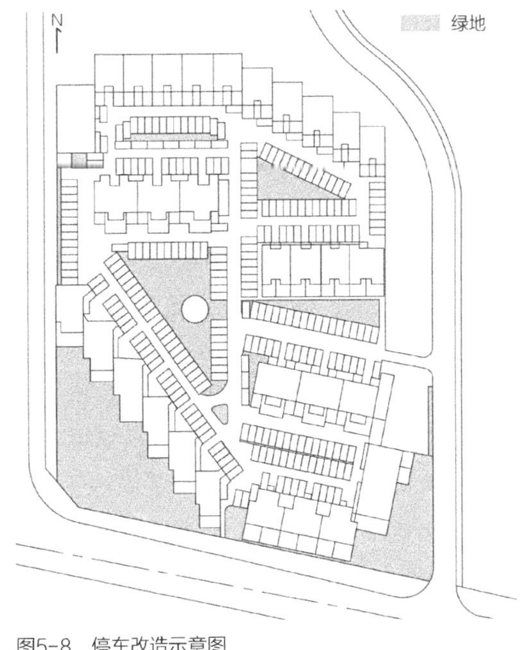

图5-8 停车改造示意图

多数私家车业主均希望停车位尽量靠近住宅入口，有80%的人不愿意到与住宅水平距离超过100m的停车库（场）停车。因此利用组团内部空间解决停车问题尤为重要。以恩济里小区居住组团“安苑”为例，该组团原有的绿地面积为5854m^2，停车位数量为97个，多沿居住建筑周边划分停车位。由于停车位缺乏，该组团急需将开放空间改造为小型停车场。因此，改造设计主要围绕各建筑周边，采用沿道路两侧的垂直式停车位布置方式，并利用现有绿地资源改造停车空间。改造设计后，组团绿地面积为3510m^2，比原有绿地减少了约40%。而该组团的停车位数量为278个，增加了181个，比原有停车位数量增加约2倍。

以此种方式改造各个居住组团，不仅可以增加居住组团的停车位数量，解决居住组团停车位不足的问题，还可以缓解居住区主干道周边的沿街停车等问题。但绿地面积也显著减少，必须采取屋顶绿化、立体绿化等措施予以弥补。

将停车纳入居住组团当中，既方便停车管理，又能够满足多数居民停车处距离家门100～200m的停车需求，为居民提供较为便利的停车条件。此外，对改善居住组团的外部交通环境、提供更为舒适的绿道环境也具有促进作用。

5.3.4 绿地系统设计

由于道路紧凑，恩济里居住区具有良好的绿地资源，小区东侧为由大型防护绿地改造的带状绿地公园，有多样化的活动空间，是主要户外活动场所。居住区内部还有集中绿地，绿道串联住区内部绿地，形成连续绿地，可提高使用率，改善道路环境。组团内的慢行绿道串联各节点，并与外部的绿道连接。此外，通过建立居住区内部与外部公园绿道的有序连接，串联住区内外绿地资源，形成了连续的绿地体系空间，提高了居住区绿地的观赏性和实用性（图5-9）。

图5-9 绿地系统设计示意图

5.3.5 公共空间节点总体布局

通过商业建设，采取结合商业的街道模式，为绿道使用者提供休憩、娱乐及社会交往活动的集中空间。在居住区内部的各个交叉口、住区组团出入口、景观节点处设置小型节点开放空间，以绿道串联的方式形成多样化的开放空间连接网络。通过居住区内外绿道衔接，串联居住区内部与外部多个公共空间节点，形成空间共享，可提高各个开放空间之间的互通性，提高空间使用率，改善住区空间环境，为居民的户外休闲活动提供便利并增添趣味性（图5-10）。

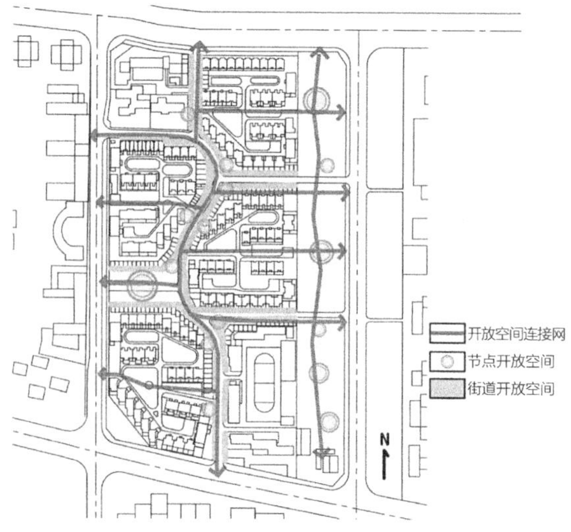

图5-10 公共空间节点布局示意图

5.3.6 公共空间节点设计

以恩济里居住区原有的集中绿地改造为例，其要点有：①在以绿道串联的集中绿地内，不同的开放空间和景观节点需要满足多方向人群进出的使用需求。②这些需要改造的绿地原来只对内开放，而在改造后则应当通过绿道连接外部空间，形成对外开放的公共活动中心。③在绿地中心建立多个小型开放空间，并以小型游径相连，形成连续的休闲体系，为人群的聚集活动提供多样化开放场所。④开放空间与周边的商业街道空间及道路慢行空间之间均设有多个连接出入口，方便人群进出与使用，提高绿地可达性和连通性。⑤在开放空间中加入不同的家具小品及其他停靠设施，提供方便居民游憩使用的活动设施。⑥结合不同的小型景观节点设计，形成丰富的景观效果，吸引人群使用和活动（图5-11）。

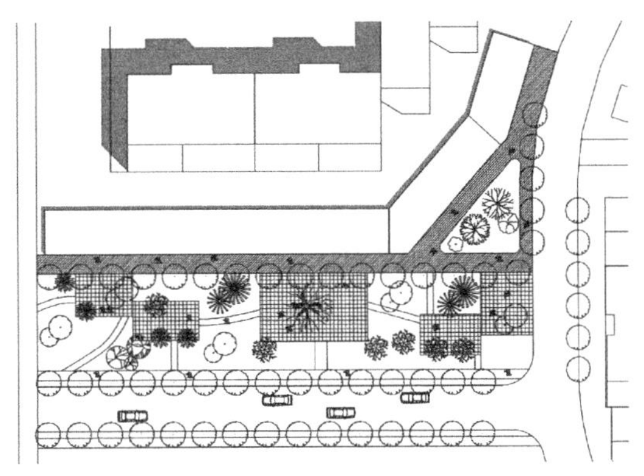
图5-11 公共空间节点设计平面图

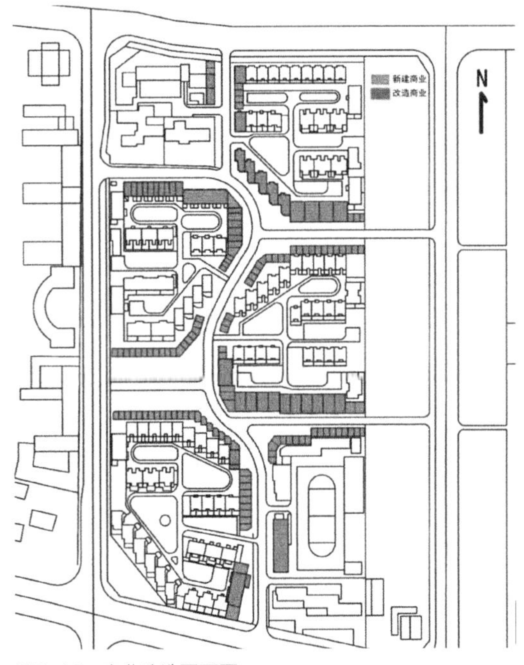

图5-12 商业改造平面图

5.3.7 商业改造

要形成街区式居住区，在改造中应当考虑在局部地段新建连续的小尺度商业。①利用住宅一层进行商业改造，形成连续的商业街道，建立小型商业街区，带动社区商业活力。②根据不同绿道的活动人群数量及绿道的连通性，商业主要沿居住区主干道周边布置。③由于该地段的人流较为集中，是住区居民外出活动的主要路线，容易聚集，因此可吸引人群使用商业设施，也可为居民的公共服务提供便利，从而提升整个住区的生活质量和社区活力（图5-12）。

就恩济里居住区而言，若按照我们的规划，其新建和改造后的商业总面积可达约10438m^2，其中新建商业约4172m^2。若以8万元/m^{2}的价格出售，可收入33376万元。除去商业改造成本及绿道改造成本，额外收支可用于绿道改造、周边居民补贴等。由此可减轻政府进行社区绿道改造的经济压力，提高社区对绿道改造的支持度，并促进社区绿道改造项目实施。

5.4 绿道设计原则

（1）社区内部的绿道建设宜采取小尺度、多线路的规划建设策略。

（2）通过社区绿道建设，整合商业、休闲、交通等3项资源，提升社区街道活力，起到复兴旧城区的作用。

（3）绿道选线主要依托原有路网，积极结合现有住区内部资源，积极建立连接绿道。

（4）组团内部应合理布置开放空间，并利用绿道串联形成系统连续的开放空间体系。

（5）可考虑通过适当降低组团绿地率，改造停车空间，解决住区停车位和绿道改造空间不足等问题。可充分利用道路与建筑之间的空间，设置双向停车位，提高停车效率，以此提升内外部绿道建设空间，改善绿道使用环境。

（6）绿道的剖面设计应根据现有空间资源及周边建筑形式进行有选择地布置，尽可能保证慢行系统独立完整。

（7）绿道串联住区内外的公共开放空间节点，形成连续统一的休闲体系，以提高开放空间的使用率，丰富居民户外活动形式。

5.5 建设难点

虽然在居住区内部建设了开放式的街区和连接通道，但居住地块与周边地块的衔接仍然需要系统连续的绿道网络对整个居住片区、城市进行统一规划，建立连通的小网格绿道体系，从而真正有效缓解城市交通压力。

5.6 小结

本部分内容主要是针对恩济里小区进行绿道改造的示范性设计。通过对该案例进行概况分析，了解了居住区的现状，分析了绿道改造的难点、关键点。然后通过整体规划布局来建设街区制绿道体系，划分组团空间。改造设计的主要内容包括道路交通流线的改造、绿地系统的连接规划、公共空间节点的布置和连接。通过对整个居住区进行详细分析，建立系统的绿道网络，解决交通优化、绿地连续性不足、公共空间分布不均以及连接度不好等问题，并对绿道结合商业模式的街道改造进行分析。最后通过典型案例的示范设计来总结绿道设计的相关原则及绿道建设所面临的问题，以期对日后的绿道建设提供参考。

参考文献

[1] 孙帅. 都市型绿道规划设计研究[D]. 北京:北京林业大学,2013.

[2] 丁文清. 城市绿道景观规划设计研究[D]. 西安:西安建筑科技大学,2010.

[3] 庄荣,高阳,陈冬娜. 珠三角区域绿道规划设计技术指引的思考[J]. 风景园林,2010(02):81-85.

[4] LITTLE C E. Greenways for America [J]. Greenways for America,1990.

[5] AHERN J. Greenways as a planning strategy [J]. Landscape and urban planning,1995,33(1-3):131-155.

[6] 珠江三角洲绿道网总体规划纲要[J]. 建筑监督检测与造价,2010(03):10-70.

[7] 田逢军,沙润,王芳,等. 城市游憩绿道复合设计:以上海市为例[J]. 经济地理,2009,29(8):1385-1389.

[8] 北京市级绿道系统规划[Z]. 北京市城市规划设计研究院,2014.

[9] 斯坦纳. 生命的景观:景观规划的生态途径[M]. 周年兴,李小凌,俞孔坚,等,译. 北京:中国建筑工业出版社,2004.

[10] 孙帅. 都市型绿道规划设计研究[D]. 北京:北京林业大学,2013.

[11] TAN K W. A greenway network for singapore [J]. Landscape & urban planning,2006,76(1-4):45-66.

[12] IGNATIEVA M,STEWART G H,MEURK C. Planning and design of ecological networks in urban areas [J]. Landscape & ecological engineering,2010,7(1):17-25.

[13] FORMAN R T T. Land mosaics,the ecology of landscapes and regions [J]. Proceedings of Sca,1995(2005):201-208.

[14] JANG M,KANG C D. Urban greenway and compact land use development: a multilevel assessment in Seoul,South Korea [J]. Landscape & urban planning,2015,143:160-172.

[15] VILES R L,ROSIER D J. How to use roads in the creation of greenways: case studies in three New Zealand landscapes [J]. Landscape & urban planning,2001,55(1):15-27.

[16] FABOS J G. Greenway planning in the United States: its origins and recent case studies [J]. Landscape and urban planning,2004,68:321-342.

[17] TOCCOLINI A,FUMAGALLI N,SENES G. Greenways planning in Italy: the Lambro River Valley greenways system [J]. Landscape and urban planning,2006,76(1-4):98-111.

[18] FURUSETH O J,ALTMAN R E. Greenway use and users: an examination of Raleigh and Charlotte greenways [J]. Carolina Planning,1990,16(2):37-42.

[19] GOBSTER P H. Perception and use of a metropolitan greenway system for recreation [J]. Landscape and urban planning,1995,33(1):401-413.

[20] YOKOHARI M,AMEMIYA M,AMATI M. The history and future directions of greenways in Japanese new towns [J]. Landscape and urban planning,2006,76(1):210-222.

[21] PARK S H,HAN B H,CHOI J W,et al. A study on the planning methods of community greenway in Nam-Gu,Incheon [J]. Journal of the Korean Institute of Landscape Architecture,2015,43(1):16-28.

[22] QUAYLE M,VAN DER LIECK T C D. Growing community: a case for hybrid landscapes [J]. Landscape and urban planning,1997,39(2):99-107.

[23] 王婕,李庆卫,彭凌迁. 广东社区绿道建设启示:以深圳福荣绿道为例[J]. 中国园林,2014(05):97-101.

[24] 黎秋苹,胡剑双. 社区级绿道实践使用后评价研究:以佛山市怡海路和桂城东社区绿道为例[C]//中国城市规划学会,南京市政府. 转型与重构:2011中国城市规划年会论文

集.中国城市规划学会，南京市政府：2011.
[25] 姚睿. 广州市社区绿道可行性策略研究[J]. 广东园林，2012（03）：12-14.
[26] 赖寿华，朱江. 社区绿道：紧凑城市绿道建设新趋势[J]. 风景园林，2012（03）：77-82.
[27] 陈福妹，艾玉红. 社区级绿道网络规划模式初探[C]//中国城市科学研究会，广西壮族自治区住房和城乡建设厅，广西壮族自治区桂林市人民政府，等. 2012城市发展与规划大会论文集[C]. 中国城市科学研究会，广西壮族自治区住房和城乡建设厅，广西壮族自治区桂林市人民政府，中国城市规划学会：2012.
[28] 黄晶. 社区绿道设计研究[D]. 武汉：华中科技大学，2011.
[29] 王萱. 基于老年使用需求的城市社区绿道景观设计研究[D]. 成都：西南交通大学，2014.
[30] 郝丽君，杨秋生. 社区绿道降低$PM_{2.5}$的规划策略浅析[C]//中国风景园林学会. 中国风景园林学会2014年会论文集（上册）. 中国风景园林学会：2014.
[31] 李方正，郭轩佑，陆叶，等. 环境公平视角下的社区绿道规划方法：基于POI大数据的实证研究[J]. 中国园林，2017，33（09）：72-77.
[32] 戴菲，胡剑双. 绿道研究与规划设计[M]. 北京：中国建筑工业出版社，2013.
[33] 钱伟忠. 新型花园城市：日本港北花园新城[J]. 园林，1994（05）：44-45.
[34] 石京，李卓斐，陶立. 居住区空间模式与道路规划设计[J]. 城市交通，2011，9（03）：60-65，4.
[35] 施瓦茨，弗林克，罗伯特，等. 绿道规划·设计·开发[M]. 余青，柳晓霞，陈琳琳，译. 北京：中国建筑工业出版社，2009.
[36] 王红娟. 石家庄市绿地秋季温湿效应研究[D]. 石家庄：河北师范大学，2014.
[37] 刘曜磊，路东灿. 对居住小区建设的思考[C]//河南省土木建筑学会. 河南省土木建筑学会2010年学术大会论文集. 河南省土木建筑学会，2010.
[38] 周俭，张恺. 优化城市居住小区规划结构的基本框架[J]. 城市规划汇刊，1999（06）：63-65.
[39] 周俭，蒋丹鸿，刘煜. 住宅区用地规模及规划设计问题探讨[J]. 城市规划，1999（01）：38-64.
[40] 唐丽贤. 居住区生态环境设计的探索[J]. 广东建材，2006（05）：99-101.
[41] 田习倩. 生态设计方法在居住区景观设计的应用研究[D]. 北京：北京林业大学，2011.
[42] 游宇中. 自然生态理念在居住区规划设计中的应用研究[D]. 咸阳：西北农林科技大学，2013.
[43] 王猛. 低碳理念在居住区规划设计中的应用[J]. 今日科苑，2013（24）：78-80.
[44] 盖尔. 交往与空间[M]. 何人可，译. 北京：中国建筑工业出版社，2002.

第三篇

基于“小马路、密路网”的居住区设计

《万科的主张》一书指出：“改革开放后之25年为我国政治、经济、文化有急变之时。住宅产业之发展，诱变城市居态，亦得邑人居心之大变。人们无论是倾心于市者之纷，乡野之清，其对家的构想皆是美妙的。城市住区的具体构成模式，和所能提供的物质空间条件，将人们对于居住的梦想变成了现实。要想为住区中的人们提供无限生活的可能，就需要住区集各方之因素。例如：创造开放的住区、激发住区活力、尊重和保护自然与文化资源、建设可持续发展的住区。”[1]从历史发展角度看，在我国古时，从先秦到唐代，受宗法制度的约束，大多数情况下都是以阶级和职业为原则进行居住区域的功能划分的，后来就逐渐形成较为封闭的里坊制。但随后，从宋代到明清，由于工商业迅速发展，居住区突破了里坊的限制，以经济发展为主导因素，兼顾礼制，弱化传统体制，形成了功能混合、自由开放的街巷制。当代封闭式居住区模式是计划经济、苏联模式和邻里单位模式、单位大院体制、物业管理形式以及传统“营院而居”的居住习惯等综合作用下的产物。当代小区的形式类似于唐代的里坊，同样受到体制的影响，随着我国市场经济和人居环境的发展，自由、开放、有活力的街区制居住区也将顺应时代，成为城市住区模式较好的选择[2]。

由于传统封闭式居住区带来许多不利影响，当前正在推进的“小街区、密路网”改造工作，对于我国居住区规划设计而言，将是一次重要的生态化机遇：其形态将更加适宜于城市生态系统的整体性；可能营造出更加具有街区生活和人文生态的街道空间；将可能改善城市交通体系，健全城市生态功能，促进城市可持续发展。因此，本部分将以郑州市为例，来探讨基于“小马路、密路网”的新时期居住区的规划设计问题。

和全国许多城市一样，近年来，随着郑州市经济、社会和城市的发展，封闭式居住区模式的弊端逐渐显现，造成了多种城市问题，严重束缚了城市进一步良性发展，难以满足人们在宜居环境方面日益增多的物质和文化需求。2018年12月1日，新版《居住区规划设计标准》正式施行，以“生活圈”的概念取代过去“居住区、居住小区、居住组团”的分级模式，街区制居住区模式以其在改善住区与城市关系、缓解城市交通拥堵、优化城市空间形态、合理分配资源、塑造城市活力等方面的优势，逐渐成为一种较为理想的住区形式。根据郑州市城区现状，在建成环境中合理推进街区制居住区，是改善城市问题的有效途径之一。

1 封闭式居住区街区化改造的必要性

近年来，随着经济、社会的发展，国内传统的封闭式居住区受到的非议越来越多，其存在的弊端也逐步显现，对于街区制居住区是否适宜我国城市的进一步健康发展，逐渐成为国内研究的重点之一。

2014年10月，由中国房地产研究会人居环境委员会主持编制实施的《绿色住区标准》出版，其总则中明确提出了"开放性住区"及"城市街区"的概念，其主要思想是提倡住区对城市开放，主张住区内的绿地资源和服务设施与城市共享，构建城市与住区和谐统一的发展体系[3]。

2016年2月，中央城市工作第四次会议①制定了《中共中央 国务院关于进一步加强城市规划建设管理工作的若干意见》(以下简称《意见》)，其中的第16条明确提出了一系列街区制居住区的相关策略："优化街区路网结构。加强街区的规划和建设……推动发展开放便捷、尺度适宜、配套完善、邻里和谐的生活街区。……已建成的住宅小区和单位大院要逐步打开，实现内部道路公共化，解决交通路网布局问题，促进土地节约利用。树立'窄马路、密路网'的城市道路布局理念……。打通各类'断头路'，形成完整路网，提高道路通达性。……到2020年，城市建成区平均路网密度提高到8km/km^2，道路面积率达到15%。积极采用单行道路方式组织交通。加强自行车道和步行道系统建设，倡导绿色出行。合理配置停车设施，鼓励社会参与，逐步缓解停车难问题。"[4]

2017年7月，在住房和城乡建设部与国家质检总局联合发布的《城市居住区规划设计标准(草案)》中，更进一步、首次提出了"生活圈""居住街坊"等概念。利用"15分钟生活圈""10分钟生活圈""5分钟生活圈"，取代2002年版《城市居住区规划设计标准》中"居住区""居住小区""居住组团"的居住区分级控制规模概念；并说明了"生活圈"指以居民步行若干分钟可满足其基本生活需求为原则划分的居住区范围，"居住街坊"是构成城市居住区的基本单元。住区道路规划提出，应结合居住街坊的布局，形成"小街区、密路网"道路体系。在居住环境规划中提出住宅建筑宜高低错落，适度围合[5]。

2018年12月，《城市居住区规划设计标准》正式施行。该标准明确提出了"生活圈""居住街坊"等方面的规定。

以上指导意见和设计规范的出台，直接或间接地说明以后我国将以街区制居住区模式为主要住区发展形式，且存量住区规划将是重点。一部分学者从城市交通、街区活力、公共服务设施利用等方面进行支持论证，另一部分学者则从业主的权益、居住安全以及实施的可行性等方面进行反驳。虽然新建一个街区制的居住区相对易于实现，但建成环境中还存在着大量需要街区化改造的封闭式居住区，若要对这些居住区进行街区化改造，涉及的矛盾就要复杂得多。因此，在建成环境中推广居住区的街区化改造及街区制居住区模式，将成为重点和难点。对于封闭式居住区，在了解其产生的必然性的基础上，虽然要肯定其存在的合理性，也要充分认识到封闭式居住区的局限性以及给城市发展和居民生活带来的不利影响，对住区进行合理优化和不断修正，才能促进住区建设的发展与完善[6]。然而，并非所有的现有居住区都需要进行街区化改造。目前业界学

---

① 1962年9月和1963年10月，为加强对城市的集中统一管理和解决当时城市经济生活的突出矛盾，中共中央、国务院先后召开全国第一次和第二次城市工作会议。1978年3月，国务院在北京召开第三次全国城市工作会议，制定了关于加强城市建设工作的意见。

者的研究主要集中在新建街区制居住区规划模式和设计方法上；对居住区街区化改造领域的研究相对较少，且不成体系；鲜有人提出建成环境中哪类居住小区适宜进行街区化改造，及改造适宜性评价的方法和改造策略。

在本部分中，我们将针对以上问题进行下列方面的阐述：①总结前人研究成果及经验，结合郑州市居住区的现状情况，探寻郑州市封闭式居住区街区化改造的切入点。②提出具体的居住区街区化改造的适宜性评价方法。③提出居住区的街区化改造原则和规划设计方法。④为郑州市今后街区制居住区的发展提供一些理论依据和技术支持。⑤以小见大，为国内相关研究填补某些空缺，使得今后在进行居住区街区化改造时，有方法可借鉴。

通过分析国内外相关研究和案例，我们将：①找到郑州市居住区街区化改造研究的主要不足。②通过在郑州市封闭式居住区街区化改造中运用层次分析法和综合模糊评价法，提出一套完整的评价体系，将该评价体系套用于现状居住区，用以判断其街区化改造的必要性和可能性。③针对相关问题，提出改造原则，确保在改造时，居民相关利益及街区环境得到较好的保障。④通过总结不同种类不同特点的居住区街区化改造设计方法，提高设计方法的准确性。我们力求通过以上几方面的研究结果，为今后郑州居住区街区化改造提供相关理论依据，推动郑州市封闭式居住区街区化改造的进程，也为全国范围内居住区街区化改造研究打下基础。

最后，在郑州市内选取若干典型的封闭式居住区案例，对这些案例进行街区化改造的可行性评价及街区化改造设计，将理论落实到实践，用以验证该研究成果是否确实可行，有无实用价值。

1.1 居住区的相关概念

1.1.1 街区制居住区

根据街区所承担主导功能的不同，可以将街区分为以下几类：街区制居住区、混合街区、商业街区、商务街区、生产街区等[7]。本部分指的都是街区制居住区和混合街区，而混合街区或为居住小区改造后的一种形态，因此可将其包含在街区制居住区范畴中。所以，本部分论述的街区制居住区指代街区制居住区和以居住为主的混合街区。有特指的，具体将区分开。根据区位差异可进一步将街区制居住区分为城市型街区制居住区和乡野型街区制居住区。本部分中涉及的街区制居住区主要指城市型街区制居住区。

本部分主要研究郑州市内大尺度封闭式居住区[①]及其街区化改造问题，主要围绕郑州市居住区的发展现状、研究进展、现存问题、街区化适宜性改造评价、街区化改造策略、改造原则、设计方法等进行论述，其中多数内容涉及国内外街区制居住区发展现状，偶尔涉及这些案例的发展

① 指某些严重影响城市交通微循环、割裂住区与城市关联的超大尺度的封闭式居住区。

经验、相关理论、研究进展及典型案例等。

1.1.2 居住小区、居住区及封闭式居住区的概念

居住小区（residential community）：简称小区，本部分所提到的居住小区，指被围墙和门禁所围合封闭，内部配建有一套能满足该区居民基本的物质与文化生活所需的公共服务设施的居住生活聚居地[8]。

居住区（residential area）：简称住区，指的是对由居住人口聚集所形成的区域的概述。

封闭式居住区（mega block）：指被道路和自然界线围合形成的大尺度"街区"单元。其主要特征是：①围合、封闭并禁止或限制非内部成员进入；②住宅建筑不直接邻街，临街的部分设计成沿街的商业网点；③小区内部的公共服务设施只供内部人员使用，区内成员通过一定的法律契约实现公共环境的共享并达成共识；④占地规模大，功能较为单一；⑤内部道路不对外开放，仅设置少量的人行及机动车出入口（一般为2~3处），其封闭程度影响了整个城市的道路交通结构体系。它与居住小区为被包含关系。

街区制居住区（residential block）：是构成城市居住区的基本单元，一般指的是由支路及以上城市道路或自然分界线围合，由住宅建筑与其他非工业建筑适当搭配，居住人口规模在1000~3000人（2~4hm^2，300~1000套住宅），配建有便民服务设施的居住组团[9]。

街区制（block system）：指开放便捷、尺度适宜、配套完善、邻里和谐、环境友好的生活街区制居住区模式。

混合街区（functional mixed block）：指在单位街区范围内，居住、商业、办公、市政等功能适度混合，横向土地利用及纵向建筑空间的功能合理配比，从而让人们能够便利地生活、工作、游憩、通行的街区。

居住区街区化（the transformation from closed residential community to residential block）：以解决城市交通问题、加强小区与城市之间的联系、提高城市支路网以利于步行、促进邻里交往、提升街道活力、提升公共服务设施利用率为主要目的，对建成环境中大尺度、封闭性、内向性的居住小区进行小街区、开放式、外向性规划设计改造，使其由封闭式居住区模式向街区制居住区模式转变的过程。

1.2 国内外对居住区的研究

1.2.1 国外对居住区的研究

（1）"现代主义+邻里单位"影响下的住区模式

20世纪20年代，为适应由于工业化和城市化快速发展而出现的社会、经济和技术的巨大变

化，以勒·柯布西耶为代表的现代主义思想从欧洲发展起来，并迅速蔓延到法国、德国及美国等地。现代主义主张包括：与传统文化彻底决裂，大规模拆除贫民窟，对城市进行功能分区，提倡在公园中建高楼和住宅小区的住市和住区形式（图1-1）。与此同时，美国由于私家车数量大幅增加，为解决现代机动车交通对居民特别是对小学生上学安全造成的影响，克拉伦斯·佩里提出邻里单位住区模式（图1-2）。这种思想影响下的住区模式，在20世纪欧美国家中占主导地位，如在美国建成的雷德朋住区（图1-3）、纽约切斯特花园等。

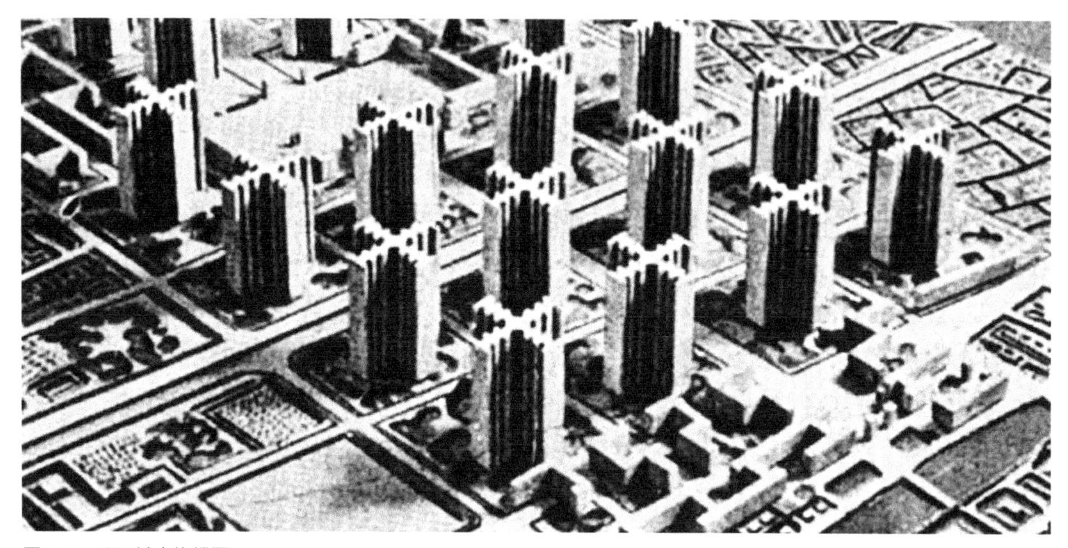

图1-1 明日城市构想图
图片来源：http：//blog.sina.com.cn/s/blog_5e477b0f0102wvpe.html

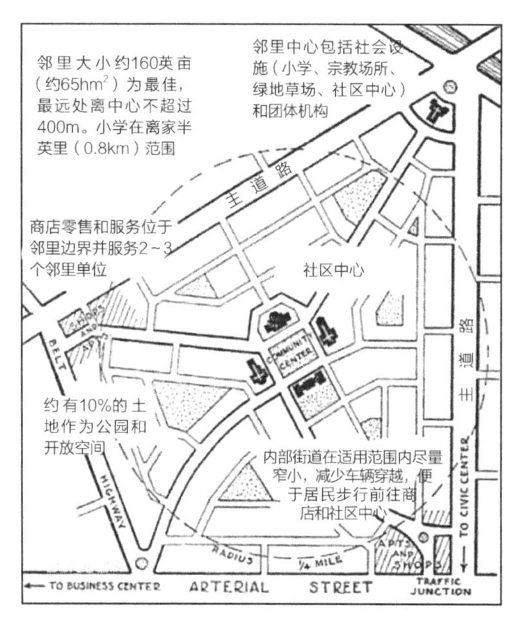

图1-2 邻里单位模式图
图片来源：http：//www.planning.org.cn/news/view?id=3701

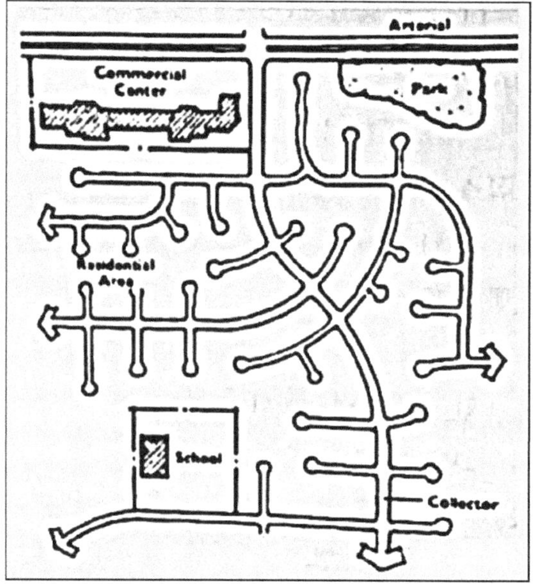

图1-3 雷德朋住区结构图
图片来源：http：//www.cityplan.gov.cn/news.aspx?id=15523

国外的居住区理论取得了很多重要的成果，但其发展也有一些明显的不足，主要有：①现代主义的功能分区导致了过于单调的纯住宅区，缺乏适宜的居住性商业、文化和服务设施，由于布局方式错误，这些居住区往往无法形成有效的社区中心；②缺乏供居民进行社会交往的开放空间；③人与建筑的联系被破坏，空间尺度不佳，人们难以感到舒适；④最重要的是街道消失，城市缺乏活力，产生呆板的城市景观以及低下的城市功能；⑤工业化、大规模的生产方式制造出来的行列式大板楼，导致功能、空间和形象全面崩溃，住宅小区最终无法挽回地衰退了[10]。

1972 年，普鲁伊埃戈住宅区的拆除，宣告了美国居住区的消失，大规模、大尺度、呆板的居住区模式从此逐渐被抛弃[11]。

（2）街区制居住区模式

20世纪80年代以后，居住区模式在许多国家都逐步被抛弃，人们开始认识到现代主义住区造成的各种城市问题，并开始寻求解决的办法。在此之后产生了新城市主义、传统邻里发展模式（TND）（图1-4）、公共交通导向模式（TOD）（图1-5）、紧凑城市（图1-6）、“城市再发展运动”以及社区适宜居住理论等，它们大都反对居住区模式，大多提倡营造一种全新的住区类型，并试图揭示城市与住区之间不可分割的关系，为新住区模式的出现奠定了理论基础。近30年来，欧美等西方国家在居住区规划设计方面表现出以下特征：①开始重新回归传统的城市空间，使居住成为城市空间多种构成中相互需要、重要的一部分；②重新认识曾经被抛弃了的文化价值观念，创

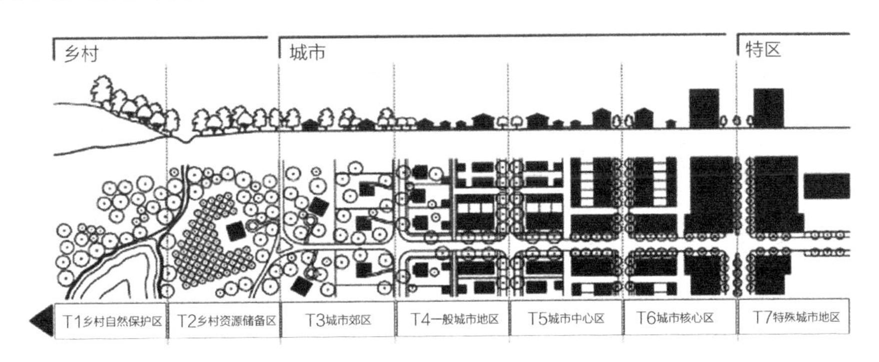

图1-4 传统邻里发展模式图

图片来源：https://wenku.baidu.com/view/cb04147902768e9951e73816.html

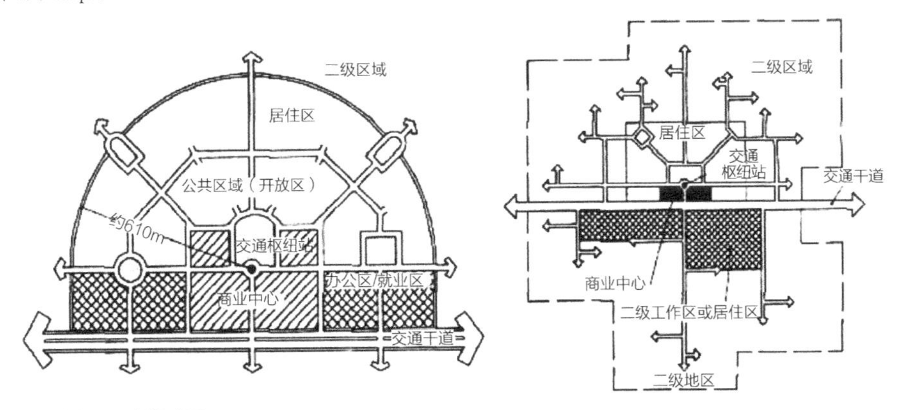

图1-5 公共交通导向模式图

图片来源：张润朋，周春山，明立波．紧凑城市与绿色交通体系构建［J］．规划师，2010，26（9）：11-15.

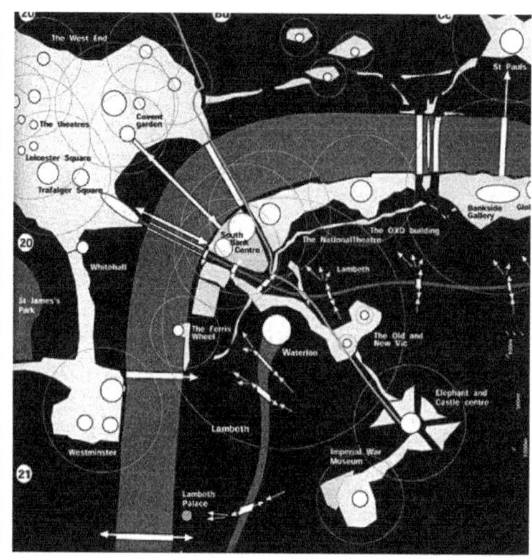

图1-6 英国伦敦紧凑城市规划结构图

图片来源：http：//www.zgghw.orghtmlxinwenjiaodianchengshijianshe201005115229.html

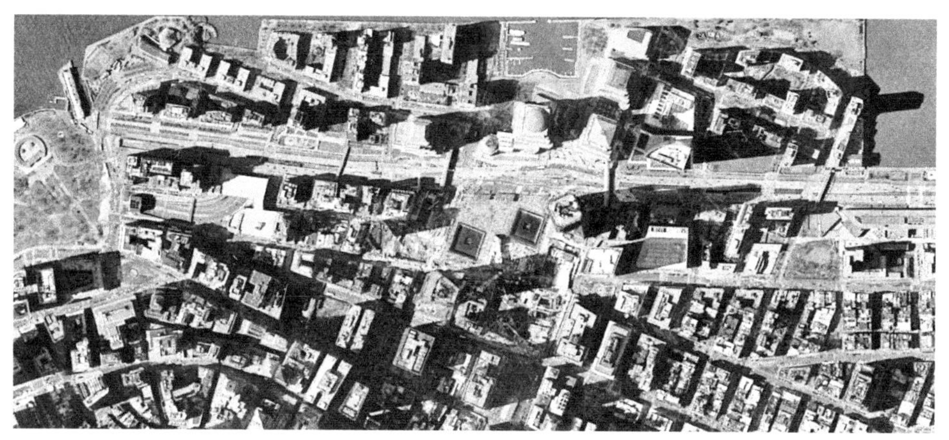

图1-7 纽约巴特利公园城2018年卫星影像图

造领域感、场所感、社区感；③反对城市功能分区、呆板的板式楼等“现代主义+邻里单位”模式的居住小区；④重新重视社区与城市的关系，推崇社区治理；⑤回归方格网状的道路系统和公交导向模式；⑥建设适宜步行的邻里环境，增加社区的复杂性和随机性。新的居住区规划设计提倡符合人的尺度、环境优美的街道，创造一系列开放空间，允许适当高密度和功能混合，创造丰富的城市景观，尊重生活本身，创建多样化的住宅等[12]。

在上述背景下，逐渐产生了一种新型的住区模式——街区制居住区。这种模式的住区强调街区是组成城市的基本元素，提倡住区应该紧凑、步行友善和混合使用，主张网络化的街道系统，营造多样化的开放空间，重建富有活力的城市街道。这与现代主义住区有明显的差别[12]。例如，建于20世纪80年代的纽约巴特利公园城，是美国新社区的典范，其规划理念延续曼哈顿传统的方格网街道和长方形开放式街区的形式，强调巴特利公园城与曼哈顿的有机关联，营造具有整体感的环境特征及积极明确的公共空间。巴特利公园城改变了隔离城市的封闭式住宅小区设计模式，以街区为单位融入城市环境，开创了美国开放的街区制居住区的先例[13]（图1-7）。

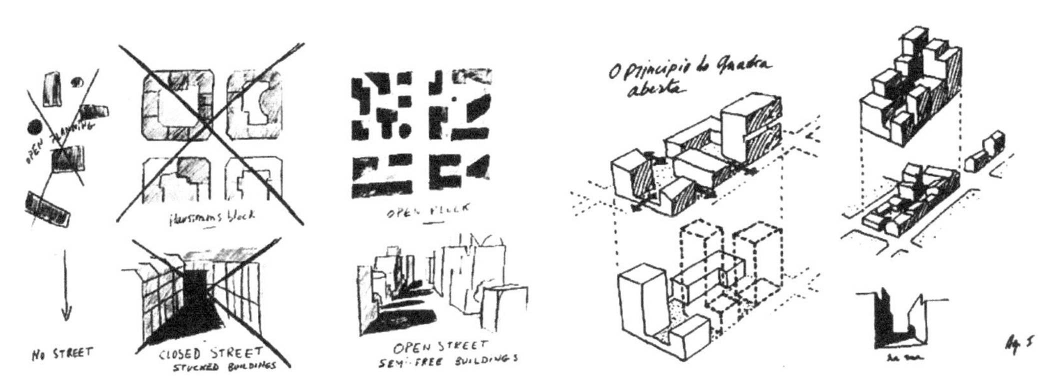

图1-8 包赞巴克开放街区模式图
图片来源：httpwww.uedmagazine.netUED_Content_2_17_7077.html

（3）开放式BLOCK街区

1981年，克里斯蒂安·德·包赞巴克对传统的封闭式街坊明确表示反对，他认为："回到古代城市、回到围合街坊是死路一条。封闭式街坊并不真正理解我们的时代、我们的风俗、我们的经济、我们的建造方式、我们的技术、我们的审美还有我们对城市的感受，所有这一切都发生了深刻的变化，我们应该重新思考街道与街坊。"[14]

在此之后，他提出了"开放式BLOCK街区"设计理念。到后来BLOCK发展成一种成熟的开发理念，BLOCK是5个单词的缩写：B—business（商业）、L—lie fallow（休闲）、O—open（开放）、C—crowd（人群）、K—kind（亲和），简单地概括就是居住和商业的集中融合，主要有以下5个特点：没有压抑感的建筑尺度，以BLOCK为主要居住单元，尺度宜人的道路宽度，丰富的公共服务配套设施，开放的街区空间[15]（图1-8）。

1.2.2 国内对居住区的研究

（1）国内住区的发展演变

20世纪50年代早期，受到国外"邻里单位"居住区规划理念的影响，国内居住区规划基本上采用该模式。

20世纪50年代中期，由于历史原因，我国居住区规划设计完全借鉴苏联"居住小区—居住街坊"规划模式，每个街坊面积一般为5～6hm²，采用封闭的周边式布置，并配置少量公共建筑[16]。

20世纪50年代后期，国内住区逐步向"居住小区—住宅组团"的模式转变。20世纪70年代到80年代，为满足对住宅的大量需求，国内实行了"居住区—居住小区—住宅组团"的3级居住区规划结构，并按照上述等级配套建设相应的公共建筑和设施，居民可就近满足生活需求，如北京的百万庄街区（图1-9）、长春第一汽车厂生活区等（图1-10）。

20世纪80年代中期以后，居住区建设开始注重住区内的环境设计，推行以各单位为主体的综合区规划，如行政办公搭配居住、商业搭配居住的综合居住区，人们可以就近上班，有利于工

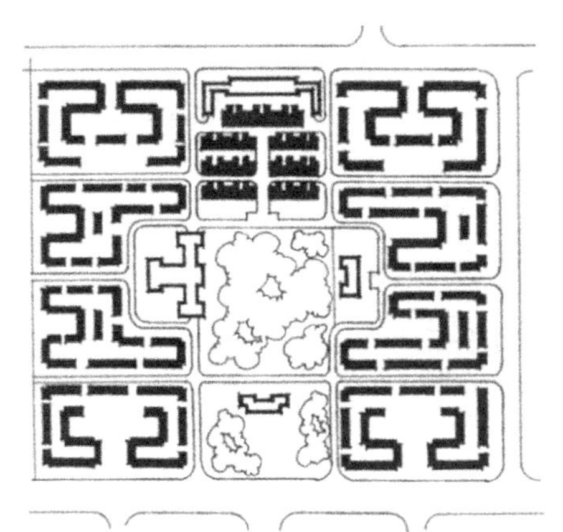

图1-9　北京百万庄街坊平面图
图片来源：改绘自谭峥．街区制、邻里单位与古北模式［J］．住区，2016（04）：72-81.

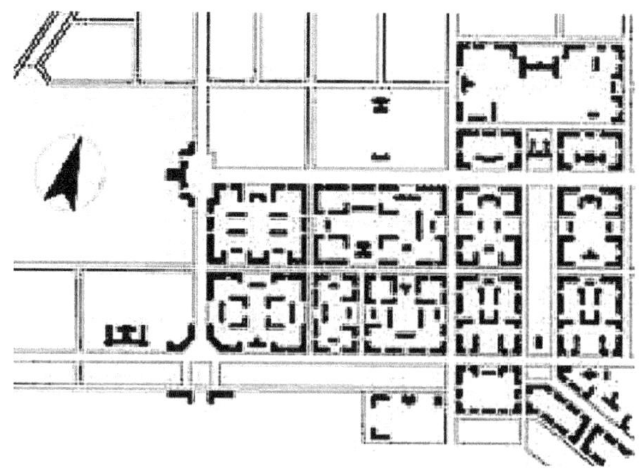

图1-10　长春第一汽车厂生活区街坊平面图
图片来源：改绘自朱怿．从“居住小区”到“居住街区”［D］．天津：天津大学，2006.

作，方便生活，俗称“大院”，如天津川府新村等（图1-11）。

20世纪90年代，在市场经济发展和居民对生活环境质量要求提高的背景下，房地产和物业管理诞生，即现代居住小区模式，如北京的恩济里小区（图1-12）。

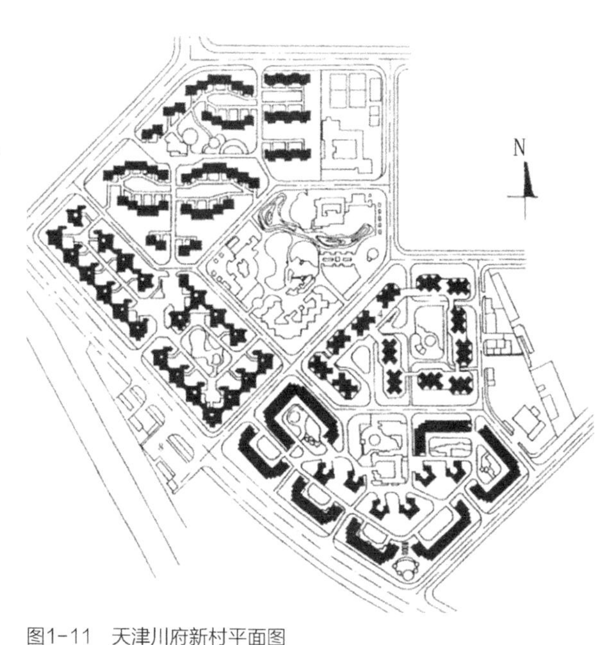

图1-11　天津川府新村平面图
图片来源：改绘自居住区规划原理与设计方法［M］．北京：中国建筑工业出版社，2007.

进入21世纪，住房分配体制全面结束，我国住房完全商品化。为了吸引购房者，许多居住小区内融入了其他文化概念，不同主题和品质的居住区的产生使不同经济水平的居民在空间上出现了分化。

（2）国内居住区研究状况

居住小区向街区制居住区转变的合理性：随着国内社会经济和物质水平的发展以及人们观念的转变，传统住区规划模式已对我国城市结构造成很大的危害。2001年，杨德昭在其所著的《新社区与新城市——居住小区的消逝与崛起》一书中，根据西方居住小区消失的历程，分析了我国以“街区制居住区”取代旧有的“居住小区”的合理性[10]，2002年，他所著的《社区的革命——世界新社区精品集萃》一书进一步揭示了现代主义小区与城市之间的矛盾，并提到TND模式对我国住区的借鉴意义[17]。2006年，朱怿提出从“居住小区”向“街区制居住区”转变的城市内部住区规划设计模式[18]。以上两位学者的研究结果表明，街区制居住区模式不仅具有规模合理、功能复合和界面开放等特点，更重要的是对城市空间结构、用地模式和交通体系有良性改观。

图1-12 北京恩济里小区平面图及现状环境

住区开发模式与住区人际关系方面：在我国，居住小区模式是自上而下权力实施的表现，在这种模式下公众难以直接参与到规划当中，这就造成一些规划设计只能是政府及设计师单方面的主观臆断，无法真正满足人们的需求。Miao P（2003）指出居住小区模式在我国已成为政府加强法治与实现社会稳定的一种有效手段[19]；Wu F L等（2005）指出我国的居住小区并非源自居民的恐慌与排他心理，而是富人避开再分配制度与集体主义的一种方式，是社会生活解构与重构同步的进程[20]。傅俊尧等（2017）指出小区开放过程中，政府、市场和社会三者之间要协调好关系，形成三者共同参与、相互制衡的图景[21]。以上几位学者从社会学角度出发，辨析了我国封闭式居住区自上而下独特发展的路径，表明我国住区的规划建设缺乏自下而上的公共参与。董丽等（2015）指出，随着商品房市场的繁荣，过去在单位、亲缘与地缘基础上形成的居住组合正日趋瓦解，小区居民缺乏邻里交往，居民的社区归属感、安全感与幸福感较低[22]，我国现状居住区邻里关系存在较大的问题。

现状居住区街区化改造策略：目前我国正从增量规划转变为存量规划，根据2016年中央城市工作会议的部署，居住区的街区化改造也将逐步推进。鲍鲲鹏等（2017）指出开放式街区制居住区与封闭式居住区的差异，阐明了开放式街区制居住区的优势所在，并指出针对封闭式居住区的开放式街区化改造应主要集中在路网结构、功能布局、开放空间等方面[23]。赵民等（2010）提出了住区改造中的主要难点集中在资金筹措及利益分配、管理及运作机制、解决居民之间的矛盾冲突、提高公众参与的时效性等方面[24]。庄惟敏（2016）认为，开放社区的关键在于如何定义和界定人的领域空间[25]。李振宇（2016）认为，开放社区的关键在于要适宜人活动，而非注重某种特定形式，同时认为首先要开放的是公共建筑，并提出街区的混合度和建筑的贴线率是适宜人活动的根本点[26]。仲德崑（2016）认为，社区开放的前提是规范先行[27]。以上几位学者从不同方面介绍了居住区街区化的重点工作内容并指明了今后住区改造的工作方向。

居住区空间形态：陈燕（2014）指出，目前我国城市居住区呈现“物质空间”和“社会空间”的分异[28]。中产阶级受经济条件限制，无法在单位附近购房，只能牺牲交通成本，减少购房的经济成本。而这种异质形态，反映出来的直接问题为“职住分离”，城市“职住空间分离”又造成了“潮汐交通”。

城市街区尺度：结合国外长期的实践发展，以及国内人们的生活居住感受，目前国内绝大多数学者一致认为我国的城市街区尺度过大是造成城市交通问题的根源之一。杜影（2016）指出，在建成环境中，由于某些封闭式小区的尺度过大，导致大尺度街区形成，切断了城市的支路网，大大增加了出行的绕行距离，降低了街道步行出行的适宜性。完善的“小街区、密路网”可以提高市民步行的可达性，而连通度不高的道路网，则会大幅度缩小市民一定时间内到达的范围。因此，提高道路网密度对于形成小尺度街区、提高居民出行便捷性有着重要的作用[29]。但究竟多大的街区尺度较能适应我国的国情？不同学者给出了不同的研究结论。王轩轩等（2006）认为，从建筑开发实用性考虑，街区边长应为40 ~ 50m，基于城市空间可渗透性的街区边长应为70 ~ 90m[30]。王建国（2016）认为，小区开放的核心是尺度，提出老城的尺度在150～200m较为合适，新城250m左右较为合适[31]。以上对城市街区适宜尺度研究的结果虽然各不相同，但多数既有研究和实践支持街区边长为100～250m，远小于我国目前平均300～500m的街区尺度。

街区制居住区活力构建：周彦明（2009）认为，在我国城市规划模式、房地产市场开发、居民的传统观念、居民的人口构成等因素的综合影响下，我国小区现状街区活力整体较低。[32]荀爱萍等（2011）从“功能混合”的角度提出居住区与城市之间的功能渗透与整合，有利于提高街区活力。对街区空间活力的评价结果显示，功能多样性、环境舒适性和交通可达性是街区活力值的主要影响因素[33]。以上学者的研究结果表明，街区制居住区活力的构建在于营造适宜的街区功能混合度、提升环境舒适度、提高交通可达性、优化住区与城市空间的渗透整合。

住区边界空间方面：居住区边界空间是较容易被忽略的住区空间，也是造成居住区之间隔阂、边界环境差、活力低的主要原因，同时某些住区与住区之间采用隔离的界限划分也是造成大尺度封闭街区的主要原因。王江萍等（2008）指出，目前居住小区边界空间没有可以让人驻留活动的空间和设施，边界空间作为城市生活场所的作用被忽视[34]。胡争艳（2007）提出了住区与街道边界空间互动的设计方法，包括半开放性的规划结构、边界区域复合形态规划布局、周边建筑空间形态布局[35]。周扬等（2012）提出构建“住区友好边界空间”的规划设计策略为：内向延伸城市街道空间，面向城市适度开放住区边界，构筑融入街道生活的住区边界空间网络[36]。因此，在居住区街区化改造时，应该注重小区与小区之间界限空间的合理开放，尽量将其利用为交通功能区，优化住区边界空间与城市空间的耦合性。

居住小区开放度：居住小区在开放的同时也应该保护居民的隐私与生活环境，因此住区开放应该维持在某一合适的范围内。游向然（2011）指出，居住小区开放度过高或过低都会带来一系列的问题，开放度均衡的住区有利于城市安全与发展，并提出控制居住小区开放度应从住区规模、道路结构、住区边界、住区功能混合度等角度进行考量[37]。王浩锋等（2016）应用空间句法，分析了居住小区与街区制居住区两种类型的住区形态形成的次级道路系统对城市局部与整体空间结构的影响，发现形态开放的街区制居住区更容易形成良好的城市步行网络环境并具有可达性[38]。

封闭式居住区的成因：张斌源（2014）指出，规划道路建设进度落后以及实施与规划不符，是造成城市中断头路的主要原因。开发商代征、代建道路未按要求实施；小区与小区相邻地带道路未进行建设，并对其封闭管理；甚至有些开发商将规划市政道路用地圈在小区内，留作他用，是造成城市支路网缺失，形成超大尺度街区单元的主要原因[39]。因此，加大规划的落实力度也是解决由大尺度封闭性街区造成的交通问题的主要突破口。

封闭式居住区街区化改造在法律法规方面的突破口：目前居住区街区化改造的主要难点在于小区内物权的问题，居民合法权益受到侵害将是改造的主要阻力，如何在合理合法、业主情愿的情况下进行是侧重点。孟勤国认为，这种所有权转移在《物权法》框架下有两种解决方式：业主与地方政府协商同意开放封闭小区；如果业主不同意，地方政府只能以征收、征用的方式，在进行补偿的前提下，打开封闭小区[40]。根据《中华人民共和国物权法》《中华人民共和国土地管理法》的规定，为了公共利益的需要，依照法律规定的权限和程序可以征收集体所有的土地和单位、个人的房屋及其他不动产。李兴（2016）认为，对现存的小区进行街区化改造应得到业主的同意，并给予经济补偿；制定相应的管理措施或法规促进开放小区建设；可以考虑从各级部门的单位“大院”入手，作为示范试点；因地制宜，不可“一刀切”[41]。从以上的法律法规可见，封闭式居住区的街区化改造是有法可依的。

住区配套公共服务设施利用率方面：刘小波（2010）指出，封闭式居住区的配套公建一般只能为本住区的居民服务，不利于提高设施的使用率和管理水平，封闭式居住区的街区化改造能提升现状公共服务设施资源的利用率，使现状资源得到合理化利用[42]。

街区制居住区实践探索方面：自1998年住房改革后，万科是国内最早探索开放式居住区模式，并一直秉承该理念的地产商之一，1992年的上海万科城市花园便是其最早的尝试，之后在深圳万科四季花城项目中，其规划中设置的商业步行街采取了开放的布局方式，使住区与城市得以有机互联，为住区创造出活跃的城市生活氛围，为城市提供了具有活力的公共空间。《万科的主张》一书指出，为创造良好的居住环境，居住区规划设计需要从几下几点做起：创造开放的住区；提升住区与城市的关联；激发住区活力，创造邻里交往的良好空间；创造有文化的住区；注重住区长期可持续的发展[1]。此外，云南的呈贡新区，唐山的凤凰新城、曹妃甸从城市新区的宏观区域角度出发探索了“小街区、密路网”城市规划模式。泗阳莱茵河畔、北京郭公庄一期公租房、杭州亲亲家园、成都的壹街区项目从小区自身出发探索了开放式街区制居住区模式。而大连更是早在2005年就开始逐步进行存量小区开放改造，实现了小区道路的资源共享。

1.3 郑州市现代居住区发展

以下将讨论国内及郑州市现代居住区发展状况，主要关注的是从中华人民共和国成立后到目前这一时间段郑州市居住小区和街区制居住区的发展状况。

1.3.1 郑州市现代居住区发展区位演变

1952年，主要由于郑州对外交通等地理区位的优势，河南省省会由开封迁至郑州。在此后的计划经济时代，郑州市城区的居住区分布主要集中在京广线的两侧，并主要以机关单位大院、职工家属院为主。20世纪70–80年代二七商圈的经济发展，带动了整个二七区的住区建设。到了90年代，由于市场经济的主导，金水区的政治、经济地位日益凸显，郑州发展的核心区开始向金水区转变。进入21世纪，郑东新区的规划主导优势使郑州的住区发展方向又集中在了郑东新区（图1–13）。

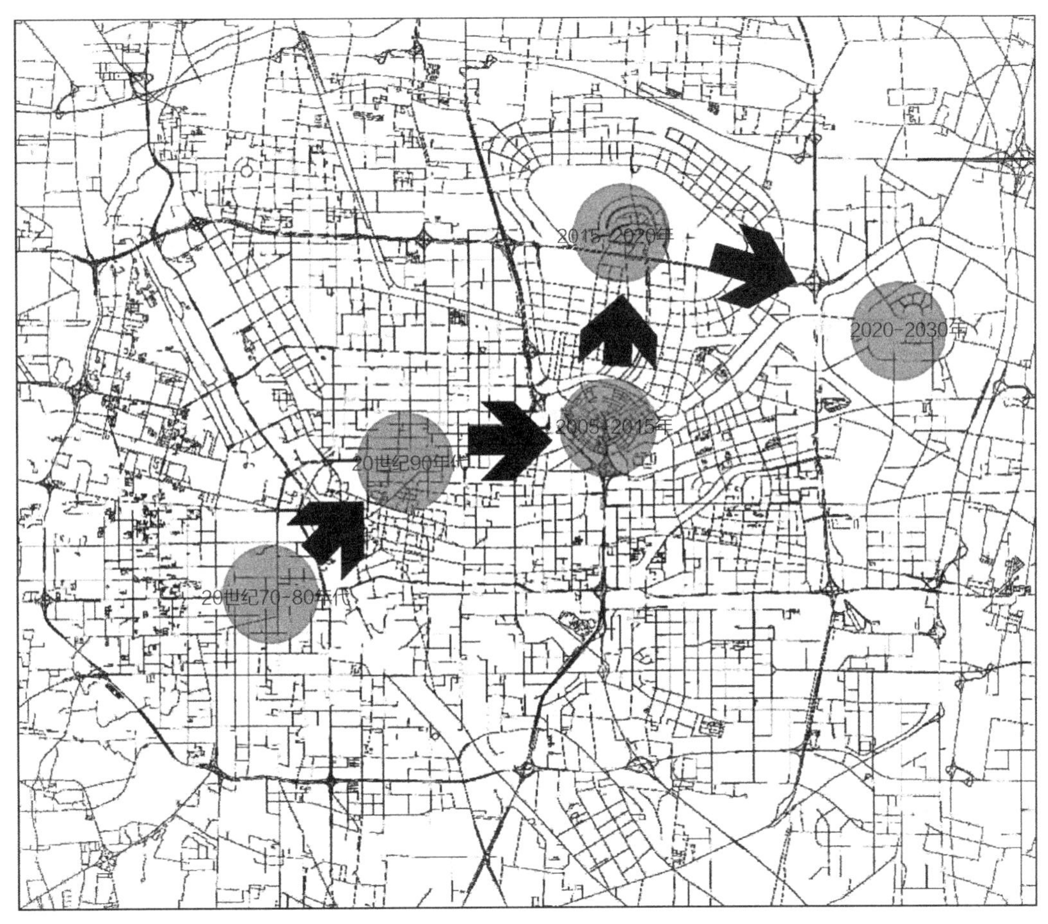

图1-13 20世纪70年代至今郑州市发展结构方向图

1.3.2 郑州市现代居住小区发展状况

受我国计划经济体制的影响，郑州市居住小区的发展与我国居住小区有着相似的发展历程。例如郑州市毛纺厂家属院、郑煤机家属院，它们都是计划经济时代的产物，并位于工作地点附近。20世纪90年代国家推行住房改革后，住房制度由分配制转为市场供给制。房地产商纷纷抓住人们追求舒适生活和社会优越感的心理，打造类似于单位大院的，封闭且带有大而完善物业配套的居住小区或更大规模的居住区“大盘”。另外居住小区模式因受到私家汽车发展的影响，也在一定程度吸收了国外“邻里单位”模式住区的经验，只是规模上要比其大一个层次。例如郑州的绿云小区，于1995年开发，该小区也是那个年代郑州“档次”最高的小区（图1-14）。但这种居住小区只模仿了单位大院封闭群居的居住形式，却没有延承单位大院职住生活就近一体化的形式。而传统计划经济时代的单位大院内，工作和居住区相对分离，同一个单位的人既在大院内工作，又在一起生活，由于大家相互熟识，社区归属感很强[42]。而当今的小区与单位大院不同的是，居住人口互不相识，邻里之间态度十分冷漠，居住与工作地分离，居住小区常常沦为“卧城”。

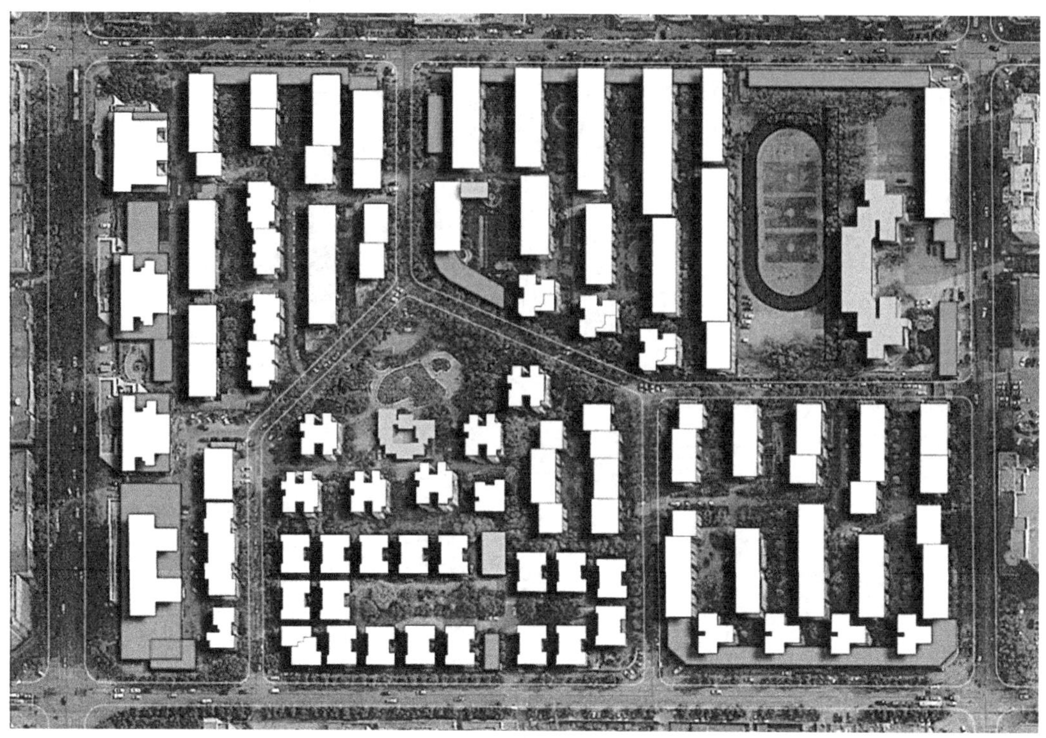

图1-14　郑州市绿云小区平面图
图片来源：改绘自百度地图

1.3.3　郑州市现代街区制居住区发展历程

我国的“街区制居住区”源于20世纪50年代，其源头是从苏联引进的以围合式组团空间形成的住宅街坊，这一模式在当时产生了重要的影响，如北京酒仙桥居住区、百万庄住宅区、幸福村街坊，长春第一汽车厂生活区街坊等。这种规划设计的特点是：形式上一般有比较明确的轴线，外围建筑顺应街道走向布局，以街坊界面与城市空间取得联系；住宅布置既有南北向，也有东西向，因而容易创造出一种围合性的外部空间；服务性公共建筑布置在街坊中心，总体上表现出明显的秩序感和形式主义倾向[18]。在布局上，这一模式的主要特征为：以小规模“街区”为单元，街区内建筑通常采用围合式沿街道布置；街区制居住区模式兼有开放和封闭的特点，融合多种功能，协调了住区与城市、生活与工作的关系。总的看来，这一模式的优点为：提高社区的活力，增加邻里交往，提高城市交通的可达性，功能混合使职住平衡，缩短居民的出行距离，丰富了城市立面，创造出多样的街道空间。其主要缺点是：街区开放不利于管理，在使用中存在一些安全隐患，同时东西向建筑不符合中国北方居民的居住习惯。而后由于多种因素的影响，这种居住区模式没能得到继续发展。

同样受我国计划经济体制的影响，郑州市街区制居住区模式的发展也和国内许多地区有着类似的情况。目前，该市主要存在3种形式的街区制居住区

一是产生于计划经济时代的街区制居住区，例如郑州的国棉厂家属院。该家属院于1953年

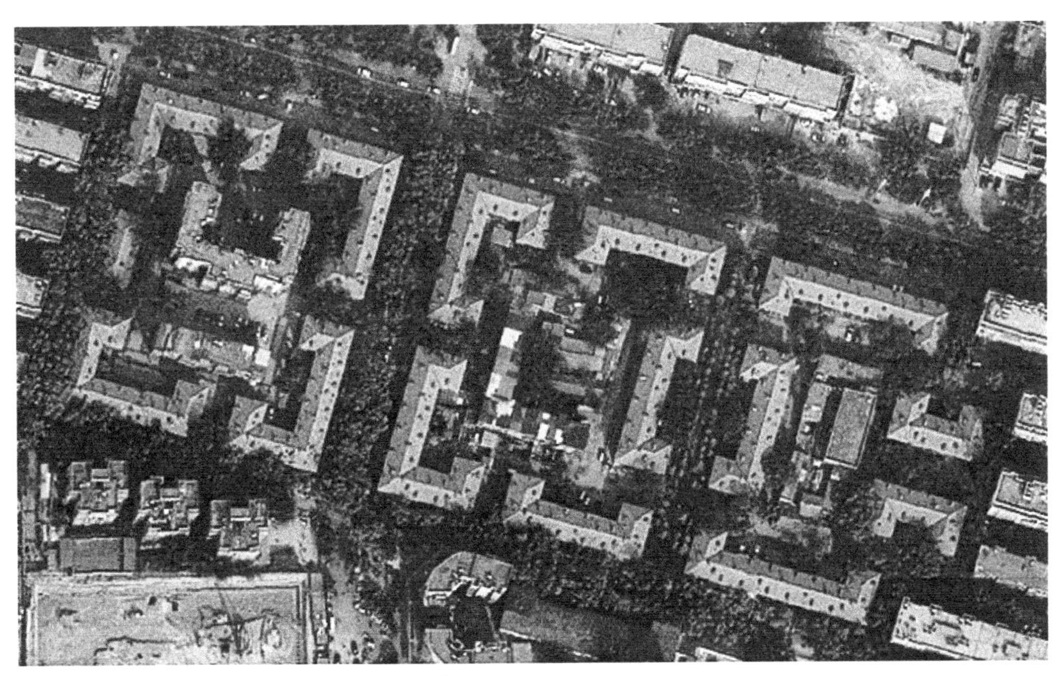

图1-15 郑州市国棉厂家属院（现存早期）卫星平面图
图片来源：百度地图

图1-16 郑州市国棉厂家属院20世纪50年代建筑现状

图1-17 郑州市国棉厂家属院20世纪80年代建筑现状

开始建设，受苏联模式的影响，建筑呈周边围合布局，并讲究中轴对称。目前现存的早期兴建的建筑大多分布在住区北侧，均采用尺度适宜的院落形式布局，便于邻里交往和组织公共活动。内部道路采用互相关联的方格“棋盘式”，建筑色彩采用白墙红屋顶，建筑出入口都开向内院（图1-15）。目前，住区里的建筑有20世纪50年代总体规划建设的，也有80、90年代加建的，其中50年代兴建的房屋大多严重老化，并且功能布局难以满足当代人需求（图1-16、图1-17）。之后由于住区内居民需要，80、90年代兴建的原临街一楼住宅多被租赁给商户用来从事商业活动，这些商店呈带状沿主要街道分布，虽给居民提供了方便，创造了一定的效益，但缺乏统一经营管理，噪声和卫生等问题已严重影响居民生活。该家属院的突出特点是，受职住关系的影响，住区内邻里日常交流较为频繁，关系密切。在对住户进行访谈的过程中，大部分老一辈住户在建厂初期就来此居住，对这个住区有着深刻的感情和认同感[43]。

二是当代开发商对街区制居住区模式的探索，其典型是郑州曼哈顿商业区中的街区制居住区。它位于金水路与未来大道交汇处，是一个集高档住宅、公寓、写字楼、商业等多种形态于一体的功能复合型街区，采用半开放式的管理模式，街道尺度适宜，街区活力较高（图1-18）。这种现代化的开放式街区制居住区的案例证明，街区制居住区在郑州推行具有相当的可行性。

三是城中村改造后的安置社区，这种社区多为早期兴建的安置房，其主要特点为范围较大、绿化率低、居住环境相对较差，并缺乏物业管理。这类小区多采用对外开放的方格网式道路布局，建筑多采用多层式，建筑功能采用上住下商模式，四面临路，路边停车，无地下车库。如郑州市中州大道与青年路交叉口西南侧的张庄社区，即是这种街区模式（图1-19）。

图1-18 郑州市曼哈顿商业街区平面图
图片来源：改绘自百度地图

图1-19 郑州市张庄社区卫星图
图片来源：百度地图

上述案例引起了一些学者的注意，其中程雪雪等（2017）主要研究了开放式街区制居住区与多种利益主体间的关系，及政府、开发商、业主等利益主体角色的分配。他们对郑州市曼哈顿商业街、开封开元小区两个开放式街区案例的现状问题进行剖析，指出郑州现状开放式街区的优缺点，分析国外以人为主的利益导向的开放社区管理模式对我们的借鉴意义[44]。另外，李阳等（2016）指出，目前郑州市封闭式居住区模式对TOD模式实施产生了负面影响，并选取郑州市具有代表性的封闭式居住区与街区制居住区进行对比研究，表明街区制居住区配合TOD模式，更有利于城市公共交通导向发挥最佳效果[45]。黄晶等（2017）以郑州主城区西部一个普通城市片段为研究对象，得出街区内具体改造侧重点所在，并从不同侧重点指导了部分街区空间进行公共化改造的方法[46]。虽然有了这些研究和探索，但从目前的研究状况来看，关于郑州市街区制居住区的研究还是还较为浅显片面，没有系统完善的重大研究成果，特别是在居住区街区化改造方面较为缺乏。

2 封闭式居住区街区化改造的适宜性评价

在本部分内容中，我们将针对郑州这一案例，来讨论如何判定居住小区是否适宜进行街区化改造，即如何通过一定的程序和判定标准来定量地给出建议。

目前，郑州市居住区的主要规划设计形式为大尺度、单功能、集中分布的封闭式居住区，这种小区在一定程度上反映了特定的社会需求，有其存在的合理性，但不应作为居住区的唯一模式。在城市的不同区位，应结合实际情况采用不同的住区模式。例如城市某些区域对交通和生活活力的需求较高，而采用居住小区的模式易造成多种城市问题，对居住小区进行街区化改造能较好地解决该问题。目前，大多数学者研究居住区街区化改造适宜性问题时，较多用定性方法对问题进行比较与说明，缺乏定量分析和数据分析，较少建立理论模型求解并印证相关结果。理论上居住区街区化改造是有利于城市发展的，但是也并非所有居住小区都需要进行街区化改造，要具体问题具体分析，这就需要有一种标准去判定。我们将借助模糊层次综合评价法（FAHP）的原理模型，对居住区街区化改造的适宜性进行判别，通过这种相对科学、定量、合理的评价体系，得出郑州市封闭式居住区街区化改造适宜性的评价方法。

2.1 郑州市封闭式居住区造成的城市问题

从某种程度上讲，居住小区和街区制居住区各有其利弊。相比之下，街区制居住区对于城市发展来说，效率更高，也有更好的适应性。但我国由于长期坚持低效、低适应力的居住小区模式，可能会站在一个导致低效率的城市模式基础上，即便能够快速地发展基础设施建设，片面追求文化城市、花园城市、绿色城市、生态城市，但从建设成果上看，并不能完全取得既定成效。

2.1.1 影响城市交通

钟摆交通：通常由城市功能分区导致职住分离，进而造成城市的钟摆交通。当前，我国正处在快速的城市化进程中，国家统计局数据显示，2005—2014十年间，民用汽车保有量年均增长率约为36%。大量汽车的使用，导致严重的城市交通拥堵问题。为此，国家也在通过不断加强交通基础设施建设来缓解车辆增长与交通拥堵的矛盾（图2–1）。但是单靠扩大交通基础设施供给只能起到暂时缓解交通拥堵的作用，无法从根源上解决交通拥堵的问题。欲从根源上缓解城市交通供需矛盾，必须从城市规划的角度入手，采用功能混合街区制居住区模式，使车辆在时间和空间上均质地分布在城市当中，这样才能从根本上解决交通拥堵问题。

道路可达性低：郑州市小区规模普遍都在10hm^{2}以上，城市支路被封闭在小区内，城市交通基本上靠城市干道承担，极易出现交通拥堵。此外，居住小区的封闭形成的大尺度街区不利于居民绿色出行，人们对私家车的依赖度提高，进一步增加了城市交通压力。“大街区，宽大马路”造成城市公共道路的路网密度低，出行路径少，交通可达性低。例如长宽5km范围的城市片区内，在采用500m尺度街区、50m路幅宽度的理想模型中，可设置东西向、南北向各11条道路路径。而同样尺度的城市片区内，在采用250m尺度街区、25m路幅宽度的理想模型中，东西向、南北向可设置22条道路路径，相比之下提升了50%（图2–2）。

道路占地率高：《里坊城市·街坊城市·绿色城市》一书指出，在居住小区模式的城市中，城市公共道路占地率为20%以上，加上小区内私有半私有道路25%的占地率，总占地率约为45%。而在街区制居住区模式的城市中，公私综合道路占地率为35%，相比之下节约了10%的城市道路占地率[47]。

类目 时间	道路长度/万平方千米	道路面积/万平方千米	城市桥梁/座	城市排水管道长度/万平方千米	城市污水日处理能力/万吨	城市道路照明灯/盏	民用汽车拥有量/万辆	机动车驾驶员人数/万人
2014年	35.2	683027.9	61872	51.1	15124	23019144	14598.11	29892.32
2013年	33.6	644154.8	59530	46.5	14653	21995472	12670.14	26955.93
2012年	32.7	607449.3	57601	43.9	13693	20622248	10933.09	25250.83
2011年	30.9	562523.2	53386	41.4	13304	19492076	9356.32	22817.62
2010年	29.4	521321.8	52548	37	13393	17739889	7801.83	20068.47
2009年	26.9	481947	51068	34.4	12184	16942776	6280.61	19167.58
2008年	26	452433	49840	31.5	11173	15104336	5099.61	17336.56
2007年	24.6	423662	48100	29.2	10337	13949521	4358.36	15363.88
2006年	24.1	410900	54643	26.1	9734	12837000	3697.35	14213.87
2005年	24.7	392166.5	52123	24.1	7990	12070195	3159.66	13069.52

图2–1 2005—2014年我国基础设施兴建及汽车保有量增长情况

资料来源：笔者根据中国统计信息网数据整理

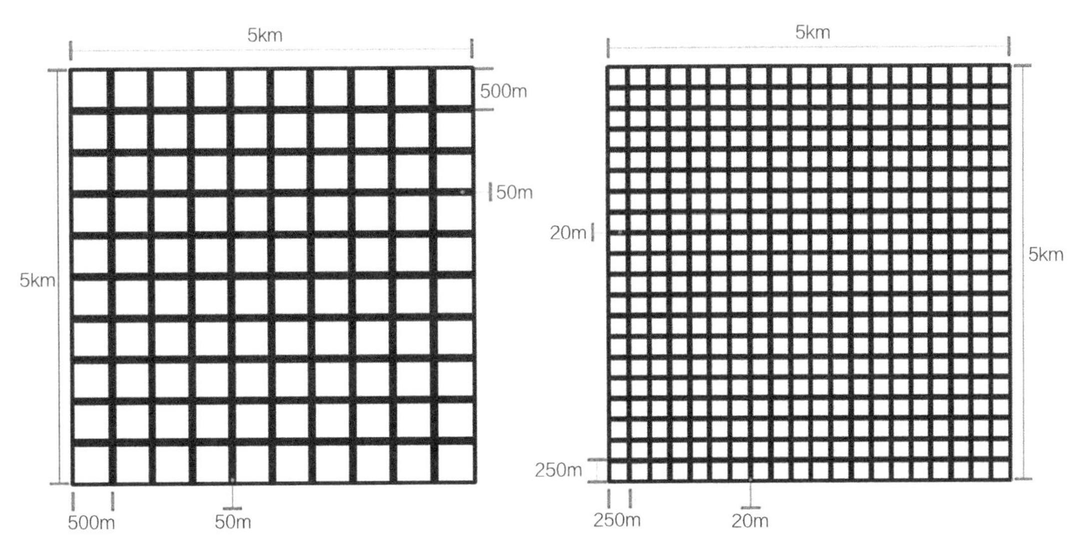

图2-2 居住小区道路街区尺度与街区制居住区道路街区尺度对比图

2.1.2 割裂城市与住区的关联

居住小区的封闭导致城市与住区互相分离，城市空间与居住空间无法正常交流。加上宽马路与道路两侧的建筑无法形成宽高比适宜的街道空间尺度，致使街道上的行人寥寥无几，城市活力大大降低（图2-3）。对居住区进行街区化改造，并使其成为城市的有机组成部分，可以让社区活动充分融入城市，让街区与城市之间互相“联动”，成为完整的有机体[1]。

图2-3 郑州市黄河南路与商鼎路交叉口城市街景

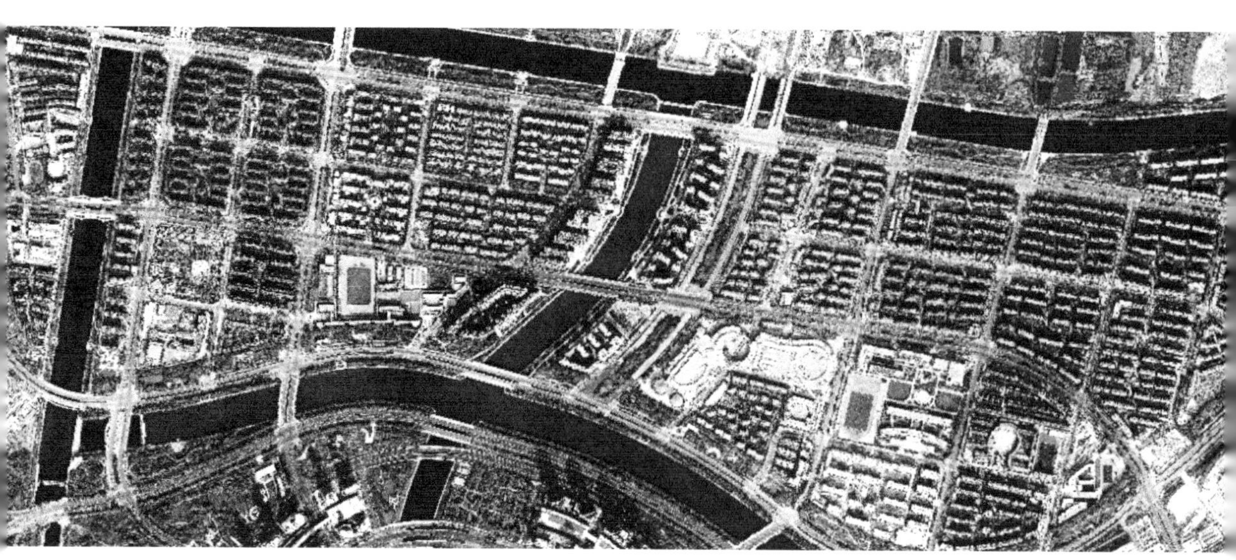

图2-4 郑州市会展中心北侧某居住片区建筑肌理
图片来源：百度地图

2.1.3 影响城市风貌和肌理

城市中住宅建设用地占城市建设用地的40%～60%，因此住宅建筑的风貌和肌理决定了城市大部分地区的城市空间形态。然而受郑州市居民的生活习惯、建筑日照规范、住区的开发模式、物业管理模式的影响，住区的肌理形态只能是“长条矩阵”，形态上毫无变化可言，在空间布局上已经形成了基本固定的规划模式，整个小区的建筑体量相似、方向相同，造成了呆板、单调的城市景观，这是造成“千城一面”的罪魁祸首（图2-4）。街区制居住区模式可提升居住区建筑肌理与城市空间的契合度，优化街道界面，营造良好的城市空间风貌。

2.1.4 加剧资源的不合理利用

郑州市内建成的绝大部分小区多为封闭式居住区，其公共服务设施常以“配套”的概念配置在住区中，而在这些居住小区内，开发商为了吸引业主入住，大多配套完善的公共设施。但由于小区封闭，这些公共设施和公共资源只能服务小区内居民，在上班时间，小区内公共设施闲置情况较为明显，原本就稀缺的公共资源闲置，这种设置方式脱离了城市整体环境。如果根据社会需求，对封闭式居住区进行街区化改造，使小区内的公共服务设施对外开放，将满足外部人士对公共设施和公共资源的需求，有效提高公共服务资源的利用率。此外，城市中心区公共停车位较为缺乏，而居住小区地下车库尚处于各自为政、分散管理阶段，从空间利用方面看，工作时间停车位空置率较高，日间使用率为夜间的30%～50%。如能将居住小区的地下车库空闲车位在日间加以利用，就能为社会提供大量公共停车空间[48]。

2.2 模糊层次综合评价法在街区化改造评价[①]中的应用

由于居住区的街区化改造所涉及的问题较为复杂，因此很难直接进行量化定性，只能通过各个相关影响因子进行综合叠加考量。模糊层次分析法（FAHP）正是对一些较为复杂、较为模糊的问题做出评价决策的有效方法，它特别适用于那些难以完全依靠定量分析的问题。它由层次分析法（AHP）与模糊综合评价法（FCE）相结合而产生，将其运用于居住区街区化改造是较为适宜的，且两种方法相互结合，可使评价有更高的可靠性。

2.3 模糊层次综合评价法方法步骤

模糊层次综合评价法由层次分析法与模糊综合评价法结合产生。

层次分析法是一种定性和定量相结合的，系统化、层次化的分析方法。构建层次分析法系统模型大体可以分为以下五个步骤：一是建立层次结构模型，二是构造判断矩阵，三是计算各层权重，四是一致性检验。通过该方法可得出各评价因子所占的权重。

模糊综合评价法是一种基于模糊数学的综合评标方法，该方法根据模糊数学的“隶属度理论”把定性评价转化为定量评价，即用模糊数学对受到多种因素制约的事物或对象做出一个总体的评价，它具有结果清晰、系统性强的特点，能较好地解决模糊的、难以量化的问题，适合解决各种非确定性问题。

构建模封闭式居住区街区化改造的模糊综合评价系统模型大体可以分为以下六个步骤：一是确定评价对象的因素论域，二是确定评语等级论域，三是建立模糊关系矩阵，四是确定评价因素的权向量，五是合成模糊综合评价结果向量，六是对模糊综合评价结果向量进行分析[49]。通过该方法可以确定各因子论域总的最大隶属度，得出评价结果。

2.4 居住区街区化改造适宜性评价的基本步骤

2.4.1 建立评价层次结构模型

为了简化居住区街区化改造适宜性评价步骤，我们将是否可以进行主观判断作为标准，将居住区街区化改造的适宜性评价分为两个层级。

---

① 主要用于郑州市大尺度封闭式居住区街区化改造适宜性评价。

2.4.2 各层级基本评价方法

第一层级为主观评价判断：一是判断小区内是否封闭有市政道路或规划市政道路用地；二是根据郑州市居住区街区化改造主要解决的是街区尺度过大的问题，可通过设定某一街区尺度为评价层级划分界限。大量的调查表明，在日常情况下，保持心情愉快的步行距离为300m以内，可接受的步行距离为800m，可忍受的最大步行距离为2000m。而大多数人每次步行的活动半径通常为400～500m，因此活动较适宜的范围应在500m见方以内[50]。目前，郑州市建成环境中街区尺度大部分为300～600m。对于尺度不小于600m的街区，可将其视为超大街区。因此，在本方法对居住区街区化进行的主观评价中，可将600m作为界线划分评价层级，步行距离不小于600m的居住小区在进行主观评价时，可判断其适宜进行街区化改造。

第二层级为分析评价判断：经过第一层级的分析后，小区内无封闭市政道路和规划市政道路用地的，以及街区尺度小于600m的，进入第二层级，做多因子层次评价分析（图2-5）。

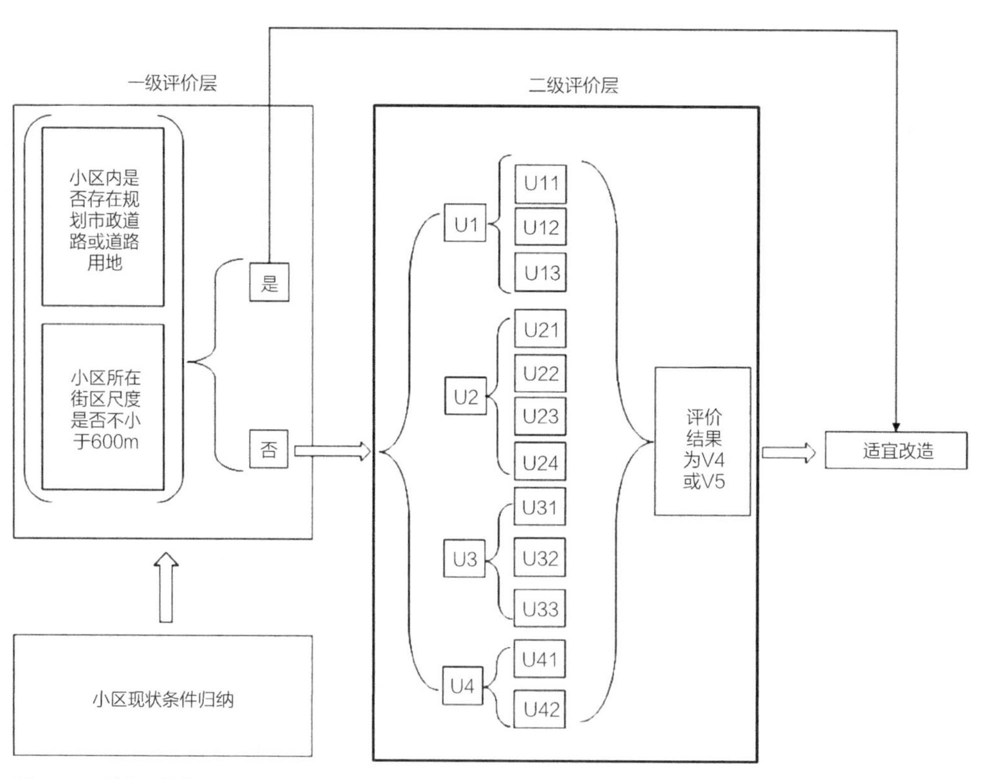

图2-5 评价流程结构图

2.5　基于模糊层次综合评价法的居住区街区化改造适宜性评价

2.5.1　二级评价层各评价因子的选取与权重确定

将封闭式居住区自身的客观现状所存在的问题，以及其对城市的影响程度是否达到可进行街区化改造的程度，作为二级评价层。满足评价条件的可认为适宜进行街区化改造。为了科学地评价封闭式居住区街区化改造的适宜性，评价因子应具有针对性、全局性、可计算性、广泛性，且只考虑物质空间等客观因素，不考虑主观的居民意愿。

2.5.1.1　二级评价层评价因子的选取

在二级评价层中，需要针对封闭式居住区对城市造成的主要影响进行评价因子选取。从前文的分析，可以得出封闭式居住区对城市造成的不良影响点，通过反推法，其影响结果即可作为反推参考因子，从而可得二级评价层的相关评价因子，它们分别为街区交通、街区活力、空间风貌、小区内公共服务设施利用率，其中影响评价因子的子因子见表2–1。

二级评价层——因子集　　表2–1

总目标层	因子层	子因子层
适宜进行街区化改造的封闭式居住区U	街区交通U1	路网密度（完整连通开放的路网所形成的街区尺度）U11
		小区道路对外开放度（小区的步行可穿越度）U12
		小区内工作日白天停车位利用率U13
	住区活力U2	小区功能混合度U21
		环境舒适度U22
		交往空间U23
		人文活动（人际关系阶层、邻里交往活动）U24
	空间风貌U3	街道空间环境（高宽比、沿街界面风貌、贴线率）U31
		小区内建筑肌理空间与周边建筑契合度U32
		住区边界空间U33
	公共服务设施的利用率U4	公共服务设施布局U41
		公共服务设施配建丰富度U42

2.5.1.2　基于层次分析法的二级评价层因子与子因子权重的确定

（1）建立判断矩阵

将层次结构模型中同一层次的各因子进行相互比较，就可以形成相应的判断矩阵。层次分析法为了对比较的结果做定量化描述，引入了判断标度，通常使用1–9标度法（表2–2），设：

比较因子分别为A_i、A_j，将各要素两两比较，得到相对重要程度的比较标度并建立判断矩阵A见表2-3。

1-9判断标度 表2-2

标度	含义
1	表示两个因子相比，具有同等重要性
3	表示两个因子相比，一个因子比另一个因子稍微重要
5	表示两个因子相比，一个因子比另一个因子明显重要
7	表示两个因子相比，一个因子比另一个因子更为重要
9	表示两个因子相比，一个因子比另一个因子极端重要
2，4，6，8	上述两相邻判断之中值，表示重要性判断之间的过渡性
倒数	因子A_i与A_j比较得到判断a_{ij}，则因子A_j与A_i比较的判断$a_{ji}=1/a_{ij}$

资料来源：赵雪峰．通用应用软件质量评价指标体系研究［D］．杭州：浙江大学，2005.

判断矩阵模式 表2-3

Ck	A1	A2	……	An
A1	a11	a12	……	a1n
A2	a21	a22	……	a2n
⋮	⋮	……	……	……
An	an1	an2	……	ann

二级评价层，评价因子由4位相关专业人士做重要性对比，经过处理所得出的判断矩阵分别见表2-4 ~ 表2-7。

二级评价层——评价因子判断矩阵1 表2-4

	交通U1	住区活力U2	空间风貌U3	公共服务设施利用率U4
交通U1	1	3	7	5
住区活力U2	1/3	1	4	3
空间风貌U3	1/7	1/4	1	1/4
公共服务设施利用率U4	1/5	1/3	4	1

二级评价层——评价因子判断矩阵2 表2-5

	交通U1	住区活力U2	空间风貌U3	公共服务设施利用率U4
交通U1	1	4	6	4
住区活力U2	1/4	1	4	1

续表

	交通U1	住区活力U2	空间风貌U3	公共服务设施利用率U4
空间风貌U3	1/6	1/4	1	1/3
公共服务设施利用率U4	1/4	1	3	1

二级评价层——评价因子判断矩阵3 表2-6

	交通U1	住区活力U2	空间风貌U3	公共服务设施利用率U4
交通U1	1	3	5	4
住区活力U2	1/3	1	3	2
空间风貌U3	1/5	1/3	1	1/3
公共服务设施利用率U4	1/4	1/2	3	1

二级评价层——评价因子判断矩阵4 表2-7

	交通U1	住区活力U2	空间风貌U3	公共服务设施利用率U4
交通U1	1	4	6	5
住区活力U2	1/4	1	5	2
空间风貌U3	1/5	1/5	1	1/3
公共服务设施利用率U4	1/5	1/2	3	1

(2)计算各因子的权重

假设判断矩阵A的最大特征根为λ_{max}，其相应的特征向量为$\overline{\omega}_i$。步骤如下：

① 将判断矩阵A的各列作归一化处理：

$$\overline{a}_{ij} = a_{ij} / \sum_{k=1}^{n} a_{kj} \qquad (i, j = 1, 2, \cdots, n)$$

② 求判断矩阵A各行元素之和即为特征向量$\overline{\omega}_i$：

$$\overline{\omega}_i = \sum_{j=1}^{n} \overline{a}_{ij} \qquad (i = 1, 2, \cdots, n)$$

③ 对$\overline{\omega}_i$进行归一化处理得到各因子权重ω_i：

$$\omega_i = \overline{\omega}_i / \sum_{i=1}^{n} \overline{\omega}_i \qquad (i = 1, 2, \cdots, n)$$

④ 一致性检验：

根据$Aw = \lambda_{max}\,\omega$求出最大特征根和其特征向量。

计算一致性指标$C.I. = \dfrac{\lambda_{max} - n}{n-1}$

找出相应的平均随机一致性指标*R. I.*（表2–8）。

平均随机一致性指标 表2–8

n	1	2	3	4	5	6	7	8	9
R. I.	0.00	0.00	0.58	0.90	1.12	1.24	1.32	1.41	1.45

资料来源：卢中正，谭克龙，雷建年，等. 遥感技术和地理信息系统在神府：东胜地区环境综合评价中的应用[J]. 国土资源遥感，2000（2）：59–64.
注：*n*为矩阵阶数。

计算一致性比例*C. R.* = *C. I.* / *R. I.*

当*C. R.* <0.1时则满足一致性检验，否则对*A*进行修正[51]。

将表2–4中矩阵元素代入以上公式计算，得出交通U1、住区活力U2、空间风貌U3、公共服务设施利用率U4的权重w_i分别为0.57、0.25、0.05、0.13。

其一致性检验结果*C. R.* = 0.07，*C. R.* <0.1，满足一致性检验。

同理可得：

① 表2–5交通U1、住区活力U2、空间风貌U3、公共服务设施利用率U4的权重w_i分别为0.58、0.19、0.06、0.17。

其一致性检验结果*C. R.* = 0.04，*C. R.* <0.1，满足一致性检验。

② 表2–6交通U1、住区活力U2、空间风貌U3、公共服务设施利用率U4的权重w_i分别为0.54、0.23、0.08、0.15。

其一致性检验结果*C. R.* = 0.04，*C. R.* <0.1，满足一致性检验。

③ 表2–7交通U1、住区活力U2、空间风貌U3、公共服务设施利用率U4的权重w_i分别为0.59、0.22、0.06、0.13。

其一致性检验结果*C. R.* = 0.09，*C. R.* <0.1，满足一致性检验。

对以上4组矩阵所判断出的各元素权重求平均值，可得交通U1、住区活力U2、空间风貌U3、公共服务设施利用率U4的权重w_i分别为0.57、0.22、0.06、0.15。

（3）计算各子因子权重

根据上述层次分析法计算方法和计算结果建立子因子权重分配集*Ai*=*A*1、*A*2、*A*3、*A*4。

*A*1*i* =（*A*11、*A*12、*A*13）

*A*2*i* =（*A*21、*A*22、*A*23、*A*24）

*A*3*i* =（*A*31、*A*32、*A*33）

*A*4*i* =（*A*41、*A*42）

满足*A*1*i*+ *A*2*i*+ *A*3*i*+ *A*4*i*=1

根据层次分析法的计算结果，确定各指标*A*1*i*、*A*2*i*、*A*3*i*、*A*4*i*的权重分配集ω1*i*、ω2*i*、ω3*i*、ω4*i*。

$A1i$、$A2i$、$A3i$、$A4i$权重分配集矩阵将放在附录D中，文中只叙述结论，见表2-9。

各子因子权重分配 表2-9

一级指标	子因子
交通 ω1（0.57）	路网密度（完整连通路网所形成的街区尺度）ω11（0.45）
	小区道路对外开放度（小区的步行可穿越度）ω12（0.45）
	小区内工作日白天停车位利用率ω13（0.1）
住区活力 ω2（0.22）	小区功能混合度ω21（0.41）
	环境舒适度ω22（0.07）
	交往空间ω23（0.32）
	人文活动（人际关系阶层、邻里交往活动）ω24（0.2）
空间风貌 ω3（0.06）	街道空间环境（高宽比、沿街界面风貌、贴线率、整洁度等）ω31（0.29）
	小区内建筑肌理空间与周边建筑契合度ω32（0.09）
	住区边界空间的变化性ω33（0.62）
公共服务设施利用率 ω4（0.15）	公共建筑布局ω41（0.68）
	公共服务设施配建丰富度ω42（0.32）

2.5.2 基于模糊分析法的二级评价层评价分析

2.5.2.1 确定评价对象的因子论域

建立评价因子集和评判集。根据上文的指标体系确定评判对象的一级指标集因子个数为4，为了提高评价准确性，建立二级模糊综合评价。将指标集按属性分成12个子集。将这些指标所能选取的评审等级组成评判集，通常评语个数不宜超过5个，设其分为5个等级。每一个评价等级可对应一个等级模糊子集[52]。

2.5.2.2 确定评语等级论域

路网密度（完整连通路网所形成的街区尺度）U11：根据现状居住区对外开放的现状路网密度和网络化连通度，结合居民的心理感受，可将街区尺度的适宜性分为高、较高、一般、较低、低5个等级。

小区道路对外开放度（小区的步行可穿越度）U12：在一定的范围内，居住小区封闭造成大街区尺度，日常绿色出行的绕行度较高，严重妨碍了步行等低碳出行的便捷度和可达性。根据居民日常绿色出行，是否能穿越小区到达目的地，或所绕行的距离，可分为高、较高、一般、较低、低5个等级。

小区内工作日白天停车位空置率U13：由于国内机动车辆的快速增长及小区封闭、公共停车位匮乏等，小区内的停车位只能供小区内部居民使用，造成工作日白天停车位的空置率较高，而外部公共停车位显现出白天供不应求、晚上又空置，节假日又反相的现状，这种职住分离模式使很大一部分资源得不到有效合理利用，造成了资源浪费。如果将小区内部停车位与外部停车位统筹使用就会产生较好的效果。因此分析现状居住区周边公共停车位的供需情况，可作为评价居住区街区化改造有力的参考依据，其评价等级可分为供大于需为高、供等于需为较高、供稍微小于需为一般、供小于需为较低、供远小于需为低。

小区功能混合度U21：街区是由街道围合而成的，良好的街区活力主要来源于街道功能的丰富度和规模，街道商业规模系统性越强、功能业态丰富度越高，对街区活力的提升越好，在一定的范围内，住区、生活、工作属性的建筑关联耦合度较大时，即当居住、商业、办公等功能的配比达到合适的比例时，街区各种状态（包括交通、活力、生活环境）将会达到最佳。根据对国内实施效果较好的案例，如成都壹街区、万科四季花城、泗阳莱茵湖畔等功能配比进行的分析总结和访谈引导，可将现状居住区的功能混合度分为高、较高、一般、较低、低5个等级。

环境舒适度U22：街区环境的舒适度，即对生活环境宜居性的综合评价，主要是对街区内部空间、景观、绿化、卫生、噪声等方面做综合评价，可根据被调研人群的主观感受分为高、较高、一般、较差、差5个等级。

交往空间活力U23：交往空间是居民日常休闲交流的空间，通过对这类空间丰富性、变化性、趣味性的营造，提升居民的日常交往频率。根据以上三方面做调研，其评价等级可分为高、较高、一般、较低、低5个等级。

人文活动（人际关系阶层、邻里交往活动）U24：主要指小区内居民的交流活动，包括节日活动、体育友谊比赛、邻里交往、棋牌游戏等活动的发生率。根据以上几方面做调研，其评价等级可分为高、较高、一般、较低、低5个等级。

街道空间环境（高宽比、沿街界面风貌、贴线率）U31：街道环境的舒适度主要受街道空间（包括街道的高宽比、街道贴线率、街道界面风貌、街道的曲折变化性、街道的空间趣味性）、街道卫生、街道景观、街道交通等影响。可根据以上内容调研人们的主观感受，分为高、较高、一般、较低、低5个等级。

小区内建筑肌理空间与周边建筑契合度U32：通过图底关系图对小区建筑肌理与周边契合度进行横向分析，通过小区建筑的高低错落与周边建筑的耦合度进行竖向分析。根据以上两方面将小区内建筑肌理空间与周边建筑契合度分为高、较高、一般、较低、低5个等级。

住区边界空间U33：分析居住区边界的绿化环境、界面的渗透度、空间利用率、空间的变化性等方面，根据以上几方面将住区边界空间适宜性分为高、较高、一般、较低、低5个等级。

公共建筑布局U41：根据几种公共建筑布局类型——沿主要道路式、主要出入口式、分散在道路四周式、深入几何中心式、浅入几何中心式，其对公共服务设施利用率的影响可分为高（分散在道路四周式）、较高（沿主要道路式）、一般（主要出入口式）、较低（浅入几何中心式）、低（深入几何中心式）5个等级。

公共服务设施配建丰富度U42：根据居住区不同等级的公共建筑配套指标相关规范，对现状居住区进行调研，对比规范的配套要求，将街区公共服务设施建筑功能丰富度分为高、较高、一般、较低、低5个等级，其对公共服务设施利用率的影响同样可分为高、较高、一般、较低、低5个等级。

2.5.2.3　建立模糊关系矩阵

选取郑州市中州大道以西、福彩路以东、广电南路以南、晨旭路以北，安泰嘉园、恒生府第、瑞银花园小区所在的一个梯形街区为调查对象，该街区南北向西侧街区尺度约为470m，东侧约为480m，东西向北侧约为380m，南侧约为530m（图2-6）。

笔者于2018年2月4日至6日，在该街区发放320份调查问卷，回收节选300份有效调查问卷（问卷内容见附录B），根据调查数据，通过一定的计算处理，其总体结果见表2-10。

图2-6　郑州市安泰嘉园小区所在街区卫星影像图
图片来源：改绘自百度地图

子因子评价问卷调查结果及关系矩阵　表2-10

指标＼评价	V1（数量）（隶属度）	V2（数量）（隶属度）	V3（数量）（隶属度）	V4（数量）（隶属度）	V5（数量）（隶属度）	各子因子权重
路网密度及完整程度（街区尺度及道路网联通度）U11	高（23）（0.08）	较高（72）（0.24）	一般（64）（0.21）	较低（103）（0.34）	低（38）（0.13）	0.25
步行绕行距离U12	近（8）（0.03）	较近（51）（0.17）	一般（82）（0.27）	较远（106）（0.35）	远（53）（0.18）	0.25
小区内工作日白天停车位利用率U13	高（5）（0.02）	较高（30）（0.1）	一般（78）（0.26）	较低（102）（0.34）	低（85）（0.27）	0.06
小区功能混合度U21	高（45）（0.15）	较高（167）（0.56）	一般（56）（0.19）	较低（25）（0.08）	低（7）（0.02）	0.09
环境舒适度U22	高（88）（0.29）	较高（78）（0.26）	一般（55）（0.18）	较低（45）（0.15）	低（34）（0.11）	0.02
交往空间U23	高（77）（0.21）	较高（196）（0.53）	一般（35 ）（0.09）	较低（34）（0.09）	低（28）（0.08）	0.07
人文活动（人际关系阶层、邻里交往活动）U24	好（35）（0.12）	较好（25）（0.08）	一般（100）（0.33）	较差（103）（0.34）	差（37）（0.12）	0.04
街道空间环境（高宽比、沿街界面风貌、贴线率）U31	高（55）（0.18）	较高（134）（0.43）	一般（23）（0.07）	较低（34）（0.11）	低（64）（0.21）	0.02
小区内肌理与周边契合度U32	高（76）（0.25）	较高（116）（0.39）	一般（93）（0.31）	较低（10）（0.03）	低（5）（0.02）	0.01
住区边界空间U33	好（15）（0.05）	较好（23）（0.08）	一般（117）（0.39）	较差（88）（0.29）	差（57）（0.19）	0.04
公共服务设施布局U41	高（46）（0.15）	较高（57）（0.19）	一般（63）（0.21）	较低（56）（0.19）	低（78）（0.26）	0.1
公共服务设施配建丰富度U42	高（112 ）（0.37）	较高（55）（0.18）	一般（54）（0.18）	较低（56）（0.19）	低（23）（0.08）	0.05
数量级隶属度汇总	（585）（0.16）	（1004）（0.27）	（820）（0.22）	（762）（0.21）	（509）（0.14）	1

2.5.2.4 合成模糊综合评价结果向量

设A为各因子权重，R为各评语隶属度，$A\times R$矩阵为B，则：

$$
Bi=Ai\times Ri=\begin{pmatrix}
0.0192 & 0.0600 & 0.0533 & 0.0858 & 0.0317 \\
0.0067 & 0.0425 & 0.0683 & 0.0883 & 0.0442 \\
0.0010 & 0.0060 & 0.0156 & 0.0204 & 0.0170 \\
0.0135 & 0.0501 & 0.0168 & 0.0075 & 0.0021 \\
0.0059 & 0.0052 & 0.0037 & 0.0030 & 0.0023 \\
0.0146 & 0.0371 & 0.0066 & 0.0064 & 0.0053 \\
0.0047 & 0.0033 & 0.0133 & 0.0137 & 0.0049 \\
0.0035 & 0.0086 & 0.0015 & 0.0022 & 0.0041 \\
0.0025 & 0.0039 & 0.0031 & 0.0003 & 0.0002 \\
0.0020 & 0.0031 & 0.0156 & 0.0117 & 0.0076 \\
0.0153 & 0.0190 & 0.0210 & 0.0187 & 0.0260 \\
0.0187 & 0.0092 & 0.0090 & 0.0093 & 0.0038
\end{pmatrix}
$$

将上述矩阵归一化处理可得：

$B=A\times R=(0.1075 \quad 0.2480 \quad 0.2279 \quad 0.2675 \quad 0.1492)$

2.5.2.5 对模糊综合评价结果向量进行分析

根据最大隶属度原则，当最大隶属为V4或V5时即可判断为第二层级适宜改造，即总体评价结果为封闭式居住区适宜进行街区化改造。在进行居住区街区化改造时可参考二级评价层各子因子的最大隶属为V4或V5的进行针对性侧重改造。

2.6 小结

本部分主要介绍了封闭式居住区给城市带来的若干问题，模糊层次分析法的主要方法步骤，及其在封闭式居住区街区化改造中的适用性评价等问题。建立了封闭式居住区街区化改造的层次模型，并通过文献分析法确立了各评价因子，通过层次分析法确立了各评价因子在评价模型中的权重，通过模糊分析法结合郑州市具体实例，参考相关标准，评价得出该封闭式居住区街区化改造的适宜性。

3 封闭式居住区街区化改造的主要原则

虽然封闭式居住区存在种种不足，但街区制居住区模式也并非十全十美，必须注意到这一模式也存在以下问题：增加了道路面积在城市用地中的占用比例；十字路口增多，降低了通车效率，增加了交通管理难度；开放式住区模式带来的居住安全隐患增加，使物业管理的成本提高；建筑临街面增加带来噪声及汽车尾气污染等环境问题。目前国内学者所认为的街区制易于实现，往往指的是新建的居住区或居住小区，因为新建居住小区涉及居民的权益较少，因此实施难度相对较小。但街区制在新区中的实施，同样存在许多问题待解决：新建的“小尺度、密路网”道路难以与现状“大尺度、稀路网”道路接驳；与现状设计规范不符，如建筑退距、建筑贴现率、路网密度等；街区尺度过小，导致一些医院、学校的规模无法落位等。而现状居住区的街区化改造虽有许多居民意愿与权益问题有待解决，但总体来说在改造上因地而异，具体问题具体分析，相比新建居住小区易于操作。如何合理地平衡各方面的利弊，需要在一定的原则下进行管控协调。

3.1 整体系统规划原则

当前，我国居住小区绝大多数由房地产商主导开发建设，由于房地产商的趋利性和我国物业管理模式的特殊性，小区常常被打造成封闭的私家花园模式以吸引消费者。与此同时，小区的规划大多由建筑师完成，而一些建筑师缺乏全面的城市规划意识，很少考虑小区与城市的关联性，把单个小区看作“孤立”的项目设计，只关注建筑单体的合理性，导致城市风貌极不协调，城市支路几乎消失在小区的包裹之中，毫无“整体系统”可言。另外，即使从目前国内“零星”的街区制居住区的实施案例来看，其改善交通拥堵、建立街区生活等效果并不明显。深圳万科四季花城项目是国内街区制居住区方面探索的代表作。在万科的带动下，街区制居住区模式在越来越多的开发项目中出现，如上海“一城九镇”中的安亭新镇、唐山祥德里小区、杭州亲亲家园、苏州同芳巷小区、北京赛洛城、成都的壹街区等项目。尽管这些居住区的规划采用了小网格的划分模式，但多数网格道路仍是小区内部道路，在具体的后期运营中，为了降低物业管理费用，整个住区对外开放的出入口仍然十分有限，更有甚者直接采用全封闭的管理模式，造成实践与规划理念严重脱节，更多的是有其形，却无法真正体现其内在的精神。即使从规划上来推敲，这些项目也都存在一个相同的问题，即在一个大网格的城市道路体系中仅仅在某个住区规模上尝试街区制居住区模式，所能取得的效果是局部的和有限的，其街区路网也很难与现状道路接驳，无法形成系统，也无法体现街区制居住区和小网格道路系统带给城市的各种优势[42]。古人云：“不谋万事者，不足谋一时；不谋全局者，不足谋一域。”好的规划要从长远和全局的角度来考虑，从整个区域角度出发，系统地规划街区制居住区才能凸显它对城市实际的功效。因此，郑州市居住区的街区化改造如何避免类似问题发生，是本部分的重点讨论内容。

3.1.1　对交通网络的统一规划

（1）车行路网

在进行街区化改造时，应从城市控规单元的尺度出发，进行系统的路网梳理，以确保改造后的街区尺度尽量在300m以内的范围。根据实际车流量与拥堵情况分析，确定道路等级及路幅宽度，交通与生活性道路区别对待，人行与车行分而置之，以寻求宏观层面的小街区模式，提高交通效率。对于密路网所增加的十字路口，及由此造成的交通效率下降的问题，可寻求交通管理技术来解决，如绿波交通，或对车流进行有效的管控疏导；也可设置特性道路，如设置双向单行道进行交通分流或斜交道路对重要公共空间及服务设施相互串联，进行交通引导。美国波特兰市的城市道路分为主干道、二分路以及其他地方街道，这种道路组成结构形成的道路网方便快捷（图3-1）。郑州市的主干道和次干道的功能和波特兰市的主干道和二分路属性类似，但不同的是郑州市的城市次干道为双向车道，而波特兰市为单向车道，且在波特兰市作为街区之间可达性通道的地方街道，能够承担大部分市民的短距离交通出行，而这在郑州市是很缺乏的。因此郑州市整体的街道、道路系统可参考波特兰市的路网模式，进行相应适当的改造处理。

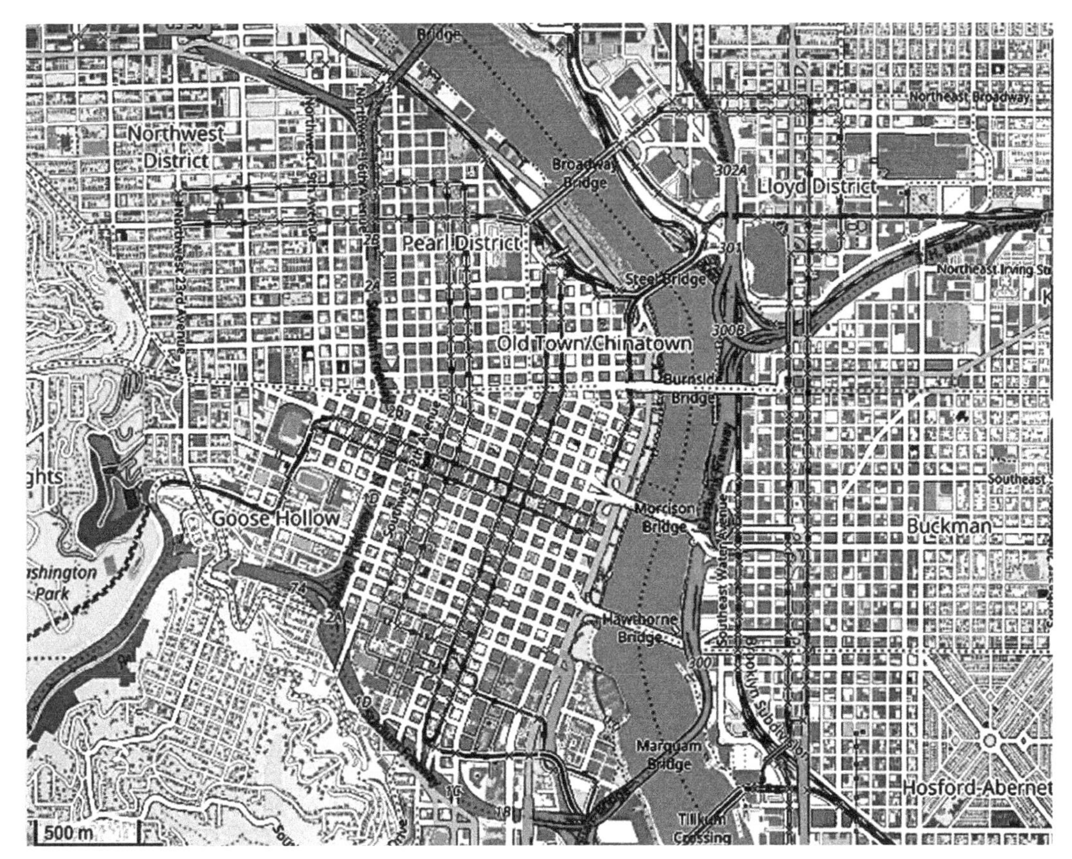

图3-1　美国波特兰市街区道路网平面图

图片来源：Open Street Map

（2）绿道网络

从城市空间的使用效率来说，机动车是比较低下的，自行车的空间占用率仅为机动车道的1/20。一条宽3～5m的自行车道，它1h通过的流量相当于或者超过双向八车道40m宽的机动车道[53]。区域、城市、社区三级式网络绿道体系的构建（图3-2），将大大提高城市慢行交通系统的连通性和可达性，其独特的生态构成要素也将充分优化街区环境，提高居民的生活质量。加之共享单车兴起，其方便、快捷、绿色、高效，大大提高了居民低碳出行的可选择性。因此，在居住区的街区化改造中，积极地引入绿道理论和方法是很有必要的。目前国内在绿道规划建设方面，深圳市已经完成了三级式绿道网的规划（图3-3、图3-4），并建成了大部分区域级和城市级绿道网，

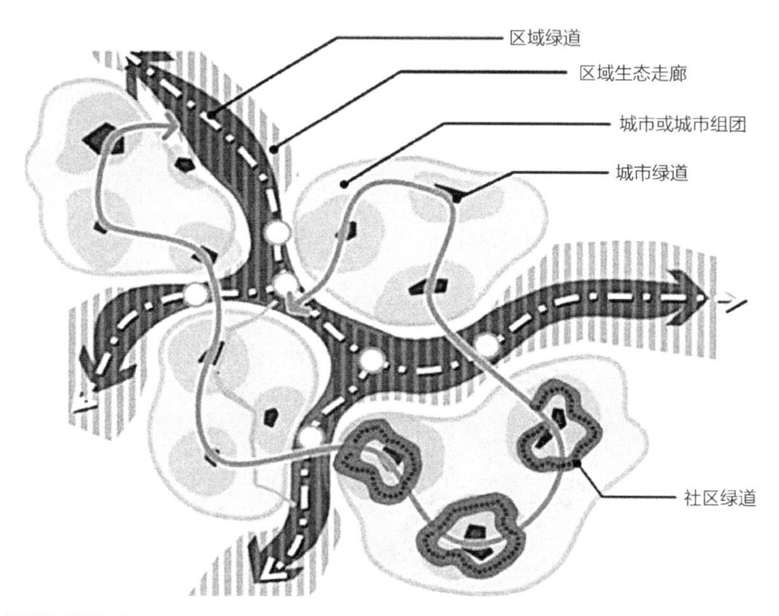

图3-2　三级式绿道网络模式
图片来源：曹靖，姚睿．不同分类体系下绿道慢行系统建设标准的研究［J］．广东园林，2012，34（3）：15-19.

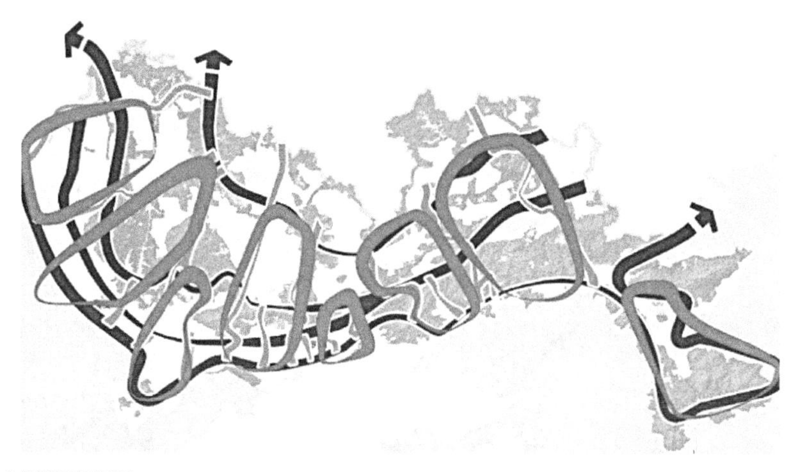

图3-3　深圳市绿道网络框架
图片来源：周亚琦，盛鸣．深圳市绿道网专项规划解析［J］．风景园林，2010（5）：42-47.

图3-4 深圳绿道连接了城市的郊野公园

绿道网络体系已初显雏形，效果显著。而郑州市居住区街区化的改造可让步行、骑行、公共交通可达性更高，社区级的绿道可以渗透到城市居住区的各个角落，可使分级式网络绿道体系覆盖整个城市。

（3）公共交通

由于居住小区的封闭性，目前公共交通线路及站点无法深入覆盖居住区，因此在进行街区化改造时，应采用“TOD+SOD+AOD+BLOCK+共享单车”的模式，即在封闭式居住区街区化形成的同时，通过公共交通站点与社会服务设施建设提升区位价值，通过规划理性预期引导吸引商铺入住，弥补小区开放对居民心理造成的负面影响。公交线路上，通过统筹规划公共交通线路，在小街区的模式下，使公共交通进一步深入街区内，以方便居民以公交出行，降低私家车的出行量。主干道可以考虑确立“公交霸权”，严禁私家车驶入，保证公共交通的畅通。公交站点的覆盖范围以人行的步行最大范围为覆盖半径，公交站点处及公交站点覆盖盲区处设共享单车站点，实现街区的全方位覆盖。

3.1.2 绿色景观的统一系统规划

（1）景观生态整体连续性

目前居住区绿地景观斑块呈现小规模碎片化分散分布状态，绿地景观在封闭的居住区中成为彼此隔离的“孤岛”，这使得绿地的生态机能大大降低，难以形成系统的城市居住区生态系统。景观生态学家和生物学家普遍认为，城市景观中的廊道有利于物种在其栖息地之间进行空间渗透，并益于原本孤立的斑块内物种生存和延续[54]。居住区街区化改造后，绿地空间的延伸性将得到大大提升，通过在建筑空间穿插设置绿色廊道等手段，可加强各独立绿地斑块之间的联系，提升绿地间生物物种的交流，形成连续系统的绿地景观，为生物提供迁徙廊道，从而提升生物量和物种多样性。

（2）景观生态空间的统一开放性

目前，郑州市许多景观绿地实施封闭管理措施，使得绿色景观只有生态效应，无法有效地发挥休闲、健身及生态教育等作用，未能完全发挥其使用价值。郑州市老城区在原本休闲空间缺乏的情况下，这种状况更加凸显。因此，在进行街区化改造时应同步考虑实现绿地景观的系统开放改造，与建筑空间实现关联耦合。这样做的益处在于：为居民提供情境自然的场所，增加生态暴露，并由此增强其保护环境的动力；为居民提供彼此交往的场所，从而改善邻里关系。

3.1.3 开敞空间统一系统规划

《都市化生活魅力》一书提到：“开放街区空间概括了‘相关联空间’的概念，其特征是它那一连串的空间关系，被街道的一缩一放联系在一起。”[55]因此，在进行封闭式居住区街区化改造时，应将原来各个分散、封闭、独立的小区空间，改造为整体连续变化的开放空间。位于瑞典的哈马比湖城，即采用连续开放的街区公共空间，各组团采用半封闭的模式，组团空间一边朝向公共空间开放，一边朝向公共绿地，虽无有意划分，却又“公私分明”，公共空间有序又富有变化，生态和谐、充满活力（图3-5、图3-6）。

在封闭式居住区的街区化改造中，应努力将城市开敞空间连续串联，并与步行区域相联系。最终目标是形成以街巷空间为主干，以街头公园、小型公共绿地以及绿道、广场等休闲、交往空间为节点的比较系统的、便于到达和停留的公共空间体系。

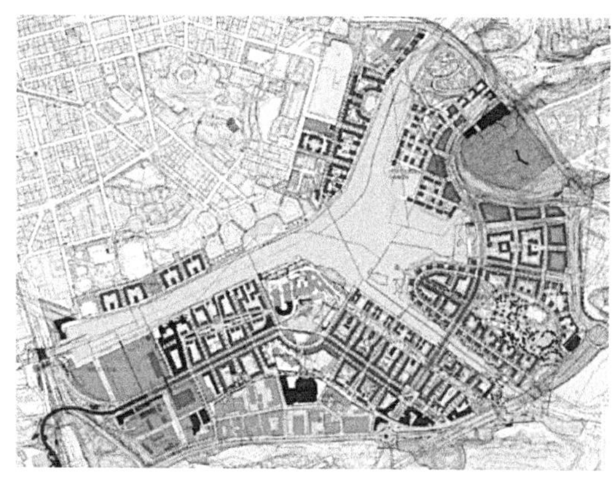

图3-5 瑞典哈马比湖城平面图
图片来源：斯沃克建筑设计院

图3-6 瑞典哈马比湖城鸟瞰图
图片来源：斯沃克建筑设计院

3.2　注重住区文化传承原则

3.2.1　尊重历史、因地制宜

在街区化改造中，对于不同地段的街区环境，要具体问题具体分析，不可盲目地一概而论、生搬硬套，建筑、小品的外立面风貌以及景观营造要注重突出地域文化。作为全体居民的集体记忆，历史建筑在改造中应努力做到妥善保护、慎重利用、赋予新生并做到与环境完美融合，为此必须注意以下方面：原生树木是住区地段内最具有生命力的景观资源，应该得到最大限度的保护。在进行景观改造时应最大限度地以大龄树为景观核心，将其组织到住区的景观绿化和交往空间的系统中。复兴城市肌理，每个城市的都有具有其自身特色的城市肌理，街区空间特征的延续以及视觉特性的保持都依赖于对这种肌理保护，而且在必要时还依赖于对街区肌理的整治。例如日本的仙台市，采用整体划一的街区制居住区模式（图3–7），城市空间肌理有序而有变化，整个城市给人的直观感受是小巧而精致，富有地方特色，街道空间充满趣味性，公共空间充满活力，绿色空间富有地域性，街区功能混合，历史人文空间与现代建筑自然空间完美融合（图3–8）。

图3–7　日本仙台城某片区卫星影像
图片来源：谷歌地图

图3-8　日本仙台城某街区鸟瞰、街道环境图
图片来源：谷歌地图、自摄

3.2.2　自然人文观

我国古典园林的造园手法也应该受到重视，因地制宜地将各地方传统造园手法运用在小区景观规划之中，使其在街区制居住区中得到传承，并赋予街区制居住区以人文特色。例如位于苏州古城的“润园”住区，在综合分析多方面客观因素和条件以及苏州人传承至今的生活观念和居住理想后，提出“住在园林里”的规划设计目标，以求在满足规划要求、配合古城风貌建设的同时，探索体现苏州地域居住文化精神的规划思路与设计方法[56]（图3-9）。

图3-9 苏州润园住区内景观
图片来源：http//www.mt-bbs.comforum.phpmod=viewthread&tid=243763&orderby=lastpost

3.3 维护居住生活安全原则

《环境行为学概论》一书指出，人类行为对其聚集地的需求分别为安全、选择与多样性、需要的满足，其中的首要需求即安全。笔者2017年4月13日对郑州市21世纪小区居民所做的“开放现有封闭式居住区的居民意愿调查”的统计报告显示，75%的人不愿意开放其所在的小区，其中89%的居民担心居住安全问题，有83%的居民担心交通安全问题。①

3.3.1 维护交通安全

提出邻里单位模式的原因，一般认为是由于汽车的大力发展严重威胁到了行人的安全。目前，封闭式居住区街区化改造也应该优先考虑居住区行人的安全问题。应采用人车分离的路网形式，并对社会车辆进行限速、限流。依照国内外相关研究结果，街区制居住区道路车速应限制在30km/h以内，交通量应控制在200辆/时以内[57]。而居住组团由于对生活私密性的需求，要求外来车辆不得穿越街区单元。

3.3.2 维护居住安全

对于居住安全问题，美国社会科学家对开放式住区的研究发现，居住区空间格局界定的领域

① 笔者在该小区发放150份问卷，回收130份有效问卷（详情见附录B），其中第9题为小区开放会给业主带来的问题中您最担心的是什么？（多选，可选择2～4个选项）：A. 小区内部住户的安全无法保证；B. 小区内部环境遭到破坏；C. 社会车辆穿越小区对业主有交通安全隐患；D. 外来车辆会占用小区内的停车位；E. 外来人群会影响小区内居民的正常生活；F. 小区业主的权益受到侵害。其中选A选项和B选项的人数占比分别为89.1%和83%。

图3-10 郑州市大孟社区平面及街区环境
图片来源：谷歌地图、自摄

图3-11 郑州市“绿博6号”小区入口

感越强，住区内的犯罪率越低。而在我国当前的居住区中，居民间的陌生程度较高，居住区内自发性保护能力较弱，这种小区给犯罪分子以可乘之机，从而不得不专门依靠封闭式物业来保证安全[58]。因此，在对封闭式居住区进行社会化改造时应对小区内部环境进行微改造，以形成“开放式街区+封闭式组团”式的、领域感强的居住空间格局，并对居住组团采用现代化智能监管设备进行封闭式管理，这样不仅可以保证居民的安全，还可以节省大量的物业管理费用。位于郑州市中牟县的大孟安置社区即采用了这种模式，从本次调查情况看，这种模式的实行不但有利于居住安全，同时提升了社区的生活活力值（图3-10）。

简·雅各布斯在《美国大城市的死与生》一书中说道：“有活力、邻里和谐的街道空间，居民可互相‘监视’犯罪的发生。”本次调查也发现，位于郑州市物流大道与广惠街南北两侧的“绿博6号”与“绿博2号”居民安置小区，其内部居民皆为之前同村的村民，这些小区虽都对外开放，外来人员可随意进出，却鲜有居住安全问题产生（图3-11）。因此可以断定，街区内居民之间的邻里和谐以及生活活力交融的培养都有利于居住安全性提升。

3.4 优化居住环境原则

3.4.1 优化公共空间环境质量

在居住区街区化改造的同时，应使居民的居住环境不受较大的干扰，保证街区环境的宜居性。宜居小区的核心是“居民”，宜居小区建设的最终目的是满足居民的生活需要，而小区有良好的生活环境是居民主要的诉求之一，不能仅为了公共利益而牺牲小区内居民的生活环境。目前以开放式街区为典范而广为人所称道的西班牙巴塞罗那街区，正在由开放向封闭改变。因为低密度的建筑空间限制了城市的发展，汽车尾气和噪声对居住环境产生了较大影响。2016

年，巴塞罗那议会提出的“Superilles计划”①也主要基于环境、健康、安全考虑。因此，在进行街区化改造时，街区对外部交通的开放度要控制在一定的范围内，以免对居民日常生活环境产生较大的影响。我国居住小区与巴塞罗那存在一定的差异，巴塞罗那每个街区单元四面临交通性道路，且四边建筑都有居住属性。而在我国，小区讲究建筑的南朝向，正因存在这种差异，郑州市小区在街区化改造时，不会产生卧室直接临路而带来的道路交通对住户生活环境的干扰；与此同时，在东西向加建的商业性及公共服务建筑的临街性也可以带来较好的商业效益[59]。

在居住区声环境研究方面，住宅可忍受的噪声应该在35db以内。为保证居住的安宁性，应该分时段限制外部交通穿越街区内部，例如可在晚上21：00–凌晨6：00居民休息时间段限行，其他时间开放。另外可在临路的建筑周边增加声屏障，例如高密度、乔灌木叠加的植物声屏障。

3.4.2 优化组团环境质量

组团作为街区的基本单元，重要的是要保证居住区的私密性。组团内部禁止车辆进入，私家车只允许在组团外部地面停车位停车或在入口处地下停车。不同组团内部可适当营造不同主题的小游园，既能营造静谧的生活环境，又可增加文雅韵味，还可在形式上表现出互相有别，增加居民的归属感。

3.5 提升街区活力原则

相关学者研究证明，保证住区良好的活力值是增加归属感的必要条件。

3.5.1 丰富功能多样性

在我国古代，从唐代的里坊制发展到宋代的街巷制，是由于商业的繁荣突破了坊墙的限制。在现实中，如果没有城市管理者的干预，市场会根据需求自发形成，例如位于郑州市“绿博2号”小区周边道路自发形成的摊位突破了小区的限制，说明了市场的真实需求和居民对商业街的需求。而市场的繁荣能激发小区的活力值，在此方面，集市类型的“商业街”对住区产生的效果要优于单个的大型超市。凯文·林奇将公共空间里的活动分为3种类型——必要性活动、自发性活

---

① 一个superilles是由9个单元楼组成的“超级单元”，外部小汽车、踏板摩托、公共交通将不能进入“超级单元”的内部道路，内部私人交通允许以10km/h通过“超级单元”。公共交通与小汽车只允许以50km/h的速度在“超级单元”的交界处通行，其路权将让位于行人和自行车之后。

动、社会性活动，逛集市可能就是无目的的自发性活动，而逛商场是有目的的必要性活动。因此，适度混合小区内功能、设内部商业步行街是提升社区活力很好的办法。

2018年12月，中国城乡规划行业最新版《城乡用地分类与规划建设用地标准》开始实施，其中新加入混合用地、用地兼容、城市功能区等新概念，混合用地实现了合理合法化。今后单一性质用地有望允许两种或两种以上跨地类的建筑与设施进行兼容性建设和使用[60]。因此，居住区街区化改造可从时间维度出发，预测科学技术的发展，给规划留出弹性空间，引导城市健康可持续发展，例如提高土地利用和房屋建筑功能的兼容性，提倡“商办住”通用的建筑空间套型，根据实际需求由市场机制主导调控。在街区中适当加入办公职能，更能刺激商业繁荣。

郑东新区绿地原盛国际街区，因为有办公的存在大大推动了内部及周边的商业繁荣。同时可根据附近居民日常生活和工作的多样化需求，设置不同类型的广场和商业设施。深圳万科四季花城项目将1～5期的商业服务设施全部集中于一期中，形成了对外开放的商业街，使住区内部具有了都市的活跃气氛（图3-12）。郭公庄一期公租房项目中南北2条道路面向社会开放，在用地南部，沿东西向设计了一条商业步行街，连接用地西南侧的一块公共绿地。步行商业街对外开放，作为城市公共空间的延伸。街区内规划了商业、办公和社区服务设施，这些设施沿着绿化活动轴和商业轴两侧布置，公共共享，为每个住户单元提供方便而紧密的服务，也为“小、微”就业和创业提供机会，成为社区最有活力的地方（图3-13）[61]。

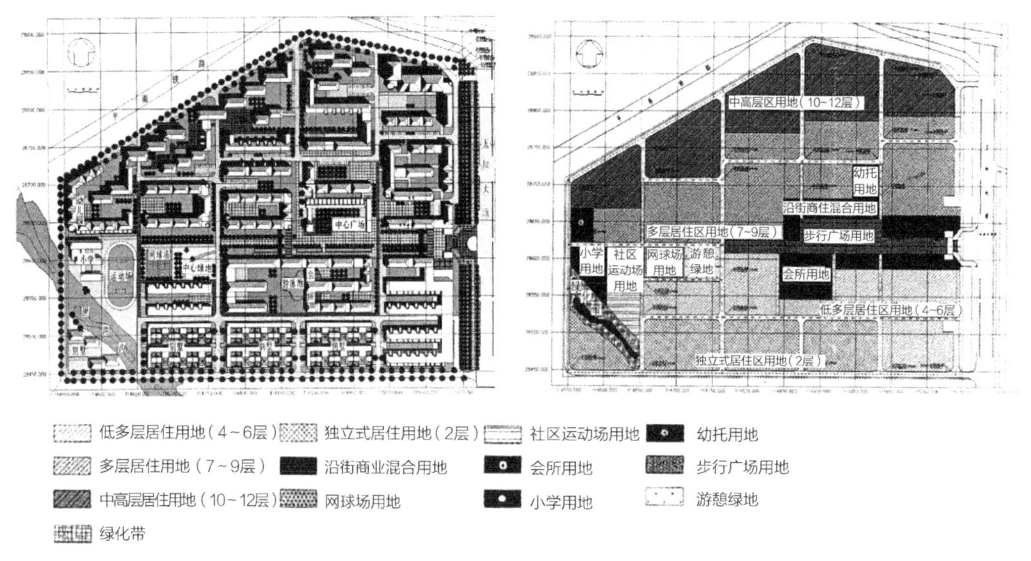

图3-12　深圳万科四季花城平面图及功能分区
图片来源：改绘自胡纹. 居住区规划原理及设计方法［M］. 北京：中国建筑工业出版社，2007.

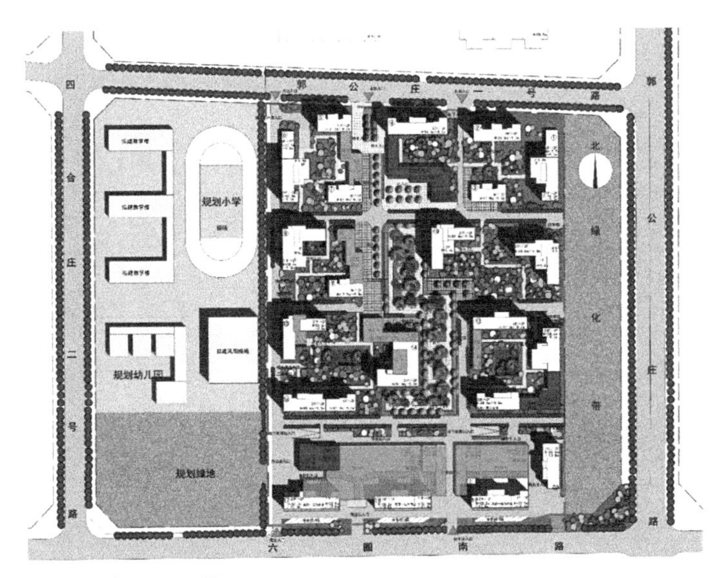

图3-13　郭公庄一期公租房项目平面图

图片来源：改绘自赵钿. 郭公庄一期公共租赁住房中的产业化设计与精细化设计［J］. 城市住宅，2016（02）：28-36.

3.5.2　提高交通可达性

影响交通可达性的具体因素包括公交线路和站点的数量与布局、路网密度以及住区出入口数量等。因此街区的交通可达性要高，沿街面就应当有一定数量的建筑或小区出入口，以便于街坊内部的人进入街道。同时，街道上应有多条公交线路的停靠站点。活动场所的设计必须考虑交通便利性，包括车行交通和步行交通。在规划街道时，除增加机动车道路网外，应提高步行、自行车街道的穿透性，提高绿色出行的可达性。杭州亲亲家园采用90m × 120m密集型方格网道路系统，机动车可以通达到每个街区单元周围，而在街区单元内部庭院中禁止机动车甚至自行车进入，一横三纵的主要步行系统穿插在小区机动车道之间，强调街区的适宜步行性，这种街坊式的交通流线关系更有利于“人车共存”[62]（图3-14）。

3.5.3　提升环境舒适度

扬·盖尔在《交往与空间》中指出：“在质量低劣的街道和城市空间，只有零星的极少数活动发生，人们匆匆赶路回家。但户外环境质量好时，自发性活动的频率增加。与此同时，随着自发性活动水平的提高，社会性活动的频率也会稳定增长。”[63]街区的环境舒适度要提高，就应当注意以下方面：①人行道铺装设计应当人性化，确保居民行走舒适；照明设施齐全，让居民有安全感。②街道的各种设施之间并不是孤立的，要充分考虑人们的需要和实际使用情况。③建筑高宽比及人行道宽度要适中。整体设计时应保持统一协调，近人尺度的细节应注意其多样性。④行道树能有效限定和分割街道空间，幼小的行道树使街道空旷，而枝叶繁茂的行道树使街道幽深，从而改善街道品质（图3-15），因此可种植速生、树冠丰满的树种作为行道树。

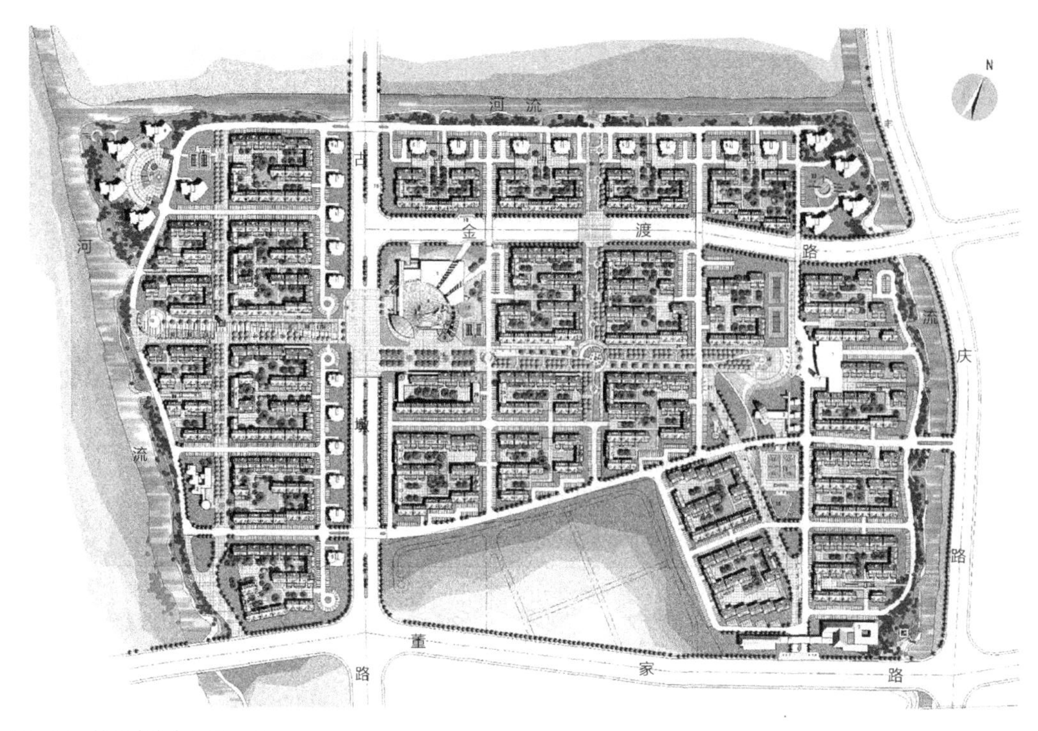

图3-14 杭州亲亲家园平面图

图片来源：改绘自开彦，朱彩清．“开放住区”是绿色住区的核心：《绿色住区标准》主旨解读［J］．城市住宅，2016（6）：6-12.

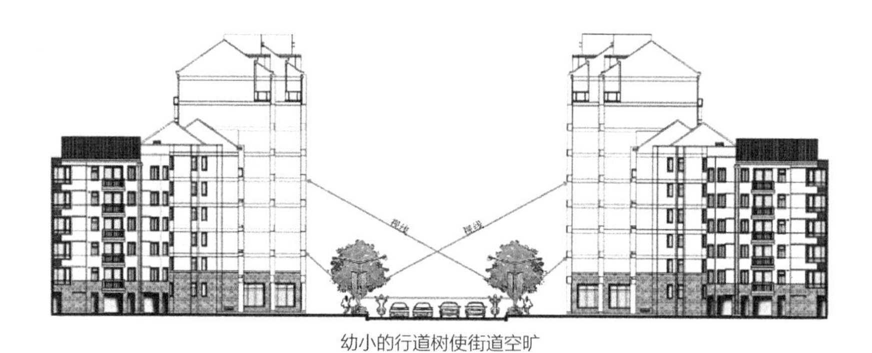

图3-15 行道树与街道关系示意图

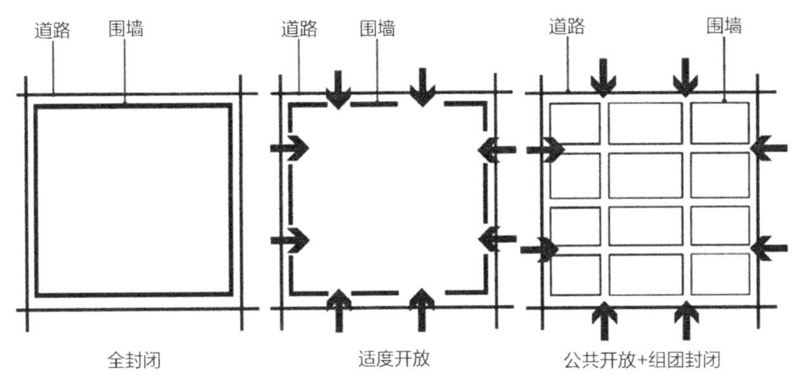

图3-16　围墙与居住小区开放度关系示意图

3.5.4　空间适度开放

《环境行为学概论》指出，人类既需要私密性也需要相互接触交往，环境设计的基本点在于创造两者的平衡。对封闭式居住区进行街区化改造应以小区的适度开放、寻求公私空间的平衡为切入点。但基于目前我国的国情和居民长期以来养成的习俗和思想观念，以及目前居民素质等因素，封闭式居住区的街区化改造并不能完全对外开放，而要适度。适度的开放可在提高住区与城市之间融合度的同时，既保证居住区内部居民生活的私密性和环境的宜居性，又确保城市与居住区之间有一定的交流联系，同时有利于提高住区内公共服务设施的利用率和商业经营活动。开放度的调节主要可由实虚隔离屏障来限定，例如将小区围墙作为居住区的实体屏障，其与外界的"通透度"以及围墙的位置即可决定小区公共空间的开放度（图3-16）。因此，可根据围墙的通透度以及围墙的位置，调整居住区开放度。适当的建筑与空间的围合关系以及空间的结构形态也利于视线遮挡，在一定程度上起着调节住区开放度的作用。另外，景观树阵也可作为虚体隔离屏障在一定程度上划分空间界限，调整小区开放度。

3.6　资源共享原则

居住区街区化改造时，应确保原居住小区内社区活动中心、教育设施、医疗卫生设施、基层商业设施等公共服务设施都能最大限度地得到利用。为此首先应明确哪些公共服务与基础设施是面向全体社会公众开放的，而哪些是以业主为主要服务对象的，从而避免对外开放后由于这些服务设施的容量过小降低业主的生活质量。公共服务设施位于小区中心的，应保证在改造时使其尽可能临街开放；公共服务设施数量及种类配置不足的，应在开放后在居住区用地周边沿街适当增加临街性公共服务设施，保证公共资源最大限度得到平均分配。例如，位于江苏泗阳的莱茵河畔小区采用开放式布局，从城市空间资源的配置效率来看，莱茵河畔小区比完全封闭式的布局更有利于资源的共享利用，公共服务设施沿街布置，大大提升其利用率和服务范围（图3-17）。

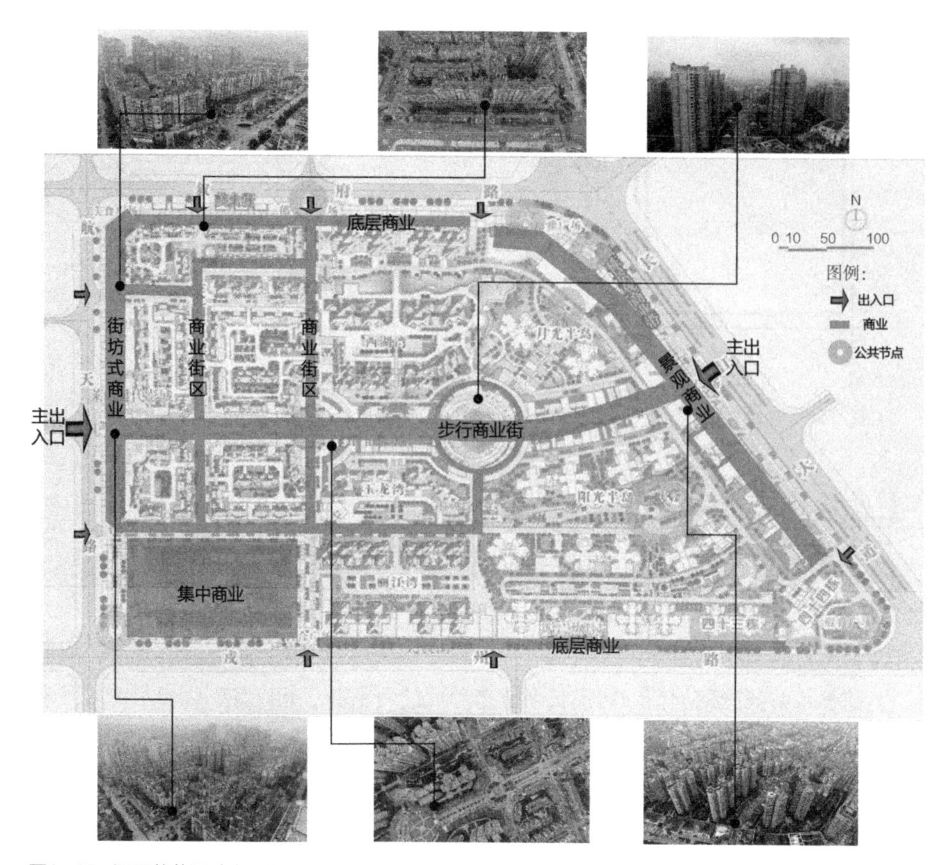

图3-17 泗阳莱茵河畔小区平面图
图片来源：http//www.scgxcm.commap.phpcatid=855

3.7 多方位降低业主合法权益受损程度原则

传统观念轻易难以改变，一旦习惯形成就将长期稳定地延续下去。从我国1978年至今40年的城市建设相关经验来看，其重大变革的诱因往往包含了两个因素——制度的创新与勇气，以及技术进步带来的破壁效应[64]。习惯的形成总要从变革开始，但为了尽力不损害居民利益，需要实行一定的补偿措施，以平衡居民的损失。

3.7.1 对业主进行征收补偿

广泛征求居民意见，对居民提出的合理要求，必须妥善予以补偿。如果根据相应的征收补偿标准，居民的反对意愿程度较深时，则应该在多方调解下得到令居民都满意的结果，尽量满足居民的诉求。除征收小区内道路作为社会市政道路的一次性补偿外，可将改造后的部分商业用房租金收入作为分红补偿，或者以减免物业费的形式进行额外补贴。由房地产商违规开发引起居民利益受损的应由房地产商提供补偿。

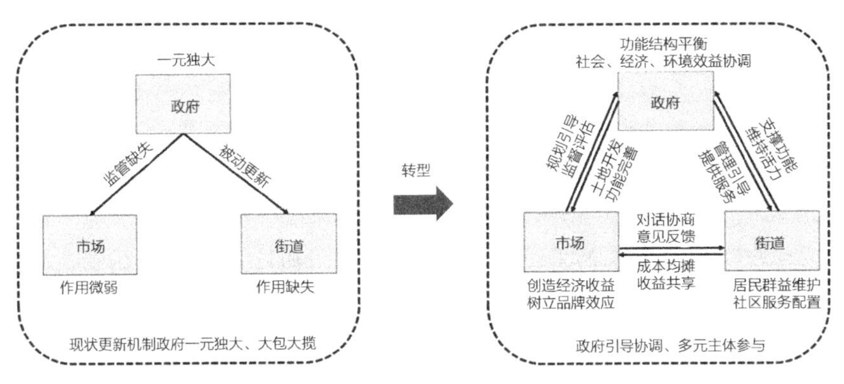

图3-18　管理模式与参与机制转变示意图

图片来源：改绘自赵蕊. 北京市东城区责任规划师制度初探：以“百街千巷”环境整治提升工作为例［C］. 中国城市规划学会，杭州市人民政府. 共享与品质：2018中国城市规划年会论文.

3.7.2　实施责任规划师负责制下的公众参与

居民也应作为居住区街区化改造的参与者，来保证小区的宜居性。[65]目前我国在天津、厦门、成都、绍兴、嘉兴、深圳等地开始逐步探索“社区规划师”制度。2017年北京创新地提出了责任规划师/建筑师制度，其主要工作内容为：①参与规划设计的前置审查，与属地街道共同审查规划方案，提出实质性修改建议，列席专家评审会等；②长期跟踪规划实施，即实施监督和指导，亲临施工现场指导、监督，提出整改要求，与属地街道、专项指挥部、市级部门共同验收实施效果；③充分发挥沟通协调的平台作用，做好公众参与和宣传工作，收集公众意见，向公众讲解规划工作，践行“规划公开、深入基层”的工作理念[66]（图3-18）。因此，为了提升公众参与的可行性，应成立第三方类似于“社区规划师”服务机构，转变传统规划建设模式，按照一定的服务范围指标，就近配备“社区规划师”工作处，作为政府与居民沟通的桥梁。同时应利用现代化互联网科技，方便居民参与，方便快速听取、处理业主的意见、建议和诉求。

3.7.3　小区内权属的重划分

从资源分配角度来看，居住区街区化改造涉及公私权益的重划分。通过住区内向功能设施和外向功能设施，对私有权益和公共权益要进行合理的协调：社区服务、附属绿地等内向功能围绕内部的居住空间展开，与居住空间和生活品质的提升充分对接，灵活地适应住区内部居民的差异化需求；社区商业、商务办公、文化娱乐等外向功能与外部城市形成更为紧密的联系，确保提升外向功能设施的利用率，促进社区内与城市的交流，实现职住就近选择[67]。公共性的功能和设施的整体性布局与调整，应在私有权益得到基本保障的基础上加以落实。同时也要确保边界明确的公共权益不受到私有权益的侵害[68]。只有通过公私权属的细分与权利的明确，才能让居住区街区化改造顺利进行。所以，在封闭式居住区的街区化改造完成时，应依照实际情况和相关法律条文重新明确和划分街区的权属，包括土地、绿化、道路、公共服务设施、停车位、其他附属物等。

3.8 有机更新改造原则

对于封闭式居住区的街区化改造，从方法逻辑出发，应采用有机更新。吴良镛先生在其《北京旧城与菊儿胡同》一书中写道：“所谓‘有机更新’即采用适当规模、合适尺度，依据改造的内容与要求，妥善处理目前与将来的关系，不断提高规划设计质量，使每一片的发展达到相对的完整性。”[69]如果将其运用到居住区街区化改造中，即在统一规划的前提下，综合社会、人文、历史、自然、经济、物质空间等多方面因素，遵循城市发展的内在秩序与规律，采用动态、持续、开放、循序渐进、有步骤的从局部到整体的改造程序[70]。以公共空间环境为切入点，在进行居住区街区化改造的同时，提升公共空间环境。

为适应城市的发展变化，居住区街区化改造也应该相应地做动态机动调整，通过合理协调短期目标与长期目标，循序渐进地采用灵活多样的实施手段，注重实施过程的评估反馈，以应对实施过程中的不确定性，进而在外在层面对提升人们对开放居住区的认知、营造良好的实施环境实现有效引导[71]。引导居民转变观念是决定居住小区大规模全方位进行街区化改造的前提条件，一旦人们对街区制居住区表示认可，所涉及的改造利益矛盾即可迎刃而解。

3.9 小结

本部分主要通过分析封闭式居住区街区化改造所涉及的交通安全、居住安全、居住环境、小区内资源利用等问题，以及优化居住小区与城市空间关系所涉及的改造内容及矛盾点，具体问题具体分析，得出整体系统规划、注重文化传承、保证居住安全、保证居住环境、保证街区活力、保证公共资源共享、保证业主合法权益、有机更新改造的原则。

4 封闭式居住区街区化改造方法

4.1 郑州市封闭式居住区道路街区化改造方法

4.1.1 现状大尺度街区的成因分类及其道路改造方法

通过对郑州现状城区的实地调研，发现若按照规模及其与市政道路的关系，则目前已有的超大街区大致可分为以下6种：

第一种，封闭关联型：目前郑州市绝大多数大尺度封闭街区都是由多个封闭式居住区互相接壤形成的，而相邻边界之间又无对外通行的市政道路（图4-1）。郑州市陇海东路以北、城东路以西、城南路以南、紫金山路以东的街区就属于此类，该街区由方圆创世小区、黄金叶小区、幸福家园小区、千禧花园小区、陇东小区等封闭小区相邻形成。东西向街区尺度平均在825m，南北向街区尺度平均在540m（图4-3、图4-4）。为使这类“大尺度街区”街区化，对“大尺度街区”内的封闭式居住区进行改造，首先应梳理清楚规划市政道路的实施情况，有规划市政道路未建设的应将其补齐，有违法占用规划市政道路用地的应将其拆除，回归市政道路用途。大尺度街区内无规划市政道路的应在不损害现状居住环境的前提下，在封闭式居住区交界处开辟一条对外开放的市政道路（图4-2）。

第二种，大盘型：这类小区大多形成于20世纪90年代后，始于住宅商品化兴起及相关房地产开发形成，由单个大盘式超大型封闭式住区形成。这类小区大多有优美的花园式景观和相对完善的公共服务设施，大多数都设有独立封闭的内部道路（图4-5），如位于嵩山南路以东、兴华南

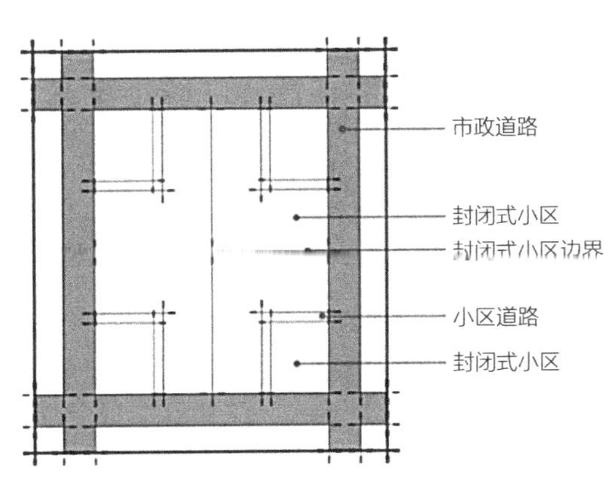

图4-1　大尺度街区示意图（1）

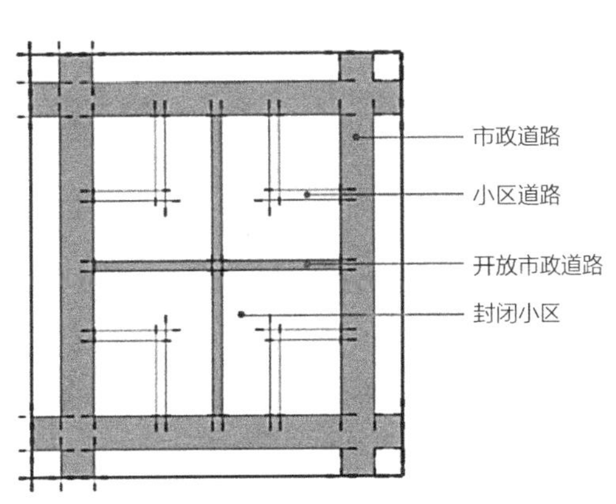

图4-2　大尺度街区（1）改造示意图

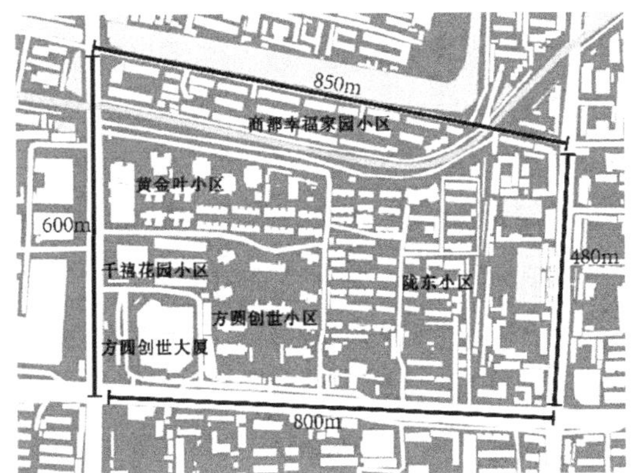

图4-3　郑州市某1类大街区案例街区尺度

图4-4　郑州市某1类大街区案例

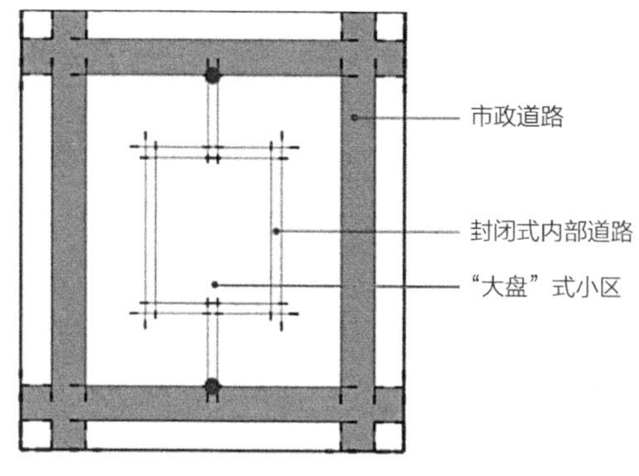

图4-5 大尺度街区示意图（2）

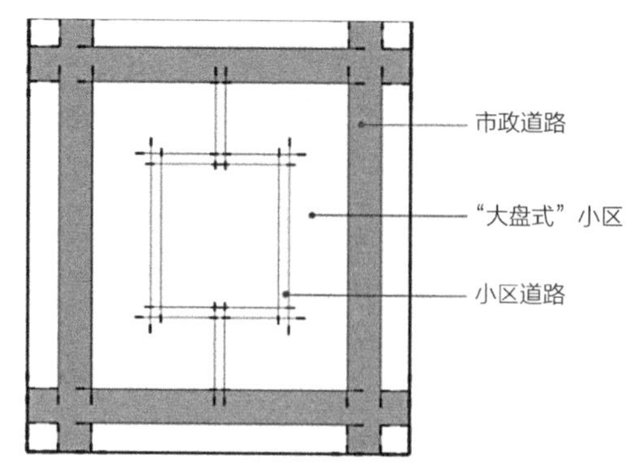

图4-6 大尺度街区（2）改造示意图

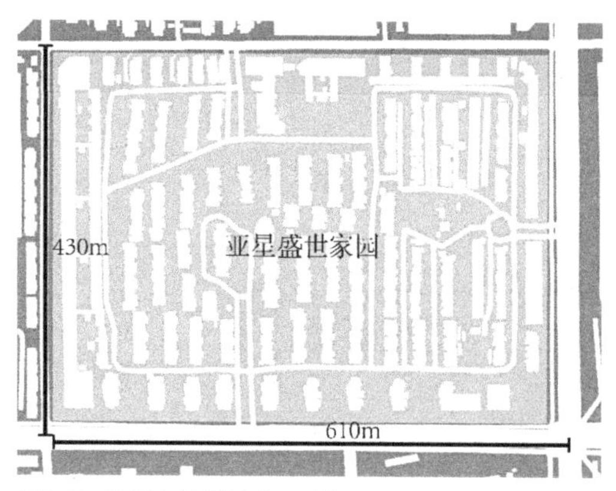

图4-7 郑州市某2类大街区案例

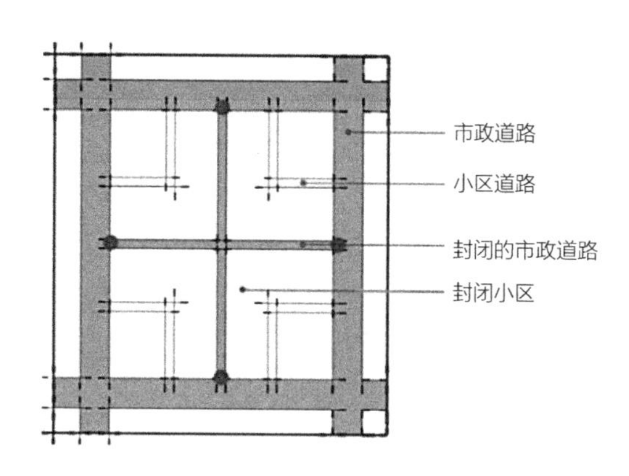

图4-8 大尺度街区示意图（3）

路以西、汉江路以南、长江西路以北的亚星盛世家园小区，东西向平均街区尺度为430m，南北向平均街区尺度为610m（图4-7）。因此，根据其小区级道路不穿越各居住组团的特点，街区化改造首先应使其小区级道路对外开放（图4-6）。

第三种，违规型（一）：在这一类居住区中，一些已建成的市政道路用地被违规圈进小区内（图4-8）。例如郑州市建业森林半岛，就是将南北向连接宋寨街和东风路的天明东街与东西向连接丰庆路和天明东街的民富街，圈进小区内封闭管理（图4-9）。这类居住小区之所以会形成，一般是因为在老城区进行修补式旧城改造时，土地分割出让致使开发商以所得地块以内为考虑主体，只顾小区内在开发，不考虑外在协调。此外，在小区兴建时由开发商代征、代建的市政道路部分在小区建成后，小区物业一方面为了方便管理，将其一并划入了居住小区内部进行封闭；另一方面开发商由于“趋利性”，通过提升小区内部品质引诱消费者买房或营造大而全的假象提升房价。

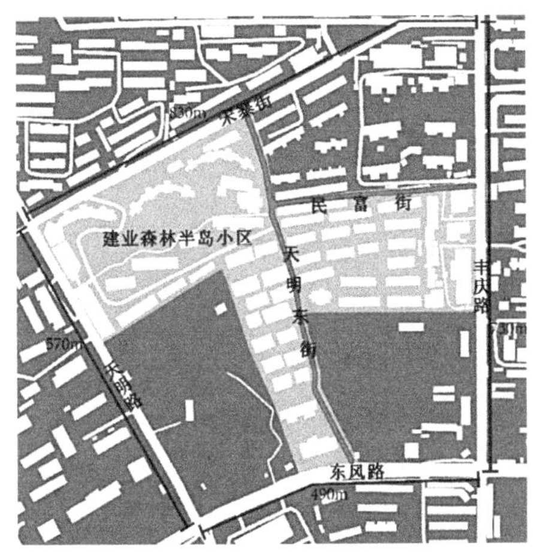

图4-9 郑州市某3类大街区案例

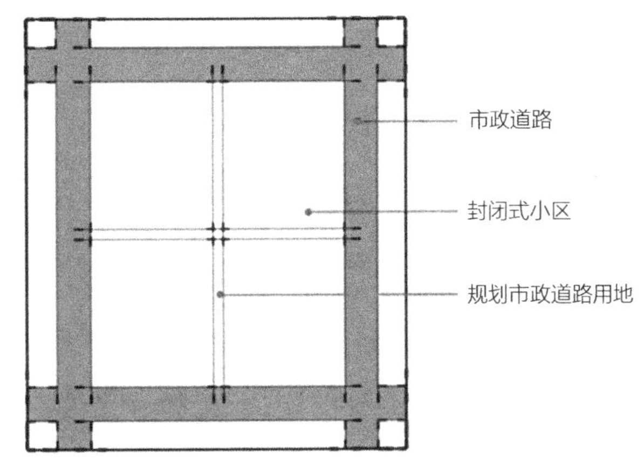

图4-10 大尺度街区示意图（4）

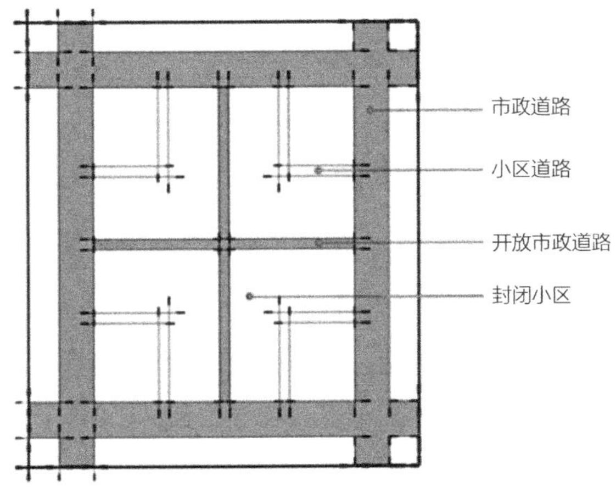

图4-11 大尺度街区（3）（4）改造示意图

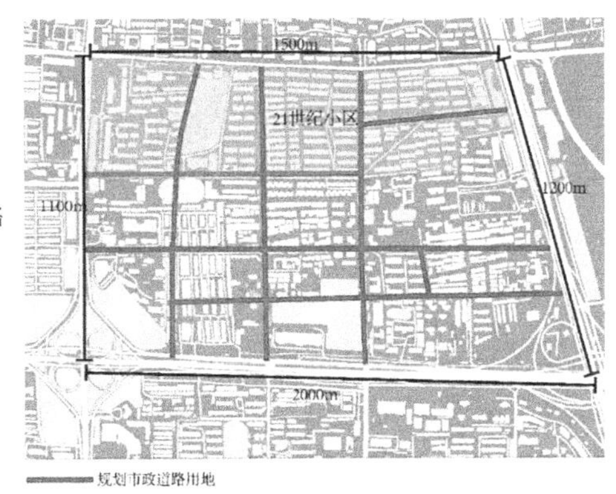

图4-12 郑州市某4类大街区案例

第四种，违规型（二）：与第三种类似，这类居住区往往将尚未开始建设的规划市政道路用地圈起来，以在未来留作他用（图4-10），营造小区内部优美的环境，从而达到类似于第三种居住区的效果。如21世纪小区（图4-12），位于郑州市花园路以东、中州大道以西、国基路以南、水科路以北的超大街区内，小区将水科路、黄家庵北路道路用地封闭在了小区内部，作为小区内绿化用地。

第三种、第四种小区，首先应打开违法封闭的道路，根据现实情况以及控制性详细规划恢复道路的原始属性（图4-11）。出现这种乱象，也反应出郑州市当下老城区更新改造存在的问题，即未进行统一协调规划或者规划实施落后，以及对房地产开发商的放任致使房地产开发时各自为政。而建筑长期不可更改的物质属性，会给城市造成难以挽回的不良后果。因此，以后在旧城改造时要预先树立街区制观念，统一协调规划，未雨绸缪要比亡羊补牢更具成效，同时对开发商也应该进行严格要求管控。

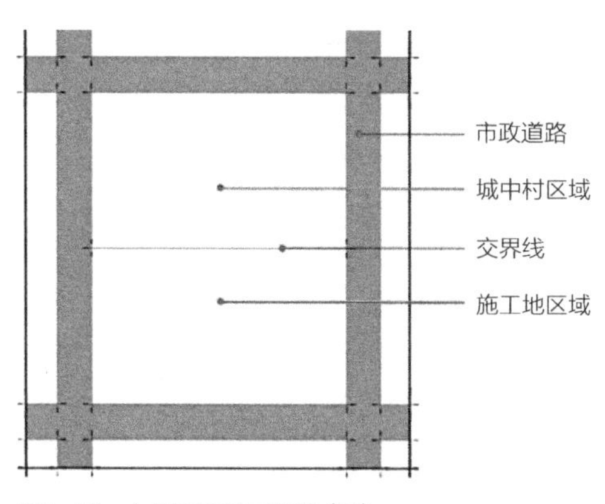

图4-13　大尺度街区示意图（5）

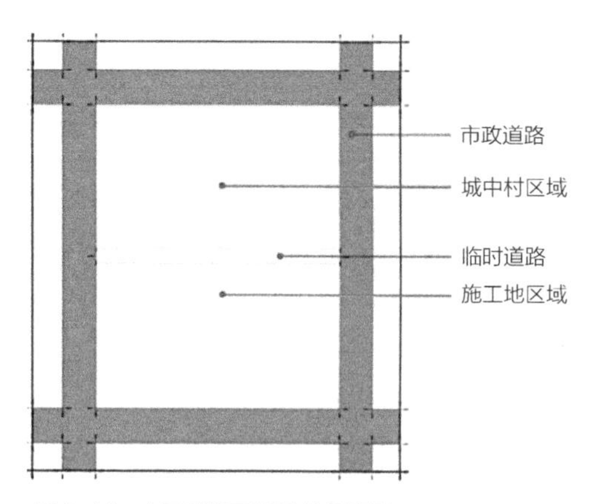

图4-14　大尺度街区(5)改造示意图

第五种，“施工型”：这一类居住区的成因常常是新开发建设的居住区与旧城更新衔接不良，造成市政道路建设遇阻，形成断头路，从而导致街区尺度过大（图4-13），较多发生在城中村或旧城改造地带。如郑州市金林公馆小区西侧有一工地施工造成沈庄路东西向被隔离，形成了大尺度街区（图4-15）。这种大街区模式并非长期存在，会在施工期完成后恢复小街区模式。但在施工时有条件的可临时开设一条道路，以促进交通微循环（图4-14）。

图4-15　郑州市某5类大街区案例
图片来源：改绘自百度地图

第六种，“单位大院型”：指的是由单位大院构成的大街区，这类大街区模式是计划经济时代遗留下的“职住一体”模式，大多由机关单位与家属院就近相连、封闭管理所形成（图4-16），目前较多存在于金水路南北两侧老城区内。根据对郑州市拥堵点的核密度分析，发现金水路与紫金山路交叉口周边拥堵较为严重（图4-18），其主要原因为单位大院封闭造成大范围的南北向市政路网缺失（图4-19）。该地区的省委家属院和中医院家属院切断了经五路、经六路两条南北向道路，南北向交通只能靠人民路来承担，车辆汇流造成交通拥堵（图4-20）。这类国有性质的居住小区，在进行街区化改造时应该起模范带头作用，在保证自身工作生活不受影响的情况下，率先打开自身内部的主干道，以缓解城市交通压力（图4-17）。

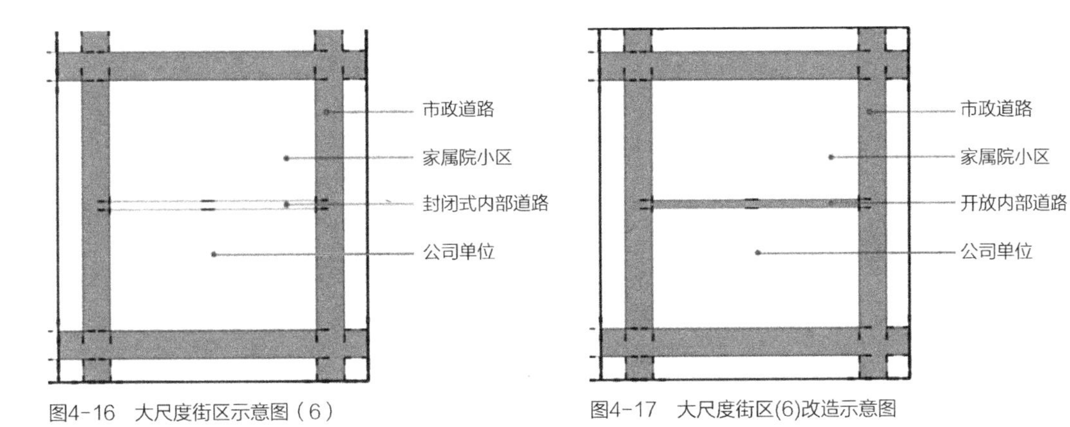

图4-16 大尺度街区示意图（6）

图4-17 大尺度街区(6)改造示意图

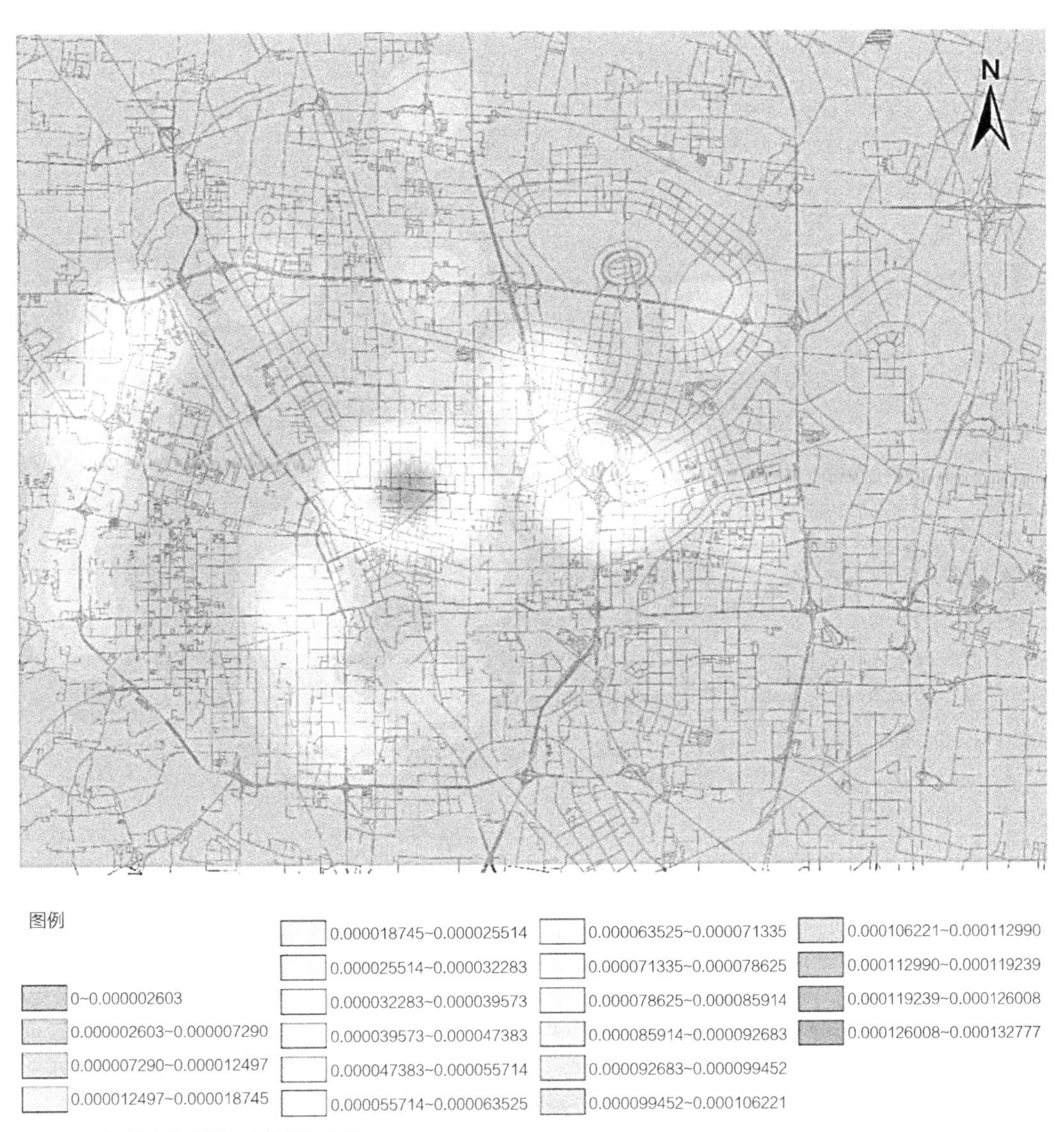

图4-18 郑州市交通拥堵点核密度分析

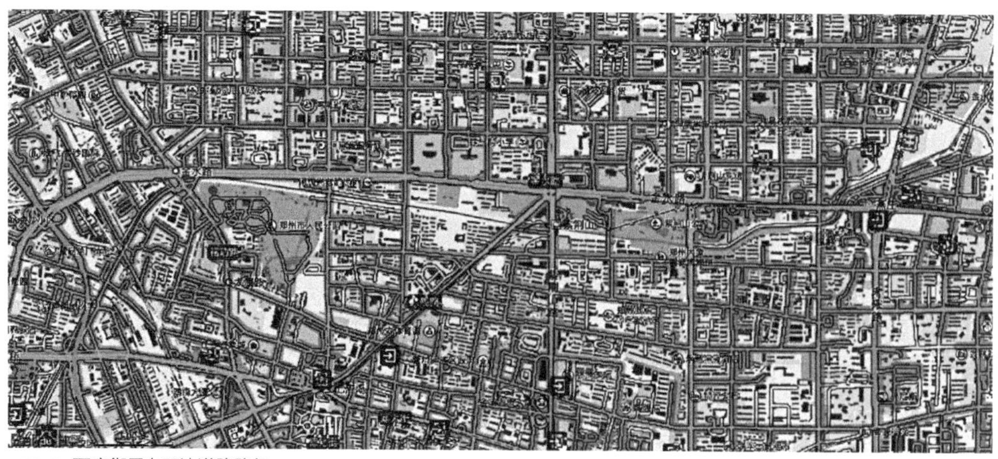

图4-19　郑州市金水路某段南北两侧公共可达道路网现状
图片来源：改绘自百度街景地图

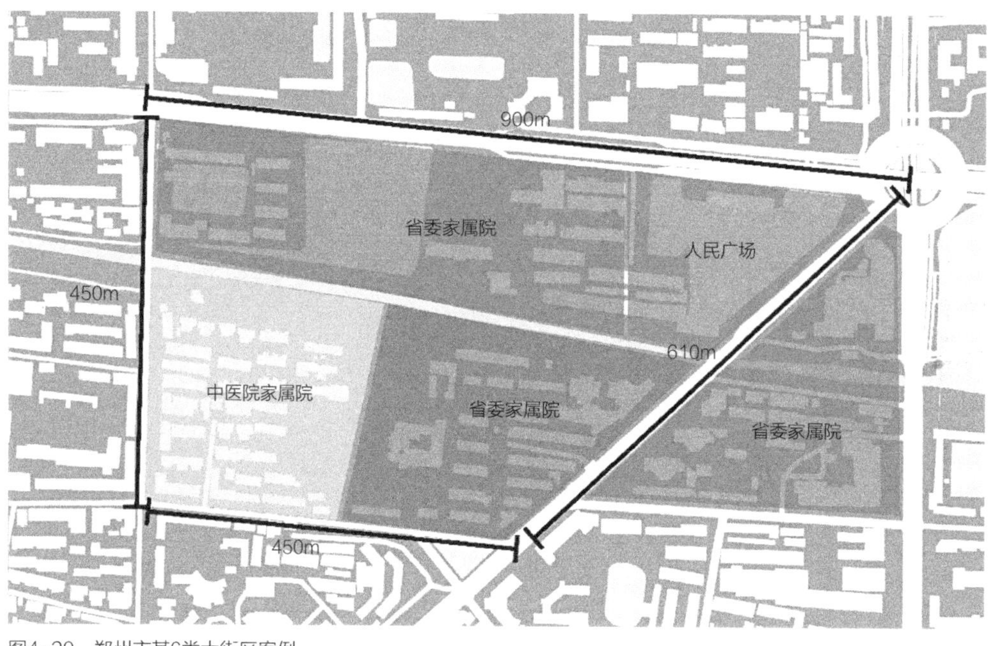

图4-20　郑州市某6类大街区案例

4.1.2　现状居住区外部交通街区化改造设计方法

4.1.2.1　加密路网，缩小街区尺度

加密路网能改善城市交通，并且具有较高的可行性。在郑州市域范围内已经规划但尚未建成的区域中，可根据实际情况有选择地对有条件实现“小街区、密路网”模式的区域进行系统化的路网加密。例如云南呈贡新区2006版的城市规划采用传统的“宽马路、大街区”的规划方式，且其中的主要交通已经完成建设，后在2010年、2011年、2013年采用“窄马路，小街区”理念，进

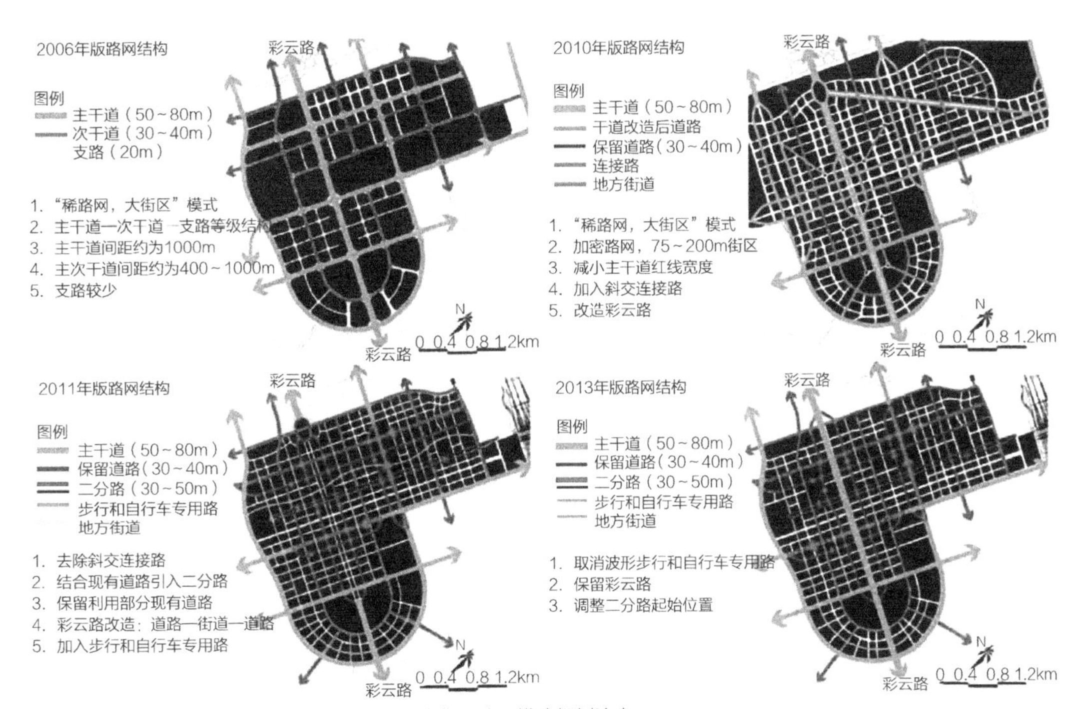

图4-21 昆明市呈贡新区核心区2006-2015小街区路网模式规划演变

图片来源：改绘自申凤．“密路网，小街区”规划模式在昆明呈贡新区核心区的适用性研究［D］．昆明：昆明理工大学，2014.

行了3次修改，在原来实施的路网基础上将其路网密度从6.27km/km^{2}增加到11.82km/km^2，道路面积率从27.4%增加到34.5%，街区尺度由400~500m降到了75~198m。这种模式其实就是传统模式与“窄马路，小街区”在中国的结合，由此可见在传统街区模式的基础上是可以实行街区制模式的[72]（图4-21、图4-22）。

从目前郑州市的规划建设情况来看，郑州市的郑东新区与航空港区与当年云南呈贡新区类似，规划雏形刚刚显现，总体结构尚未完成，如果在此时机，参见昆明呈贡新区的规划建设经验，植入“小街区、密路网”模式，增加二分路，那么提高路网密度、降低街区尺度的目标是完全有条件实现的。

4.1.2.2 优化公共交通线路布局

云南呈贡新区的公共交通线路采用两种模式：一是公交专用线路，公交专用线选择在高强度开发地区，可承担该区域较高的人口出行量，确保早晚高峰公交不受阻（图4-23）；二是普通公交与小汽车混行线路，这种线路可承担居民的日常公交出行。两种线路与轨道交通无缝换乘，并与“小街区、密路网”完美契合，公交线路均质化覆盖，并设置密集的公交站点，使公交站点覆盖半径范围在300m的覆盖率达到96.8%。呈贡新区2011年的公交出行占用率达到22.4%这一结果，证明这种公交布局模式具有有效性。

目前，郑州市的公交与私家车基本上处于混行状态，缺乏公交专用线，早晚高峰道路拥堵时部分公共交通也随之瘫痪。因此可参照呈贡新区公交路网的规划经验，在进行居住区街区化改造

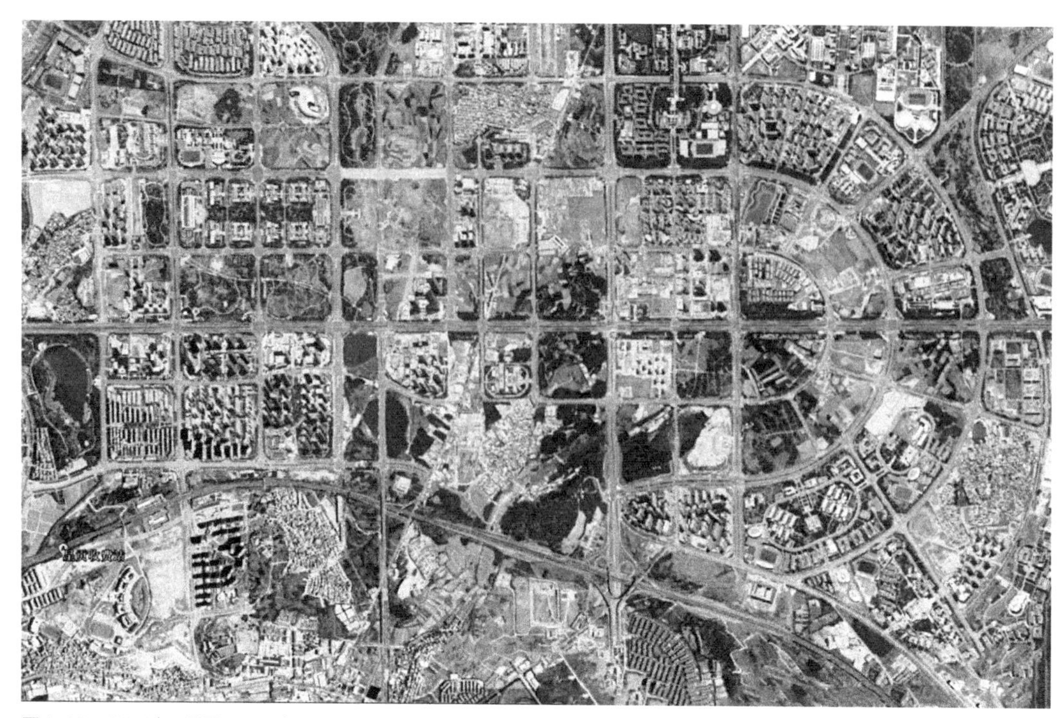

图4-22 2019年4月昆明呈贡新区卫星影像图

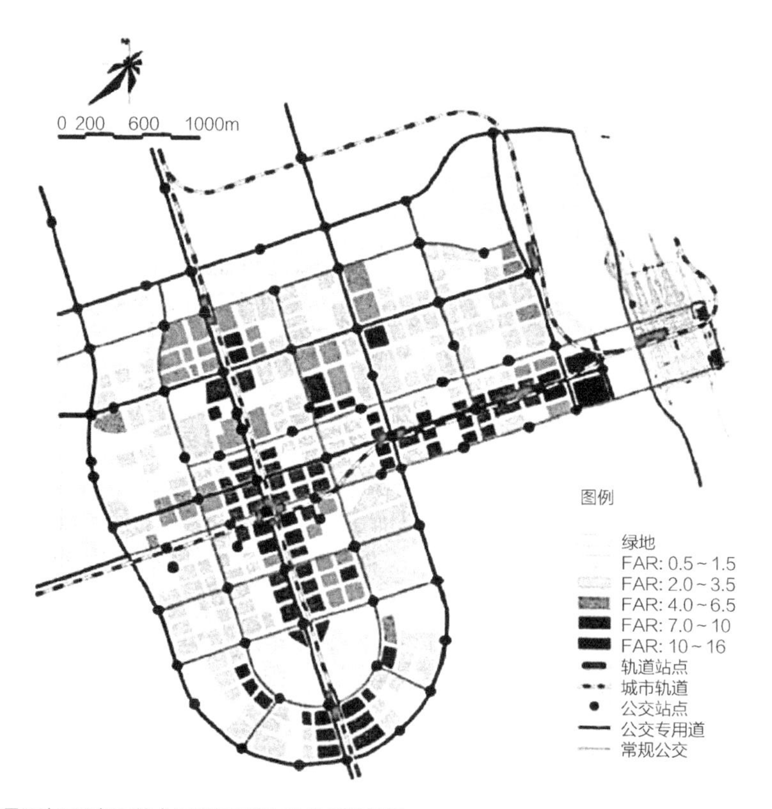

图4-23 昆明市呈贡新区核心区公交网络与土地开发规划

图片来源：改绘自申凤．“密路网，小街区”规划模式在昆明呈贡新区核心区的适用性研究［D］．昆明：昆明理工大学，2014.

的同时，适当合理设立公交专用线路，保证公交线路畅通。以密集的公交站点均质化地覆盖各个街区为手段，可以提高公交的可达性，实现公交出行主导的交通模式。以此可从根源上解决大量私家车使用造成的城市交通拥堵和大气污染，这种做法较目前的车辆限行政策①更为行之有效。

4.1.2.3 增加慢行交通线路

2013年，中国环境与发展国际合作委员会对北京、上海和深圳展开的研究发现，82%的受访居民对所在社区的步行性不满意[73]。2012年，住房与城乡建设部、国家发展改革委、财政部三部委发布的《关于加强城市步行和自行车交通系统建设的指导意见》要求："到2015 年，市区人口规模在1000万以上的城市，步行和自行车出行分担率达到45%以上"。[74]随着近年来我国"共享单车"的兴起，慢行交通得以复兴，自行车重回城市。随着街区制居住区的推行，慢行交通的可达性将大大提高，通过慢行交通在生活圈范围短距离出行，可与公交无缝衔接。但就目前来看，郑州市的慢行交通专用道和公共自行车停车位较为缺乏。因此，可通过在居住区街区化改造时设立生活性街道，作为系统性的居住生活慢行道；并根据实际需求进行不同功能的区别改造，例如具有上下班通勤、接送孩子、购物等交通属性的地段应采用直线性设计，承担邻里交往、休闲锻炼功能的地段应采用幽深静谧的曲线设计。在公交站点处和覆盖"盲区"处设共享单车站点，方便该地区的居民通过共享单车到达公交站点（图4–24）。

4.1.2.4 现状道路改造设计

缩小道路路幅宽度：目前根据我国城市规划道路的路幅设计规范，郑州市城市道路等级分快速路、主干路、次干路、支路四级，各级红线宽度控制为快速路不小于40m，主干道30～40m，次干道20～24m，支路14～18m。从尺度看，这种宽度的道路很难与两边的建筑形成高宽比例适宜的街道空间，同时也不利于人行的安全，因此应该整体协调，削减各级道路路幅宽度，以创建对行人友好的街道空间。波特兰市在进行的"街道瘦身计划"是一个有趣的案例。8年的论证表明狭窄的道路比标准化的道路更为安全，且最为安全的街道宽度为7.5m，在该尺度下对消防车与垃圾车、公交车等特殊车辆的安全穿行也进行了测试，结果表明窄街道同样能够为应急车辆提供充裕的通道[75]。郑州市也应该结合本市的交通情况，适当削减道路路幅宽度，拓宽人行道的宽度，使道路恢复为人服务的主要功能（图4–25）。

---

① 从2018年1月1日起，北京每周工作日的7：00–21：00，按机动车号牌（含临时号牌和外地号牌）最后一位阿拉伯数字（尾数为字母的，以末位数字为准），每天限行两个号。周一限行：号牌最后一位阿拉伯数字为1和6的机动车；周二限行：号牌最后一位阿拉伯数字为2和7的机动车；周三限行：号牌最后一位阿拉伯数字为3和8的机动车；周四限行：号牌最后一位阿拉伯数字为4和9的机动车；周五限行：号牌最后一位阿拉伯数字为5和0的机动车；因法定节假日放假调休而调整为上班的周六、周日，按对应调休的工作日限行。限行区域：东三环（107辅道）、南三环、西三环、北三环（均不含本路）以内区域的所有道路。

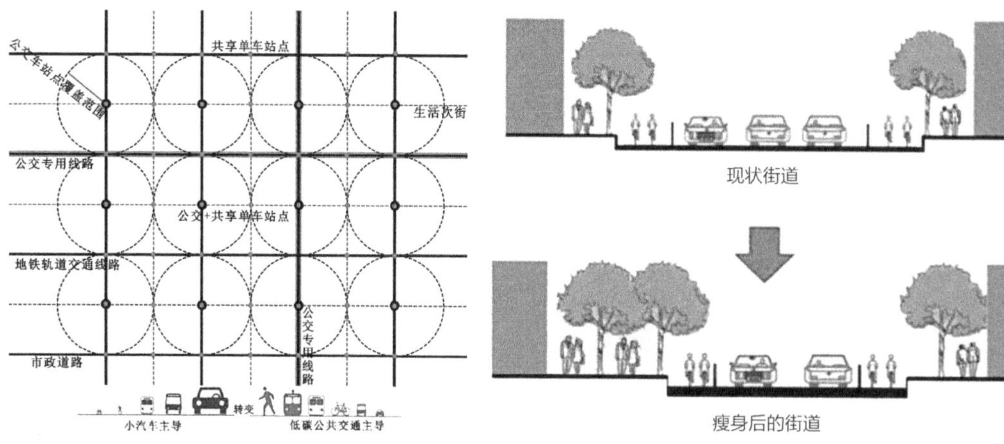

图4-24 慢行交通网络规划布局示意图

图4-25 现状道路路幅收缩改造设计示意图

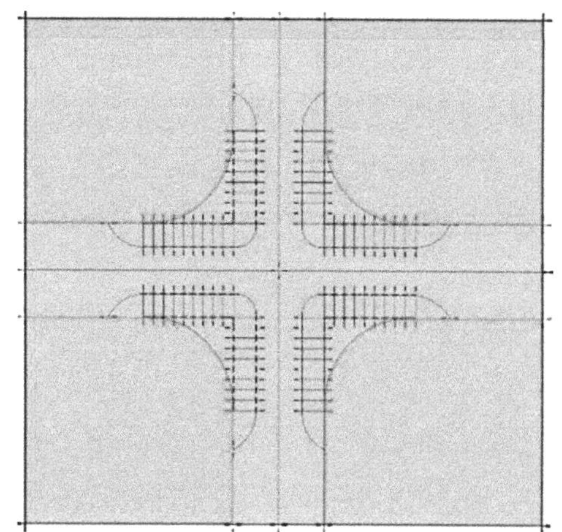

图4-26 道路交叉口收缩式改造

图4-27 墨西哥某道路交叉口改造设计
图片来源http://www.upnews.cn/archives/21487

道路交叉口改造设计：以收缩式的道路交叉口为例，目前，在郑州市老城区内，其道路交叉口多无机动车的右转专用道，道路交叉口尺度与转弯半径较大，因此常常造成右转车辆转弯车速过快，严重危害了行人的人身安全。笔者认为，为保证居民安全，在尺度较大的道路交叉口处应该采用收缩式设计，在现状大转弯半径交叉口处设置停车位（图4-26），从而缩小道路转弯半径，这样车辆在道路转弯处就会降低车速，当转弯半径控制在10m以内时，转弯车速一般不会超过30km/h，这样做还可以规范渠化车行转弯轨迹；同时也可缩短行人穿越马路的时间，如果转弯半径从14m减为5m，那么过街距离可以缩短大约30%，行人暴露在危险中的时间也就大大缩短，从而提高了行人的安全水平。道路交叉口收缩式的设计还可以形成较好的街道尺度环境，例如墨西哥在现状道路的基础上，对道路交叉口进行了收缩式改造（图4-27）[76]。

道路精细化设计：目前郑州市部分道路两侧人行空间较为狭窄，环境恶劣，道路两侧随意用栏杆隔离，缺乏精细化设计。而经过精细化设计的道路环境，分散式布局嵌入绿植，提高绿植覆

粗放的道路空间

精细化设计的道路空间

图4-28　粗放的道路与精细化设计的道路对比

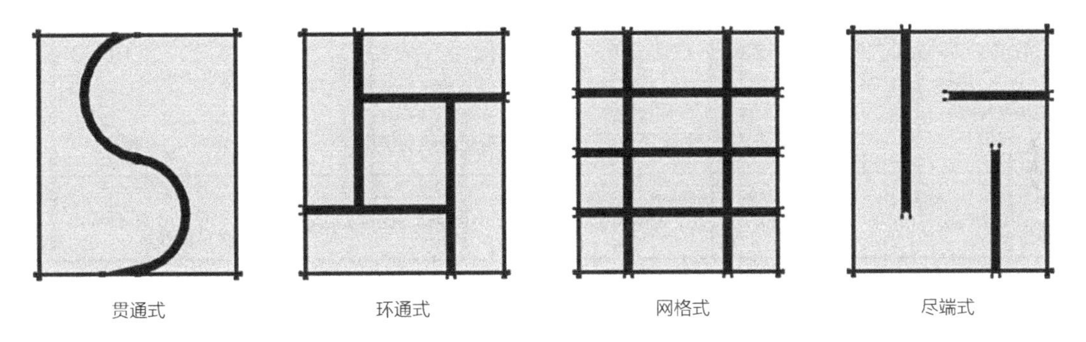

图4-29　郑州市现状居住区道路结构形式分类模型图

盖面积，减少硬质铺装绿，可调节道路空间的微气候，同时大大增加行人的舒适性和愉悦感；增加小品的配置，丰富道路的艺术气息，增加道路空间的层次性和可观赏性；拆除道路两侧的围栏，提升道路空间的渗透性，给行人营造道路空间在视线上的变化（图4-28）。

4.1.3　现状居住区内部道路的分类及其街区化改造设计方法

郑州市现状居住区的道路结构形式大抵可分为贯通式、环通式、尽端式、网格式几类（图4-29），环道式又分为内环式和外环式。在进行封闭式居住区街区化改造时，不同的道路结构形式对于街区制居住区的架构均起到了主导作用。

4.1.3.1　现状居住区道路结构形式的交通特性对比

交通安全性：在上述4种道路结构形式中，网格式中有多条贯通式道路，其交错十字路口较多，非机动车与机动车并行，各种流线相互交叉，所以安全性最低；单条贯通式道路的通畅性相对较高，因此其安全性也就相对较低；外环模式属于典型的人车分离交通组织方式，道路的布局最大限度地将机动车限制在居住群的外部，居民的安全性得以提高；内环模式的安全性介于贯通式和外环式之间。

道路私密性：网格式中的多条贯通式道路很容易对家居生活造成干扰，由于很多住宅都与街面相邻，因此其居住、生活的私密性最低，而单条贯通式道路次之。相对而言，内环和外环模式中均存在尽端式道路，容易营造空间的领域感，归属感非常强，这不但促进了邻里之间的交往，而且其安全性也要高于前两者。

交通可达性：通常表现在居住区对外交通方面。网格式的居住区出入口较多，方便对外出行，对外交通的可达性也最高，贯通式道路次之。环状模式由于出入口较少，且支路多为尽端式，故而内环模式次之，外环模式最低。同时我们发现如果只是僵化地运用网格式，很可能会对居住生活产生干扰，并且不利于小区管理。

交通效率性：通常反映在道路的网格化程度、出行路线的多样化程度、机动车的通达性以及非机动车的易达性等方面。网格式由于主干道、支路等纵横交错，可供选择的线路较多，交通效率最高，贯通式次之，内环模式再次之，外环模式最低[58]（表4-1）。

居住小区不同道路结构形式交通特性对比　　表4-1

特性＼类别	外环式	内环式	尽端式	贯通式	网格式
交通安全性	高	中	低	较低	低
道路私密性	高	中	低	较低	低
交通可达性	低	中	低	较高	高
交通效率性	低	中	低	较高	高

资料来源：整理自胡纹. 居住区规划原理与设计方法［M］. 北京：中国建筑工业出版社，2007.

4.1.3.2 现状居住区内部道路形式特点及其街区化改造设计方法

目前，郑州市的城市道路常常以交通为主要功能，而小区内的道路则往往各自封闭无法形成系统，这是导致生活性道路缺失的主要原因之一。按照统一系统规划的原则，将小区内部主干道进行统一的街区化处理。在现状市政道路的基础上适当改造，作为城市生活性的支路，以增加社会道路网的密度，缩小街区尺度，促进交通微循环。从这方面看，其分流管理模式应采用二分路的形式（图4-30）。

（1）贯通式道路的街区化改造

这种小区的内部道路往往由一条贯通居住小区的直线式或曲线式小区道路和若干组团道路共同组成。贯通式的主干道在中间穿越居住小区，尽端道路分布在贯通式道路的两侧，服务于组团交通。这种道路形式的居住小区一般有两个出入口，建筑群分布在尽端式道路的南北两侧。例如郑州市宏图路与通泰街交叉口的马庄小区。因贯通式居住小区道路通畅性相对较高、安全性相对

居住小区现状道路典型模式

东西向生活性街道二分路改造

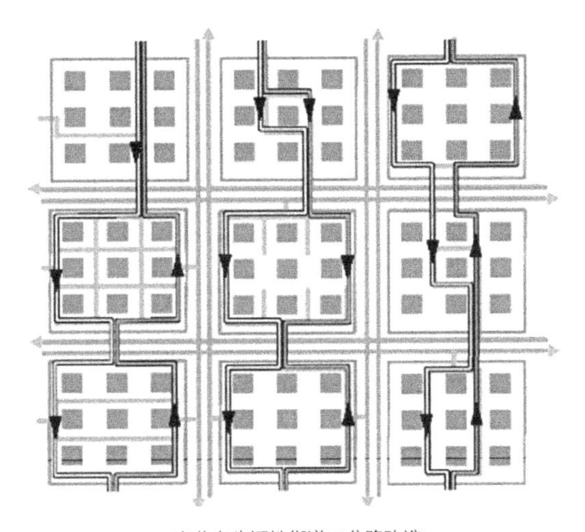

南北向生活性街道二分路改造

图4-30 居住小区内部道路街区化改造模型

较低，它可直接作为市政道路对外开放，承担居住区交通微循环的部分车流。路面不允许停车，外来车辆不允许进入组团内部。为不影响主交通的车流通畅，外部车辆只允许右转驶入该道路（图4-31）。

（2）环通式道路的街区化改造

环通式道路可分为外环式和内环式。外环式常常由一条环通式的小区道路和若干尽端式组团道路共同组成，环通式的主干道分布在居住区边缘，尽端道路分布在环通式道路的内侧，建筑群分布在尽端道路的南北两侧，其典型案例是郑州金水路与中州大道交叉口的鑫苑中央花园小区。内环式由一条环通式和若干尽端式道路组成，环通式的主干道穿越居住区中部，尽端道路分布在环通式道路的内外两侧，如郑州市通泰路与宏图街交叉口西南的八里庙社区。根据环通式居住小区道路安全性高、道路私密性好的特点，小区道路可对外完全开放，结合商业布置，并采用单行道式的二分路形式，进行双向交通分流（图4-32）。

（3）尽端式道路的街区化改造

尽端式道路由若干条深入居住区内部的分散式尽端道路组成，道路尽端一般设回车场。这种道路形成的居住区通常只有1个出入口，建筑分布在道路两侧，其典型案例是郑州市商都路十里铺街西北侧的东十里铺社区。由于尽端式道路存在单向导向的弊端，应该将单个出入口疏通为两个出入口，道路以分离式转化形成连通式，以促进交通循环（图4-33）。

（4）网格式道路的街区化改造

网格式道路由若干条贯通式的道路纵横交错组成。以这种道路网格形成的居住区一般拥有多个出入口，建筑群均匀地分布在网格空间内，其典型案例是郑州市通泰路兴荣街西南侧的金色年华小区。居住区道路在封闭理念下遵

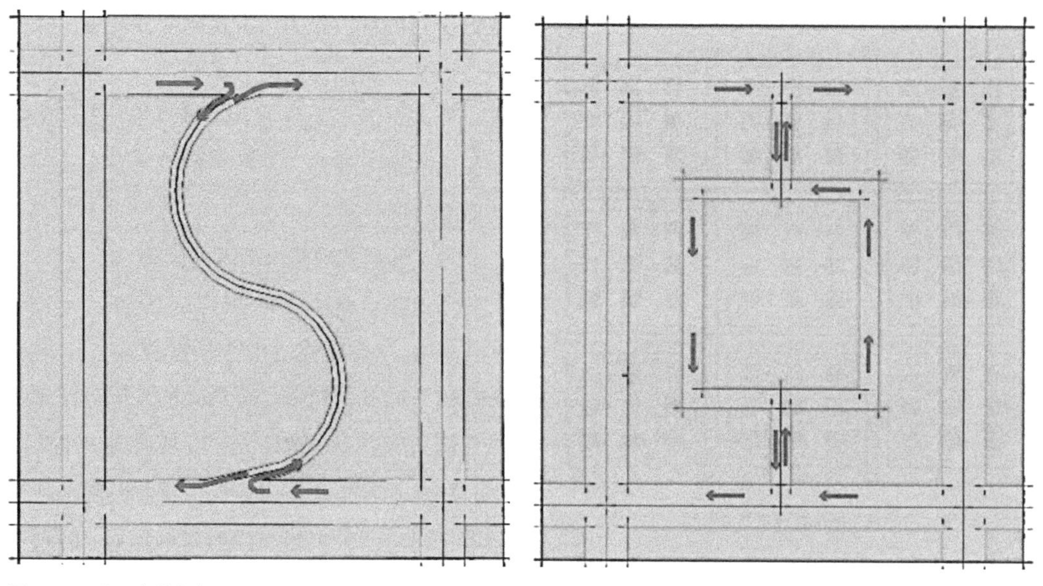

图4-31　贯通式道路改造模型　　图4-32　环通式道路改造模型

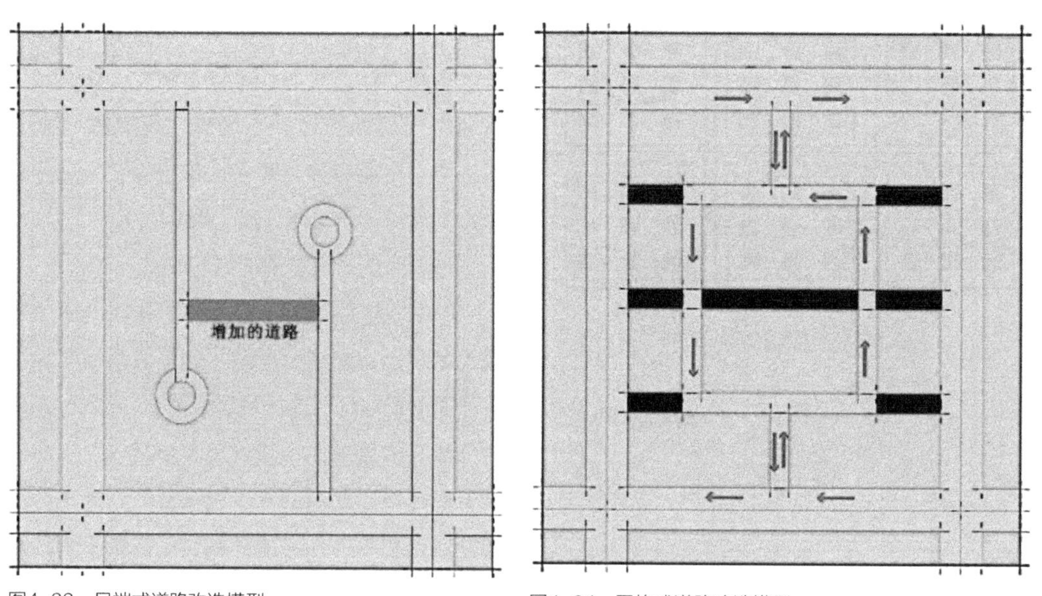

图4-33　尽端式道路改造模型　　图4-34　网格式道路改造模型

循的设计原则为“通而不畅”，而在街区制居住区全面开放的背景下，为使居住区道路能够有机融入城市道路体系之中，网格式道路布局的居住小区，通过优化其外侧区域道路可实现外环式开放，而其他道路则只对小区内居民和车辆开放（图4-34）。小区道路开放的情况下，为保证行人的安全，应采用人车分行模式，将一部分道路设为慢行交通系统。

社会道路　社区内部道路

道路现状　　　　道路街区化改造后

图4-35　郑州市某区域道路街区化改造设计
图片来源：改绘自百度地图

以上改造设计方法，可运用到郑州市中州大道以东、聚源路以西、金水路以南、商都路以北的区域进行道路街区化改造（图4-35）。

4.1.3.3　基于居住小区现状静态交通的街区化改造设计方法

（1）居住小区内外停车位统一协调使用

目前，职住分离的城市空间形态导致城市停车位资源的极大浪费，原因是工作日白天车辆基本上流向商业办公区域，造成居住小区内停车位空置，而到了工作日的晚上和节假日车辆又流向了居住小区内，造成办公区停车位空置。为了避免这种资源不合理运用造成的浪费，居住区内的停车位可在工作日的白天有偿向社会会开放，同理办公区的停车位可在工作日的夜晚和节假日有偿向社会开放，保证停车位资源均衡利用。例如日本仙台市配备有十分丰富的公共停车场，充分利用了地面、地下、屋顶等空间，保证了停车位配置的合理性（图4-36、图4-37）。郑州市不同时期建设的小区，地面停车位的配置相差较大，2000年以前的小区，由于私人汽车还不发达，无地下停车库，且小区内地面停车位的配置率也相对较低。这类居住小区在停车位紧缺的情况下，应增加小区内部和周边路边停车位来弥补地面停车位的不足，同时在部分开阔的绿地设置生态停车场，以免破坏小区内的生态环境（图4-38）。

图4-36　日本仙台市停车空间利用

图4-37　日本仙台某街区2018年6月卫星影像图

（2）道路空间改造设计

街区制居住区街道还应通过具体线形设计或设置绿色植物中间岛、凸起等，达到降低车速、屏蔽噪声、保障居民安全和生活环境的目的[58]。同时通过扩充人行及自行车道尺度，减小街道车行道宽度，构建适宜人的街道空间（图4-39）。

（3）小区出入口改造设计

相关研究表明，人的社会性视域在0～100m范围内，观看到人和活动的最大距离是70～100m[35]。《建造出色的街道》一文提出，一条良好的街道可达性要高，并指出每隔90m设一个入口的街道是适宜的，街道具有良好的渗透性有助于与住区积极互动[77]。结合郑州市现状居住区入口开设情况，加上建筑的南北向布局，可有选择地在东西向开设新的出入口，应将住区边界开口的距离控制在最大150m，适宜距离为100m左右，即步行约分半钟的距离，在这一尺度上，人在活动时能兼顾观察到两端出入口的活动状况，也易于到达[35]。另外，出入口距离道路交叉口上下游的距离也应根据道路车速区别对待，在合理的区间内车速越高，出入口间距应该越大。另外，城市的交叉口数量及出入口数量对城市交通的影响非常大，在街区制居住区模式下，合理的出入口选择可减少对城市交通的干扰。因此在居住区街区化改造时，应尽量避免在城市主干道上开口，出入口应分开设置，并禁止车辆左转弯进出街区，出入口处采用内凹式缓冲空间（图4-40）。

图4-38 绿地式生态停车位改造示意图

图片来源：http://m.zhuangyuanjt.com/nd.jsp?id=69&mid=304&typeList

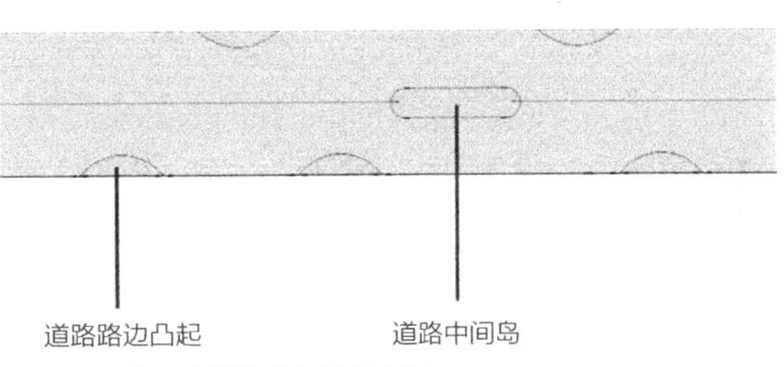

图4-39 小区内道路空间改造设计

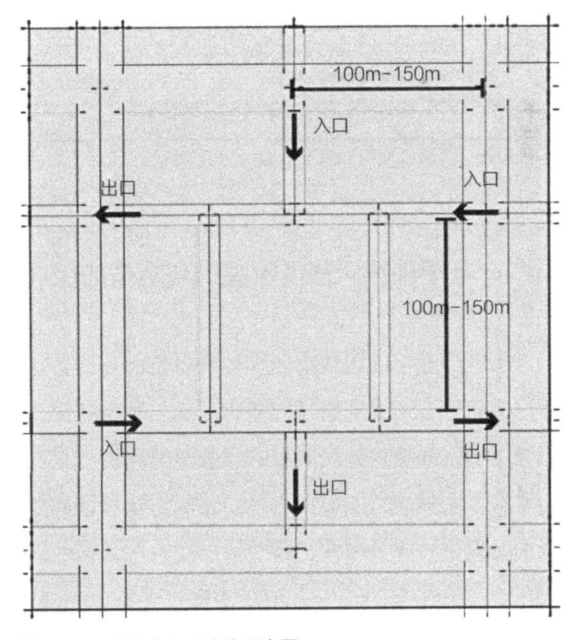

图4-40 小区出入口改造示意图

4.2 现状居住区景观结构及其街区化改造设计方法

4.2.1 郑州市现状居住区绿化景观结构类型

根据郑州市居住区现状，绿地景观可分为“宏观层面”和“微观层面”两大类。其中“宏观层面”根据其布局方式又可分为围合式、包围式、线性式三小类。“微观层面”根据其布局形式可分为规则式、自由式、混合式三小类。其各自的结构特点如表4-2所示。

居住区现状景观分类 表4-2

层级	形式	布局方式	特点
宏观层面	围合式	大街区内部由建筑围合形成的内部绿地	这类绿地空间与城市公共空间通常被建筑或围墙阻断，街区与街区绿地之间毫无关联
	包围式	超大街区四周道路红线边线与建筑退线间环绕街区一圈的绿地	通常这种绿地与人行道之间会用围栏与行人隔开，极易形成消极空间，很难为市民提供舒适的公共空间
	线性式	在主要的交通干道沿线，由较大的建筑后退产生的带状绿地	这类绿地的使用效率较低，基本上只供在干道上驾车的人观赏
微观层面	规则式	采用几何图形布置方式，有明显的轴线，内部由道路、广场、绿地、建筑小品等组成对称有规律的几何图案	整齐庄重但形式呆板，不够活泼
	自由式	布置灵活，内部设有曲折迂回的道路	自由、活泼，易创造自由而别致的环境
	混合式	规划式与自由式结合，既能与四周建筑相协调，又能兼顾空间艺术效果	可在整体上产生韵律感和节奏感

资料来源：整理自胡纹．居住区规划原理与设计方法［M］．北京：中国建筑工业出版社，2007.

4.2.2 基于现状居住区宏观景观结构的街区化改造方法

宏观层面上的居住小区绿地景观街区化改造，应将小区周边防护绿地和城市公园以及楔形绿地衔接起来，形成网络式的绿化系统。并与社区型绿道选线相结合，营造更好的步行和自行车慢行网络出行环境，也使城市的开敞空间结构更具有系统性。通过改造的绿地空间是积极空间，利用率将大大提高，能够吸引人们驻留，这种绿地的组织更亲人，符合人体视觉感知尺度，绿地系统的组织更具有开敞性、公共性、宜人性，同时鼓励人与人之间的交往。

4.2.2.1 分级式网络绿道设计策略

目前，我国绿道体系有区域级、城市级、社区级三级。绿道建设处于区域绿道和城市绿道建设阶段，社区绿道建设尚未广泛开展，城市绿道碎片化，网络化程度低、连通性差、可达性差等问题使得绿道对于居住在中心城区的居民来说，还只是周末偶尔去一次的郊野公园，而不是日常可利用的生活空间[78]。因此，我们可以在郑州市封闭式居住区街区化改造的同时，嵌入分级式网络绿道体系作为城市的慢行交通系统，提高绿道的连通性和可达性，完善城市交通系统，引导人们采取低碳环保的出行方式。

其构建策略有：

（1）通过调查慢行交通的需求量和现状条件，系统地规划建设社区绿道，使具有“毛细”作用的社区绿道适应街区制居住区的城市规划模式。位于瑞典首都斯德哥尔摩市的哈马比（Hammarby）所采用的就是功能复合的街区制居住区规划模式。这里曾是工业区，后来在进行城市改造的时候大量建设社区绿道，社区全部采用开放性设计，社区的居住功能和环境共存。社区80%的出行采取公共交通、步行和自行车等方式，使低碳出行达到最大化[79]。

（2）应将分级式网络绿道体系作为专项规划列入规划体系当中。另外，绿道体系规划在控制性详细规划阶段，可以通过绿线控制的方式，限定绿道的具体范围、宽度和位置等，来保证分级式网络绿道体系和街区制居住区完美融合[80]。昆明的呈贡新区通过多次修改控制性详细规划，使核心区的路网达到较高的密度，大部分街区尺度较小，步行网络的连通性较好，行人步行可以方便地到达目的地[81]。

（3）社区绿道应有选择地串联开放式小区内的绿色空间、街头绿地、停车场、社区公园、小游园。在有条件的情况下，选线应尽量覆盖各个居住区；在有条件限制的情况下，选线应以步行交通需求量大的区域为主[82]，网络尺度应以小区为基本单元。笔者对北京门城湖滨水绿道附近居民使用意见和建议的调查显示，居住区附近的绿道构成要素应包括节点处的健身器材、儿童游乐图表设施、公共自行车站点、遮阴避雨的休息亭廊、小广场以及公共厕所和路灯等，绿道内应尽量采用本土植物。

（4）城市绿道有承上启下的作用，应上接区域绿道，下接社区绿道。它的网络尺度应以城市大型居住片区为基本单元，其选线尽量根据现状城市绿地进行改造，并串联城市内重要功能组团、公共配套设施、滨水空间、人文景区及公园绿地。它作为城市远距离出行的慢行交通系统，应与交通枢纽、轨道站点、公共自行车服务点衔接，使远距离出行的居民可以有更多换乘方式。其构成要素应包括低影响开发设施，以提高城市的抗涝能力，加快海绵城市建设。

（5）区域绿道作为城市更大范围内的生态走廊，应串联各大型斑块，形成整个城市的生态空间格局。其网络尺度应以城市片区为基本单元，构成要素应包括有轨电车等公共交通，不但有城市生态走廊的作用，还兼顾城市远距离慢行交通和公共交通的作用。

（6）三个级别的绿道相互交织，形成城市的分级式网络绿道体系（图4-41）。笔者通过对郑州市绿道现状进行走访调查，发现目前郑州市绿道建设较为落后，只存在少数几条区域性绿道（图4-42），但从其使用率来看较为可观，上下班自行车、电动车、步行人流较为密集，可见构建绿道网对郑州市实现绿色出行是较为有效的途径。基于郑州市内的绿化现状，可以将封

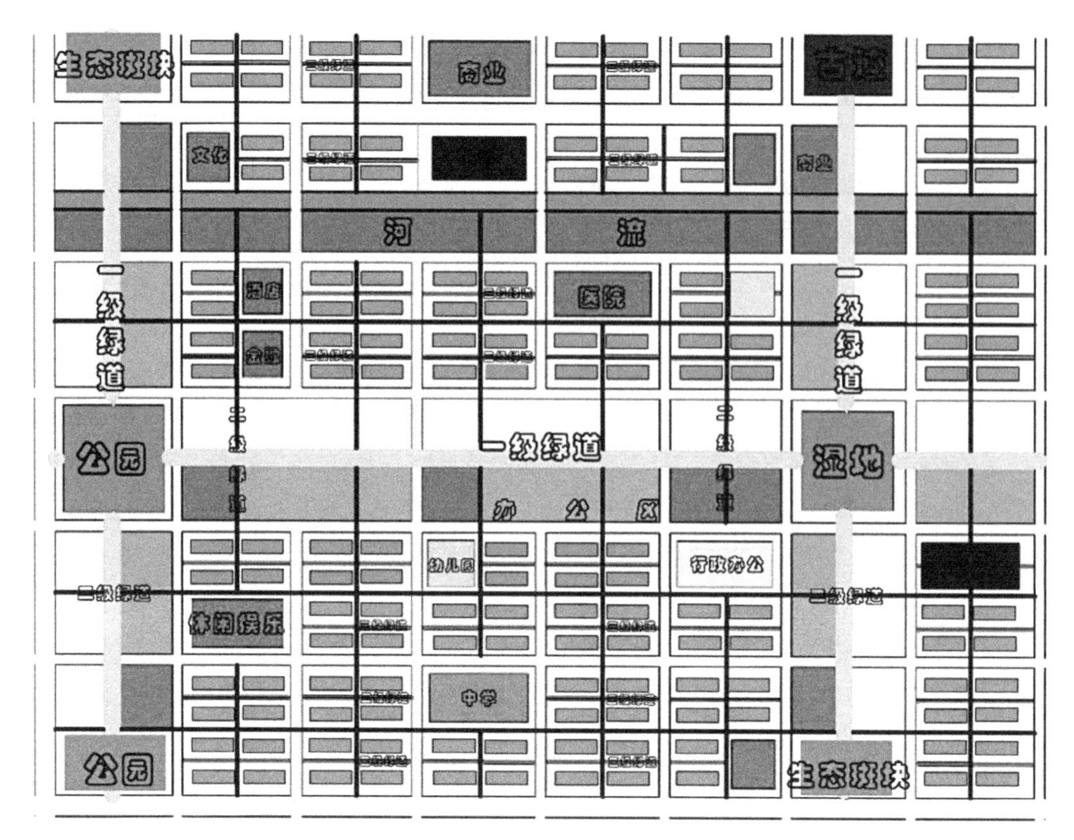

图4-41 分级式网络绿道结构模型

图4-42 郑州市金水路段绿道

闭性的绿化带打开，将自行车道、人行道、绿化隔离带整合为绿道，形成中间车行道两边绿道的格局（图4-43）[83]。

4.2.2.2 绿道网络的低影响开发设计策略

当今中国快速的城市化发展，大量灰色基础设施的建设，打破了自然生态系统中维持平

图4-43 绿道道路断面示意图

衡的“降水—下渗—径流—滞蓄—净化—蒸腾”循环链，由此带来了各式各样的水危机，如城市内涝、地下水位下降、饮用水资源短缺、水质污染、水生物栖息地丧失等问题[84~86]。低影响开发理论的提出正是立足这一背景，主要对雨水进行源头控制，通过原地收集、自然净化、就近利用、回补地下水等方法，提高对径流雨水的调控作用，以此实现城市水环境的良性循环。

近年来，城市绿道的建设发展迅速。在国外，一些区域绿道建设已经形成了一定规模，大大加强了区域之间的生态联系，使城市散布的生态斑块有机连接，并形成网络。但是城市绿道的主要功能大部分仍集中于城市通勤、休闲娱乐、环境美化、生物廊道迁徙等，大多数情况下城市绿道被作为风景公园或是生态廊道[87~89]。然而面临严重的城市水问题，城市绿道最重要的雨水调蓄功能往往被忽视，因此城市绿道巨大的雨水调蓄潜力需要被开发[90，91]。与此同时，低影响开发理念在城市中的逐步普及，主要依赖绿色廊道和自然斑块吸纳城市雨洪。这种点线连接的形式将构成完整的城市自然排水网络，而且低影响开发模式具有分散性、规模小、合理利用景观空间等特点，非常适合在城市绿道这种线型的绿色廊道中运用[92]。如果将低影响开发理念中的生态植草沟、下凹式绿地、地下蓄水模块、透水路面等元素在街区制居住区的基础上融入绿道设计之中，将湿地、雨水花园、林地等元素融入城市绿道规划总体布局的节点当中，将获得绿道雨水调蓄的最佳效果。

（1）绿道雨水之“渗”

在我国，城市绿道建设中道路和广场的铺装在设计中多采用透水性比较差的灰色材料，不但割裂了生态的竖向循环，还会增加雨水的径流速度，且不利于雨水下渗。因此在选用铺装材料时，可以运用渗水型的植草砖。日本西宫市树之广场的铺装就采用了植草砖，植草砖是一种新型的生态砖，它适用于承载力较低的绿道道路、广场铺装，既可以形成一定覆盖率的绿草地而改善环境，缓解城市使用大量硬质铺装所带来的城市热岛效应，又可用于硬性的地面铺装，而且在下雨时可以大大减缓地面的雨水径流速度，可谓“软硬”兼得，绿化与使用两不误[93]。另外绿道的绿地部分主要用于渗水，用绿地涵养水源，减少绿化灌溉用水。因此对于沿交通线路布置的绿道，其绿地部分可设计为比周边路面或广场低5～10cm的下凹式绿地。其人形道侧石也应设置为拆除侧石或侧石开口的形式，以方便路面和广场在暴雨时将来不及排放的雨水汇入绿道的下凹式绿地之中下渗。在下凹式绿地内也应分散布置一定数量高于绿地5cm的雨水口，这样当雨量高于绿地的下渗能力时，多余的雨水就会溢流进入雨水口，传输到地下蓄水池，并用于旱季绿道内的植物灌溉[94]。

（2）绿道雨水之“滞”

在暴雨来临时，雨水快速形成大量的地表径流，随即汇集到地势较低的地方，如果汇集速度大于雨水管线的排放能力，就可能形成城市内涝。因此在有一定空间规模的城市绿道的下凹式绿地中要设置一些微地形，在暴雨之时，雨水能够从周围位于高处的屋顶和街道流向该绿色空间。雨水径流在绿道中，通过微地形的调节，其流速将大大减小，变为慢慢地汇集到绿道节点处的雨水滞留塘，这将延缓洪峰到来。通过绿道的“滞”，可以延缓形成径流的高峰，用时间换空间，为城市的雨水泄洪系统减轻负担。

（3）绿道雨水之“蓄”

在城市建设中，自然形成的许多湖泊、湿地、河道常常因为各种原因被填埋，致使在暴雨来临时城市的调蓄能力大大降低，雨水只能靠城市管网排入城市的河流湖泊等水体。因此在建设城市绿道时，应尽量保持当地自然地形地貌，尊重场地的历史自然演变过程。在绿道的下凹式绿地中，散布一些小型的地下蓄水模块，在绿道具有一定尺度的节点处，布置雨水塘或雨水花园。这样，城市绿道在降雨时就能够收集部分雨水，以达到调蓄和错峰的目的。

（4）绿道雨水之“净”

降雨时，道路的初期雨水具有高污染性，直接排入市政雨水管网会污染河流。所以在交通沿线有绿道的道路雨水，可以汇入绿道后，经过土壤及生态植被的过滤得到初步净化，然后下渗，通过预埋在地下的穿孔管，将收集的雨水排入次级净化池或贮存在渗滤池中，进行进一步净化。对于来不及通过土壤渗滤的地表水，经过植物初步过滤后排入初级净化池中，净化池中应种植抗旱耐涝的芦苇、香蒲等植物，沉淀、吸附净化雨水，之后再通过雨水处理设施进行更深层次的净化。

（5）绿道雨水之“用”

通过雨水塘和地下模块收集到的初期雨水可以用于绿道植物的灌溉，雨水处理设施处理过的雨水也可以用作绿道的人造雾系统的喷灌用水。这种喷雾系统通常运用于园林景观造景，适用于各种类型的绿道，具有优化环境、改善空气质量、营造自然的作用。

（6）绿道雨水之“排”

在城市绿道规划选线时，除了考虑城市的自然资源和文化资源外，还应结合本地易涝区进行选线，并链接城市内的湖泊、河道、湿地、生态斑块。一方面，可以实现生物迁徙廊道的网络系统化；另一方面，当雨水峰值过大，达到绿道内所有蓄水设施的上限时，多余的雨水可以通过设置在绿道内的生态草沟排放到绿道节点城市的河流、湖泊、湿地当中，进行再次调蓄。

4.2.2.3 文化景观的街区化设计策略

郑州市虽是古城，但历经长期、大规模的城市建设后，其古城特征大部分已丧失，其古城风貌也不完整，传统的地方文化在城市中已难见踪迹，但仍存在一些点状分布的历史性文化景观，例如二七纪念塔、商城遗址等。这些文化景观孤立地存在，导致其文化教育及观赏利用率较低。因此在居住区街区化改造的同时可采取以下措施：一是可将城市中点状分布的文化景观整合为有机关联的文化景观群落，将各元素点作为“触媒”，使其既可作为文化景观网中的节点，又可作为带动周边发展的催化剂。二是街区场所精神的发掘及其连续性可作为城市文化景观“触媒”发展的连接路径。例如通过雕塑、浮雕墙、艺术小品等的刻画延续点状的文化景观，结合绿道网络串点为线，一方面可作为交通性绿色出行线路，另一方面可作为游览性观赏线路，反映历史文脉的演变。形成网状的城市线性文化景观，打造具有地方文化的街区，由此实现城市历史文化遗产资源保护的价值最大化，同时有利于推动郑州市的文化复兴。

4.2.3 基于现状居住区总体布局的微观景观环境的街区化改造设计方法

微观层面上的居住小区景观环境街区化改造，指的是居住小区内部景观环境的街区化改造。通过封闭式居住区的街区化改造，将原来小区中的公共景观从封闭中解放出来。根据现状居住区不同的布局形态，将其内部公共景观改造成街区型景观，供住区居民和市民共同使用。此外，对现状组团景观进行改造，作为居民的生活性院落景观。

4.2.3.1 现状居住区总体布局形式

现状居住区按其总体布局方式可大致分为轴线式、片块式、集约式、围合式、向心式、隐喻式6种，其特点见表4-3。因此，改造所涉及的居住小区总体布局无外乎以上几种类型。但在进行封闭式居住区街区化改造时，居住小区的布局形式基本上无法改变，为了营造街区制的特征，可根据街区特点进行局部改造，以求达到街区制居住区的基本效果。

现状居住区布局形式及其特点 表4-3

分类	特征	标准模型
轴线式	空间轴线可见或不可见，可见者常由线性的道路、绿带、水体等构成，但轴线不论虚与实，都具有强烈的聚集性和导向性。一定的空间要素沿轴线布置，或对称或均衡，形成有节奏的空间序列，起着支配全局的作用	
片块式	片块式布局的建筑在尺度、形体、朝向方面有较多相同的特点，且以日照间距为主要依据建立紧密联系，群体之间不强调主次等级，成片成块、成组成团形成片块式布局	

续表

分类	特征	标准模型
集约式	将住宅和公共配套设施集中紧凑布置，并开发地下空间，依靠科技进步，使地上地下空间垂直贯通，室内室外空间渗透延伸，形成居住生活功能完善、水平—垂直空间流通的集约式整体空间。这种布局形式节地节能，在有限的空间里可以很好地满足现代城市居民的各种要求，可以同时组织和丰富居民的邻里交往和生活	
围合式	住宅建筑沿基地外围周边布置，形成一定数量的次要空间并共同围绕一个主导空间，构成后的空间无方向性，主入口按环境条件可设于任一方位，中央主导空间一般尺度较大，统率次要空间，也可以其形态的特异突出占主导地位。围合式布局在适当的建筑层数下，可使小区形成宽敞的绿地和舒适的空间，以及相对较好的日照、通风和视觉环境	
向心式	将一定空间要素围绕占主导地位的要素组合排列，表现出强烈的向心性，易于形成中心，这种形式主要利于中心景观共享	
隐喻式	将某事物作为原型，概括、提炼、抽象成建筑与环境的形态语言，使人产生视觉和心理上的某种联想与领悟，从而增加环境的感染力，构成了“意在向外”的境界生活	

资料来源：整理自胡纹. 居住区规划原理与设计方法[M]. 北京：中国建筑工业出版社，2007.

4.2.3.2 不同总体布局形式的微观景观环境针对性街区化改造设计

（1）轴线式布局居住区的景观环境街区化改造

笔者2018年2月4日至6日对郑州市安泰嘉园小区居民进行了访谈，大部分居民表示：“轴线作为小区内的步行道路和公共活动空间，其各种功能设施的配置应该满足居民需求。”因此，根据安泰嘉园轴线式小区的聚集性和导向性的特点，改造重点应集中在轴线区域，将其塑造为对外开放的主题景观轴，提升街区活力（图4-44），主要通过在轴线两侧适当增加非居住功能的建筑或构筑，与现状居住建筑形成空间上的关联耦合。建筑围合成的轴线空间应该是曲折变化、循序渐进的序列，并形成一定的情境，包括序幕、主要情节、次要情节、重点、高潮和尾声，每个节点都有其主题，各个部分内容在一条主线上跳跃[95]。同时，在主要轴线的垂直方向上可设置渗透景观，以减轻轴线空间的单调性，丰富景观视野。另外，要增加轴线空间的趣味性、舒适性以及文化的宣传性，如在轴线上设文化小品景观、休息场所、夜间照明设施、墙壁浮雕、影壁墙、水景观、植物景观等。

现状

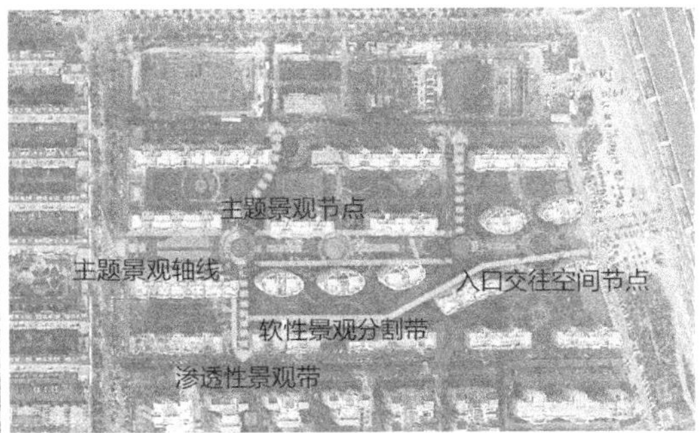

轴线式布局景观街区化改造

图4-44 安泰嘉园小区轴线式布局景观街区化改造
图片来源：改绘自百度地图

现状

片块式布局景观街区化改造

图4-45 绿云小区片块式布局景观街区化改造
图片来源：改绘自百度地图

（2）片块式布局居住区的景观环境街区化改造

郑州市绿云小区采用片块式布局，其改造重点应集中在各片区或各组团的边缘区域，即各个片块交界地带道路及其两侧空间，以保证片块或组团内部生活的静谧性和片块或组团边缘的公共活动性（图4-45）。同时将小区级道路升格为对外开放的景观街道，这种街道既拥有商业街的属性，又拥有休闲空间的优质景观环境属性。这种街道的主要功能是供居民开展休闲及交往活动，可沿片块或组团四周边缘零星设置便利店、棋牌室等，在街道两侧栽种观赏性和疗养性的花卉。在各片块交界节点空间设置休闲小广场、阳光老年活动中心、儿童游乐设施以及“小农田”等城市农业设施。

（3）向心式及隐喻式布局居住区的景观环境街区化改造

在数量庞大的封闭式居住区中，采取向心式及隐喻式布局的小区多为高档居住小区。这一类居住区为了体现其与众不同的品质，一般设有内涵意境的景观。同时，由于这一类居住区大部分规模较大，因此其中心绿地的面积也比较大。中心景观是其核心公共区域，所以其改造重点应集中在中心景观区域。其改造规划设计借鉴我国传统园林的院、庭及墙等的做法是可行之道。彭一刚在《中国古典园林分析》一书中说道：“院，垣也，有墙垣曰院。”系指用墙围成的外部空间，即今院落之意。古人为了营造良好的居住环境，院内常设“小游园”，中国的传统总把“家”和“园”联系在一起。“堂下至门谓之庭，庭，堂前也”，但在人多地少的现实条件下，要大量设置庭、院是不现实的。因此，这些居住区一般以天井为庭，是一种极小的内院，位于厅堂之前，四周为建筑所包围，十分封闭。庭和院常联用，称“庭院”。所以很难在它们之间分出明确的界限。目前的居住区中，居住小区类似于“院”，是“大院”，而小区内的组团类似于“庭”，小区内的景观类似于“园”，其结构模型见图4–46。

郑州市的远大·理想城小区为向心式布局（图4–47），利海·托斯卡纳小区为隐喻式布局（图4–48），根据以上两种小区景观环境所具备内涵意境的现状，在其街区化改造中，应在公共景观区域融入我国古典园林的造园手法。在小区整体开放的基础上塑造组团间的小游园。要注重意境创造与实用功能的结合，利用假山、溪流、荷塘、竹林、拱

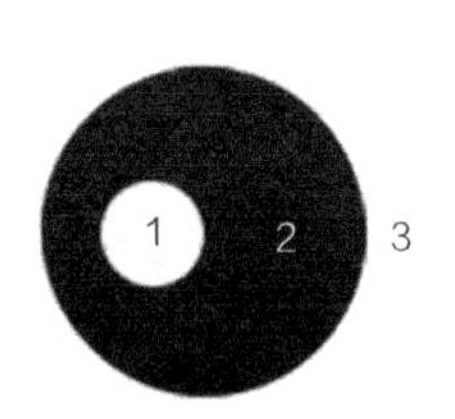

图4–46 庭、院、园关系示意图

现状

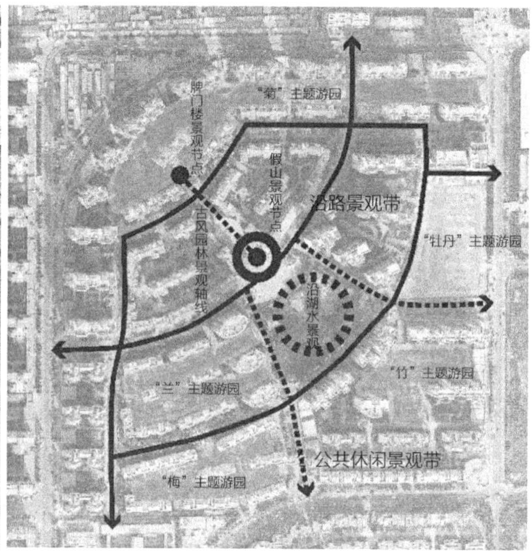

向心式布局景观街区化改造

图4–47 远大·理想城小区向心式景观街区化改造
图片来源：改自绘百度地图

现状

隐喻式布局景观街区化改造

图4-48 利海·托斯卡纳小区隐喻式布局景观街区化改造
图片来源：改绘自百度地图

门、亭、台、楼、榭等造园手法进行组团空间的软划分围合，形成封闭的组团空间。

（4）围合式布局居住区的景观环境街区化改造

这种小区规模尺度一般较小，通常以周边式建筑围合成中心式整体划一的景观。这种集中式的景观绿地在进行街区化改造时可作为宏观绿化景观网络的节点对外开放。例如郑州市罗马假日小区采用围合式布局，其内部绿化景观规模较大，可作为住区自然斑块，使低影响开发理念在居住区中实现（图4-49）。低影响开发模式非常适合纳入封闭式居住区街区化改造[96]。研究发现，同样面积的由乔木、灌木和草坪组成的复层绿植结构，释氧固碳、减尘杀菌及减污防风等综合效益为单一草坪的4~5倍，而养护管理的投入仅为草—草坪的1/3[97]。因此，在改造中，内部植物的配置应尽量选取多样性较高的本土绿色植被。此外，在景观类型和绿地结构方面也要注重多样性的搭配设计。

（5）集中式布局居住区的景观环境街区化改造

郑州市金城时代小区采用集中式布局，开发强度较高，但现状绿地较为匮乏。其景观街区化改造主要可采用以下措施：铺地"软硬结合"，沿街在人行通道处采用硬质渗水铺装，在节点空间上设软性小块景观绿化；增加视线遮挡，采用曲折变化的竹林带或树阵，实现空间遮挡，保证内部空间的私密性；在小区边缘人行道与车行道之间设置生态边沟，晴天时可作为观赏绿带，雨天时可作为雨水排放通道；在低层设置可进入的屋顶花园。目前城市中有大量的未加利用的裸露屋顶，是一种浪费。可将这些屋顶设计成可进入式屋顶花园，满足人们日常的休憩、活动等需要；也可用于夏季的夜市经营性活动；还有一定的生态功能，可对建筑进行保

现状

围合式布局景观街区化改造

图4-49 罗马假日小区围合式布局景观街区化改造
图片来源：改绘自百度地图

现状

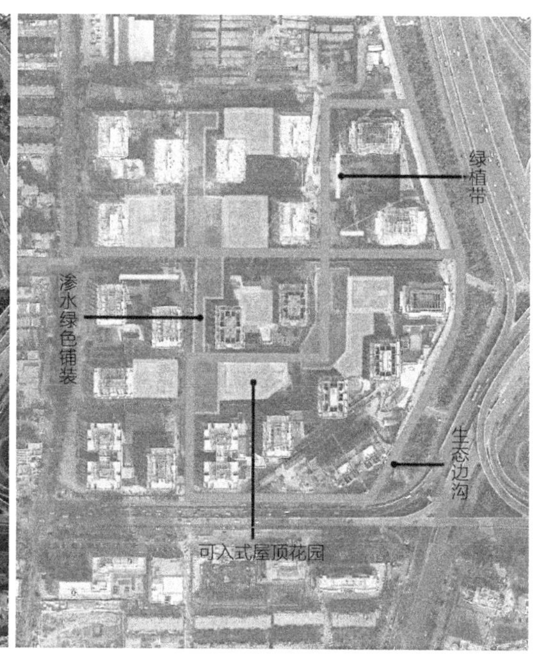

集中式布局景观街区化改造

图4-50 金城时代小区集中式布局景观街区化改造
图片来源：改绘自百度地图

温隔热，延长建筑寿命，提高城市绿化率（图4-50）。根据联合国环境规划署的研究，当城市屋顶绿化总量达到城市建筑的70%时，城市上空二氧化碳含量降低80%，夏天的城市气温降低5～10℃，城市热岛效应基本消除[98]。

4.3 现状居住区建筑布局形式及其街区化改造设计方法

4.3.1 郑州市总体功能布局演化

目前，郑州市土地利用规划中的类型划分和各功能所占比重的确立还处于城市或区域层面。城市的功能分区导致城市职住分布不均、城市静态交通昼夜利用不平衡、钟摆交通等问题，大尺度、封闭性的小区造成城市支路网过少、城市交通可达性差。这些问题直接或间接地增加了城市的交通用量，是城市交通拥堵的主要诱因。有研究表明，在拥有相对完善的生产生活设施的城市组团内，大部分居民的日常出行需要都能在城市组团内部得到满足，城市组团内70%以上的居民出行集中在各组团内部[99]。因此，在某一单位尺度的街区内，复合完善的功能可以大大缩短人们日常生活的出行距离。这些街区的功能混合度由两方面因素决定：一是横向的土地利用混合度，二是纵向的建筑功能混合度。土地利用是产生城市交通的根本，决定城市交通的发生、吸引、分布与方式选择，从宏观上确定了城市交通需求及其结构模式。城市静态交通是动态交通的终点与起点，城市静态交通的连接路径即动态交通流线。路网的密度决定着城市街区的尺度，城市街区土地利用的功能分布和土地利用强度决定着城市静态交通的分布、规模与需求。不同功能的建筑，在不同高峰小时停车需求差异巨大，例如居住建筑在晚高峰时停车需求率较高，而商业办公性建筑早高峰时停车需求率高。如果在某一单位尺度的街区内只存在一种建筑功能，那么其在高峰小时时段车辆的进出则是单向的。如果在单位尺度街区里存在多种混合的建筑功能，那么其在高峰小时时段车辆的进出则是双向的（图4–51）。因此街区的功能混合程度和街区尺度将决定居民出行的交通流在时间与空间上的分布与密度，街区的混合度越高，城市交通流在时间和空间上的分布通常也越均匀。

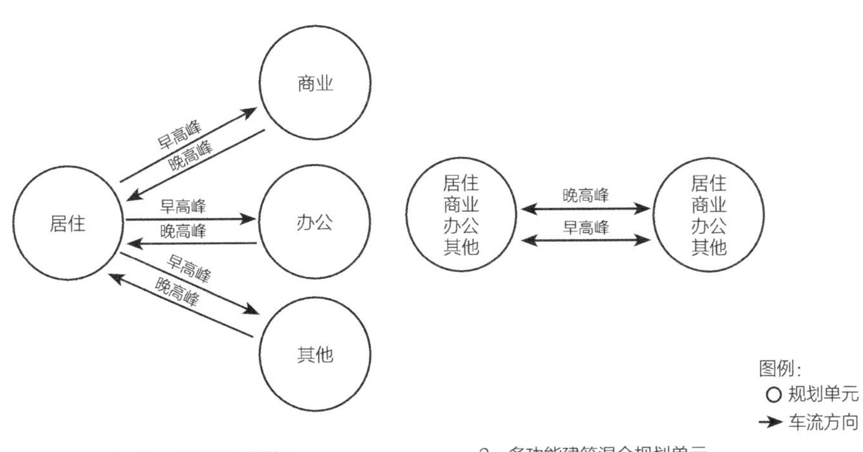

图4–51 功能分区与功能混合交通流模式对比图

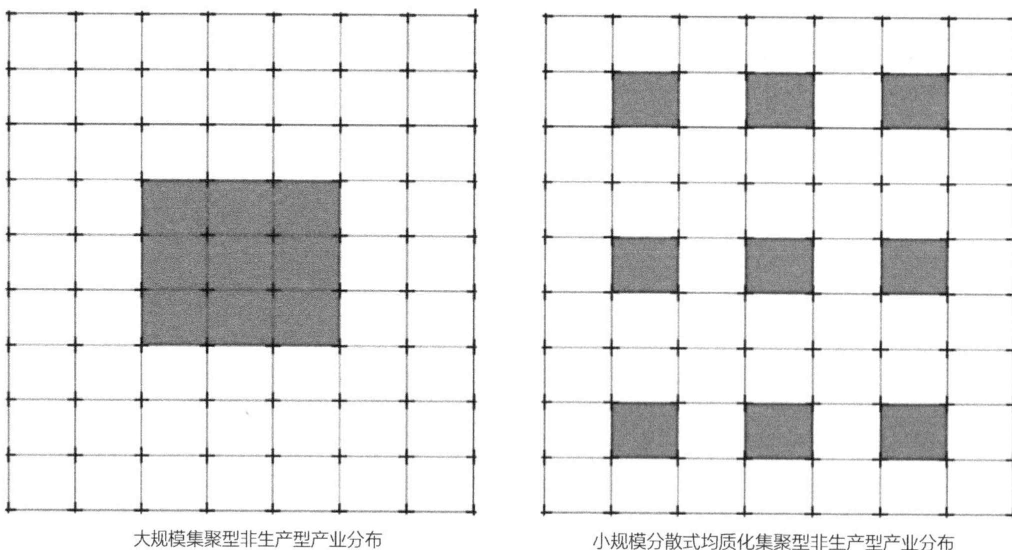

图4-52 城市产业从大规模集聚到均质化分散模型

从产业的集聚效应来看，将彼此关联和合作的产业集聚在一起，有利于提高生产效率，减少成本。从目前郑州市城市空间规划的角度来看，非加工属性功能的产业在大规模空间尺度上的集聚效应并不明显，相关联产业多在小尺度空间集聚。根据这一特征，可将城市功能分区，从大规模集聚转变为均质碎化，在各个单元内小规模集聚，从而实现城市空间各单元职住的平衡（图4-52）。

4.3.2 郑州市现状居住区建筑布局形式特点

郑州市现状居住区按建筑布局形式主要可分为行列式、点群式和混合式（表4-4）。在进行封闭式居住区街区化改造时，可通过优化居住小区的建筑布局形式来保证街区的安全、协调街区生活的私密性和激发公共交往的活力。

郑州市居住小区建筑布局形式及其特点　　表4-4

标准模型	行列式	点群式	混合式
示意图			

续表

标准模型	行列式	点群式	混合式
布局形式和特点	条式单元住宅或联排式住宅楼宜按一定朝向和间距排布。其特点是构图强烈、规律性强，线形布局有利于服务设施高效分布，线路的连续性可以缩短出行距离，并有利于采用高能效的交通模式。缺点是形式单调、识别性差，重复布局导致社区缺乏区域感和识别性，易产生过高速度的穿越交通，使组团缺乏安全感。在“背对背”行列式住宅之间，会产生视线干扰和阴影遮蔽的问题	低层独院式住宅、多层点式住宅以及高层塔式住宅的布局均可称为点群式住宅布置。点群式住宅成组团式，围绕组团中心建筑、公共绿地或水面有规律或自由地布置，可形成丰富的群体空间。其特点是日照和通风条件较好，对地形的适应能力强，可利用边角余地；但外墙面积大，太阳辐射热较大，视线干扰较大，识别性较差	混合式是指行列式、周边式、点群式或院落式其中两种或数种相结合或变形的组合形式。其特点是空间丰富、适应性广。除此之外，还可以将低层、多层与高层的不同层数与类型相结合，组成空间多变的住宅组群，如双周边式和半周边式——前者是加密建筑，提高容积率，保留中心大院；后者以南北向为主，加一东西向建筑，组成三合院落，或以两个凹形建筑对称拼合，形成中心院落。还可以利用异形建筑组合布置。异形建筑是指建筑外形不规整的居住建筑，如L形、凹形、弧形、Y形等。用它们参与空间的围合，能形成更为丰富的空间组合形式

资料来源：整理自胡纹. 居住区规划原理及设计方法［M］. 北京：中国建筑工业出版社，2007.

4.3.3 基于现状居住区建筑布局形式的街区化改造设计方法

（1）行列式建筑布局街区化改造设计

根据笔者所开展的相关调查，在郑州市居住区中采取行列式建筑布局的占居住区总量的90%以上，因此对行列式建筑布局的小区改造设计尤为重要。为了应对居住区街区化改造对住户隐私、噪声与安保带来的影响，以及顺应街区制对保持街道活力的要求，街区制居住区的建筑布局应根据其自身的特点，采取与传统的封闭式居住区不同的布局方式，如建筑围合与开敞形式的确定，商业、公共服务以及安保设施的布局都应体现开放式小区的特点。街区单元内的建筑布局既可以围合成一个院落，也可以通过半围合的形式形成多个院落；既可以由多层住宅构成，也可以由多层、小高层、高层住宅组合而成，还可以由住宅建筑与其他功能建筑（如沿街商业）互相组合，构成街区单元的多样性[6]。因此，街区制居住区的基本单元以院落式为最佳，宜采用围合式建筑布局，使其具有外向和内向的两面性，外向界面是“动”的公共空间，内向界面是“静”的生活空间。因此现状居住区的建筑布局模式应该以院落式为标准模型进行改造。为形成院落式街区单元，应根据城市设计基本原则适当加建商业、办公、休闲、服务等配套设施。行列式一般采用南北向布局，东西向开放为佳，如郑州市正商蓝钻小区（图4-53）。这类在改造时应增加东西向商业建筑，形成封闭式的院落式单元（图4-54）。

图4-53 “正商蓝钻”行列式建筑布局小区
图片来源：百度地图

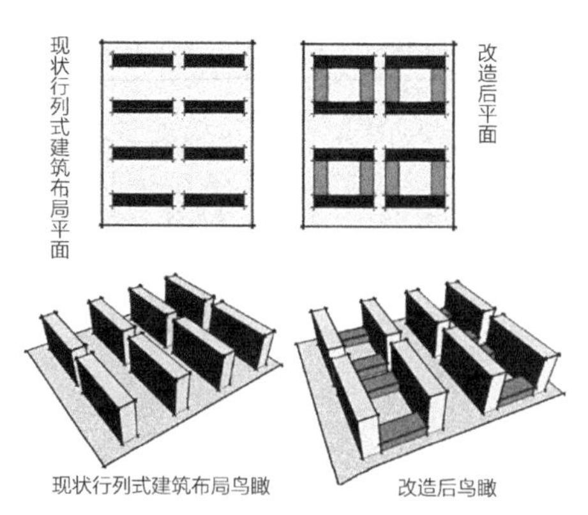

图4-54 行列式建筑布局改造模式

（2）点群式建筑布局的街区化改造设计

城市作为一种人工环境，使得居住、生活在其中的人被“自我驯化”。在紧张的生活、工作压力下，人们游走于工作地和生活地之间，白天在办公地从事“社会活动”，晚上到家完成生活的“基本活动”，几乎很少有时间逛街、购物等，主要原因是居住地功能单一，缺乏便利的场所和交往空间。新城市主义主张在小区内配备商业街道，使人们能够在离家或工作地点5～10分钟的步行环境内进行大多数的日常活动，商业、住宅、办公楼可混合设置[100]。因此，在点群式建筑布局的小区，例如树玫瑰城小区（图4-55），在街区化改造时可结合整体引入多层次、功能丰富的业态，使城市与街区有机融合，将道路升华为街巷，触发街区活力（图4-56）。要力求使居民日常在小区内做的“必要性活动”向“自发性活动”转变，使人们在工作日晚上下班时“主动路过”，放缓脚步，享受自然、舒适与从容的慢生活；也可以在晚饭后散步时，使人们从“高空房间”走向“地面街区”，更多地参与邻里交往活动。

（3）混合式建筑布局的街区化改造设计

相关研究显示，由于人口过于单一，“纯居住”的街区是很难高效地带动商业发展的，只有与办公、商务及休闲等交互配合形成“白办晚居”的街区，使其在一天之中不同时段都有人的活动，才有利于繁荣商业，激发街区活力，另外还可使不同时段的停车位利用率最大化。郑州市绿地原盛国际就是一个集商业、办公、居住于一体的街区，其活力和停车位在昼夜综合时段的利用率，都要高于现状混合式建筑布局的鑫苑中央花园小区（图4-57）。后者现建筑多为新建，配套相对完善，但小区内活力较低。因此，可进行住区功能复合织补，增加商、办建筑，或进行功能置换，住改商或住改办，提高竖向功能复合度，提升街区活力（图4-58）。

由于新增建筑与现有建筑存在交接点，为防止新增建筑与现有建筑在交接点处对现有建筑产生影响，在交接处一定范围内应采用软性隔离设施，如篱笆、灌木丛等，或在交接点处留出一定空间作为出入口（图4-59）。

图4-55　橡树玫瑰城点群式建筑小区

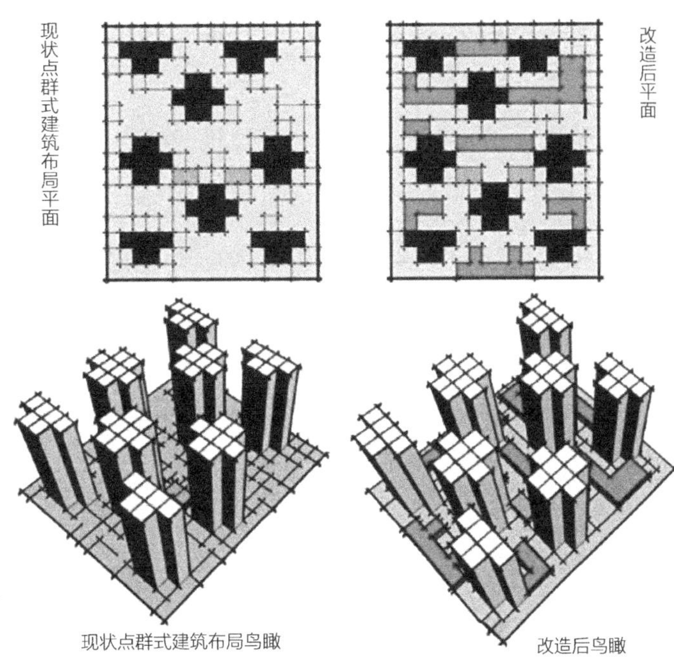

图4-56　点群式建筑布局改造模式

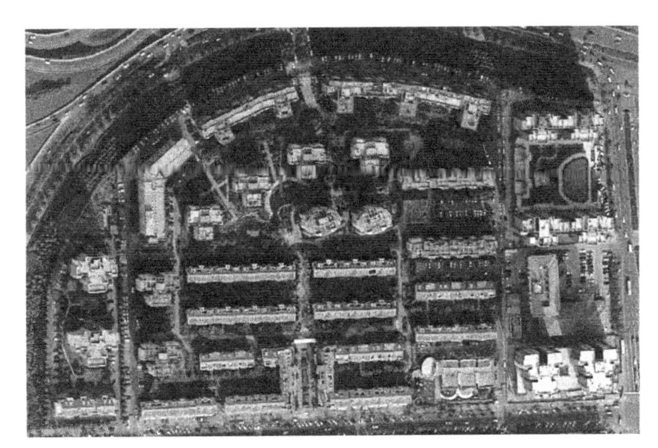
图4-57　鑫源中央花园混合式建筑布局小区
图片来源：百度地图

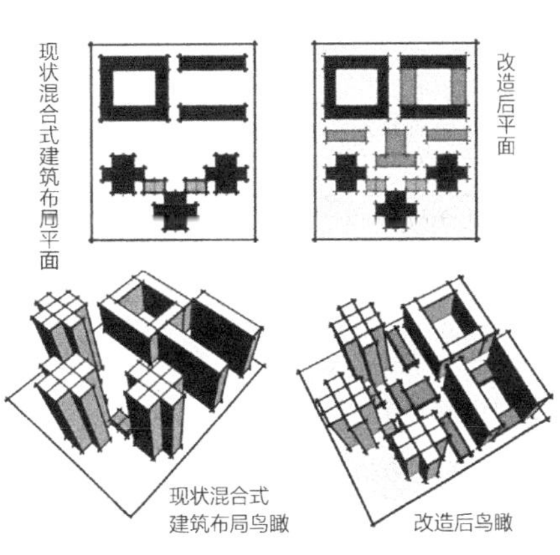

图4-58　混合式建筑布局改造模式

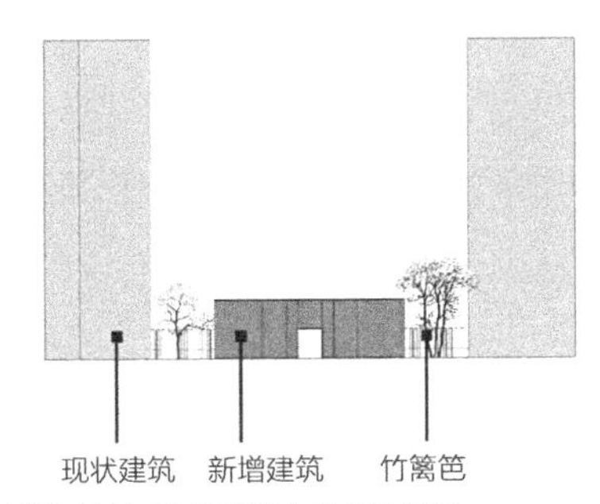

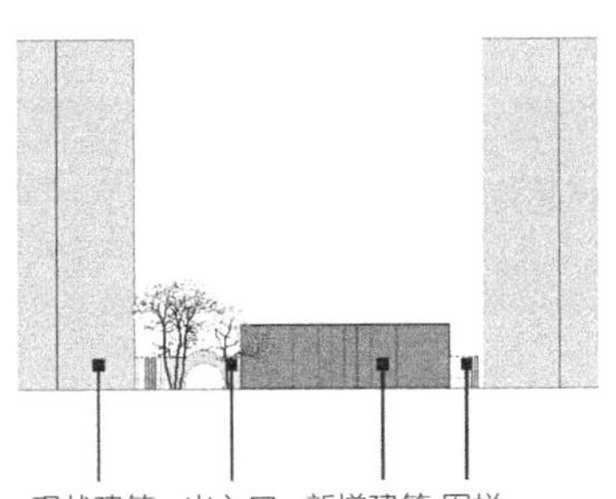

图4-59　新增建筑与现状建筑交接点处设计

4.4 居住区公共建筑布局与外部空间的街区化改造设计方法

4.4.1 现状居住区中心式布局公共建筑的特点及其街区化改造设计方法

4.4.1.1 中心式布局公共建筑的特点

中心式布局的公共建筑，由于其服务半径较小，因而便于居民使用，利于居住小区内组织景观，但内向布置的服务设施不利于吸引更多的过路顾客，会在一定程度上影响经营效果。郑州市东韩寨小区即采用中心式公共建筑布局（图4-60）。

图4-60 东韩寨小区中心式公共建筑布局
图片来源：改绘自百度地图

4.4.1.2 中心式布局公共建筑的街区化改造设计

（1）公共服务设施对外开放

在小区街区化改造时，应使配套公共建筑临街开放，保证对外公共道路能够到达公共建筑，使配套设施不仅服务于小区居民，还服务于社会人群，以利于配套公共建筑发挥最大效用（图4-61）。

（2）丰富公共服务设施的配置

郑州市居住区目前配套公共服务设施较为缺乏的是市场类、公益类、邮政类等公共建筑，所以应根据现状进行沿街区域的补充，另外也应增设老年活动中心。截至2018年末，我国60周岁及以上人口24949万人，占总人口的17.9%，我国已进入“老龄化社会”[①]。但目前郑州市居住小区的设计与建造基本上很少考虑老年人的需求，因此在进行封闭式居住区街区化改造的同时也应兼顾适老改造，老年活动中心非常必要，其中的阳光房不仅可以用于交往活动，还可以用于享受阳光浴，这对老年人的身心健康十分有利。

这一类改造的主要布局模式有：沿主要道路增设——可兼为本区和相邻居住区居民及过往顾客服务，故经营效益较好，且有利于街道景观的组织；在出入口处增设——便于本居住区居民上下班使用，也可兼顾其他住区，经营效益较好，便于交通组织；四面增设——居民使用方便，可选择性强，经营效果好（图4-62）。

---

① 根据世界卫生组织的定义，65岁及以上人口占总人口的比例达到7%时，为“老龄化社会”（aging society），达到14%时为“老龄社会”（aged society），达到20%时为“高龄社会”（hyper-aged society）。

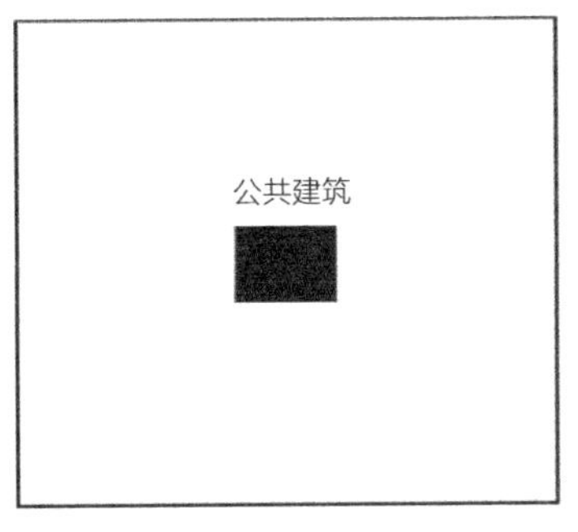

中心式公共建筑布局形式　　中心式公共建筑布局形式对外开放

图4-61　中心式公共建筑临街对外开放

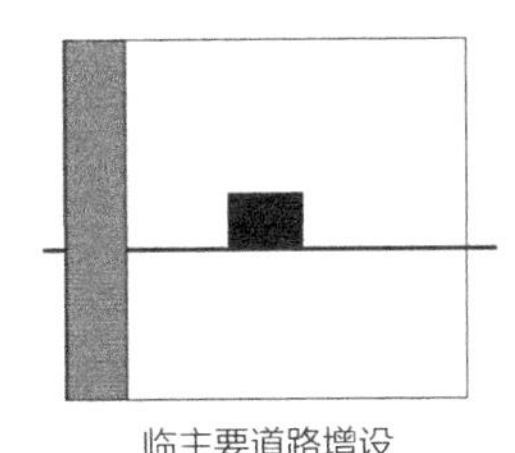

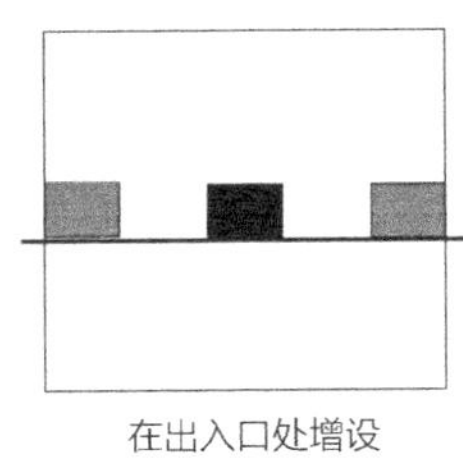

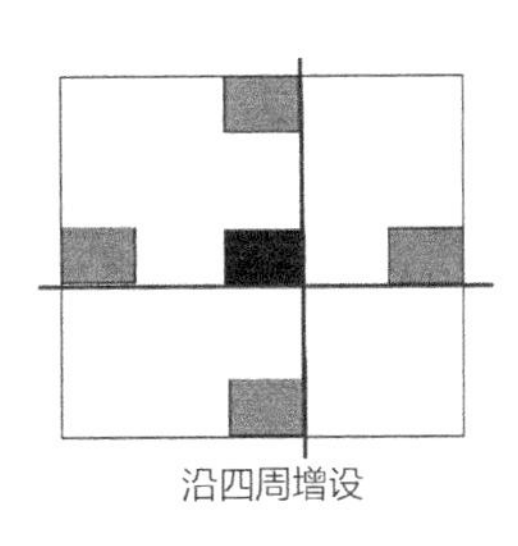

临主要道路增设　　在出入口处增设　　沿四周增设

图4-62　中心式公共建筑街区化优化改造设计

4.4.2　街道空间街区化改造的设计方法

对封闭式居住区街道空间进行街区化改造的主要措施有：

（1）优化居住区的边界空间。改善街道界面与城市空间的关系，使街道兼顾生活性、消费性、休闲性以及形态丰富的服务功能，满足人与街道的“交互”需求。

（2）协调居住区与周边环境的空间肌理。以每个居住区为基本单元，从中心向外采取庭院式布局，逐渐过渡为街坊式布局（图4-63）。通过居住区内外街道空间、肌理形态、建筑风貌的延续，进一步推动城市整体空间结构形成和强化，营造层次分明、特色突出的整体城市形象[101]。

（3）对街道进行渗透性设计。打开小区的围墙，使部分对外空间渗透到街道，使街道空间增加延续性、隐秘性并富有趣味性（图4-64）。

（4）增加骑楼空间。对于沿街建筑，使底层商业部分向街道延伸，高层居住办公建筑向后退让，以保证底层建筑外向保持街区活力，高层内向保持生活的安静。

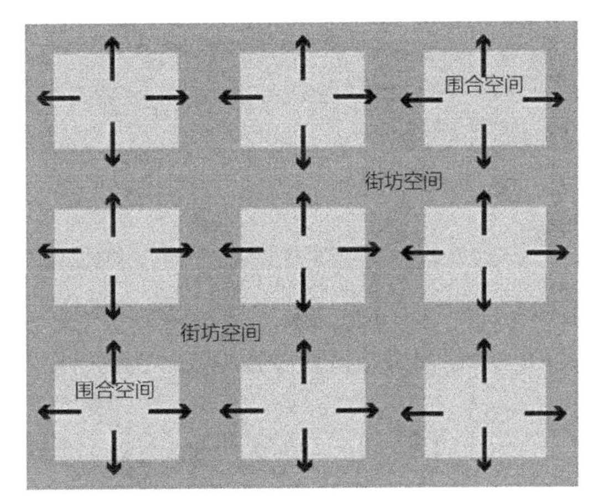

图4-63　小区空间与街道空间的关系处理

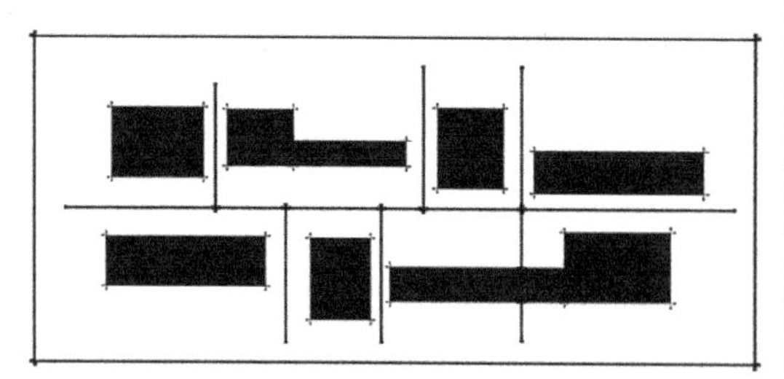

图4-64 渗透式街道空间模式

图4-65 日本仙台市街道风貌

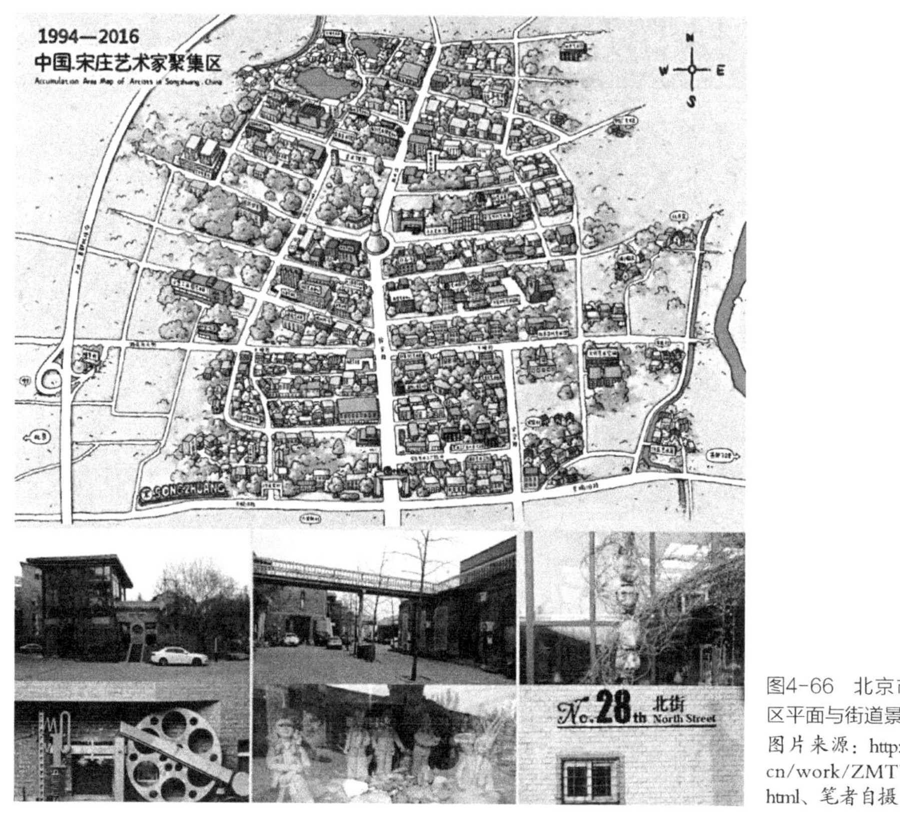

图4-66 北京市通州宋庄艺术区平面与街道景观

图片来源：http://www.zcool.com.cn/work/ZMTU4MzE4OTY=.html、笔者自摄

（5）优化街道界面。卡尔索普与SOM设计事务所认为，中国城市建筑与建筑之间缺乏协调，建筑界面参差不齐，街道空间缺乏，街墙混乱无序，步行出行环境没有受到重视。因此，现状居住区边缘界面应该在改造时进行优化，使其界面风格保持一致，如日本仙台市的街道界面（图4-65）。

（6）提升街道的可辨识性。为防止千篇一律的街道界面，街道应植入识别度高的“艺术标识”，如艺术橱窗、街墙、广告牌等。北京通州的宋庄艺术街区就是此种改造方式的范例（图4-66）。

4.5　小结

本部分主要分析了郑州市大尺度封闭式街区的成因和几种主要典型类型，并对郑州市现状居住区的道路结构、景观结构、建筑布局形式、公共建筑布局形式进行分类，进而针对性地提出了现状封闭式居住区道路街区化改造设计、现状封闭式居住区绿化景观结构街区化改造设计、现状封闭式居住区建筑布局的街区化改造设计以及现状封闭式居住区公共服务设施布局的街区化改造设计方法。

5　几种典型封闭居住小区改造案例示范设计

在本部分中，我们将以若干个比较典型的案例作为示范，来具体分析在封闭式居住区改造中应当采取的基本方法和具体策略。

5.1　典型案例的选取分类

根据前文对大尺度街区的细分类别，又可将现状居住区分为：不小于600m的封闭街区、小于600m的封闭街区以及内部封闭有规划道路的封闭街区三类。其中，第一类尺度不小于600m 的封闭街区，相邻封闭居住小区形成的，以及单位大院、大盘式居住小区等封闭街区尺度不小于600m的都属于这一类。第二类居住小区所在的街区，其内部是封闭了规划道路的或者规划了道路用地的。第三类居住小区所在街区的尺度常常小于600m，但经过居住区街区化改造适宜性分析后，可以得出居住小区适合改造。

5.2　典型案例的选取及街区化改造设计

5.2.1　郑州市21世纪小区街区化改造设计

5.2.1.1　郑州市21世纪小区所在街区现状

21世纪小区位于郑州市花园路以东、中州大道以西、国基路以南、水科路以北。小区规划用地约45万m^2，总建筑面积约104万m^2，规划住户8768户，居住人口3万余人，容积率3.0，绿化率

图5-1 21世纪小区所在街区2003年卫星影像图
图片来源：谷歌地球

图5-2 21世纪小区街区2006年卫星影像图
图片来源：谷歌地球

40%，地上停车位有3000个左右，地下停车场车位约5000个。该社区于1998年开发商取得土地后随即开始建设，分期完成，是当地规划面积最大的居住社区之一。其街区2003—2017年的建设开发变化情况如图5-1～图5-3所示。该小区所在的街区平均尺度大于1000m，属于上述第一类封闭街区。根据笔者对郑州市21世纪小区的调查，该校区内部存在着多条封闭的规划市政道路用地，而且基本不对外开放。此外，该小区还是一个“超级大盘”，因此该小区具有明显的第二类大街区属性。

图5-3 21世纪小区街区2017年卫星影像图
图片来源：谷歌地球

目前该街区的交通网络较为混乱，对外开放的道路更是寥寥无几，承担外部交通功能的道路主要为周边的主干道（图5-4）。该小区的封闭致使该街区形成了东西向1500m、南北向1000m的超大尺度，该区域的道路交通可达性严重下降（图5-5）。

21世纪小区建设时内部规划市政道路尚未兴建，但开发商却将规划市政道路用地作为小区内绿化用地使用，从而提高小区内环境品质，提高房屋售价，以获得更多的利润。对照该街区内道路网规划在1990—2010年版郑州市道路交通规划中的情况（图5-6）与2003年的小区建设情况可以发现，21世纪小区将水科路、黄家庵北路道路用地封

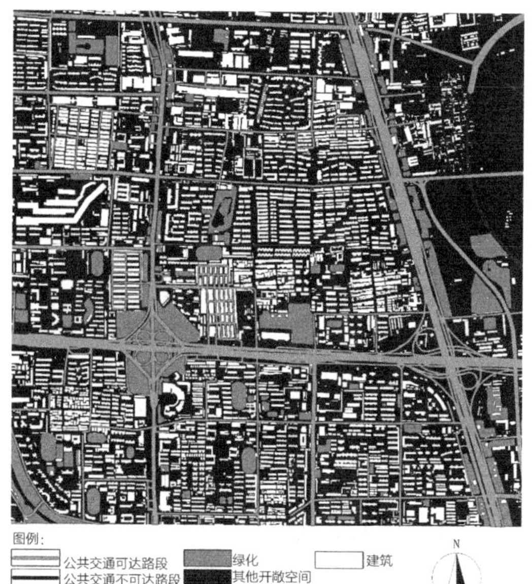

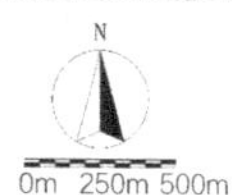

图5-4 21世纪小区所在街区道路网现状

闭在了小区内部。对照2006年的小区建设情况与2010—2030年版的郑州市道路交通规划（图5-7）可以发现，21世纪小区将黄家庵东路、杨君路、东门路封闭在了小区内。

目前，在郑州市，类似案例远不止这一个，这同时也反映了规划建设在执行阶段的乱象。因此，在今后的开发建设中，如果可能，政府应先进行市政道路修建，再进行土地出让，以防止类似的现象发生。从笔者对该小区的调研情况看，绝大多数的居民表示不愿开放小区，主要担心外来车辆影响居住安全和生活环境遭到破坏，以及外来车辆占用小区内的停车位，居民都认为如果小区开放自己的合法权益将受到侵害。但在规划道路的法律约束下，居民的主观意愿是无法得到完全满足的，因此只有在保证居民最大利益的前提下实施小区的街区化开放。导致小区现状的主要原因为购房时开发商并未告知居民，使居民利益受损。在进行居住区街区化改造时，对此类情况应请专业房地产评估机构做市场评估，由开发商给予居民一定程度的补偿。

5.2.1.2　郑州21世纪小区街区化改造设计

（1）21世纪小区所在街区道路街区化改造的总体布局

首先，应对现状整个街区内部道路进行一次统一的网络化梳理，重建并开放原有规划的市政道路。然后在规划的市政道路上增设密集型公共交通站点，实现该区域的公交主导出行，另外设立慢行性生活次街作为居民日常非机动交通出行的专用道。目前小区内采用入户半地下室停车场模式，原本就停车位不足，现地下车库有部分被占用改造为超市（图5-8），导致小区内车辆只能

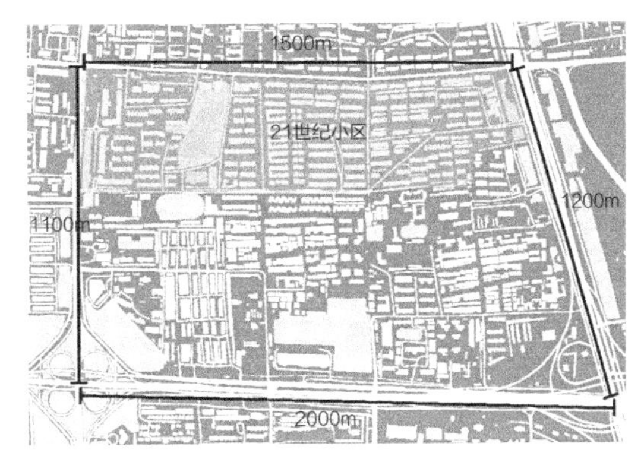

图5-5　21世纪小区所在街区尺度

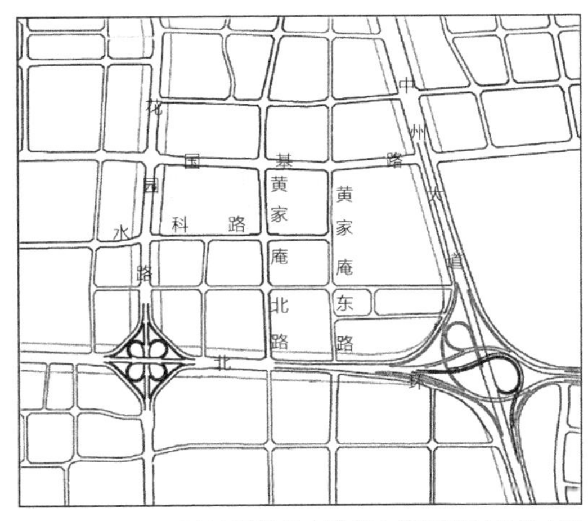

图5-6　1990—2010版郑州市道路交通规划21世纪小区区域

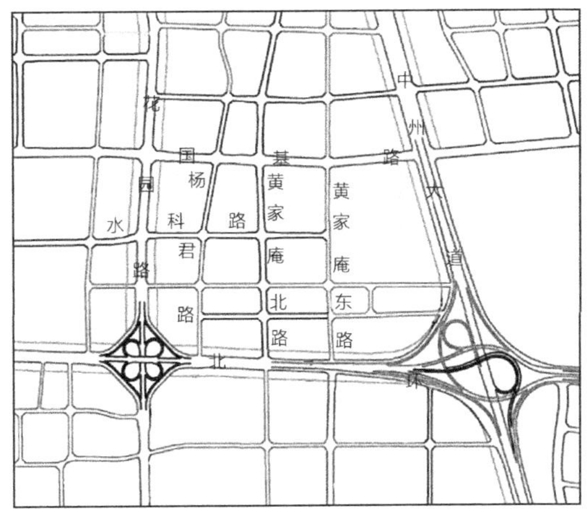

图5-7　2010—2030版郑州市道路交通规划21世纪小区区域

图5-8 21世纪小区内地下车库被占用现状

图5-9 21世纪小区所在街区道路街区化改造布局

停在路边和人行道上，因此在进行街区化改造时应恢复地下室原来的用途，并增加立体停车场（图5-9）。

（2）21世纪小区内建筑布局的街区化改造

21世纪社区分为多个区块，其建筑有高层、中高层、多层和别墅等，但大多为多层住宅，空

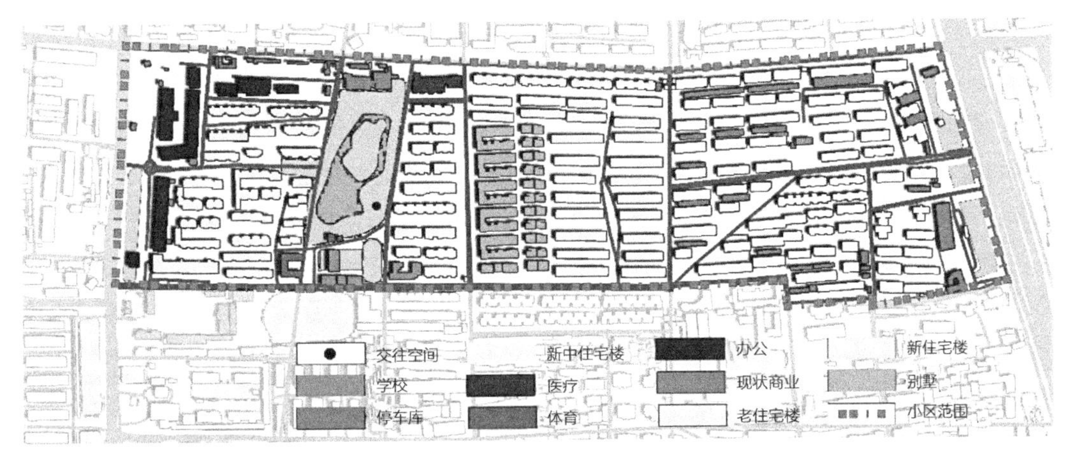

图5-10 21世纪小区现状建筑布局平面图

图5-11 21世纪小区现状建筑街区化改造布局平面图

间形态变化丰富，人口构成多样（图5-10）。内部步行商业街发达，大部分沿街道路都配有底层商业，小区西侧和东侧配有办公，业态混合配比较好，小区内部生活活力较高，街区化开放后有利于小区内的商业经营。

但笔者通过调研也发现了若干问题，小区内路边摆摊占道经营的情况较为严重，另有占用地下车库进行商业经营活动的，这说明小区内商业用房配置较为短缺。因此，在进行小区街区化改造的时候，应沿主要道路增加小区内的商业用房（图5-11）。这样一方面可以缓解小区内占道经营的情况，提升小区内的环境质量；另一方面新增商业用房可与小区内居住组团形成围合空间，保证居民的生活安全。新增加的商业房的租金等收益还可以用来补偿小区街区化改造给住户带来的利益损害。有趣的是，笔者对小区内约130人的调研情况显示，如果将新增商业房每年租金的一部分作为每户收益分红补偿，有80.1%的人表示愿意接受小区的街区化改造。

（3）21世纪小区内公共空间及绿化的街区化改造

目前小区内的公共活动空间大部分集中在小区湖畔边上的健身广场，缺乏分散式的休闲交往场所（图5-12）。因此在小区街区化改造时应增加小区内的分散式生活交往空间，并营造组团内的小游园（图5-13）。

目前小区内绿化景观相对集中于湖畔区域，其他块状绿化景观呈碎片式分布于小区当中，不成系统。因此在街区化改造时应增设线状绿地，系统串联各分散的绿地景观，并结合绿地布置绿道网络（图5-14）。在进行街区化改造时，应该充分利用街区边界，营造适宜的交往空间和舒适的街区化边界环境，促进街区之间的融合与关联，营造丰富多样、有活力的街道环境（图5-15～图5-18）。

图5-12　21世纪小区集中式生活休闲交往空间

图5-13　21世纪小区生活休闲交往空间的街区化改造图

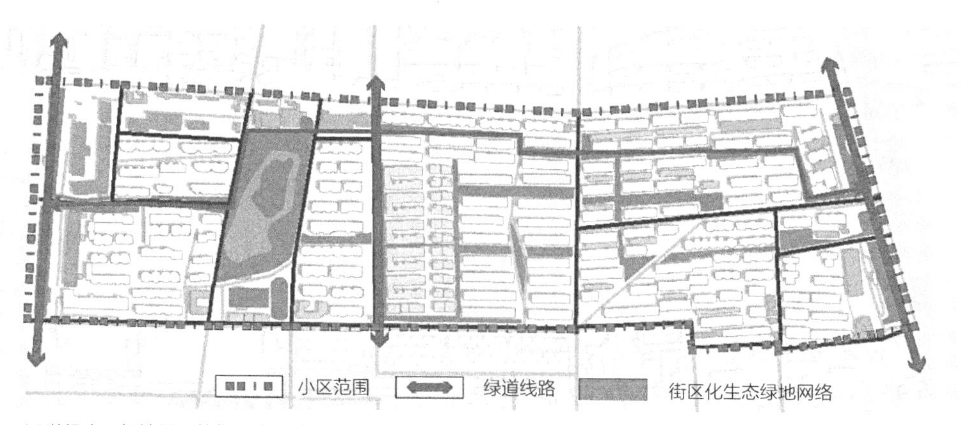

图5-14　21世纪小区绿地景观的街区化改造图

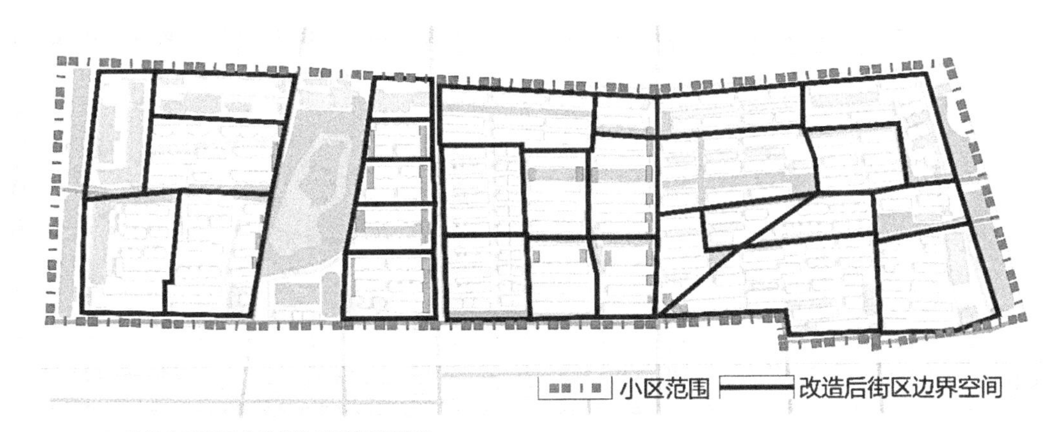

图5-15 21世纪小区街区化改造边界空间改造图

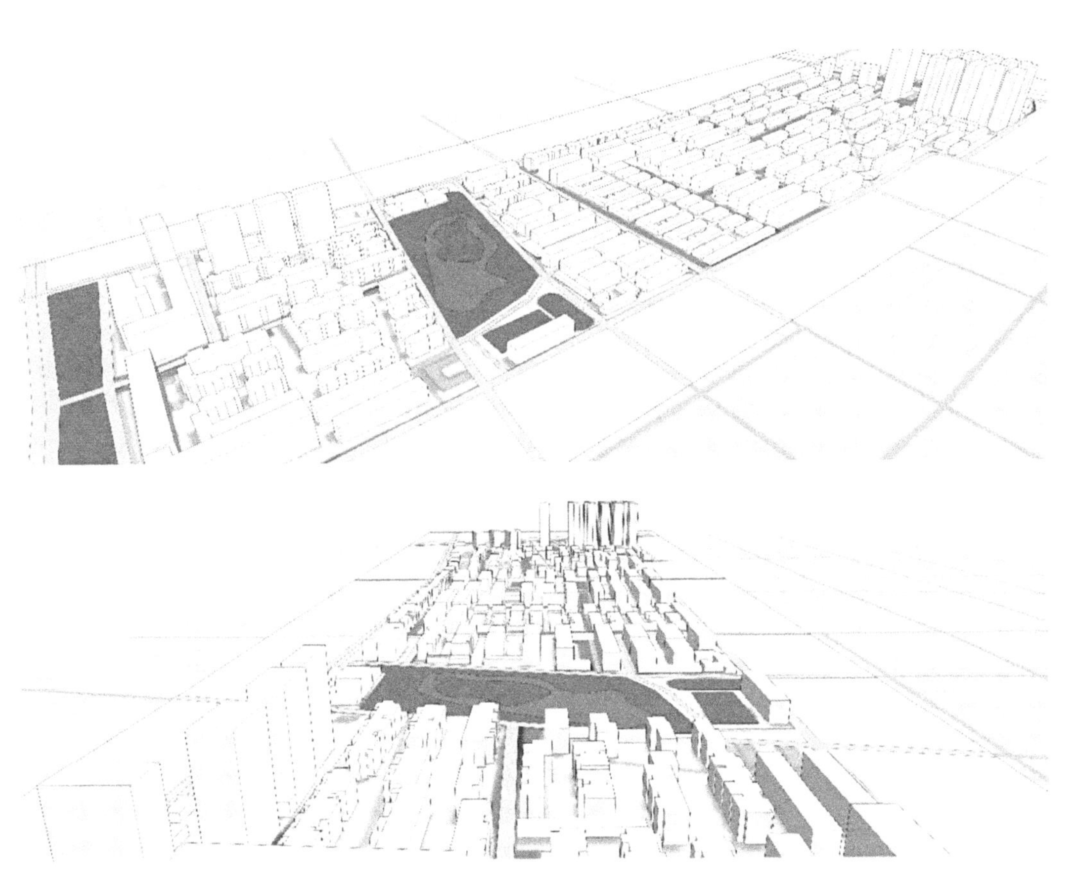

图5-16 21世纪小区街区化改造透视图

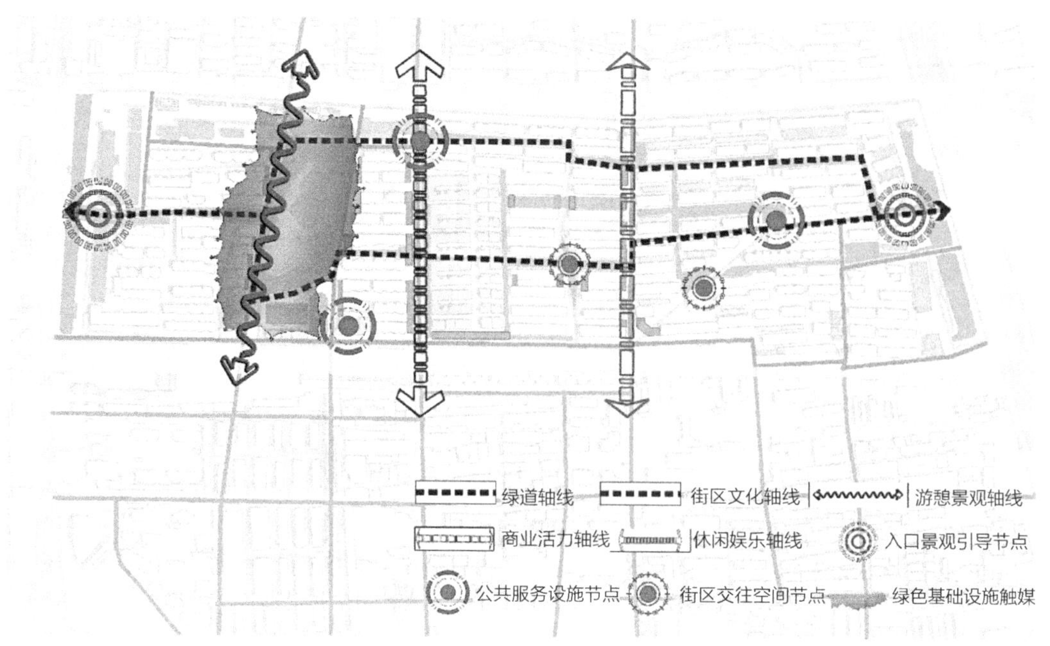

图5-17 21世纪小区街区化改造景观布局分析

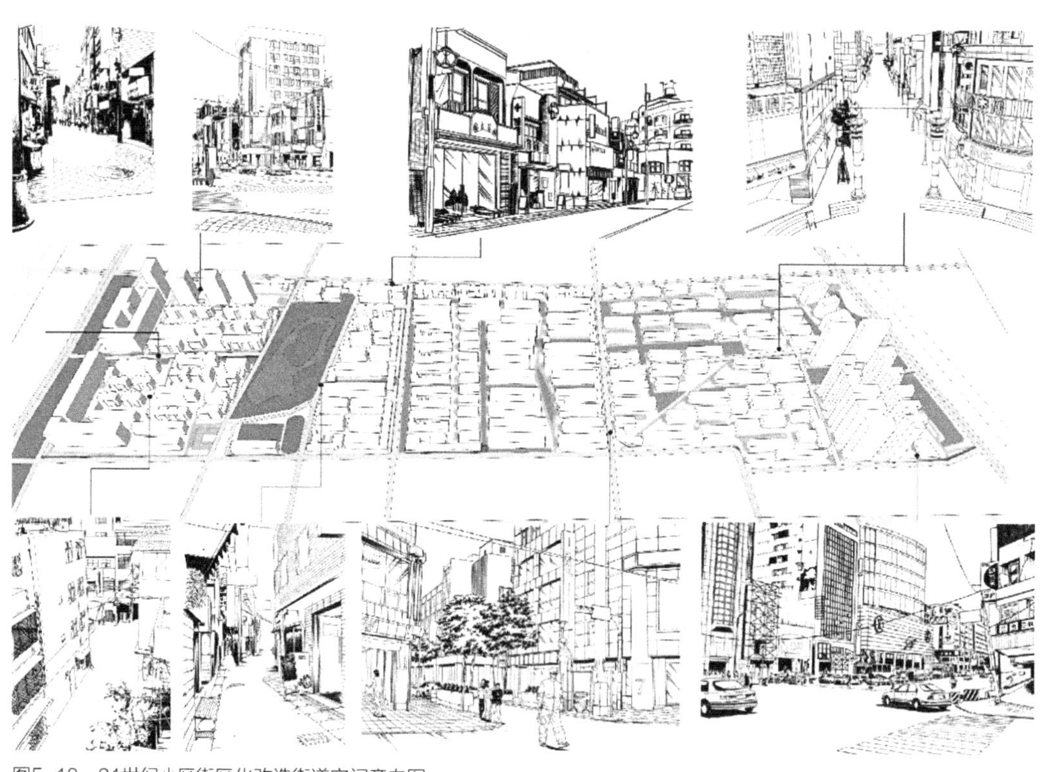

图5-18 21世纪小区街区化改造街道空间意向图

图片来源：笔者自绘，http://huaban.com/pins/881399396/

5.2.2　郑州市安泰嘉园小区街区化改造设计

5.2.2.1　郑州市安泰嘉园小区[①]所在街区现状

根据本篇第2部分“封闭式居住区街区化改造的适宜性评价”可得出郑州市安泰家园小区所在街区适宜进行街区化改造。该街区内包含安泰嘉园小区、恒升府第小区、瑞银花园小区等居住小区。其现状对外开放的道路网和建筑布局以及建筑空间形态如图5-19、图5-20所示。其中安泰嘉园小区占地面积63904m^2，总建筑面积约217274m^2，规划户数1308户，住宅总建面积195208m^2，车位数地上256个、地下668个，车位配比0.77，容积率3.4，绿化率35%。恒升府第小区占地面积26747m^2，总建筑面积89870m^2，规划户数1046户，容积率3.36，绿化率35%。瑞银花园小区占地面积42283m^2，总建筑面积93022m^2，规划总户数686户，容积率2.2，绿化率38.7%，车位数地上210个、地下130个，车位配比0.5[102]。评价结果显示，安泰嘉园小区所在街区适宜进行街区化改造，因此可将该小区作为第三类进行分析设计。该街区的路网密度、完整度和可达性在评价中较低，步行的绕行距离较远，小区内停车位使用不合理，邻里关系较为冷淡。因此针对以上评价结果可得：该街区主要改造侧重点应为改善街道路网交通，合理利用小区停车位，有效改善邻里关系，并以此为出发点进行改造设计。

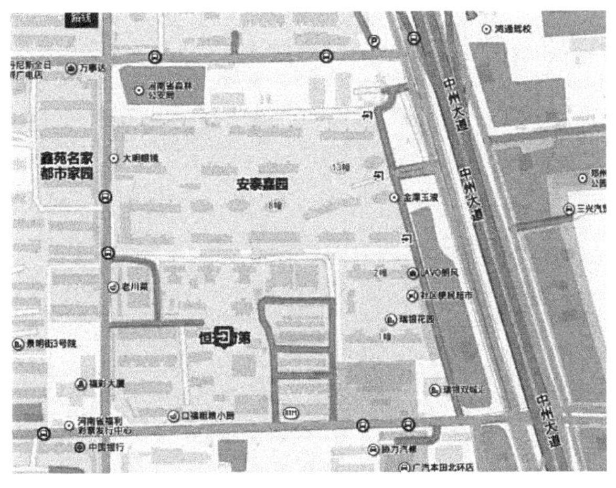

图5-19　郑州市安泰嘉园街区开放道路网现状
图片来源：百度地图

图5-20　郑州市安泰嘉园街区透视图
图片来源：百度地图

5.2.2.2　郑州市安泰嘉园小区街区化改造

（1）基于现状道路的街区化改造设计

目前街区内3个居住小区被围墙隔断为3个区块，并形成一个大尺度封闭式街区。街区内部的

① 此处所说郑州市安泰嘉园小区是对安泰嘉园、恒升府第、瑞银花园小区所形成的大街区的简称。

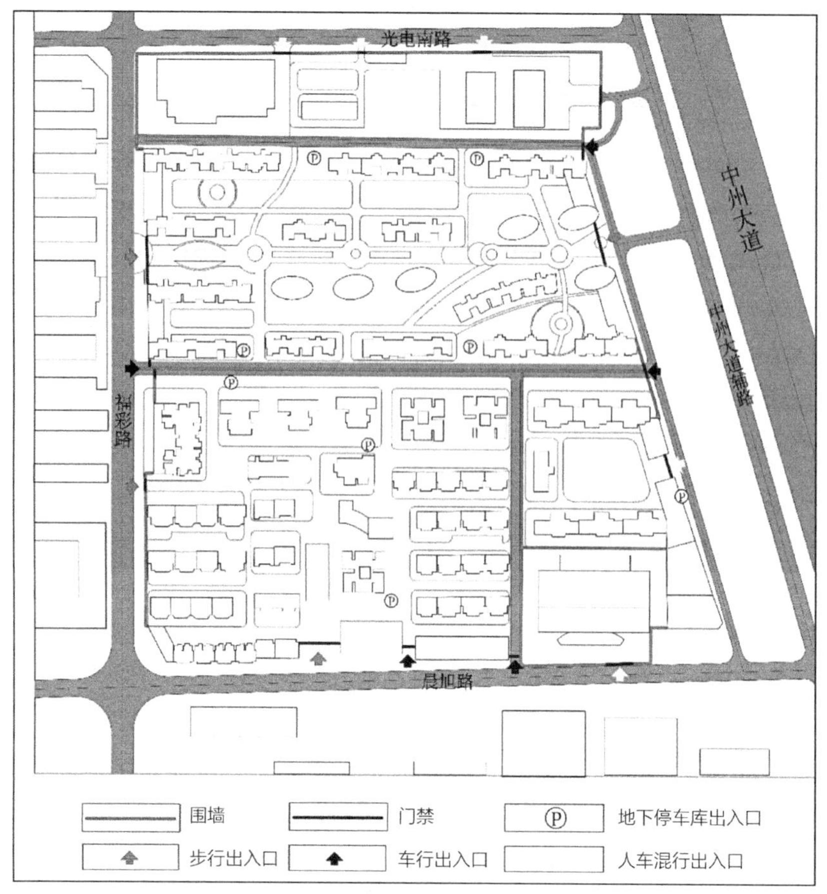

图5-21 安泰嘉园小区所在街区现状封闭情况

道路被门禁封闭，无法形成街区内部交通与外部交通的微循环（图5-21）。

根据该街区道路的结构特征，首先，应将封闭各小区的围墙拆除，优化内部道路网，将街区内部居住小区级道路对外开放；其次，根据周边交通的现状情况，对开放道路进行二分路处理，一方面可分担周边交通的压力，另一方面能避免过大的交通流量对居民生活安全的干扰。再次，可对街区各小区内部步行交通进行网络化处理，提高步行交通出行的可达性，同时实现人车分离，保证步行交通的安全（图5-22）。

（2）基于现状建筑布局的街区化改造设计

目前该街区内，安泰嘉园小区的建筑布局采用行列式，恒生府第小区建筑布局采用混合式，瑞银花园小区建筑布局采用围合式，根据不同小区建筑布局的特点针对性地设计，实现街区内建筑空间的有机统一、互相交融，空间变化丰富曲折，富有渗透力，从而在空间上形成适宜邻里交往的场所空间。街区开放后要保证居住安全，在打造公共开放空间的同时，形成封闭式组团的内向的生活私密空间。安泰嘉园小区的建筑多采用南北向行列式建筑布局，因此可增加东西向建筑，与原建筑形成围合空间，恒升府第小区采用混合式建筑布局，主要可在建筑东西两端增加景观影壁墙，形成“大开放，小封闭”的建筑格局（图5-23）。

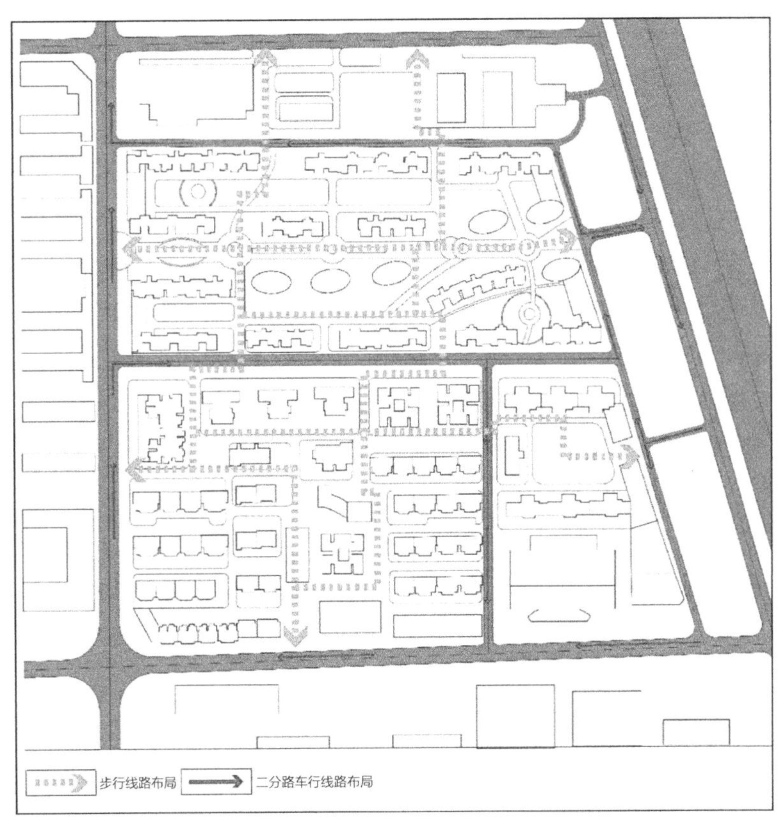

图5-22 安泰嘉园小区所在街区道路交通改造示意图

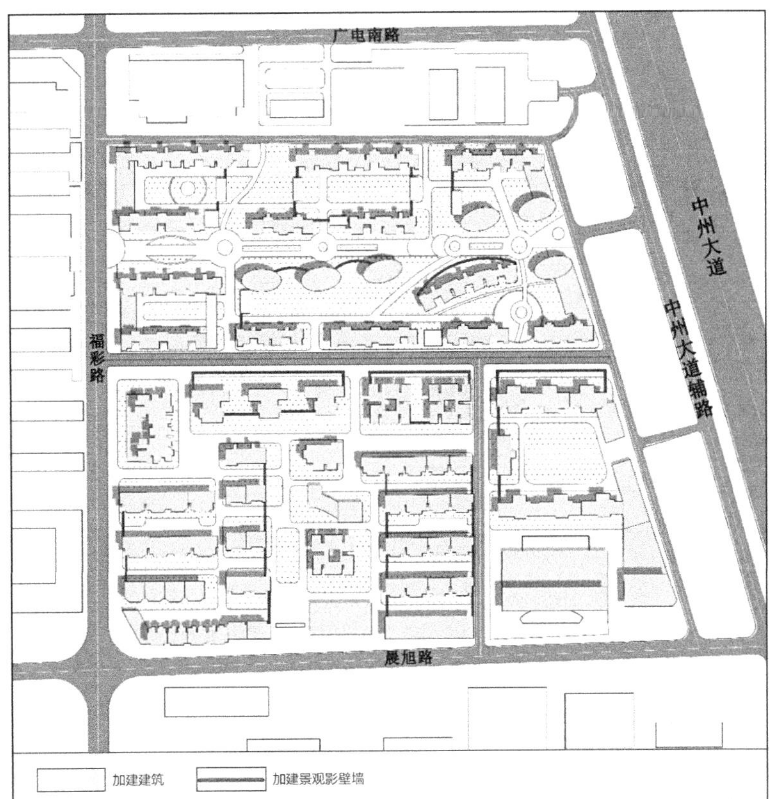

图5-23 安泰嘉园小区所在街区“大开放，小封闭”示意图

（3）基于景观绿化的街区化改造布局设计

安泰嘉园小区采用轴线式布局形式，根据轴线式小区轴线聚集性和导向性的特点，其改造重点应集中在轴线区域。在轴线上融入文化景观主题，形成一定的情景，每个节点都有不同的主题，各个部分内容在一条主线上贯穿。恒生府第小区采用中西结合的设计手法，其景观环境规划融合了江南园林营造艺术手法，以绿色植物分割居住、商业、文体等配套设施，是一个包含中国古典风情和现代特色的居住小区。建筑形式与传统文化、民族气质与现代元素相融，古今结合。从其总体布局形式上来看，属于隐喻式的小区。其环境景观具有中国古典园林特色，入口空间环境可实现意境创造与实用功能的结合，形成中国风的日常休闲交往景观轴线（图5-24）。独栋和分散式的建筑可以通过绿植隔挡围合居住组团空间，保证居民的生活环境和生活安全。瑞银花园小区采用围合式布局，内部有较为宽阔的景观绿地，该绿地可作为街区内部的低影响生态公园，绿色基础设施可为街区调控雨洪，并利用假山、溪流、荷塘、竹林、拱门、亭、台、楼、榭等造园手法形成中国特色，与恒生府第小区内景观实现统一协调。该街区的景观街区化改造总体布局形式和节点空间见图5-25。

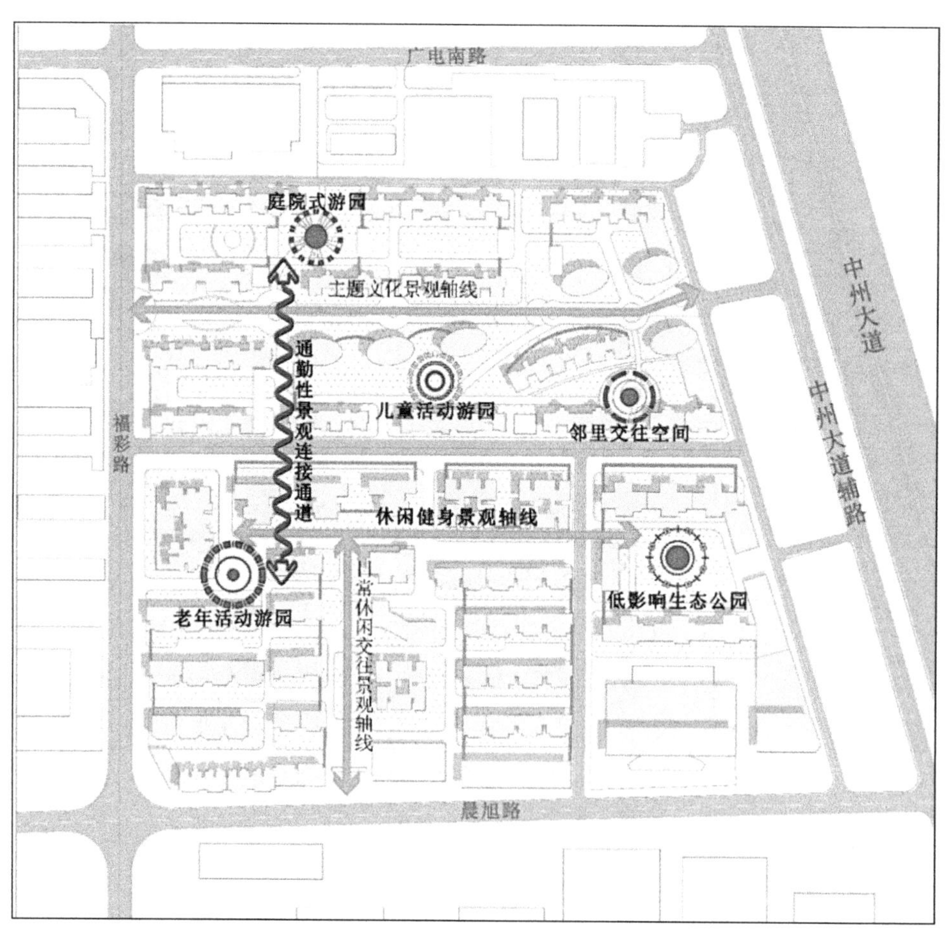

图5-24 安泰嘉园小区所在街区景观改造布局示意图

图5-25　安泰嘉园小区所在街区景观节点改造示意图
图片来源：笔者自绘、景观中国

5.3　小结

本部分结合郑州市21世纪小区、安泰嘉园小区两个现状问题突出、具有代表性的典型案例，具体问题具体分析。将上文所提出的街区化改造设计原则与设计方法，有选择地运用到改造设计当中，主要针对性缓解该小区内交通可达性低、街区活力低、资源分配不合理等问题，以具体案例的改造设计举证了本部分理论方法的有效性和可操作性。

参考文献

[1] 清华大学建筑学院万科住区住区规划研究课题组，万科建筑研究中心. 万科的主张［M］. 1版. 南京：东南大学出版社，2004.

[2] 黄茵. 中国封建社会时期的城市布局和居住［J］. 住区，2016（04）：06-11.

[3] 中国房地产研究会人居环境委员会. 绿色住区标准［Z］. 2014-10-01.

[4] 中共中央、国务院. 中共中央 国务院关于进一步加强城市规划建设管理工作的若干意见［Z］. 2016-02-06.

[5] 中华人民共和国住房和城乡建设部，中华人民共和国国家质量监督检验检疫总局. 城市居住区规划设计标准（征求意见稿）［Z］. 2017-08.

[6] 商宇航. 城市街区型住区开放性设计研究［D］. 大连：大连理工大学，2015.

[7] 冯驰. 有活力的城市街区模式研究［D］. 长沙：湖南大学，2007.

[8] 中华人民共和国住房和城乡建设部，国家技术监督总局. 城市居住区规划设计标准［Z］. 2002-04-01.

[9] 中华人民共和国住房和城乡建设部，中华人民共和国国家质量监督检验检疫总局. 城市居住区规划设计标准（征求意见稿）［Z］. 2017-08.

[10] 杨德昭. 新社区与新城市：住宅小区的消逝与新社区的崛起[M]. 北京：中国电力出版社，2006.

[11] 姜璐. 基于空间句法的街区制居住区开放度研究[D]. 成都：西南交通大学，2017.

[12] 赵衡宇. 高层低密度与低层高密度住区空间形态对比研究[D]. 杭州：浙江大学. 2007.

[13] 曹婉卿，谢华，彭峰. 小区开放对道路通行的影响[J]. 中国住宅设施，2017(01)：48-51.

[14] 李振宇. 在历史与未来之间的妥协：关于包赞巴克“开放街区”的断想[J]. 城市环境设计，2015(Z2)：42-45.

[15] 马元平. 街区社会：城里的活力[J]. 大科技(百科新说)，2016(04)：37.

[16] 苗志坚，胡惠琴. 街区型居住区模式研究[J]. 建筑学报，2007(12)：19-23.

[17] 杨德昭. 社区的革命——世界新社区精品集萃[M]. 天津：天津大学出版社，2007.

[18] 朱怿. 从“居住小区”到“街区制居住区”[D]. 天津：天津大学，2006.

[19] MIAO P. Deserted streets in a jammed town: the gated community in Chinese cities and its solution [J]. Journal of urban design, 2003, 8(1): 45-66.

[20] WU F L, WEBBER K. The rise of "foreign gated communities" in Beijing: between economic globalization and local institutions [J]. Cities, 2004, 21(3): 203-213.

[21] 傅俊尧，肖菲，罗小龙. 领域重构视角下的小区开放研究：以广州市六运小区为例[J]. 城市发展研究，2017，24(05)：112-117，124.

[22] 董丽，范悦，苏媛，等. 既有住区活力评价研究[J]. 建筑学报，2015(S1)：186-191.

[23] 鲍鲲鹏，张欣钰. 封闭小区开放式改造策略[J]. 华中建筑，2017，35(04)：73-75.

[24] 赵民，孙忆敏，杜宁，等. 我国城市旧住区渐进式更新研究：理论、实践与策略[J]. 国际城市规划，2010，25(01)：24-32.

[25] 丁夏，黄茵. 庄惟敏：开放社区关键在于如何定义和界定人的领域空间[J]. 住区，2016(04)：14-15.

[26] 丁夏，黄茵. 李振宇：开放社区要适宜于人的活动[J]. 住区，2016(04)：16-17.

[27] 丁夏，黄茵. 仲德崑：社区开放，规范先行[J]. 住区，2016(04)：22-23.

[28] 陈燕. 我国大城市主城—郊区居住空间分异比较研究：基于GIS的南京实证分析[J]. 技术经济与管理研究，2014(9)：100-105.

[29] 杜影. 基于绿色交通理念的小城市街区尺度优化[C]//中国城市规划学会，沈阳市人民政府. 规划60年：成就与挑战：2016中国城市规划年会论文集(05城市交通规划). 中国城市规划学会，沈阳市人民政府：2016：11.

[30] 王轩轩，段进. 小地块密路网街区模式初探[J]. 南方建筑，2006(12)：53-56.

[31] 葛方悟，黄竹姿. 王建国：谈到开放，最核心的问题应该是关于“尺度”的探讨[J]. 住区，2016(04)：12-13.

[32] 周彦明. 基于功能混合模式下的住宅街区化设计研究[D]. 大连：大连理工大学，2009.

[33] 苟爱萍，王江波. 基于SD法的街道空间活力评价研究[J]. 规划师，2011，27(10)：102-106.

[34] 王江萍，曾建萍. 城市住区边界空间设计初探[C]//中国城市规划学会. 生态文明视角下的城乡规划：2008中国城市规划年会论文集. 中国城市规划学会：2008：11.

[35] 胡争艳. 城市住区街道边界空间的公共性设计研究[D]. 上海：同济大学，2007.

[36] 周扬，钱才云. 友好边界：住区边界空间设计策略[J]. 规划师，2012，28(09)：40-43.

[37] 游向然. 住区开放度均衡策略研究[D]. 上海：同济大学，2008.

[38] 王浩锋，樊安莉，饶小军. 住区形态与社区活力[J]. 住区，2016(01)：138-147.

[39] 张斌源. 谈城市道路规划与建设中的“断头路”问题：以北京市朝阳区为例[J]. 交通企业管理，2014，29(12)：40-42.

[40] 王峰.《物权法》司法解释调研七年出炉，最高院称开放小区需立法[N]. 21世纪经济报

道，2016-02-24（006）.
［41］李兴. 从法律的角度解析“开放小区”［J］. 法制与社会，2016（09）：184-185.
［42］刘小波. 我国城市小街坊住区公共服务设施主要问题研究［D］. 北京：清华大学，2010.
［43］马宁. 郑州市建国初期工业区住区居住现状及价值初探：以郑州国棉三厂住区为例［J］. 科技经济导刊，2017（10）：196，164.
［44］程雪雪，闫楚弼，张子昊，等. 中小型城市“街区制”改革中多利益主体协调机制研究：以郑州曼哈顿、开封开元小区为例［J］. 经营者管理，2017（07）：57-58.
［45］李阳阳，李永霞，杨红利. TOD模式下封闭式居住区与小街区制对比研究：以郑州市新旧城区为例［J］. 住宅与房地产，2016（27）：5-6.
［46］黄晶，贾新锋，李勋. 基于综合量化分析的城市街区空间公共化改造：以郑州主城区一般城市街区为例［J］. 规划师，2017，33（08）：85-91.
［47］张斌，闵世刚，杨彤，等. 里坊城市，街坊城市，绿色城市［M］. 北京：中国建筑工业出版社，2014.
［48］吴正旺，杨鑫，王晓博. 居住小区地下车库社会化的思考［J］. 建筑学报，2012（08）：96-99.
［49］何旭东. 工程项目主体行为风险研究［J］. 技术经济与管理研究，2012（02）：27-30.
［50］李恒鑫. 基于紧凑城市理念步行原则的街区尺度与道路模式研究［D］. 南京：南京大学，2014.
［51］许树柏. 实用决策方法：层次分析法原理［M］. 天津：天津大学出版社，1988.
［52］白雯，张秀艳. 封闭小区交通开放效果评价：基于AHP模糊综合评价法［J］. 管理观察，2017（24）：56-60，64.
［53］胡雪琴，孙维晨. 住建部副部长仇保兴：绿道网让$PM_{2.5}$降下来［J］. 建筑监督检测与造价，2012（03）：73-74.
［54］严建伟，任娟. 斑块、廊道、滨水：居住区绿地景观生态规划［J］. 天津大学学报（社会科学版），2006（06）：454-457.
［55］罗，科特. 拼贴城市［M］. 童明，译. 北京：中国建筑工业出版社，2003.
［56］洪杰. 住在园林里：“润园”住区的设计探索［J］. 现代城市研究，2014（02）：58-63.
［57］科技情报室. “街区制”理念下的住区停车和住区道路交通［EB/OL］. 清华同衡播报，2017（05）.
［58］胡纹. 居住区规划原理与设计方法［M］. 1版. 北京：中国建筑工业出版社，2007.
［59］顾天奇，许威，周雨濛. 从“开放”到“筑墙”，国外城市街区开放的反思与实践：巴塞罗那Superilles计划为例［J］. 上海城市管理，2016，25（05）：66-69.
［60］中华人民共和国住房与城乡建设部. 城乡用地分类与规划建设用地标准（征求意见稿）［Z］. 2018-04.
［61］赵钿. 郭公庄一期公共租赁住房中的产业化设计与精细化设计［J］. 城市住宅，2016（02）：28-36.
［62］开彦，朱彩清. “开放住区”是绿色住区的核心：《绿色住区标准》主旨解读［J］. 城市住宅，2016，23（06）：6-12.
［63］盖尔. 交往与空间［M］. 何人可，译. 4版. 北京：中国建筑工业出版社，2009.
［64］吴晓波. 激荡十年，水大鱼大［M］. 北京：中信出版集团，2017.
［65］孟醒. 城市老旧小区改造宜居建设评价指标体系研究［D］. 沈阳：沈阳大学，2013.
［66］鞠德东. 三个案例介绍：责任规划师与社区参与式规划工作的探索和实践［EB/OL］.（2018-01-05）. http://www.gdupi.com/Common/news_detail/article_id/1781.html.
［67］戴冬晖，柳飏，王耀武. 城市设计视角下住区开放“度”的思考［J］. 城市建筑，2016（22）：58-61.
［68］戴冬晖，柳飏，王耀武. 城市设计视角下住区开放“度”的思考［J］. 城市建筑，2016（22）：58-61.

[69] 吴良镛. 北京旧城与菊儿胡同[M]. 北京：中国建筑工业出版社，1994.

[70] 张晓婧. 有机更新理论及其思考[J]. 农业科技与信息（现代园林），2007（11）：29-32.

[71] 戴冬晖，柳飏，王耀武. 城市设计视角下住区开放“度”的思考[J]. 城市建筑，2016（22）：58-61.

[72] 申凤. “密路网，小街区”规划模式在昆明呈贡新区核心区的适用性研究[D]. 昆明：昆明理工大学，2014.

[73] 408研究小组. 城市环境步行性研究及测量方法[EB/OL].（2017-02-13）. http://www.360doc.com/content/17/0213/22/39439681_628799107.shtml.

[74] 住房和城乡建设部，国家发展改革委员会，国家财政部. 关于加强城市步行和自行车交通系统建设的指导意见[Z]. 2002.

[75] 索斯沃斯，本-约瑟夫. 街道与城镇的形成[M]. 李凌虹，译. 北京：中国建筑工业出版社，2006.

[76] 康芸宾. 转角遇到爱：打造人性化街道从“小转弯半径”开始[EB/OL].（2017-06-23）. http://cdyjs.chengdu.gov.cn/cdsrmzfyjs/c109599/2017-06/23/content_152e09b155804b0bbc5f1ac54d1761e5.shtml.

[77] 柯桢楠. 基于类型学理论的封闭住区边缘空间研究[D]. 厦门：厦门大学，2012.

[78] 赖寿华，朱江. 社区绿道：紧凑城市绿道建设新趋势[J]. 风景园林，2012（03）：77-82.

[79] 刘亮，辛晓瑞. 瑞典斯德哥尔摩哈马比低碳社区建设研究[OL]. 中国城市研究，2011（09）.

[80] 陈福妹，艾玉红. 社区级绿道网络规划模式初探[C]//中国城市科学研究会，广西壮族自治区住房和城乡建设厅，广西壮族自治区桂林市人民政府，等. 2012城市发展与规划大会论文集. 中国城市科学研究会，广西壮族自治区住房和城乡建设厅，广西壮族自治区桂林市人民政府，中国城市规划学会，2012.

[81] 申凤. “密路网，小街区”规划模式在昆明呈贡新区核心区的适用性研究[D]. 昆明：昆明理工大学，2014.

[82] 黄晶. 社区绿道设计研究[D]. 武汉：华中科技大学，2011.

[83] 吴彦强，吴正旺. 街区制居住区模式下构建“分级式网络绿道体系”的思考[J]. 城市建筑，2016（33）：335-335.

[84] 俞孔坚，李迪华，袁弘，等. “海绵城市”理论与实践[J]. 城市规划，2015（06）：26-36.

[85] 王国荣，李正兆，张文中. 海绵城市理论及其在城市规划中的实践构想[J]. 山西建筑，2014，40（36）：5-7.

[86] 金云峰，杜伊. 绿色基础设施雨洪管理的景观学途径：以绿道规划与设计为例[J]. 住宅科技，2015（08）：4-8.

[87] TIAN F J，SHA R，Wang F，et al,. The composite design of recreational greenways in city taking Shanghai as an example[J]. Economic geography，2009，29（8）：1385-1390.

[88] LI K R. The greenway network as ecological corridors and the associated planning principles[J]. Chinese landscape architecture，2010（3）：24-27.

[89] HU JS，DAI F. Progress of greenways research in China[J]. Chinese landscape architecture，2010（12）：88-93.

[90] ELKIN D. Portland's green streets：lessons learned retrofitting our urban watersheds[C/OL]//International Low Impact Development Conference 2008. Seattle，WA，USA，2008. http：//dx.doi.org/10.1061/41009（333）16.

[91] KURTZ T. Managing street runoff with green streets[C/OL]//International Low Impact Development Conference 2008. Seattle，WA，USA，2008. http：//dx.doi.org/10.1061/41009（333）20.

[92] 裴新生，陈蔚镇，高凌峰. 低冲击开发模式下城市景观生态规划策略初探[J]. 小城镇建设，2013，（09）：66-71.

[93] 李湘洲. 混凝土长草与植草砖[J]. 建材工业

信息，2001（06）：26.

[94] 宋珊珊. 基于低影响开发的场地规划与雨水花园设计研究[D]. 北京：北京林业大学，2015.

[95] 黄华明. 现代景观建筑设计[M]. 武汉：华中科技大学出版社，2008.

[96] 吴彦强，吴正旺. 基于低影响开发（LID）的城市绿道雨洪设计[J]. 城市建筑，2015（36）；22-22.

[97] 徐文辉. 城市园林绿地规划[M]. 2版. 武汉：华中科技大学出版社，2014.

[98] 郝培尧，李冠衡，戈晓宇. 屋顶绿化施工设计与实例解析[M]. 武汉：华中科技大学出版社，2013.

[99] 田宇. 基于功能布局的组团城市交通出行特征分析[D]. 重庆：重庆交通大学，2010.

[100] 梅赫塔. 街道：社会公共空间的典范[M]. 金琼兰，译. 北京：电子工业出版社，2016.

[101] 戴冬晖，柳飏，王耀武. 城市设计视角下住区开放"度"的思考[J]. 城市建筑，2016（22）：58-61.

[102] 百度百科. 地理[EB/OL]. https：//baike.baidu.com/item/2018.03.

[103] 张润朋，周春山，明立波. 紧凑城市与绿色交通体系构建[J]. 规划师，2010,26（9）：11-15.

第四篇

适应社会化的居住区生态设计

我国的居住区建设最早起源于封闭式的“单位大院”，是中华人民共和国成立初期全面学习苏联的产物。封闭式“单位大院”指的是有明确用地边界，以围墙或建筑围合，形成的封闭、内向并只通过少数几个大门与城市道路、广场等公共空间相联系的院落。在我国大陆地区，这些封闭式的居住区大多数都是各种国企、事业单位或高等学校及科研院所等单位利用划拨的土地建设的，是单位体制与传统院落生活的结合，也是特定历史阶段的产物。

当前，全民共享发展成果，已成为我国新时期“五大发展理念”的主要内容之一。党的十九大报告中提出，要坚定不移地贯彻创新、协调、绿色、开放、共享的发展理念，其中的“共享理念”，就是要“让发展成果更多地惠及每个人”，“坚持共享发展，必须坚持发展为了人民、发展依靠人民、发展成果由人民共享”。为践行共享理念，我国即将大规模开展封闭式居住区的社会化改造工作。2016年，中央城市工作会议提出，“要树立密路网、小街区的城市道路布局理念，不再建设封闭式居住区”，“对已建成的居住区要逐步打开，实现内部道路社会化，改善交通路网，促进土地节约利用”。2018年12月，我国新版《城市居住区规划设计标准》实施，正式停止建设封闭式的居住区。因此，将封闭式居住区向社会开放，将其中的道路、停车等各种资源共享，有极为重要的社会、经济价值。

（1）将封闭式居住区开放共享，利大于弊，但弊端不容忽视

将这些封闭式居住区开放将带来以下利益：①资源共享利用。目前，欧美国家的居住区主要是社会化的，居住区中的绿地、广场、体育设施的利用率明显较高。日韩及我国台湾地区也主张居住区与城市融合共享，以改善居住配套，增强城市宜居性。②改善交通。封闭式居住区占地规模大，城市道路难以穿越，是交通“堵点”，越是高档的居住区，其规模往往越大，也往往位于交通的重要节点上，因此对城市机动车而言也就更加难以通行。而将其开放可以疏通道路，缓解交通拥堵。③营造更有归属感的社区。单位的解体、人事及住房制度的改革，已经使封闭式居住区邻里之间缺乏长期交往，特别是住房商品化之后，居住区业主之间共同语言减少，同时，由于居住区规模巨大，彼此之间很难熟悉，社区感、归属感逐渐淡漠，而改造则可能重建社区。

但是，将封闭式居住区开放也存在不少弊端：①安全感降低。和开放式居住区相比，传统封闭式居住区中的邻里关系相对融洽，而开放后则会引入大量人流、车流，存在不少安全隐患。②管理有一定困难。传统封闭式居住区在管理方面具有一定优势，在2020年新型冠状病毒肺炎疫情中，封闭式居住区对控制疫情起到了重大作用，一旦开放共享，就不容易阻断病毒的传播了。对于开放后的社区如何管理，现在还普遍缺乏经验，更缺乏可供推广的模式。③环境品质降低。开放后机动交通的进入可能导致居住区环境噪声增大、污染扩散等。

（2）居住区生态建设实施机制还很不完善

居住区生态设计要适应社会化的趋势，就必须完善实施机制。目前，实施机制存在以下问

题。①补偿激励机制不完善，导致封闭式居住区普遍缺乏开放的积极性。开放对居住区的日常运行会造成一定影响，从“投资—收益”角度看，将封闭式居住区社会化实际上是将共享的“蛋糕”做大，从而使参与其中的各方都能受益，但在目前的实际操作中，这些居住区仍难以获得相应回报，因此态度普遍消极。②居住区、地方政府、居民之间缺乏协调机制。即便某些封闭式居住区想开放，但由于缺乏顺畅的沟通渠道，就算是某些对各方均有益的事项，各利益相关方也不容易达成一致，改造仍旧难以推进。③缺乏成熟可推广的改造模式。改造是一项很务实、具体的工作，特别是涉及资金筹措、回报模式、共享利用以及物业管理等方面的可靠模式还很缺乏。

（3）协商、平衡各方利益诉求，是推进封闭式居住区社会化改造的关键

①在改造中借鉴“邻里单元”理论，可重建居住大院的归属感。20世纪90年代，彼得·卡尔索普及丹尼尔·所罗门等人倡导的新城市主义在美国兴起，它借鉴了“邻里单元”的模式对底特律等地的中心区进行改造[1]。2013年，李亮、吕华明、兰梅婷等学者在昆明、唐山等地的“城市新区”建设中发现，借鉴该模式可在改善交通的同时，延续传统大院的归属感。

②公众“参与改造”的愿望日益增强，其主要目标之一是“共享发展”。吕华明、兰梅婷等人对武汉光谷，谭纵波等对天津、北京、上海等地的封闭式居住区案例进行研究，发现应结合我国城市高密度、高容积率的特点，加强公众参与，对封闭式居住区进行社会化改造[2]。刘悦来等在上海88个社区进行了“邻里花园”建设，认为社区改造应秉持“共商、共建、共享”的理念[3]。

③改造涉及的各方利益冲突越来越难以忽视，应找到平衡各方利益的有效机制。改造必然包含对利益的调整，一些学者认为，从投资收益角度可以采取“国家所有”“涨价归私”“利益共享”等开发模式[4]。也有一些学者提出，等到土地使用权70年到期后，可通过收回部分土地再用于道路建设，以解决产权问题。另外，也有学者主张以购买服务的方式推进社会化改造[5]。

无论如何，居住区生态设计必须以社会化为基础，生态设计应当优化道路网，提高停车、绿地和服务设施的利用率；应当完善居住区的布局，使邻里之间更好友好，重建居住区的领域感、归属感；应当改善居住区的环境品质，使居民享有更好的内外部使用空间。

1　居住区规划建设出现无车化趋势

居住用地是城市用地中所占比例最大的，居住区是城市最主要的建筑类型之一，是人类生活和生产的主要场所。随着城市化的持续、快速推进，土地资源日益匮乏。在此背景下，规划设计应当更好地优化居住区的空间结构，提高利用率，以更好地服务居民居住生活，改善居住环境。

自从1998年住宅商品化以来，我国城市居住区的建设逐渐呈现高层、高容积率、高人口密度等突出特征，并因此普遍设有车库等地下空间，其中相当一部分居住区采用了人车分离或人车分

层、步行区域与机动车相对隔离的设计方法，出现无车化的趋势。这一改变对城市交通的可能影响主要包括三个方面：一是这些无车化居住区常常禁止社会机动车穿越，这就加剧了城市主次干道的交通拥堵；二是在这些居住区内部，机动车主要集中于地下停放，这改变了居住区的空间形态和居民的出行方式；三是人车分离、分层措施丰富了城市交通体系，提高了居民对出行换乘的便利性需求度。从居住区生态设计角度看，规划设计应相应采取三个方面措施加以应对：一是居住区的无车化结合城市化共同设计，利用无车化特征改善居住环境；二是改善居住区及其想衔接的城市公共交通换乘体系，发展更加便捷的公共交通；三是整合无车化社区的交通时空资源，有效缓解城市交通拥堵。

1.1 我国居住区建设的无车化概况

自从1885年卡尔·奔驰制造出世界上第一辆以汽油为动力的三轮汽车以来，汽车给人类带来了巨大的便利，然而物极必反，现在，无车化运动出现了。所谓的无车化是近年来部分地区兴起的一种放弃私家车的生活方式。欧洲是较早推行无车化的地区，它采取步行、自行车与公共交通结合的方式，尤其适宜于规模较小的城市及其曲折、密集的道路系统[6]。在荷兰首都阿姆斯特丹，目前，使用汽车作为出行主要交通工具的市民比例已经降低到19%，大约2/3的人骑自行车出行（图1–1）[7]。我国当前居住区建设的突出特征之一，是私家车普及率迅速提高。中国公安

图1–1 欧洲的无车化居住区

部的数据显示，截至2019年6月，全国机动车保有量达3.4亿辆，其中汽车2.5亿辆；机动车驾驶人4.2亿，其中汽车驾驶人3.8亿。[8]。这一特征促使新建居住区普遍采取了人车分行（分离）的交通组织方式。一些规模较大、容积率较高的居住区更常常设置大面积地下车库，将机动交通与行人分别置于不同楼层，在空间上完全分开，同时在地面形成大面积无车化的开放空间。随着居住区住宅建筑普遍呈现高层、高容积率并广泛设置地下空间的特征，这种人车分离的交通组织形式越来越普遍，从而逐步形成了我国新建居住区的无车化趋势[9]。因此，我国的居住区无车化常常是立体分层、人车分离的，没有机动车的区域主要指的是地面开放空间。

1.2 无车化趋势对城市交通的影响

在城市建设用地中，居住用地约占50%~60%，是最主要的一类。居住区的规划建设对城市交通有巨大的影响，当前出现的无车化趋势虽然尚未形成气候，但也许在不远的将来，它不仅可能改变居住区的总体布局及立体形态，而且由于居住区道路网的改变、居民出行方式的变化以及居住区局部区域的无车化都会对市政交通造成一定的影响，无车化也会在一定程度上改变城市交通体系的组织和形态。

1.2.1 居住区地面无车化改善了静态交通

我国大陆地区在20世纪90年代之前，住宅还没有商品化，机动车也远未普及进入家庭。因此，相当一部分传统居住区在规划建设时采取了较低的建设标准和配套指标，且其交通规划多以人行、自行车等静态交通为主，未能准确预计机动车保有量的激增，导致既有居住区内的停车位普遍缺乏[10]。而在道路体系规划上，这些传统居住区多采取人车混行，其机动车道强调“通而不畅”。随着居住区高层化、高密度化发展，大量地下空间得以开发，其中的主要部分常常用于地下停车，地面机动交通大为减少，局部或大部区域没有机动交通及停车，形成无车化趋势，这些无车化的居住区具有人车分层、安静、安全的特点。随着5G、无人驾驶等信息技术的发展，在未来，居住区规划建设中无车化很可能是主要趋势之一。而未来的居住区很可能分为地上和地下两个部分，地面无车化，地下机动车互联互通。如前文提到的2009年开始建设的瑞典马尔默的林德堡居住区，其地面完全没有机动交通，地下则建设了完善的机动交通体系与城市道路互联互通。当然，这种做法也有一个缺点，就是造价较高。

1.2.2 无车化趋势带动形成了更加立体、多层次的居住区

在传统居住区的规划设计中，居民和机动车均在地面活动，其交通组织形态可视为一个平面。但无车化居住区则往往具有地面、地下两个层面，是更加立体的居住区，是居住区地下

空间开发达到一定阶段的产物。在经过更长一段时间的发展后，我国居住区的发展很可能会与地下空间的开发利用相结合，与地下轨道交通一起规划。例如，北京远洋山水居住区位于四环和五环之间，北邻长安街，南邻莲石东路，总户数超过1万，人口超过3万。虽然地面设计了众多机动车道和地下车库出入口，但在实际使用过程中，机动车均在居住区周边进出，内部的地下车库出入口基本闲置。地面开放空间由于机动车极少，安全感、舒适度较高，环境也较为安宁。在结合地下轨道交通方面，厦门市在建设保障房、人才房时，均选址于新建地铁站点附近，一些大型居住区还将地铁出入口与其地下车库连通，极大地减少了地面机动交通。例如马銮湾保障房地铁社区，其布局围绕着厦门一中海沧分校，有2条地铁线穿越社区（图1-2）。

1.2.3 居住区地面形成了大面积步行区域

居住区是市民生活的主要场所，地面步行区域是居住区主要的开放空间，增大步行区域面积一直是提升居住区品质的重要途径。按照《城市居住区规划设计标准》GB 50180—2018的规定，传统居住区中的步行区域可分为三个级别：居住区级、小区级和组团级。各个级别的面积大小通常按每人不小于1.5m^2、1.0m^2、0.5m^{2}设置[11]。在无车化居住区中，由于地下车库提供了大量机动车停车空间，机动交通与人的活动空间相对隔离，从而大量增加了供居民使用的开放空间。以道

图1-2 厦门市马銮湾保障房地铁社区

图1-3　北京山水文园居住区

路为例，原有传统居住区中的道路在无车化居住区中均被最大利用作为步行区域。如北京山水文园居住区的隐形消防车道①，在道路的面层栽植草坪及低矮灌木，局部或铺卵石、石材等，在道路的宽度、通过性以及承载能力满足消防要求的同时，还提高了绿地率，增加了大量步行区域。此外，该居住区还将地下空间与地面结合，利用高差设置瀑布叠水，使开放空间更加富有层次[12]（图1-3）。

---

① 从建筑设计相关防火规范的条文来看，只要满足消防车道和消防车登高操作场地的相关规范要求，并不禁止消防车道和消防车登高操作场地覆盖绿化设施。但在实际应用中，也有人持反对意见，其原因如下：第一，隐形消防车道与绿化混淆，会给消防车驾驶员造成一些识别困难；第二，绿化设施容易被破坏，长期使用很难保证消防车道的完好；第三，维护成本高，有些仅几年的绿植消防车道，车道和绿地融为一体，消防车一旦开到非车道部位，极可能陷入泥坑。

1.2.4 居住区绿地率、绿视率得以提高

一般说来，在我国大陆地区，传统居住区的绿地率为25%～30%[①]，而无车化居住区中由于人车分层，地面道路占用的面积大幅度减少，有的居住区中地面道路宽度也变小了，因此这些居住区的绿地率、绿视率均显著高于传统居住区，这就使居住区各级开放空间的环境得到较大改善。湖南长沙的湘江世纪城居住区，占地面积约100万m^2，总建筑面积约400万m^2，商品房数量约20000套，规划入住约6万人。该项目利用场地与湘江堤坝之间的高差建设地下空间，整个地下层的建筑面积接近100万m^2，全部架空，设置市政交通层和地下车库，将车流全部导入地下，除了必要时的消防车和救护车外，在地面上几乎见不到任何机动车辆。彻底的人车分流体系让车流与人行不在同一水平面上，形成“地上花园、地下行车”的样态。由于将机动交通完全设置在地下，地面没有机动车，其绿地率甚至超过50%（图1–4）。

1.2.5 无车化对市政交通造成了一些不利影响

我国传统的居住区，其规划虽然强调地面道路要“通而不畅”，但往往还是允许小区以外的机动车穿行的，只不过路径较为曲折不便。而对于当前规划建设的居住区而言，由于业主、开发商等各方均喜好较大的规模，并且常常将机动交通置于地下以便获得安静、“高档次”的内部地面环境，这种无车化趋势下的居住区，则大多数是不可穿行的。

图1–4 长沙湘江世纪城的地面完全是绿地

① 通常在城市新区，绿地率要求为30%以上；而在城市旧区，则降低为25%以上。

（1）居住区追求安宁的环境品质造成外部社会车辆难以穿越

就社会车辆而言，其通勤是颇有规律的，其中相当一部分交通是过境车辆，这些机动车每天都需要穿越一定数量的居住区。无车化居住区的人车分层是造成机动车难以穿行的主要原因之一。以北京建外SOHO为例，这种不可穿行表现在两个方面：一方面，由于地面作为人行区域，并且与居住区的"档次"密切相关，居住区的地面开放空间完全与机动车道分开，仅作人行使用以及用于搬家、急救车辆等临时驶入，而外部机动车则被严格限制进入；另一方面，对于开发商而言，虽然居住区封闭会影响其周围区域的城市交通，但只要保持居住区内部安静、安全，就可以使其利益最大化，况且一旦住宅售出，后期的经营管理与其利益关系并不大，因此这些居住区的地下车库往往主要用于内部停车，禁止外部车辆通过（图1-5）。

（2）居住区室外地面形成了越来越大的专属步行区域

为满足健身、休闲及邻里交往等需要，居住区中必须为居民配置一定面积的地面步行区域。传统居住区由于建筑层数少，建筑密度高，加之机动车道占地面积大，因而行人可使用的步行区域面积较小。而无车化居住区则常常是以高层、低密度建筑为主，加之机动车道多设于地下，故而步行区域几乎覆盖整个居住区，这些步行区域平均到每个人，已经远远超过2002年、2006年、2016年版《城市居住区规划设计规范》的要求。

图1-5 北京建外SOHO居住区宽阔的地面开放空间

1.2.6 无车化趋势对城市交通体系的影响

随着机动车保有量的持续增加，城市中心区拥堵呈现加剧的趋势。由于城市蔓延扩大，居民日常通勤出行的时间成本逐渐增加，私家车的实际使用率可能逐渐减少，而地铁等轨道交通则越来越成为通勤首选。2011年，北京社科院的一份调查报告称北京市居民上班平均需要45分钟。在2005年，北京市居民上班时选择的交通工具多为公交车和自行车，其次是私家车，地铁并不是主要的交通工具。而到了2010年，问卷调查则显示，与2005年相比，公交车通勤的比例略有减少，地铁通勤的比例大幅增加，其次是自行车、私家车和步行[13]。2017年，中国社会科学院、社会科学文献出版社共同编写的《2016—2017年中国休闲发展报告》指出，北京市居民平均每日工作时间较20年前少27分钟[14]。

1.2.7 居住区规模增大，对公共交通依赖性增大

在“单位大院”时期，居住和工作往往是一体的，彼时并没有突出的上下班通勤问题。随着住宅商品化，居住地和工作地分开了，通勤问题逐渐显露。同时，住宅的建设主体也由单位转变为房地产开发企业。对于开发商而言，随着机动车进入家庭，规模越大的居住区越具有竞争力，主要体现在居住品质、造价、便利性和配套设施建设等方面，这也是开发商建设的楼盘越来越大的原因之一。从居住品质上看，规模越大的居住区其内部可能就越安静、安全。从造价和配套上看，规模越大，其建筑安装造价就越低。配套设施也能够做到更齐全，管理也可能更有效率。从交通方面看，这些居住区往往靠近地铁轨道交通或有多个公交线路临近，如北京天通苑居住区占地面积高达48万m^2，建筑面积为600多万m^2，虽然在五环以外，但交通却十分便捷，配套设施也很齐全，地铁5号线和13号线都经过这里，另外地铁17号线正在修建中，此外还有多条公交线路直达，常住人口高达70多万，虽然私家车早已普及，但其出行仍高度依赖城市公共交通。

1.2.8 无车化趋势使城市支路难以加密

城市道路系统中，支路占重要地位，如果把干道比作动脉的话，支路就犹如毛细血管，它们共同作用，血管才能通畅。我国当前正处于城市化加速发展阶段，在今后相当长一段时期内，人口将向城市中心集聚，而居住区的无车化事实上将造成增加城市支路的巨大困难，特别是《物权法》颁布实施后，居住区内部道路的所有权已经明确归业主共同所有，要改变为城市道路，难度增大不少。以北京远洋山水居住区为例，其用地约为310m × 320m，而东京典型居住区地块约为60m × 90m，单块地块面积远洋山水约为东京的8 ~ 15倍①。东京居住小区每个独立地块周边常设市政

---

① 以上数据均来源于笔者对谷歌地球中各城市中心区居住小区卫星影像图进行的测量。

道路，因而形成更为密集、系统的路网。我国居住地块则往往尺度较大，形成大网格肌理。对以上两个居住区进行同尺度卫星影像图比较可发现，相同面积的居住小区，在北京，平均有约4条16m宽的市政道路沿其周边布置，而在东京，则有8条7～9m宽的市政道路呈网格布局，用地面积二者基本相同，但后者有较高密度的城市支路。在北京，在居住区仍旧保持封闭的前提下，要增加城市支路几无可能（图1-6）。

图1-6　相同尺度的北京远洋山水居住区（上）及日本东京局部（下）卫星影像图等面积比较（距地均为2.1km，即意味着二者平面尺度大小是相同的）

1.2.9　机动车与居住区相对分离，面向城市的无车化居住区

环境保护在欧洲有广大的民意基础。2018年12月，挪威首都奥斯陆决定推行一项激进的无车化计划，该计划拟拆除位于市中心的700个停车位，同时大力推广基于自行车、公共交通和步行的“绿色出行”，通过建造新的自行车道和发展公共交通来转变城市居民的出行方式。当前，我国的无车化居住区在机动车停放管理上有一些特殊性，与居住区内部行人活动区域不同，机动车停放空间由于对外联系较多，因而其管理主要针对外部车辆，即有条件允许其进入。而居住区内部行人活动空间则由于与业主的日常生活密切相关，因而常常严格限制进入[15]。仍以长沙湘江世纪城为例，其地下空间总面积约100万m^2，市政道路及社会车辆可以自由进入，而地面作为居住区内部步行区域则仅供业主使用，二者之间设有门禁系统隔离①。这样规划的结果是居住区和机动车相对分离，机动交通管理与市政社会车辆结合，而居住区居民的日常出行也能够更加充分地利用其临近的公交及停车空间。

---

① 在实际使用中，规模太大的封闭单元确实存在较大的安全隐患，笔者在现场调查中，就多次冒充居民顺利进入小区，更有“热心”的居民询问笔者是否忘记带门禁卡等。

1.2.10 采取竖向分区推进无车化，构筑安宁城市

无车化运动，发达国家是积极倡导者，其中，以1993年美国“新城市主义代表大会”①为标志的新城市主义思想比较系统地提出了相关策略，主张以步行和公共交通为居住区的主要交通方式，并制定了减少小汽车利用的交通规则，其主要内容包括五个方面：一是适宜步行的邻里环境；二是限制小汽车车速，控制小汽车停车场的面积；三是设置步行和自行车专用道；四是与居住区外部交通网络衔接顺畅；五是道路系统按尽端路或网格形式配置[16]。

新城市主义的这些主张对我国新时期“小街巷、密路网”的居住区规划设计产生了巨大的影响。特别是在高层、高容积率的居住区中，这些策略通过竖向设计就可以得到部分实现。如北京建外SOHO的规划设计就通过竖向分区，将3000多个机动车停车位设于地下，地面为适宜于步行的区域，道路网为网格式并与城市路网衔接（图1–7）。

图1–7 北京建外SOHO的地下车库

1.3 小结

和国外一样，在我国居住区建设中，无车化趋势会在相当长一段时期内存在，规划建设应当考虑无车化居住区的基本情况加以引导。

（1）结合我国居住区建设的特点，在城市化进程中推进居住区建设的无车化。无车化对城市化的影响具有两面性：一方面改善了居住区内部环境，另一方面对城市交通也造成了一定影响，

① 新城市主义提倡创造和重建丰富多样的、适于步行的、紧凑的、混合使用的社区，对建筑环境进行重新整合，形成完善的都市、城镇、乡村和邻里单元。其两大组成理论为：一、传统邻里社区发展理论（traditional neighborhood development，简称TND）；二、公共交通主导型开发理论（transit-oriented development ，简称TOD）。

在具体的规划设计中应当加以分析及应对，特别是我国已经明确了居住区规划建设要社会化，其内部道路要打开，要改善城市交通，在这种背景下无车化应当考虑我国的国情。

（2）改善居住区对外交通的换乘体系规划，大力发展公共交通。居住区无车化后，机动车相对集中在居住区地下空间，有利于居住区与城市轨道、公交的衔接，有利于改善城市交通体系。尤其是一些大城市，如果进行地下空间规划，就应当将居住区也纳入考虑。

（3）在居住区规划建设时考虑其附近的城市环境，整合无车化社区的交通时空资源，有效缓解城市交通拥堵。机动车与居住区相对分离后，其地下空间停车的时空资源可被较充分地利用，也可作为城市机动车道，这对于改善城市交通拥堵具有重要意义。

2 “封闭式居住区”社会化改造的交通策略

本部分将基于上一节介绍的无车化的基本情况，结合居住区规划建设的现状特征，着重论述为推进“封闭式居住区”社会化改造而应当坚持的一些交通策略。为此，调查、比较和分析匈牙利的布达佩斯、日本的东京和仙台等地“小街巷、密路网”街区的交通规划。将以北京恩济里小区为例，提出若干针对“封闭式居住区”社会化改造的交通策略，这些策略包括：以“路边停车”为原则，利用居住区地面道路大量增建社区停车位；以组团为封闭单元，将组团外部的道路开放共享，以加密市政道路；确保“公交霸权”，协调自行车、行人与机动车的矛盾，优化道路断面及交通换乘。总之，就是要保持既有居住区安静、安全、宜居等优势，构筑公交优先、便于停车、换乘方便的密路网，以有效缓解交通拥堵和停车难问题。

在我国“封闭式居住区”的街区化、社会化改造中，关键是交通体系的重新组织和合理优化。改造的主要目标之一，是缓解城市交通拥堵和停车难问题[17]。如果城市的交通顺畅，就可以减少交通的时间成本，提高城市经济竞争力。现有的这些“封闭式居住区”虽然具有安静、安全、开放空间完善等优势，但也存在加剧城市交通堵塞、停车位缺乏等不足[18]。故其社会化改造应从路网优化、停车位增建以及自行车、行人协调等方面推进。这些改造既涉及《物权法》等各种法规，又要平衡业主的利益以及居住区开放的需要。为此，寻求最大共同利益，找到合适的突破口，确立合适的封闭单元是关键，这在2019年暴发的新型冠状病毒肺炎疫情中也得到了印证，正是有了封闭的组团，才使得疫情的控制有了基本的物质空间保证。在这样的背景下，适当增加市政道路、增设机动车位可作为改造的突破口。公交优先、人车分离应为主要原则。

2.1 采取多种方式推广“沿路停车”，为居住区大量增建车位

在今后相当长一段时间内，停车难都将是我国城市建设长期面临的主要问题之一。以北京市为例，在2017年，其城镇中停车位总计为382万个[19]，而同期北京市机动车保有量超过600万辆[20]，车位缺口高达218万个。因此，对既有“封闭式居住区”的改造必须首先解决其停车难问题。由于停车位普遍严重缺乏，常常无法合法、合理停车，造成居住区内部交通拥堵，甚至占用城市机动车道停车，极大地加剧了交通拥堵①。鼓励社区建设机动车位可获得业主广泛支持，亦是最紧迫、见成效最快的事宜。在具体的改造执行机制中，以组团为责任主体建设机动车位，能改善以往居住区业主人数过多，无法做出有效决策等弊端，促进居住区自我管理②。在具体改造的激励机制中，可考虑降低居住区的绿地率要求、给予业主产权及相关收益等鼓励措施[21]。

（1）“路边停车”——充分利用居住区地面道路设置停车空间

在增加地面、地下停车位③的诸多措施中，“路边停车”是居住区改造中高效增加停车位的主要途径之一。这是因为我国既有封闭式居住区普遍建有大量地面道路，这些道路大致可分为居住区、居住小区、组团及宅前四级，其用地约占居住区的10%～15%。在实际使用中，这些道路主要用于内部机动车通行，大多禁止路边停车，同时限制外部的行人及机动车过境，以确保居住区“通而不畅”，这实际上浪费了大量停车空间。实际上，虽然不合规，但由于停车位严重缺乏，许多老旧小区的地面道路经常被用于停车。在改造中，利用这些既有道路设置路边停车位能节约大量停车用地，为居住区提供可观的停车空间，并便于业主停、取车，尤其适合于宽度较小的居住小区级道路。由于利用了既有道路，其效率较高。对于组团级道路，即便其宽度只有4～6m，若经适当改造，利用其两侧沿路停车，仍可增加大量机动车位。以日本仙台市为例，其居住区多为人车混行、宽度约5m的组团级道路，沿路两侧设置了大量小型停车位。其利用道路设置路边停车的方式有平行、斜线和垂直三种，其中垂直停车效率最高，在该地区也最为常见。仙台是典型的“小街巷、密路网”城市，其街区宽60～90m，长100～120m，东西窄，南北宽，与城市形态基本吻合，道路密度极高。沿路常常紧贴道路边线停车，人行道宽度仅为60～120cm，局部还按车辆到达及离开的时间密集依次停放，不设车行道，前后车辆依次移出，土地利用效率很高，停车取车均较便捷（图2-1）。

---

① 据“搜狐新闻”2015年5月30日《关于北京停车位必须知道的几件事》报道，截至2014年10月，北京共有经营性停车位171.3万个，非经营性停车位110万个，总计281.3万个。而同期全市机动车保有量达561.1万辆。车位配比已高达1∶0.5，即大约有一半的机动车没有停车位，这个比率已经远远高于东京、纽约等发达国家大城市，停车位之缺可见一斑。

② 社会学认为，500人是做出有效决策的上限，超过这一上限，决策效率将大大降低，或者是根本无法做出决策。

③ 在地下空间设置停车位，每个小汽车停车位大约需要建筑面积30～35m^2，而地面停车可减少为15～25m^2。如果结合道路设置路边停车，则可进一步减少。

图2-1 日本仙台某居住区卫星影像图（上）及沿路停车（下）

（2）在地面开放空间中局部设置双、多层停车设施

我国早期建设的居住区，受限于特定历史阶段的认识，建设者难以预计到机动车的快速普及，因此，其配建的车位每户常常不足0.3～0.5个[22]，致使那一时期建设的居住区停车空间普遍不足。且由于彼时建筑多为低层或多层高密度的形态，地面开敞空间很少，可供利用的场地十分有限[23]。所以，在这些居住区的改造中，在不影响低层住宅的日照、采光等前提条件下，可以考虑建设一些双、多层的停车设施，以大量增加停车位。日本仙台某居住区，其建筑密度远高于我国传统居住区，绿地等开放空间更极度缺乏，故该居住区建设有大量双、多层停车设施，且在不断增建中。在街巷中经常可以看见一些广告，其内容是寻找合伙人共同购置宅基地用来建设多层停车场。这些停车设施中，主要的一类是沿路设置的2层停车设施（图2-2左），这种设施利用电动机驱动结构将机动车举起、停放，能在相同用地空间中将停车位增加1倍，常常安装在东西向道路的南边、住宅的北侧①，这样对住宅的南向日照影响较小；另一类是在路边设置规模较大的双、多层停车楼，适用于较大的场地，一般位于城市中心土地昂贵的地方，有较大的出入口空间，能停放较多机动车辆（图2-2右）。

① 将停车设施设在住宅北侧，一方面不妨碍住宅获得南向日照，另一方面可隔绝部分市政道路的交通噪声；同时，住宅中往往将厨房、卫生间、次卧室等次要用房安排在北向，在此处设停车设施，易于获得业主支持。

图2-2 日本仙台的双层停车设施

（3）利用居住区道路两侧的公共绿地建设地下停车设施

早期建设的“封闭式居住区”，其公共绿地下通常未加以利用。因此，对于一些停车位极其匮乏的居住区，在改造中，可利用新型“圆筒形地下立体停车库”①，及“半地下车库”[24]等新技术开发停车空间（图2-3），其特点是空间紧凑，利用率高，可兼顾地下空间和地面绿地，但造价较高，仅适用于城市中心区土地昂贵的地方，或早期建设的停车位特别缺乏的老旧小区[25]。截至2015年底，长沙机动车保有量达230多万辆，但停车位只有约51万个，供需矛盾突出。为此，长沙市政府提出，在2020年前要新建650个公共停车场，新增15万个停车位，而地下立体停车库由于占地少、节能、环保、防盗，将在全市推广[26]。2016年7月，长沙市开始建设两个地下智能车库，深达40m，提供车位共计427个，可大大缓解市中心停车难题。

（4）优先建设小尺寸停车位，鼓励业主使用小排量、小尺寸的私家车

很遗憾，在我国大多数城市地区，小排量汽车并不受欢迎。事实上，小排量汽车不但有利于节能减排，在城市道路、停车等空间利用上也有很突出的优点：既能减少道路占用，又可以节省停车空间。在这方面，不得不向我国的邻邦学习。仍以前文所述的日本仙台的双、多层停车设施为例，由于采取较小的车身尺寸和车高，其停车设施可以大大缩小，一般车位尺寸约为2.1m×4.8m[27]，而我国标准小车位尺寸为2.5m×5.5m，停车设施就更大一些，其总体积大约相当于大尺寸机动车的70%。同时，在日本，由于车的尺寸较小，相关的道路宽度及转弯半径等也都可以减小，这对居住区总平面布局也很有好处（图2-4）。在实际改造操作中，可通过减少车位出租费、优先出租小尺寸车位等方式加以推广。

如果将上述策略应用在我国既有封闭式居住区改造中，就可大量增加停车位，下面将以一个真实的居住区为例，来测算大约能增加多少停车位。仍以北京恩济里小区为例，对整个居住区9.98hm^{2}用地内原有居住小区、组团级道路进行统筹布局，将部分公共绿地辟为停车空间，在基

① 新型“地下立体停车库”现身南通，存取车仅需50秒。目前，这种立体车库在长沙、杭州、威海等地均得到了一定程度的应用。

本不影响原有住宅使用的前提下，以垂直道路停车的方式改造停车体系，并在部分道路的北侧设置双层停车设施，大约可新增车位1040个，加上原有的少数机动车停车位，可基本满足1885户约6000位居民的停车需要[28]，并将组团内部完全辟为非机动车通行的步行区域。

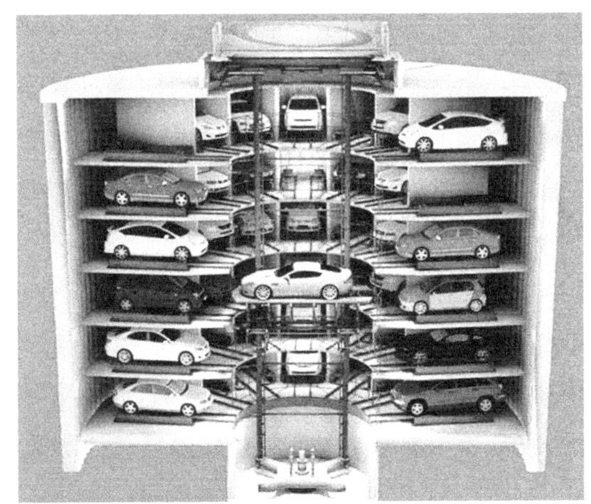

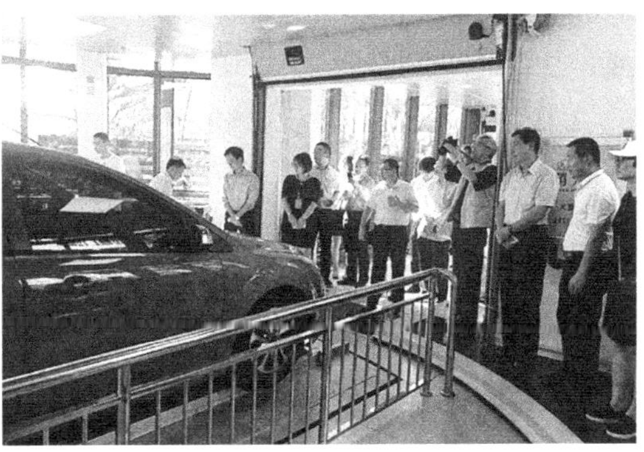

图2-3 沉井式地下圆筒形立体停车库

图片来源：沉井式地下圆筒形立体停车库是如何建成的［EB/OL］.（2018-02-27）.https://baijiahao.baidu.com/s?id=1593511541229527763 & wfr=spider & for=pc.

图2-4 日本仙台的小排量、小尺寸私家车

2.2 以“组团”作为最小封闭单元，在居住区中构筑密集路网

将封闭式居住区进行社会化改造并非完全开放共享，而是减小封闭单元的规模，即从传统的整个居住区都封闭改造为以居住小区、组团为封闭单元。不可否认，封闭式居住区具有安静、安全、开放空间较完备等优势，但也有影响城市交通、加剧停车难等问题。对居住区进行社会化改造，首先要千方百计地开放内部道路，增加市政道路。但要注意，将封闭式居住区社会化也不是将所有地面的开放空间都打开，而是结合组团的封闭缩小地面开放的规模，以便将内部道路社会化，其主要目标之一是缓解城市的交通拥堵，同时营造良好的街道空间。为达此目的，应注意以下方面：

（1）降低绿地率要求[①]，允许增建若干商业服务设施

要满足增加市政道路及停车设施的需要，必须投入相应的土地资源，以利于引导各利益相关方积极推进改造工作。同时，沿街设置相应服务设施有利于形成社区领域感、场所感，并有效扩大服务范围，提高服务设施的利用率。同时，在具体改造中还可根据环境条件，通过隔离不必要的人为活动改善绿地质量。以北京恩济里小区为例，通过增加大型乔木、藤蔓，整个居住区在绿地率适当降低的前提下仍可保持较高的绿量。

（2）在具体实施操作中突出组团的主体地位

对封闭式居住区进行社会化改造，最终是要形成以组团为基本单元的新的运行模式，因此，新建服务设施的规划、建设最好由各组团负责，其所有权及收益亦归各组团。要切实推进封闭式居住区的社会化改造，必须从业主的需要出发，完善各组团的配套服务设施，解除其顾虑，便利其生活，使改造对其利大于弊，激发其积极性。在具体操作上，宜成立以组团为基本单元的业主委员会，实行自我管理，监督设计、建设，负责验收，参与日常维护及运营。对居住区道路社会化提供补偿，以争取业主对改造的支持。

（3）对居住组团进行改造，打通组团外部的“丁字路”“断头路”

由于执行“通而不畅”的规划设计原则，传统封闭式居住区中普遍存在大量“丁字路”“断头路”。对封闭式居住区进行社会化改造的目标是完善其公共交通，便于居民出行，确保其安全，满足其停车需要，以扩大居民与城市的共同利益。参照布达佩斯某居住区，对组团可采取以下改造措施：首先，设置门禁系统，以增强封闭组团的安全性并形成较为安静的内部空间。其次，控制组团的规模，提高领域感和邻里熟悉度。组团内成人的总人口宜控制在500人以下，加上未成年人，总人口可限制在750人以下。这是因为，根据社会学理论，当人数少于500人时，容易做出决策，有利于自我管理。再次，提倡在组团内部仅设置少量临时车位，其他辟为业主活动区域。如

---

① 我国大陆地区《居住区规划设计规范》规定，在城市新区，其居住区绿地率一般不小于30%，而在城市旧区则为不小于25%，二者之间相差5%，随着城市扩大，原有新区变为旧区，其绿地率是否也可以调整为不小于25%？如果可以，就意味着又可有5%的土地用于建设。

果土地条件允许，也可以考虑地面不设置停车位，改为从地下车库中直接经由电梯进入各户。最后，大力发展轻轨等公交设施。我国大陆地区的地铁正在快速发展，但轻轨的建设相对滞后，从布达佩斯①、东京等地的实践看，轻轨具有造价较低、施工便捷、换乘方便以及景观视野良好等优点，如果将轻轨和地铁、公交等交通方式结合，将更有利于居住区改造（图2-5）。

（4）在城市设计中将住宅与商业、办公混合，采取合院式布局

居住区必须有一定的复杂性，多种类型的建筑混合能够给居住区带来生活气息和活力。布达佩斯居住区多为合院式小网格布局，其街道两侧经常设置有咖啡馆、酒吧等服务空间，领域感强，生活气息浓厚，合院式布局中转角处日照较少的空间则常常用于商业、办公，职住结合，既满足了住宅的日照要求，又合理利用了低层空间，更重要的是，这些布局摆脱了日照间距的束缚，形成了大量宜人的城市空间，值得借鉴。我国居住区是否可以适当降低大城市、特大城市的日照要求[29]，是否考虑采取“智能镜面”[30]等方式弥补日照，是否不必都建高层住宅，这是值得深入研究的[31]。

如果采取上述策略，就可以将恩济里小区改造为7个合院式布局的封闭组团，每一组团的人口约500～1000人，基本符合可以独立做出决策的750人的规模。同时，还可以构筑南北向城市次

图2-5 布达佩斯某居住区的组团道路及其地面轨道交通

① 布达佩斯的地面轻轨遍及全城，每列有4～5节车厢，载客约250人，常常设于市政道路中心，将左右机动车道隔离，于道路中心两侧设站，发车密度约1～3分钟，其换乘便捷、安全、输送能力大，是城市主要的公共交通方式。

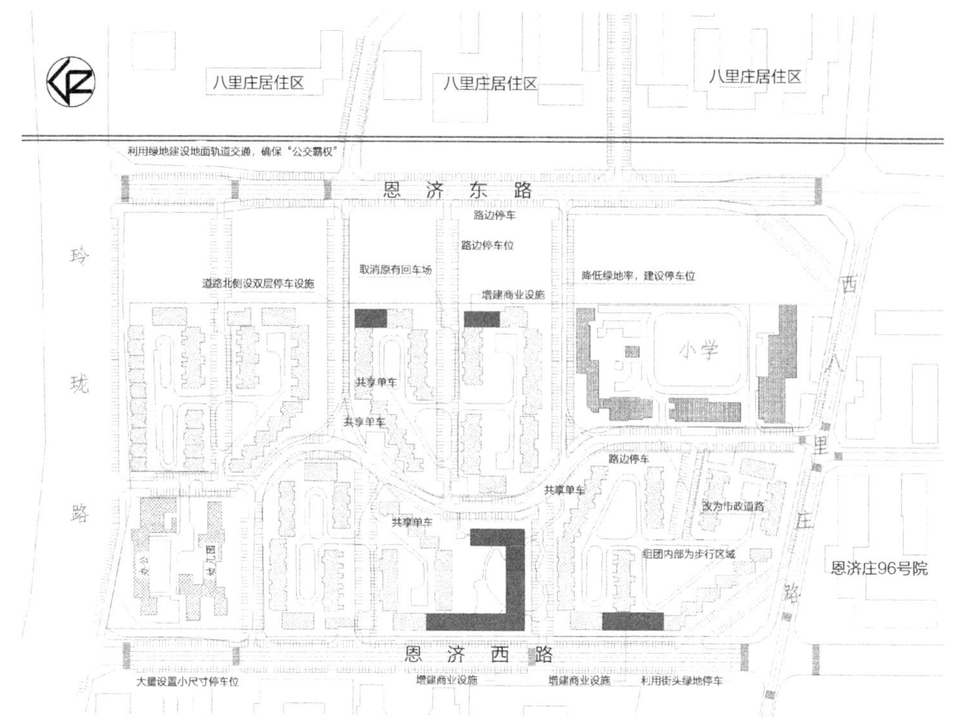

图2-6 恩济里小区社会化改造道路交通示意图
（图中灰色、浅灰部分所示为现状，黑色部分所示为改造规划）

干道1条，新增东西向城市支路3条，这4条道路还可以与邻近居住区衔接，这样就基本打通了小区原有的“断头路”“丁字路”。7个组团中的部分组团可增加商业服务设施约1万m^2，整个居住区形成住宅、办公、商业混合的布局模式，其居住小区级道路曲折，道路东西两侧沿街界面较连续，围合感强，具有一定的街区意向。但由于采取“路边停车”的方式增加停车位需占用一定绿地，整体居住小区的绿地率从约30%[32]降低至约22%（图2-6）。

2.3 在社会化居住区中确立公交“霸权”

大量研究表明，居住区的主要出行方式应当是公共交通[33]，公交要真正优先，就须获得道路的“霸权”[34]。仍以恩济里小区为例，该居住区在原来的规划设计中，其交通主要以满足业主出入为主，小区内禁止公共交通及社会车辆通行，其周边道路虽然局部设有公交专用道，但实际运行中，由于大量行人、自行车、电动自行车的干扰，公交往往处于弱势地位，通行不畅，尤其是在上下班期间，经常延误，偶尔还发生一些交通事故。由于采取“通而不畅”①的道路规划原则，

① 2006年版《居住区规划设计规范》5.1.1.1：居住区道路设计要“通而不畅”，避免外部车辆及行人穿越。

该居住小区内采取机动车与非机动车混行的方式，组团、宅前道路交通状况尚好，但用地中部居住小区级道路则各种交通方式相互干扰严重①，常常造成交通效率降低并容易发生人车之间的危险。此时若在改造活动中将二者适当分离，或在用地东侧利用城市绿带建设仅供公共交通通行的道路（如广州沿珠的江地面轨道交通绿道），则可保障公共交通获得优势地位，大幅度提高其行车速度及效率，同时对保护行人安全也是有利的。

（1）完善自行车道体系，提高公共交通行驶速度

以自行车作为短距离交通工具有下列优点：便捷，可直接从出发点到目的地而无需换乘；购置费用少，保养维修费用省，不耗能源；不排放废气，几乎不产生噪声；停放方便，便于换乘其他交通工具；有益身体健康。但自行车也有若干不足：速度和爬坡能力有限，在风雨天或陡坡路段不便使用，不宜作远距离交通工具。一般认为，自行车出行的最大距离为8km左右。我国是自行车大国，保有量巨大，截至2019年，全国自行车保有量超过4亿台[35]。在我国居住区的社会化改造中，建立、完善自行车道体系至关重要[36]。目前恩济里小区的自行车大都通过南、北、西3个主要出入口集中出行，进而汇入城市道路，由于许多路段人车混行，或者虽然有自行车专用道，但电动车、少数机动车违规驶入和停放，常常导致通行困难，经常发生拥挤、剐蹭。反观日本东京某居住区，其路网呈密集网格状，间距为40～80m，自行车可穿行其中任一道路，通达能力较强。恩济里小区的改造，可利用新增的次干道及支路，在居住小区、组团级道路中采取人车混行的方式增加自行车道并形成网络，以分散自行车出行，稀释自行车分布，缓解自行车与公共交通之间的矛盾（图2–7、图2–8）。

（2）在居住区中实行人车分行，既保障行人和自行车的安全，又确保公交路权

考虑到现实国情，要在短时间内提高国民的基本素质是不现实的。因此，我国目前封闭式居住区道路中，其城市支路可人车混行，机动车与自行车、行人之间的路权不做明确划分，但对于城市次干道等，由于交通量较大，道路等级较高，此时则应当人车分行，以提升通行效率。由于车速较高，行人的安全问题不容忽视，这时，如果采取某些巧妙的措施，可以保障行人的安全。例如，日本东京某道路沿路设置间断凸起等设施，这样机动车在行驶中就会避开道路边线一段距离，能有效确保行人、自行车与机动车的安全，笔者经实地调查，发现其通行效果良好（图2–9）。

（3）提高自行车出行的便捷性，避免行人对自行车的干扰

居住区是人口极密集的场所，我国传统居住区更是如此。在非机动车道上，主要问题是行人侵占自行车道，这一问题在我国现阶段颇为突出。除了努力提高市民素质外，规划设计应当在满足自行车使用需求的基础上限制行人使用自行车道，使自行车道既能满足自行车出行的要求，又可避免对行人造成不便，这样处理为最佳。例如，将自行车道设置成较长的路径，由于步行者对道路的长短极其敏感，较长则不愿意使用[37]，所以较长的道路不易被行人侵占。此外，将自行车道以醒目的颜色予以突出，可使步行者注意到自行车道不可侵占。

---

① 主要的相互干扰有：机动车占用非机动车道长时间停车，导致自行车反过来占用机动车道；电动自行车、自行车与机动车混用道路，易发生交通事故等。

图2-7 恩济里小区社会化改造道路断面示意图

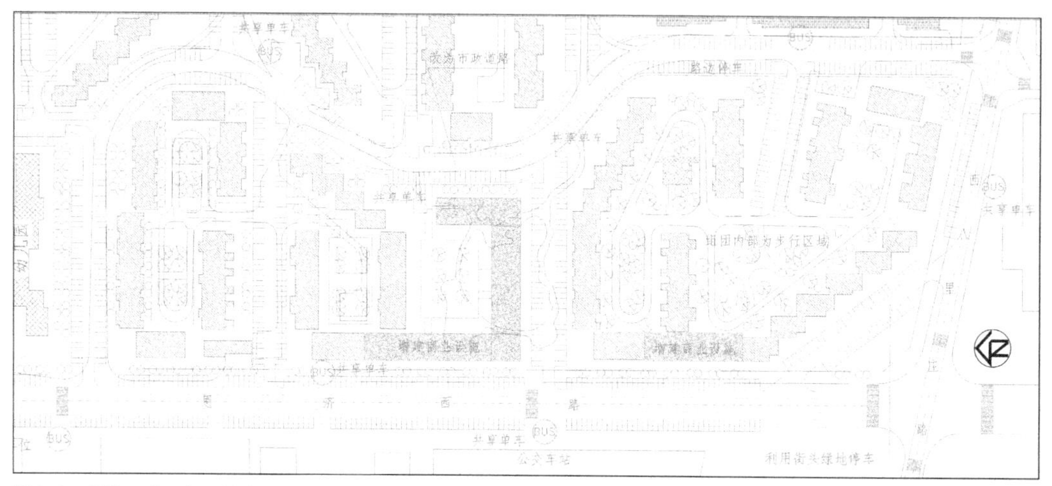

图2-8 恩济里小区组团社会化改造示意图

图2-9 日本东京某居住区道路的机动车道、自行车道及人行道

2.4 改善居住区出行的交通换乘，鼓励绿色出行

智能手机、5G等信息技术的发展使居民的出行方式发生了许多改变，在居住区规划设计中应积极加以应用。利用新技术，鼓励"自行车+公交"及"步行+公交"，方便居民使用出租自行车、电动自行车。在封闭式居住区的社会化改造中，最为绿色的交通策略是步行、自行车与公共交通组合[38]。在传统的封闭式居住区中，使用自行车存在诸多不便，而新技术的发展则可以使"自行车+公交"等方式获得新生。哥本哈根就有超过三分之一的市民每天骑自行车上班或上学[39]。近来年在北京、上海等地兴起的"OFO""摩拜单车"[40]等，虽然遭遇了不少挫折，但其总的发展方向是正确的。在恩济里小区改造中，可沿着用地的中部，在居住小区级道路旁设置多个共享单车停车点，各个封闭组团就近取车、停车，以连接居住小区与附近地铁6号线、10号线的站点。假以时日，待邻近的城市绿道、自行车专用道完善之后，则极可能建立"地铁+自行车"的生态交通模式。

不宜单纯依赖某一交通方式满足所有出行需要，宜大量建设适宜于行人、自行车出行及换乘公交、地铁的小街巷，分散人流、车流。由于交通过于集中，城市道路交叉口常常可见机动车与行人、自行车抢道[41]，若能大量建设小街巷，将各种交通加以分散，会极大地改善市政道路的交通拥堵，也将明显缓解行人与机动车之间的矛盾。对比日本东京上野地区与北京恩济里小区①，二者东西向长度均约为1700m，上野地区有各种级别南北向道路约30条、东西向道路约16条，而北京恩济里小区仅有各种级别南北向道路约5条、东西向道路约3条，若将原有组团规模缩小，打通组团与周边道路，则可增加6～7条小街巷，这样就能显著地分散交通流量（图2-10）。

① 其居住区密度亦甚高，但由于道路众多，自行车出入便利，因而很少有拥挤、剐蹭等现象。

图2-10 东京上野地区密集的街巷与北京恩济里小区同比例卫星影像图比较
（图像实际宽度均约为1700m）

2.5 小结

将封闭式居住区社会化已经上升为国家意志，但改造涉及多方利益，需要审慎进行，特别要注意协调、平衡各方的利益诉求，提高其积极性。以增加停车位、增设市政道路、完善生活服务配套设施为切入点，能够调动居民积极性，让业主与社会共同获益，减少改造阻力。具体改造工作应以丰富、便捷、改善居民出行及生活，完善居住区停车、交通换乘、配套设施为核心，注意解除居民后顾之忧。并推进以“自行车+公交”和“步行+公交”优先，大量增加适宜于路边停车及人流分散的小尺度市政道路。

3 居住区交通规划要从“通而不畅”走向“人车分离”

从我国居住区的无车化、社会化趋势看，道路网改造是关键，也是完善城市及居住区环境品质的抓手和切入点。我国城市化进程已经过半，从世界范围内诸多城市的发展经验看，现已进入加速发展阶段[42]。从我国居住区规划中道路设计的“通而不畅”原则及其历史演变可以看出，随着我国居住区建设出现大规模、高层、高密度并普遍建设地下空间等特征①，这一原则已难以适应城市化的进一步发展，现在已经到了必须加以重新审视的时候了。

随着封闭式居住区逐步社会化，越来越多的内部道路将从封闭的仅供业主使用的内部道路变成城市道路。居住区将逐步演变为可穿越的网格，并融入城市。因此，为保持居住区环境的安全、安宁，居住区道路设计也应从“通而不畅”走向“人车分离”，并在具体设计中遵循以下导则：在保证居住区基本环境质量的前提下采用“人车分离”的道路网；充分利用地下车库进行人车分离；居住区路网规划与市政道路衔接，采取对城市交通体系友好的形态；多个居住区的地下车库等空间应互联互通以提高利用率。机动车的普及是当前居住区规划设计面临的最大改变之一，结合我国城市居住区建设出现的新特征适时调整其路网规划原则，对改善城市交通拥堵和居住区的可持续发展都具有重要的现实意义。

---

① 笔者近年来参观的长沙、襄樊、郴州、鄂尔多斯等二、三线城市，也普遍建设有高层建筑。

3.1 “通而不畅”已不适应居住区规划建设的发展

传统居住区之所以采取“通而不畅”的交通规划原则，是有历史原因的。所谓“通而不畅”是我国1993年、2002年、2016年版《城市居住区规划规范》中路网规划的主要原则之一。各版之8.0.1.2条都规定，小区内应避免过境车辆穿行，道路通而不畅，避免往返迂回，并适于消防车、救护车、商店货车和垃圾车等通行。并认为，居住区内的主要道路特别是小区路、组团路既要通顺又要避免外部车辆和行人穿行。这里提到的居住区内外联系道路要通而不畅，主要有两方面的意思：一是在居住区内部，主要用于内部交通的机动车道的道路线型要尽可能顺畅，以便于消防、救护、搬家、清运垃圾等机动车辆转弯和出入。同时，那些主要用于内外联系的道路也要通而不畅，要避免过于顺畅招来外部车辆过境①，要利用曲折的道路使其感觉不畅，甚至迷失方向，车辆难以穿越。二是在满足交通功能的前提下，道路网应尽可能短捷、明确，既符合交通要求又结构简明[43]。实际上，建设部（现住房和城乡建设部）很早就在三代“试点小区”时期提出了“限制过境汽车交通，以减少居住区内部交通量”的做法，后来这一做法得到了普遍推广。一些居住区甚至开始积极探索人车分流的规划模式。这些居住区设计了步行系统和车行系统，初步将人和车分离。随着机动车交通量增大，居住区开始在不同的范围实行封闭式管理，严格禁止过境交通，并普遍实现人车分流[44]。

3.2 “通而不畅”的道路网给我国城市化造成了困扰

传统“通而不畅”的居住区内部道路的主要功能是分离地块及联系不同功能的用地，这一做法在相当长的时期内为我国居住区建设做出了重要贡献，但在当前城市化的条件下，这一原则也加剧了城市交通拥堵，并可能反过来影响居住区的环境质量。从两个时期居住区的卫星影像图可以看出，传统居住区机动车难以穿越，过境只能依赖其外部的城市主干道（图3-1）。

（1）居住区若“通而不畅”，城市将更加拥堵

已有研究表明，虽然每年有接近1400万人口进入城市居住生活，但我国城市人口密度还是从1995年的1.112万人/km^{2}下降到2005年的0.922万人/km^2[45]，因此，城市整体呈现一定的蔓延态势，许多城市建成区显著增大，这就给交通带来了巨大压力。同时居住区、各种职能部门、企事业单位、居住区场地等在进行道路系统规划时常常采取“通而不畅”的原则，禁止外部车辆通行，并于出入口处设立关卡盘查，加剧了城市交通不畅。随着城市化加速推进，机动车保有量节节攀

① 在大多数居住区中，管理进入小区的机动车是重点，一般居住区会规定在一定时间内机动车在小区内活动是免费的，因此，也存在一些熟悉当地道路条件的机动车穿越居住区的可能。

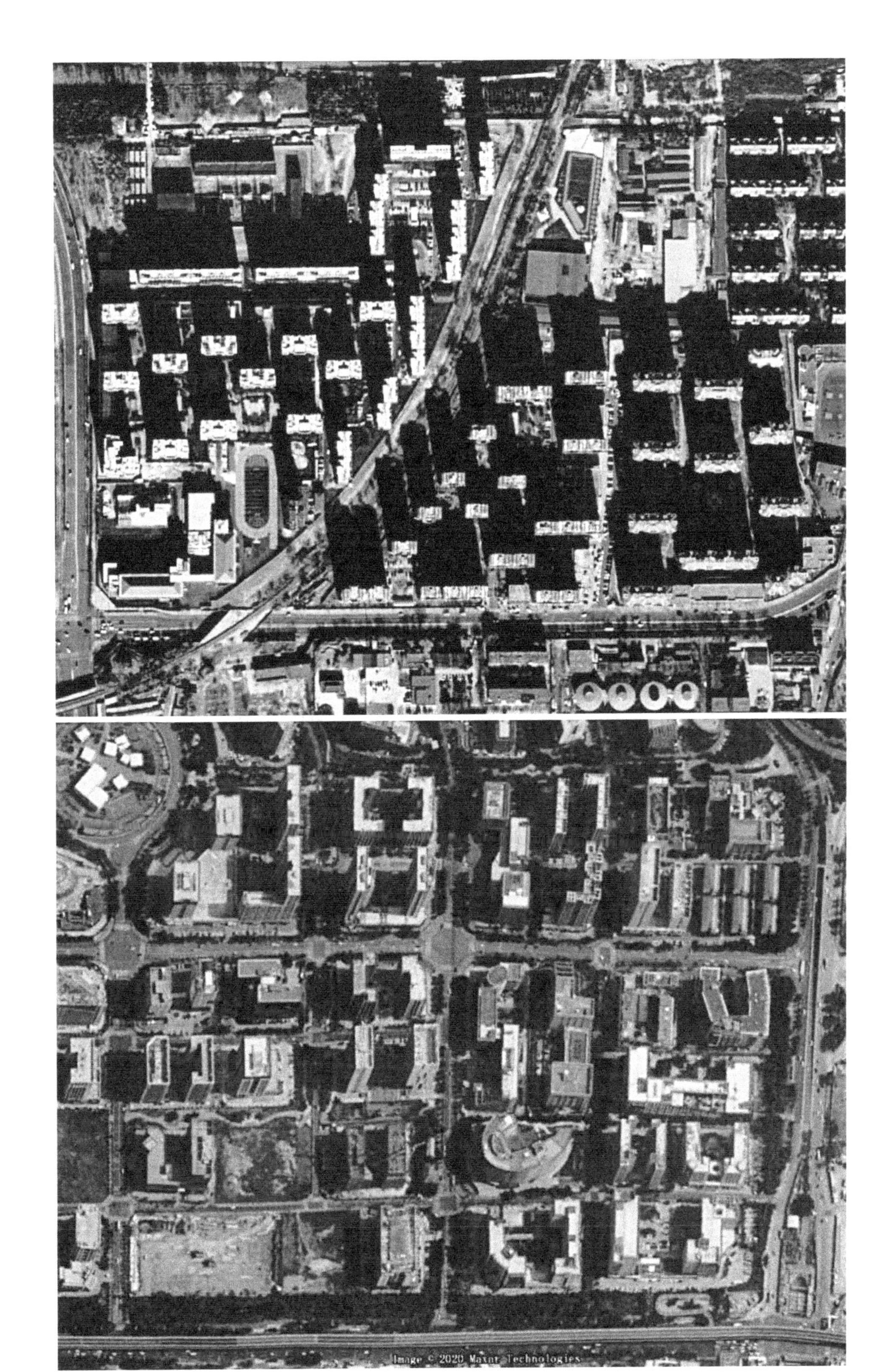

图3-1　我国早期“通而不畅”的居住区与当前“小街巷、密路网”居住区卫星影像图对比（二者比例相同，距地均为1000m）

升，“通而不畅”的道路规划原则越来越不利于城市交通的发展。更为严重的是，这一原则似乎陷入了恶性循环，城市道路越多，机动车保有量增长得越快，交通拥堵更甚[46]。以北京五棵松地区与东京墨田区为例，二者相比，面积相同，五棵松地区有30~40m的市政道路4条，而墨田区有6~9m的市政路19条。在实际使用中，前者在交通量小的情况下可高速通行，但如果局部发生拥堵，整个干道就常常发生交通拥堵；后者虽慢速，但即便局部堵塞，其整体仍旧保持基本通畅（图3-2）。

（2）居住区内部若“通而不畅”，其外部环境品质就将进一步下降

应当承认，在居住区规划建设的早期，在以低层、多层为主的居住区中，“通而不畅”的道路网规划确实可减少噪声、降低机动车车速、丰富居住区景观、改善居住环境，其内部空间也比

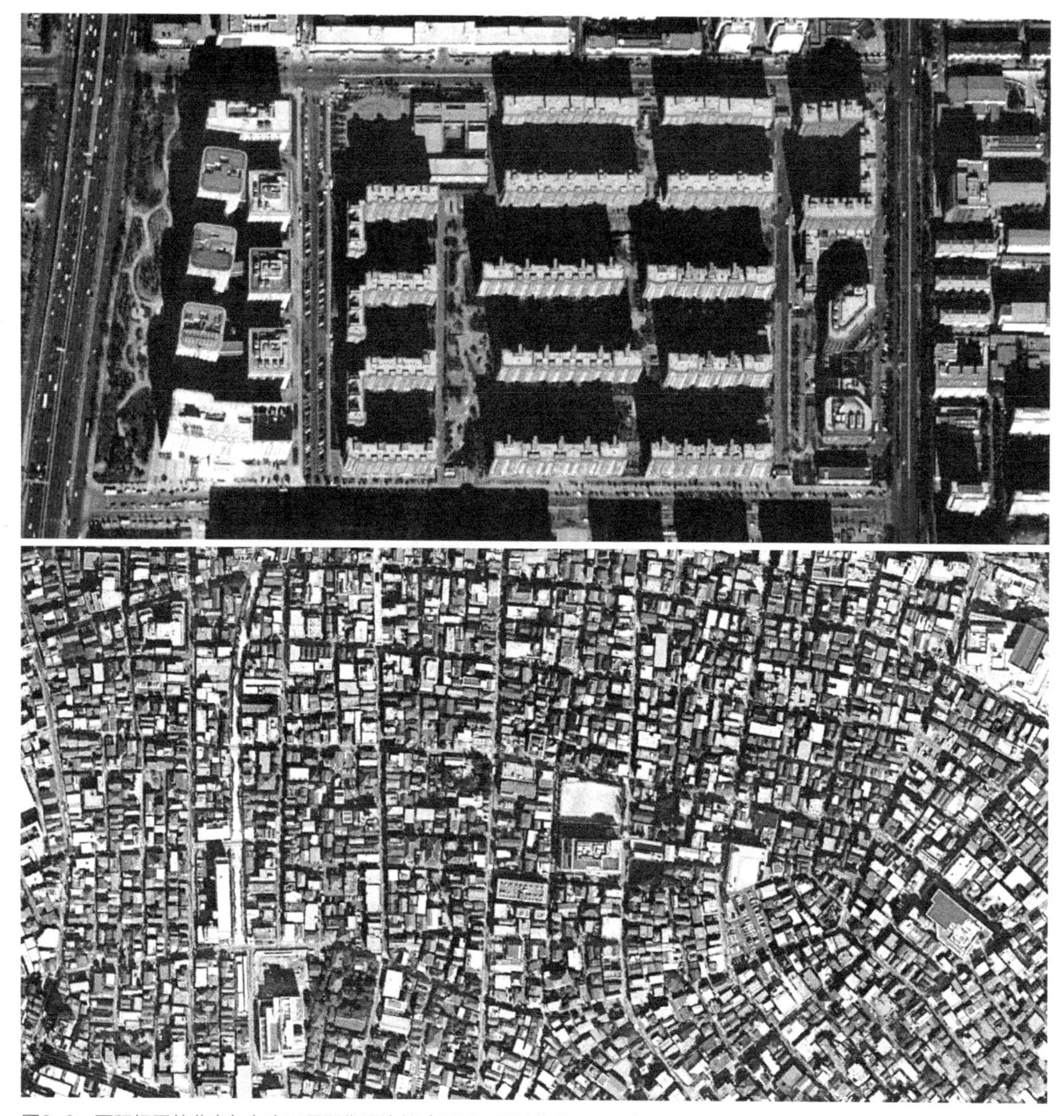

图3-2 面积相同的北京与东京卫星影像图比较（局部，距地均为806m）

较安静、安全。但在当前我国城市化的新阶段，这种路网导致居住区周边聚集了大量交通，这些交通产生的噪声、尾气反过来也降低了居住区内外部的环境质量。仍以紫金长安居住区为例，由于该区域路网难以通畅而常常拥堵，该居住区周边$PM_{2.5}$高于同一区域的定慧寺、恩济里居住区约50%，噪声高出3～5dB①。

3.3 采取“人车分离”的交通体系，建设对城市友好的高密度住区

当前我国大陆地区的许多居住区对城市是很不友好的。我国城市居住区建设出现了规模扩大和高层、高容积率、高人口密度的趋势，更重要的是，这些居住区普遍建设着地下空间[47]，因此，在道路网设计时利用这些突出特征将“人”与“车”分离，可缓解居住区建设对城市交通的不利影响，改善城市交通拥堵。

（1）满足居住区基本需要，应采用更加通畅的路网

原有各版《城市居住区规划规范》之所以主张“通而不畅”，还有一个主要原因，就是当时的居住区主要是多层、小高层住宅，地下空间很少，在那个时期，土地价格占比较小，建设单位普遍很重视建筑安装造价，而地下空间的造价比较高，这在整个居住区造价中是必须考虑的问题，因此很少有居住区会建设大面积的地下空间。同时，由于机动车保有量很低，也没有必要过分考虑过境车辆穿行对居住区环境造成的噪声、机动车尾气、安全等影响。而在当前居住区建设中，由于大多数住宅都是高层，按照结构抗震等规范，必须有一定的埋深，因此地下空间的建设逐渐普及，这些地下空间的建设，已经把上述问题妥善解决了。如北京南三环的小网格居住区弘善家园与东北四环的阳光上东居住区均采用了网格式布局，建筑围合成若干个合院形成组团，但阳光上东居住区的道路网“通而不畅”，而弘善家园居住区则为城市提供了多条市政道路。在居住环境方面，阳光上东较为安静。如果将二者结合，通过“人车分离”，既能保证内部环境安静舒适，又能为城市提供多条市政道路，就可有效地缓解城市尤其是城市中心的交通拥堵（图3-3）。

（2）利用居住区地下车库进行人车分离

虽然在地面进行合理的规划，也能将人和车适当分开，但要彻底地推进“人车分离”，就必须利用地下空间，而以地下空间建设进行人车分离的不利条件之一是其造价高昂②，我国新时期居住区规划建设的大规模、高层化特征有利于降低其造价：大规模的高层居住区由于抗震等结构需要必须建设地下空间，利用这些地下空间进行人车分离更经济、有效。如北京太阳星城居住区位于东北三环内，建筑面积超过300万m^2，均为高层住宅，建有二、三层地下车库。各小区的机动车均进入地下，地面仅供人行，在一定范围内实现了人车分离（图3-4）。

---

① 此数据来源于笔者2013年1—5月4次实地监测的平均值。

② 一般认为，地下空间的建筑及安装造价是地面的3～4倍。

图3-3 北京阳光上东居住区（上）、弘善家园居住区卫星影像图（下）

图3-4　北京太阳星城居住区卫星影像图（上）及其地下车库（下）

（3）将居住区道路与市政路衔接，实现对城市友好的人车分层

推进“人车分离”还要从城市整体角度考虑问题，将居住区规划设计与城市交通体系相结合。例如，北京太阳星城内各居住小区的人车分离改善了居住区环境，但对城市交通缓解却少有裨益。若居住区采取“人车分离”的道路网规划并与市政道路衔接，将可能进一步有效改善城市交通拥堵。如位于长沙市湘江东岸江滨的湘江世纪城居住区，总建筑面积约400万m^2，其地下层建筑面积约100万m^2，地下一层设有市政交通层使车流下地，市政道路延伸进入居住区并与行人完全分离，在保障居住区环境的同时较好地缓解了城市交通拥堵（图3-5）。

（4）地下车道社会化，构筑互联互通的“双层城市”

对于已经建成的居住区地下空间，其车位很可能已经私有化，但其中的车道尚可加以利用，即将部分地下车库中的车道社会化，允许社会车辆通行。大量居住区采取“人车分离”的地上、地下交通并进一步将地下车库、地下机动车道社会化，将使建成地下交通体系成为可能，形成“双层”的城市结构。北京建外SOHO位于北京建国门外大街，国贸中心南面，建筑面积约70万m^2，是一个“没有围墙的”高档居住区，其地下有停车位3000个，实行完全的人车分离（图3-6）。如果新建居住区均采取类似设计并相互连通，则可能将整个城市核心区建成地面、地下互补的新型“双层城市”，从而极大地缓解交通拥堵。

图3-5 长沙市湘江世纪城居住区卫星影像图（上）、沿江外景（下左）及地下机动车道（下右）

图3-6 北京建外SOHO居住区卫星影像图

3.4 传统居住区“通而不畅”的重要意义及其副作用

传统居住区交通规划所主张的“通而不畅”原则有其重要的历史价值。长期以来，这一原则被普遍采用，使居住区获得了较为安静的内部环境，对居住区规划建设有重要影响。

但同时，随着居住区规划建设的快速发展，居住区在规模、住宅层数、居民机动车保有量等方面都发生了巨大的变化，因此，这一原则带来的副作用也逐步显现，主要包括：①在城市规模不大、机动车保有量较小时，居住区“通而不畅”的道路网基本能适应城市交通要求，居住区内外部环境相对较好。但随着城市尺度增大、机动车进入家庭，居住区内外交通出行对市政交通造成的阻滞作用逐渐增大，甚至成为城市交通之“肿瘤”，特别是一些新建的居住区，其规模越来越大，档次越来越高，对城市交通造成的阻滞就越来越严重。②由于居民大量拥有私家车，原本就“通而不畅”的居住区更加拥堵，“不畅”有过之，而“通”则不及。许多居住区均在地面道路、开放空间等设置大量停车位，这些道路人车混行，反过来降低了居住区的环境质量，而机动车行驶速度下降又进一步造成了低效率交通，加重了污染，增加了出行的时间成本，降低了城市运行效率。③大量停车资源得不到有效利用。通而不畅的居住区将自身与城市交通体系相隔离，类似一个孤立于城市的交通岛屿，其中建设的大量停车空间仅限于业主使用，利用率很低。而其附近的办公、商务、服务业，却往往大量缺乏停车空间，是明显的资源配置不合理。

所谓的“交通安宁化”源于欧洲20世纪60年代市民的自发运动，其目的在于弱化机动交通的优势地位①，以实现机动交通与步行、自行车等多种交通方式的共存[48]，但机动车仍可进入居住区[49]。我国传统“通而不畅”的居住区在交通方面往往具有以下特征[50]：居住区内部机动交通极少，但停车需求较大，且其周边交通量显著增加；居住区地下空间“通而不畅”、进出困难、与城市联系不便，使得业主偏好地面停车，而地下空间利用率较低，特别是一些建设了大量地下停车场的大型居住区；地下空间停车资源浪费，尤其是日间，业主往往驾车外出，空置率很高。[51]

在未来居住区规划设计中，交通系统的规划设计应妥善利用上述特征，在保证居住环境品质的前提下，协调解决交通、机动车停放、地下空间利用以及居民对开放空间的需求等问题，从“通而不畅”走向“安宁畅通”。但与欧洲相比，我国居住区道路规划的“安宁畅通”有若干不同：我国以人车分层而非人车低速混行来实现交通安全和居住区安宁；我国利用居住区高层、高密度和开发地下空间等特点实现人车分层和居住区的互联互通；机动车不进入居住区，而不是欧洲的将机动交通时速控制在30km/h以下。

---

① 荷兰曾经提出了一种新的人车混行方式——在限制车速和流量的前提下的人车共存方式，即重新设计街道使两种行为共存。例如取消了人行道的尽端式道路，在行人、儿童游戏、小汽车交通混杂的交通条件下，通过设计迫使汽车减速，从而使行人安全与环境质量均得到保障。

3.5 居住区人车分层及其地下空间社会化

在可预计的一段时期内，我国大陆地区的居住区是有条件进行人车分层的，其关键是地下空间的利用。为构筑“安宁畅通”的居住区，首先应利用其普遍建设的地下空间实行人车分层，其次应使地下空间社会化、畅通化。为达此目的，应从两个方面入手：一是传统居住区之所以强调“通而不畅”，其主要原因在于人、车均在地面，从而产生一系列人、车之间的安全、道路使用、尾气污染等问题。在居住区建设中适当扩大地下空间面积，采取人车分层的规划设计方法，可彻底解决这一问题。二是由于地下车库仅仅作为业主停放私家车之用，利用率很低。如果能将地下空间社会化，将宝贵的停车资源供社会车辆使用，则可极大提高利用率，同时亦便于私家车出行。

3.5.1 人车“水平分层”，互不干扰

20世纪80年代，西方出现了“后小汽车交通”（Post Car Traffic）运动，主张弱化机动车对道路的控制，实行“人车混行”，通过降低机动车速，让道路重新回归，供人使用，并重建街道生活。而“人车分行”则可追溯到19世纪末霍华德的“田园城市”理论。从长远发展看，我国城市人口密度还将继续显著增加。据国家统计局统计，2013年我国城区建成面积共计18.3万km^2，同期城市化率为53.7%[①]，到2018年底，全国城市建成区面积更是达到20.08万km^2，城市化率达60.6%，5年间建成区面积扩大近2万km^2，城市化率每年增加1.2个百分点[51]。随着城市人口增加，城区面积不可能同比例持续增长。因此，新建居住区的容积率将显著增加，要达到原有的人均绿地、建筑密度、绿地率、停车位等相关指标，必须实行人车分层才可能满足。从国内外相关建设看，实行人车分层有很多优势，尤其是对于城市交通，这一做法能够最大限度减少人车交叉。当前，实行人车分层的主要制约是造价，我们应当积极利用我国居住区建设的特征来大幅度降低造价。具体途径有：一是整体规划、连片开发，通过整体布局减少不必要的出入口、坡道和配套设施。二是大规模建设，实现规模效应。三是利用地形。以长沙湘江世纪城为例，这一居住区用地长约2.9km，建筑面积约400万m^2，可同时容纳约12万人居住。可以想象，若按照“通而不畅”的传统居住区路网规划，这一规模巨大的居住区建设将对城市交通产生较大阻滞作用。实际建设中，设计师将居住区地面抬高，进行覆土绿化，市政道路及停车则置于地下，二者完全隔离，互不影响，较好地解决了人车矛盾（图3-7）。虽然普通单个居住区的规模不可能都像湘江世纪城那么大，但如果在城市规划上对多个居住区进行整体考虑，统一规划地下空间，然后再分开出让、设计、开发，则完全可以进行类似建设。

---

① 此数据来源于国家统计局网站（http://data.stats.gov.cn/）。

图3-7 湘江世纪城（右图为卫星影像图，其余为实景）

3.5.2 提高居住区地下停车空间的利用率

目前，居住区地下空间的利用率普遍还比较低，要真正走向安宁畅通，必须对居住区中的停车资源高效利用，从而大量减少地面开发框架的停车、交通量，让地下空间不但适合于停放机动车，而且能方便地与城市公共交通联系，这样做的益处是：①我国已进入汽车社会，机动车停车位短缺、使用不便是不可避免的问题。将居住区中分布广泛、数量众多的地下停车空间加以有效利用，则可以在城市广泛区域中形成大量停车空间[25]。②将居住区地下停车空间与城市公共停车场、地铁轨道交通等衔接，能极大提升公共交通的使用效率，交通拥堵等相关问题也可以得到缓解。③目前，我国已进入地下空间开发的繁荣阶段，巨大的地下空间若能合理布局，彼此相连，必将极大地提高利用率。早在2008年，深圳就出台了《深圳市地下空间开发利用暂行办法》，规定了地下空间规划编制、规划实施、土地使用权出让、建设管理等内容，有力地促进了地下空间的开发建设。2018年，深圳对这一《暂行办法》进行了修订，进一步明晰了地下空间功能分布，增强统筹协调和全过程管理，明确地下空间法定规划的体系和内容，并鼓励完善公共领域和连通空间的地下建设用地使用权管理，改进了地下空间产权登记和使用管理方面的相关要求。2019年，深圳推进了新一轮地下空间专项规划，提出在地下空间开发范围内，构建以轨道交通网络为骨架，以重点片区地上、地下空间立体高效利用为重点的城市地下空间布局[52]。以瑞典马尔默林德堡“双层城镇”为例，这一人口仅为28万的北欧城市，自2009年来就开始大规模建造人车分层的“双层城镇”。其地面居住建筑高约4层，完全为步行区域，同时也很适宜于野生动物栖息，在城镇与郊区交界处，还利用绿地构筑了一些景观廊道，供野生动物迁徙。在城镇的地下则建造了市政道路、停车场及相关服务设施，并与城市干道相连。地上、地下产权分开，分别运营，对我国居住区建设具有相当的借鉴意义[53]。

3.6 通过规划提高人和人、车与车的互联互通

在居住区中，居民和机动交通之间确实存在许多矛盾和冲突，但二者也必须联系便捷。在将机动交通与居民相对隔离的前提下，构筑"安宁畅通"的居住区，其关键就是形成较大区域的无车化空间，以加强各居住组团①居民之间的互联互通，减少人车交叉。加强居住区机动车道之间的互联互通，使路网从"不畅"到"畅通"，以使过境车辆迅速通过，有效缓解交通拥堵。从当前居住区规划建设的趋势看，其规模将越来越大，居民在居住区内确实通行无阻。但事实上，居民之间并不容易有效沟通，居民与日常生活、商业、办公、商务场所的联系也远未便捷。同时，因为居住区规模太大，居民之间难以形成领域感、归属感。由于坚持"通而不畅"的交通规划原则，对于传统封闭式居住区而言，虽然内部确实没有多少机动车，但只要一出居住区，马上就面临普遍的交通拥堵。对于机动车，由于居住区地下车库仅作业主夜间停车之用，机动车在其间行使方向感差，进出仍旧不便。同时，这些地下空间虽然停车位很多，但由于车辆频繁进出地下车库，居住区外的车辆过境也很不便利，只能绕着居住区行驶。这是造成居住区周边交通量增加的主要原因。为达到人与人、车与车相互连通之目的，较为可行的途径有两个：一是把居住区绿地竖向适当抬高，使步行空间高出地面，进而设置架空道路连接各个居住区，机动交通仍设置在地面。二是将居住区内部机动交通置于地下，在地下空间设置机动车道，各居住区之间的机动车道相互连通，并与居住区外部城市道路系统衔接，地面完全辟为步行区域。

3.6.1 在居住小区中建设彼此相连的"绿道"

绿道是一种线形绿色开敞空间，是供行人和骑单车者（一般不允许电动自行车进入）使用的游憩线路，通常沿着河滨、溪谷、山脊、风景带等自然道路和人工廊道建立。在欧美、日本以及我国的广东、福建、成都和北京等地都有比较成功的实践，如珠三角绿道网、成都绿道、武汉绿道、福州福道②、长沙绿道等[54]。在城市设计阶段进行居住区的相应规划，可在多个居住组团之间建设与城市道路完全立交的"绿道"。事实上，在城市机动交通总量中，出行距离在步行及自行车可达范围内的部分占有相当大的比例。如北京，其小汽车出行总量中距离在5km以下者即占

① 这些组团还保持封闭性，以维持组团内部相对安静、安全。

② 福道，即福州城市森林步道，采用全国首创的钢架镂空设计，主轴线长6.3km，环线总长约19km，福道东北接左海公园，西南连闽江廊线，中间沿着金牛山山脊线贯穿左海公园、梅峰山地公园、金牛山体育公园、国光公园、金牛山公园。

44%，这些交通完全可以由步行及自行车通过绿道到达[55]。对于居住区而言，其每一组团规模不可过大。20世纪90年代，对恩济里居住区的研究表明，居住区组团规模应以300户以内为佳，以利于形成较好的场所感、领域感（图3-8）[56]。恩济里居住区其四周均为城市次干道，宽度达到40m以上。这些道路将整个居住区从城市中孤立出来，成为独立于城市交通的居民“岛屿”。但在该居住区内有一条连接各个组团的绿道，有效地连接了各个组团的居民，并提供适宜于步行的联系空间，可惜随着机动车的增加，这一绿道逐渐被机动车所占用。因此，在居民的主要步行出行方向适当规划、建设一些供其出行、休闲、健身的绿道，对改善居住区交通，增加休闲、游憩场所等均具有积极意义。以纽约高线公园为例，这是一个位于纽约曼哈顿中城西侧的线形空中花园。此处原是一条铁路货运专用线，后被废弃并一度面临拆迁。重生的高线被建成独具特色的空

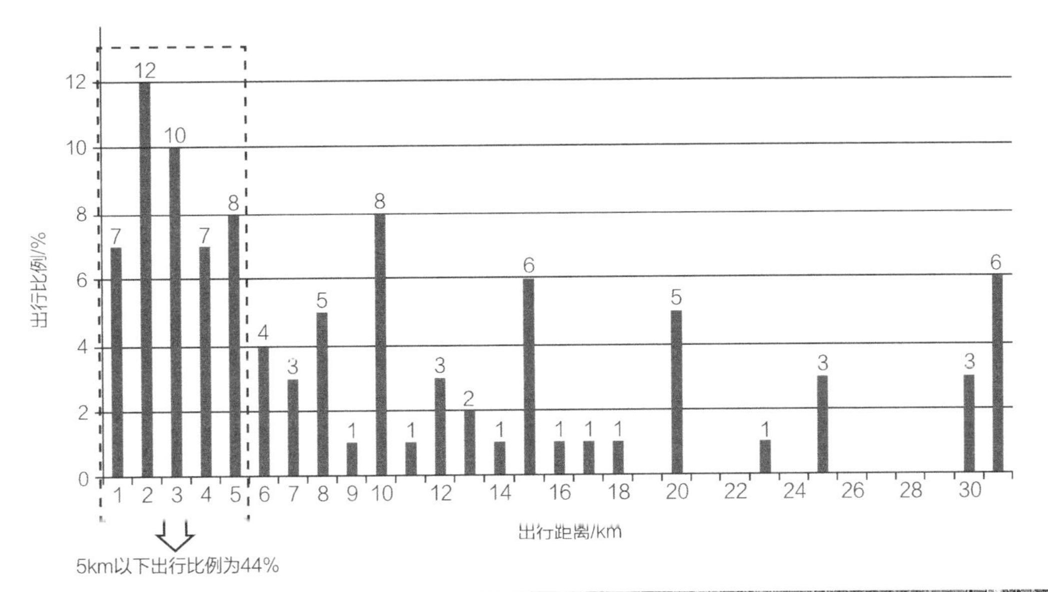

图3-8 北京市小汽车出行距离及比例（上）、恩济里居住区卫星影像图（下）

中花园绿道，使多个居住区与商业、办公等场所彼此相连，具有强大的交通联系、游憩、休闲、交往等功能，成为当地居民及游客喜爱的场所[57]（图3-9）。

3.6.2 将居住区地下空间中的道路市政化

这一想法类似于城市的“地下公路”，和许多大城市不断建设的高架路相比，地下公路具有显著的优势。而高架路普遍存在震动、噪声、污染等不足。正因为如此，美国波士顿从1995年开始耗费巨资拆除20世纪50年代建造的城市高架路，转而发展“地下公路”，认为“地下公路”可把汽车废气集中高空排放处理，使波士顿的一氧化碳降低12%，另外，地面上的高架路拆掉后可以作林荫大道，增加绿化面积。本书认为，“地下公路”在我国的应用可以结合居住区建设，进一步降低其造价。由于这些“地下公路”与居住区联系较为密切，其主要功能除了作为城市道路网的次干道、城市支路外，还应当为居民的生产、生活提供便捷，所以可以称这种道路为城市的“市政道路”。在未来的城市规划设计中，可考虑在交通量及出行方向集中的城市中心区增加居住区地下市政道路规划。在居住区中设置地下市政道路，其优点有：①人车分开，互不干扰。②机动车无需从地面进出地下车库，减少了城市地面交通，也节约了一部分进出地下车库的坡道。③将居住区地下车库与商务办公区地下车库直接连通，这二者之间存在天然的互补性，可提高利用率。

由于地面空间有限，地下道路就成为新的选择之一。在南京，内环地下道路已经投入使用；上海的外滩道路也全部转为地下使用，地面禁止通车。而早在2004—2005年，北京就为解决交通问题规划了“四纵两横”的地下道路网。一旦设置了地下市政道路，居住区即可大大加强其与城市交通

图3-9 纽约高线公园

系统的联系。在居住区中规划建设城市机动车道，就其建造成本而言，多层居住区要高于高层居住区，小规模居住区要高于大规模居住区。前文所述的瑞典马尔默林德堡“双层城镇”就是一个典型案例，该城镇居住区中的住宅均为3～5层的多层建筑，在场地的地下建造城市公路，需要特别开挖，这就涉及土方运输、地下结构防水、地面重新绿化以及顶板加厚等问题，造价较高。而我国居住区多为高层建筑，由于抗震等需要，本身就必须设置地下空间，因此，利用这些地下空间建设城市道路，其造价可以大大降低。此外，规划建设还应注意以下方面：①可以先将连接各个居住区的涵道建设好，在各地块出让时明晰地下道路的标高、位置等要点，各地块按此要点设计、建造，在使用时彼此连通。②地下市政道路宜天然采光、通风，减少其幽闭感[①]（如北京建外SOHO）。③道路设计车速不宜过高，道路两侧可结合停车设计（图3-10）。

3.7　大规模水平分层，在覆土建筑上设置绿地及开放空间

由于私家车普及，居住区也普遍实行人车分层，如果其地下空间也得以社会化，那么就会使得居住区地面的绿地等开敞空间大部分都是在覆土建筑上形成。随着居住区容积率、建造层数逐步提高，人均绿地面积有下降的趋势。要构筑“安宁畅通”的居住区，还有赖于各个居住区绿地、开放空间的无车化，以适应居住区的高密度趋势。在居住区绿地建设方面，应结合地下车库形成的覆土进行生态设计。以北京紫金长安居住区为例，由于居住区容积率提高，其人均地面开放空间、绿地率等基本要求也越来越难以满足人们的需要。为此，该居住区将机动车设置在地下，上部覆土形成了地面大面积无车化绿地及开放空间。虽然也规划了较多的地面机动车道（为满足消防等要求），但日常几乎没有机动车进入，全部私家车均进入地下车库停放（图3-11）。

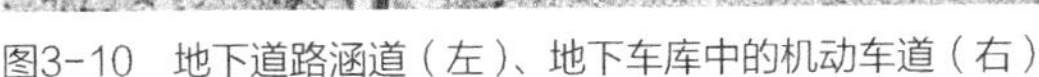

图3-10　地下道路涵道（左）、地下车库中的机动车道（右）

① 在杭州曾经出现老人因无法找到出口而死于地下车库的事件。

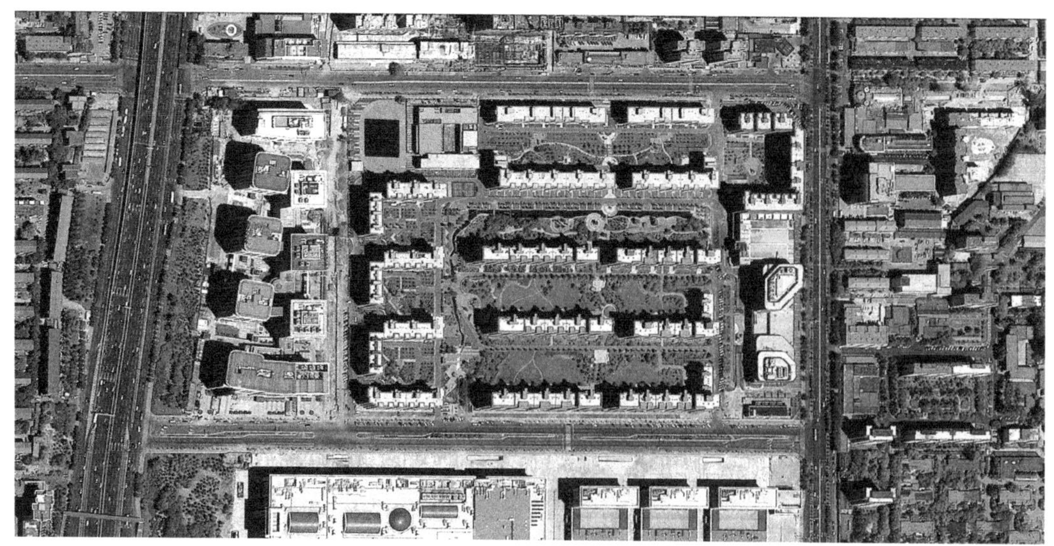

图3-11 紫金长安居住区卫星影像图

3.8 小结

（1）"通而不畅"是一定历史阶段的产物，随着居住区规划建设进入新时期，有必要根据当前居住区规划建设的实际进行修正。（2）未来居住区将逐步趋于高层、高密度、高容积率，特别是在无车化、社会化的大背景中，其交通规划应从"通而不畅"走向"安宁畅通"。（3）人车分层、地下空间社会化、绿道、覆土绿地以及建设地下公路等，是实现"安宁畅通"居住区的关键手段。

4 利用地下空间完善居住区景观

居住区规划建设必须依托城市布局进行，特别是要符合城市的整体地下空间规划，这一点很容易被忽视。2016年，住房和城乡建设部发布《城市地下空间开发利用"十三五"规划》，提出在"十三五"时期，我国将建立和完善城市地下空间规划体系，推进城市地下空间规划制订工作。到2020年，不低于50%的城市完成地下空间开发利用规划编制和审批工作，补充完善城市重点地区控制性详细规划中涉及地下空间开发利用的内容[58]。当前，我国居住区普遍建设了地下空间，如何合理利用这些地下空间是居住区生态设计必须考虑的关键之一。在地下空间开发建设中，居住区地下空间建设的现状特点就是大规模和快速。对于城市而言，利用地下空间建设能够完善城市中心区的慢速交通体系，改善城市拥堵。对于居住区规划建设来说，应当从地下空间机动车道及停车位的社会化、地下空间与地面道路有效衔接、利用地下空间开发来建设多种等级和类型的机动车道，以及在城市详细规划阶段从结合地下空间进行地块设置要点等具体措施入手，全面完善地面、地下一体化的城市中心区慢速交通体系。

4.1 我国城市地下空间建设的现状特征

普遍而严重的交通拥堵是当前我国城市化进程中遭遇的巨大挑战。面对这一挑战还需依靠发展，要在城市化进程中化解。随着城市化的加速推进，许多城市正逐步形成高层、高容积率之形态，并大量、广泛、持续地建设着地下空间，利用这些地下空间建设并构筑城市慢速交通末端，是改善城市交通拥堵、优化城市道路结构的重要契机。当前，我国城市地下空间建设取得了很大成绩，部分城市已进入大规模开发、利用阶段，但同时也存在着缺乏统一规划、各自为政、利用率低等不足，造成了社会资源的巨大浪费。从分布看，这些地下空间呈向心集聚之势：越接近城市中心，地下空间建设越普遍，规模也越大，而城市交通的拥堵，也往往以此为甚。以北京为例，其四环内的交通拥堵已转向常态，而其地下空间建设也已步入快速发展阶段。据《北京中心城中心地区地下空间开发利用规划（2004—2020年）》之规定，至2020年，北京将建成9000万m^2地下空间，这些地下空间就主要集中在中心区。而从整体利用和相互协调情况看，这些地下空间多各自为政，少有相互协调。由于普遍缺乏地下空间利用的整体规划，大多数城市的地下空间往往相对独立、封闭、仅供某些特定人群使用。以居住区为例，其地下车库多设立关卡、禁绝交通过境，致使居住区成为城市交通的赌点，越是高档、大规模的居住区，对城市交通的阻塞越大。从实际使用现状看，这些地下空间普遍利用率低、应变弹性不足。如北京市复兴路的凯德商业中心的地下车库共有停车位约350个，夜间停车空位为330～350个，日间停车空位约30～90个。而居住区则反之，与其同区域的万寿路某居住小区共计384户，共计有车位132个，日间车位空余75～90个，早高峰7：00－9：00该居住小区机动车外出，傍晚6：00－8：00回，夜间几无空余车位，甚至有占道停车。二者地理位置相近，却不能相互协调，表现出钟摆式利用的特征。

4.2 利用地下空间建设，改善城市中心区慢速交通

交通拥堵是当代城市可持续发展的主要瓶颈之一，在道路体系方面，造成我国城市交通拥堵的主要原因至少有以下三个方面：一是路网密度低，地面道路建设难以与机动车数量的增长匹配，一项研究表明，在几个国际大城市中，日本以18.9千米／千平方米（2014年）排名第一，其次是巴黎和首尔，北京的路网密度最低，仅为4.6千米／千平方米（2013年）[59]。二是路网结构不合理，道路循环能力差。三是城市的次干道及支路建设滞后（尤其是中心区），难以分流主

干道交通。现有城市市政道路往往按速度分级，故易诱导交通向高等级道路汇集，交通量的增加往往直接作用于干道，因而易发生拥堵。利用地下空间建设改善城市交通拥堵，一可提高道路密度，二能完善道路结构，三则强化道路循环。如能形成地下慢速机动交通网络，就可将其作为城市交通体系的有效补充分流主次干道交通，从而极大增强城市道路网的通行能力，完善城市路网体系。

4.2.1 多种方式利用地下空间，全面构筑城市中心区交通的网络化、立体化末端

欧美各国比较重视地下空间的开放和利用，前文所述的瑞典马尔默林德堡居住区从2009年开始实验性地建造“双层城市”，试图通过地下空间建设将城市机动交通置于地下，以人车分流之途径改善城市交通[25]。加拿大的蒙特利尔更是地下空间开发利用的突出代表，从20世纪60年代开始，就长期引导、鼓励开发建设其中心区地下空间，形成了适宜于工作、生活、休闲等的完善的地下空间体系，号称“地下城”，长达17km，总面积达400万m^2，步行街全长30km，连接了10个地铁车站、2000个商店、200家饭店、40家银行、34家电影院、2所大学、2个火车站和1个长途车站（图4–1）。我国地下空间种类多、规模大，随着私人汽车的普及，在利用地下空间改善城市交通方面，地下车库的合理利用、地下机动车道建设和地下空间生态化设计等做法能发挥重要作用。

（1）居住区地下车库机动车道社会化，提高道路密度

城市中心区内的商住楼群、居住区中普遍存在着大量地下车库，这些车库中的机动车道皆具有一定的机动车通行能力，但由于仅供内部使用而未得以充分利用。以北京建外SOHO为例（图4–2），这是一个商住两用的大型组团，其地下车库2层19万m^2，约含1000个车位及大量机动车道，其中地下一层设置了庭院并配植乔灌草，有效改善了采光、通风，满足了防泄爆等要求，其机动车道的采光、视线条件与地面相近。若将这些机动车道的布置、管理稍加改变进行社会化利用，就可为城市最为拥堵的核心区提供大量慢速交通道路。同时，多个类似的地下车库相互配合，还可能构筑规模更巨大的网络作为城市交通体系的有力补充，从而极大地缓解交通拥堵。

（2）结合建筑设计，推进城市居住区人车分层

波士顿、芝加哥等城市的实践表明①，将机动交通置于地下是解决中心区交通拥堵的有效途径之一。但利用地下空间建设机动车道的主要难点之一是造价高昂及运营不便②，而结合建筑设计进行建设则可加以有效改善。如长沙湘江世纪城居住区（图4–3）于2009年建成，总建筑面积达400多万平方米，其地下空间建筑面积近100万平方米，地下一层专作市政交通用，通过规模化

---

① 例如芝加哥pedway地下城，其总长度超过8km，利用地下通道将芝加哥市中心的50多幢大厦连通，通过建筑物、交通线将地面和地下各种空间连接为一体，大大改善了中心区的舒适度及可达性。

② 例如日本曾经于20世纪七八十年代连续发生多次地下空间火灾，加拿大蒙特利尔等也有类似案例，对于封闭的地下空间，火灾的后果显著严重于一般地面建筑。

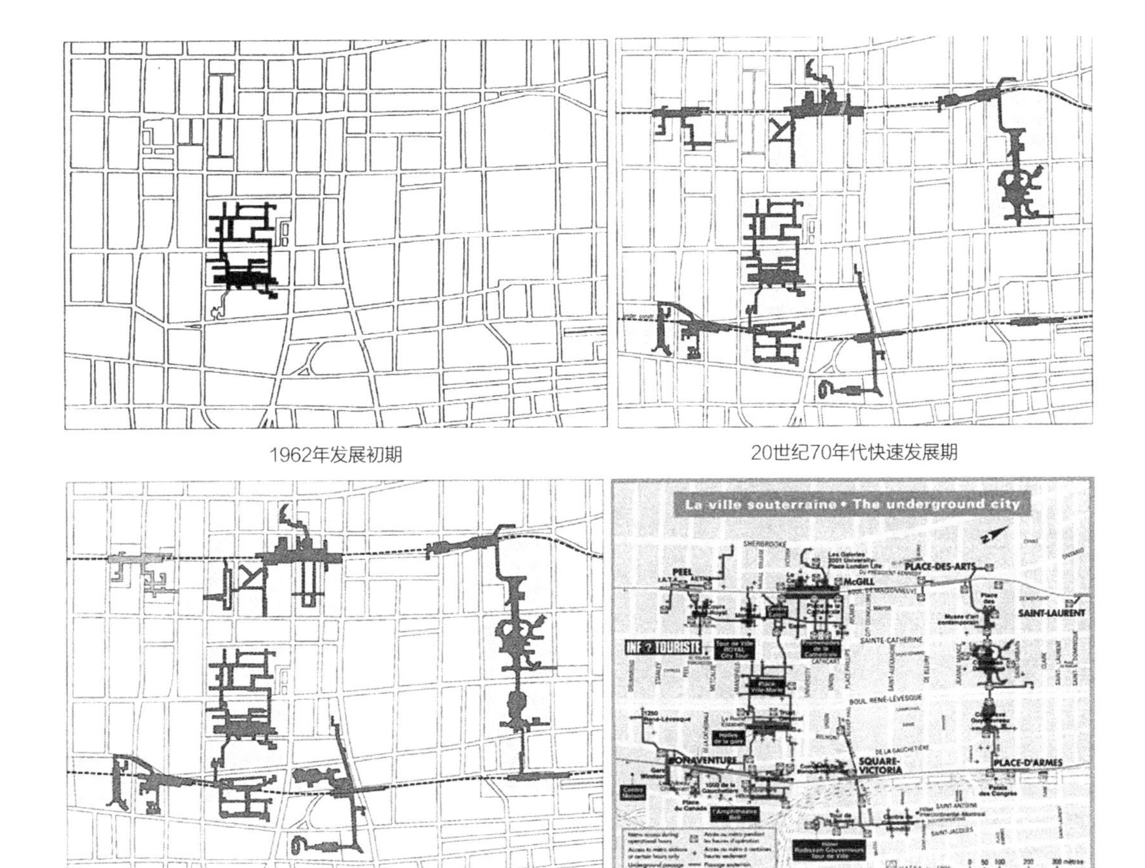

1962年发展初期　　20世纪70年代快速发展期

20世纪80年代巩固期　　2000年后成熟期

图4-1 1962—2000年蒙特利尔城市中心区地下空间演变

图片来源：胡斌，赵贵华. 蒙特利尔地下城对广州地下空间开发的启示［J］. 地下空间与工程学报，2007，3（4）：592-596.

建设，其造价显著降低。该居住区还在其地下车道上空设置大量庭院、天井等开口，改善其地下车道采光、通风条件，既大幅度降低了运营费用，又提升了行车安全。

（3）居住区地下停车位社会化，为城市中心区提供停车资源

我国城市中心区交通拥堵的原因一方面是停车难①，另一方面却是大量停车资源闲置、半闲置。以北京市西三环至西四环之间的公主坟地区为例，该地区有办公、商业、住宅等多种建筑类型。为了确保自身使用相对便利，各地下车库皆独立运行，结果造成相互孤立，停车资源大量浪费——居住小区日间停车位大量闲置，夜间则拥挤不堪甚至大量挤占城市机动车道停车。商业、办公、酒店等反之亦然（表4-1）。如能将二者皆社会化，相互利用，就可能极大地提高其利用率，缓解中心区停车难等问题。

① 笔者2012年8—9月在北京市四环内12次实际调查的结果表明，城市中心区交通耗时中约有1/4～1/3用于寻找停车位，换言之，城市中心区交通量中有相当一部分是由停车不便造成的。

图4-2　北京建外SOHO地下车库

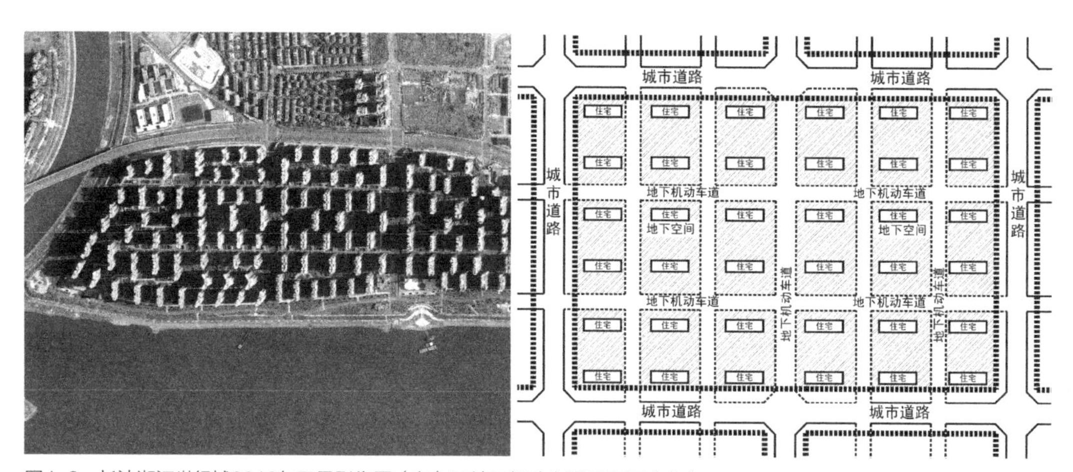

图4-3　长沙湘江世纪城2012年卫星影像图（左）及地下机动车道示意图（右）

北京市公主坟地区若干地下车库利用现状调查①　　表4-1

地下车库项目	建筑性质	地下车库停车位数量/个	下午5：00空余车位/个	上午8：00空余车位/个	上午10：00空余车位/个
紫金长安	住宅小区	727	432～501	0～12	409～601

① 调查时段为2012年8—11月的周一至周五，日期随机，数据为15次实测的平均值。

续表

地下车库项目	建筑性质	地下车库停车位数量/个	下午5：00空余车位/个	上午8：00空余车位/个	上午10：00空余车位/个
凯德商业中心	商业、办公	350	315～345	233～312	30～50
万寿宾馆	酒店	约60	12～15	11～15	46～49
寰岛博雅酒店	酒店	约90	63～75	9～12	37～44
翠微百货	综合商业	约420	46～55	46～56	35～43
天行建大厦	综合商务	约52	31～39	31～38	0～5

4.2.2 提供多种衔接模式，疏导城市中心区拥堵

如果能实现零换乘，将地铁、城铁、公交、出租车等不同客运方式的换车地点整合在一个交通枢纽，就能使乘客不出这个枢纽就能改乘其他交通工具。我国城市路网多由组团路—支路—次干道—主干道—快速路等组成，其优点是能将交通尽可能快地疏散到高等级道路上。此交通体系有利于联系城市各区，但对于短距离出行则不利，而短距离出行在城市交通中占比颇高。通过利用地下空间，在路网加密、建设微循环道路等方面构筑慢速末端，能与城市既有路网及交通保持良好的衔接，减少迂回，便于近距离出行，同时因能提供多种线路选择①，也有利于在交通拥堵的常态下有效缓解城市中心区的交通拥堵。

（1）地下交通与地面市政道路衔接

芝加哥的中心区地下道路建设表明[60]，地面交通应既可经由各地块的地下车库出入口进出地下路网，也可经由城市主干道进出（图4-4）。同时，利用多种建筑的地下空间在城市主干道间形成较为密集的慢速交通路网，通过与地面道路衔接，给出行者提供多种路径选择，可便于长、短距离出行，增强城市中心区的疏散能力。以北京市为例，四环内是其最为拥挤的地区之一，如果在三、四环路及各主次干道上做衔接，就可利用环路高架及各道路绿化带将地下道路体系与地面衔接。进入中心区后，机动车再由各个建筑出入口进出。以西三环与西四环之间的玲珑路以南、阜石路以北的区域为例（图4-5），在各地块中均增加地下车道后将形成地下路网（虚线部分），该路网在地块四周均与原有主次干道（黑色实线部分）衔接。地面道路适时增加小网格道路，与地下车库中的机动车相互配合，可进一步增强通勤能力②。

（2）地下空间开发与城市轨道交通衔接

轨道交通是城市相对可靠、有效的交通方式。只要计算好换乘时间和通过各线路的时间，就能很好地保证上下班通勤。但要充分发挥轨道交通的作用，还有赖于便捷、高效的换乘体系。如

① 一旦主干道发生拥堵，机动交通就可以选择慢速交通，绕过拥堵路段，这样就增加了路网的弹性，减少了道路交通的瓶颈。

② 如位于北京南三环的弘善家园的布局就采用了小网格，将原有城市地块以70～90m的距离切割为9个单元，各个单元周边均通行机动车。

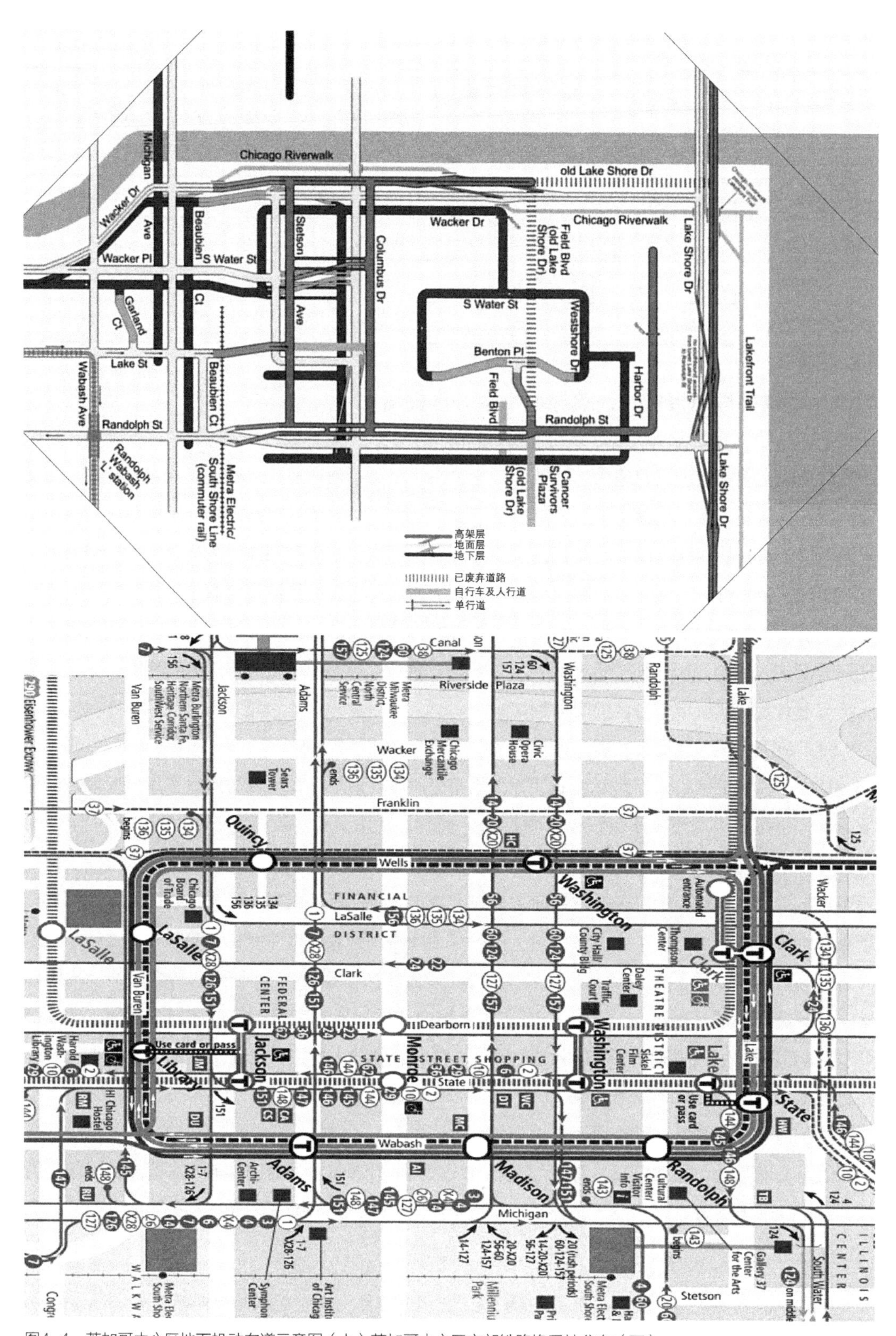

图4-4　芝加哥中心区地下机动车道示意图（上）芝加哥中心区市郊铁路换乘站分布（下）

图片来源：龚星星. 芝加哥中心区交通发展经验及启示［J］. 城市交通，2009，7（5）：49-56.

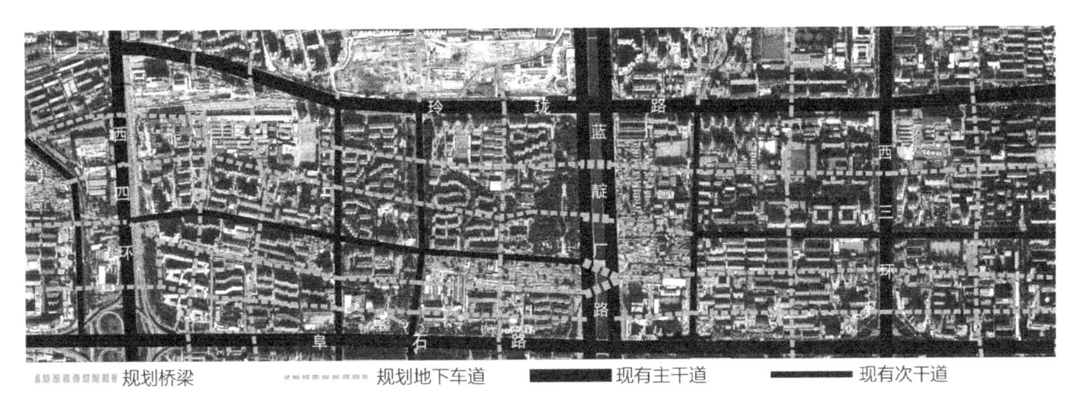

图4-5 北京西三环、西四环局部地下空间机动车道规划示意图

芝加哥就在其城市中心区的周边呈矩形设置了大量地下道路与市郊铁路的换乘站。另外，芝加哥还有一个捷运（Chicago‘L’）系统，由7条高运量铁路构成，路线总长约170km，其中约91km为高架路线，约59km为地面路线，约20km为地下路线。利用地下空间建设城市慢速交通网并结合地下车库构成行—停—换体系，使路网—停车与换乘相互配合，形成互补，有利于提高换乘效率（图4-4）。在2017年，技术狂人马斯克宣布投标芝加哥地下轨道项目，要用地下轨道运输取代出租车，这是一种类似于高速铁路的运输方式，能够在不到20分钟的时间里将乘客运送到市区。到2019年，该项目已经进入实验性建造阶段[61]。

（3）地下空间建设与CBD等重要节点衔接

CBD等是城市交通的重要节点及城市通勤的主要目的地，因此土地价格昂贵，容积率通常达到6以上，所以也往往拥有较多大规模位于地下空间的城市综合体。如加拿大蒙特利尔的地下空间中商业和办公用房就占很大比例，建筑一般均为高层、超高层。这些地下空间按照街区划分成单元，相邻单元之间用可通行机动车的管道连通。政府还在土地出让之前就将相关配套建设完成，有时这些管道还可同时通行机动车和行人，无需出入地面就可到达多种目的地，在漫长、寒冷的加拿大颇受市民欢迎。

4.2.3 在地下车库中设置多级多类道路，增强路网弹性

地下空间中虽然主要通行的是机动车，但这些车辆也有过境、出行和入库等多种情况，地下路网中的机动车道唯有采取多种级别及类型的组合，具备一定的道路密度，提供多种出行路线，才能满足不同的需求。从建设方式看，道路的形态有地下车库内的车道、随地下空间建设的配套专用地下车道、专门建设的地下车道等多种类型；从通行对象看，有不作消防车道仅供私家小汽车使用的，也有人车均通行的；从通行方式看，有单行道、单方向的，也有双向的；从级别看，有组团路、支路，也有次干道等。但立足于造价经济和有效利用则可分为两类：一类是利用地下车库中已有的车道兼作市政机动车道，同时满足地下车库停车和市政交通的要求，作为慢速机动车道使用；另一类是利用住宅、办公楼群地下空间中设置的较大宽度的道路作为市政支路，作为专用的机动车道，其通行速度较高。

4.2.4 深化城市规划，构筑地上地下一体化的交通体系

目前，大部分城市还没有进行地下空间利用规划，这对于地下空间的开发十分不利。特别是大量建设地下空间的居住区，如果彼此之间没有统一计划，难免彼此进退失据。欲利用地下空间建设的有利契机完善城市交通体系，必须把握机遇，深化城市规划，于控制性、修建性详细规划阶段在土地利用、城市设计、用地规划要点设定等方面做好相关工作。①地下互联互通，减少城市中心区交通总量。从总体规划上减少城市的必要性出行，是根本性、基础性的交通优化措施。居住区、办公区并置，形成大规模的“前店后居”，有利于就近就业，减少远距离交通出行的需求。在此模式下，通过地下空间的连通提供慢速机动交通可高效地改善城市局部区域的交通。若以20km时速和30分钟舒适性机动车出行计算，则可覆盖10km半径近300km^{2}的区域。②协调土地利用，形成带形疏散，增强城市中心区吞吐能力。为今之计，应深入研究既有城市中心区中尚存哪些可利用的地下空间并进行整体规划，其重点在两个方面：一方面，应协调好拟建的地下空间，在详细规划或城市设计阶段各个地块出让要点中确定好相互连接的管道标高、尺寸和位置。在市政道路施工时预先将公用设施以及电力、通信、给排水等基础设施建设好。另一方面，在城市主要疏散方向上将地下空间规划成带形，集中进行土地出让和开发，以尽早形成效益和示范。

4.3 居住小区地下车库社会化

自从2016年中央城市工作会议召开后，将居住区开放共享，居住区与城市协调发展，已经成为指导今后相当长一段时期居住区规划设计的方针之一。无论是居住区规划建设的“无车化”、安宁畅通还是人车分层，关键都在于居住区地下空间的社会化。因此，下面具体谈谈居住区地下空间社会化的主要特征及社会化的可行策略。

实际上，地下空间的大规模建设是我国城市化进程中极重要的一次机遇，它带来了优化城市结构、完善城市功能、增强城市可持续发展能力的契机。国际上已经把21世纪作为人类开发利用地下空间的年代加以重视，而日本已经提出，要利用地下空间的开发建设将其国土扩大数倍。城市化进程不可避免地导致了规模扩大、人口密度上升、交通量剧增，致使城市既有结构难以适应，因而常出现交通拥堵[①]。在大力发展公共交通的同时，对于居住小区，特别是城市中心区的居住小区，可在确保其基本居住品质的前提下加以统一规划、充分利用，以其地下空间分流部分城市主次干道交通，并提供大量市政机动车道和社会停车位，完善城市功能。

---

① 据笔者2010年9月、10月对北京市三、四环内30余次实际调查，由于停车位缺乏，目前城市中心区的机动交通中，约有1/3的时间和燃油消耗被用于寻找停车位。目前，北京等特大城市不得已采取了限号、大幅度提高停车费等措施来减少其中心城区的机动交通量。

4.4 传统居住区规划建设的若干特征

我国传统居住区具有分级明确、尺度较大、闹中取静等特点，其人口规模一般为3万～5万，但在某些城市地区也可能减少到1万～3万，一个居住区可分为2～3个居住小区，人口约1万，一个居住小区又可分为若干组团，人口1千～3千①。近年开发的小区同质化严重，南北方差别正在减少，并已普遍建设了地下空间用于停车②，呈现出大规模、高层化的趋势。

4.4.1 传统居住区往往具有较大尺度

在开发模式上，我国居住区常采取居住区—居住小区—组团、居住区—组团、居住小区—组团和独立组团四种方式建设。为有利于开发、节约造价③和用地④以及获得较好的居住环境，多数小区均采用较大间距的路网，形成大尺度的单一地块⑤。从世界若干城市中心区几个典型居住地块的同比例卫星影像图对比看（图4-6），巴黎约为60m×130m，东京约为60m×90m，巴西的库里蒂巴约为120m×120m，而北京约为310m×320m，其单块地块面积约为其他城市的8～15倍⑥。国外居住小区每个独立地块周边常设市政道路，因而形成更为密集、系统的路网。我国居住地块则往往尺度较大、形成大网格肌理（图4-6右）。

4.4.2 传统居住区的道路体系是通而不畅的

国外居住小区的小网格道路多为城市机动车道，主要供城市机动车通行，由于交叉口多，控制系统复杂⑦，其交通呈现慢速的特点，但由于道路网密集，所以很不容易发生堵死的情况，其交通能够保持基本通畅[62]。同时，这种道路网和其他交通方式的衔接也会顺畅很多，特别是对于城市的公共交通，更便于与自行车、行人等衔接。如东京机动车约450多万辆，但却很少有道路

---

① 数据来源于《城市居住区规划设计规范》GB 50180—93（2002年版）1.0.3条。

② 这些地下空间主要用于停车，并呈现几个特征：一是层数增加，如最近开发的太阳星城火星园等设有地下2层，局部3层；二是规模快速增大，出现了许多建筑面积几十万甚至百万平方米以上的居住区，其地下空间达几万甚至10万m^2以上，如长沙湘江世纪城等。

③ 由于当时许多土地来源于划拨，或是在单位大院中建设居住区，因此建设中建筑的安装及建筑工程费用就成为主体，而土地节约则居于次要地位。

④ 据《城市用地分类与规划建设标准》1990年版，与多层住宅相比，在Ⅴ类气候区中居住小区一级，高层建筑人均用地为10～13m^2，而多层建筑人均用地为15～22m^2，约可节约用地60%左右。

⑤ 不少城市在财政投入上有相当的困难，因此也倾向于将土地整体交由开发商代建，或由某些公司进行整体拆迁及一次开发，这也是导致居住区规模较大的原因之一。

⑥ 以上数据均来源于作者对谷歌地球中各城市中心区的居住小区卫星影像图进行的测量。

⑦ 如巴黎的市政道路，主干道、次干道是双向的，次一级道路大多数是单向的，道路上设有很多人行斑马线和交叉口，并适当设置红绿灯，这样做的主要优势是有利于人行和自行车等非机动交通方式在一定范围内通行。

被堵死的现象。其原因除东京有完善的立体交通体系外，也在于它如同毛细血管般的支路，鉴于此，东京市政府对加密城市道路非常积极，通常是在夜间交通较少的时候就在城市各处修路（图4-6左二）。相反，由于历史原因，我国居住小区的单块用地较大，并严格限制机动车过境[①]，因此机动交通不得不集中到城市主、次干道上，极易造成拥堵。将东京与北京的路网进行比较可以发现，二者在整体骨架上均为环形加放射性道路的结构，但在居住小区中则完全不同。在相同面积的居住小区中，北京平均拥有约4条16m宽的市政道路沿其周边布置，而东京则有8条7~9m宽的市政道路呈网格布局，道路面积二者基本相同，但后者对机动交通显然具有较强的适应能力（图4-6左二、右）。

4.4.3 传统居住区选址闹中取静，与城市相对隔离

由于土地制度不同，我国大陆地区的居住区规划建设与国外差别很大。同时，传统上许多购房者也有闹中取静的偏好。西方国家土地多为私有，为明晰产权、利于出售，故每一地块均努力争取通达机动车，因而尺度较小，为满足日照、视线等要求，建筑一般为低、多层。如巴西库里蒂巴的比格瑞（Bigorrilho）地区（图4-6左三），其每一地块（约120m×120m）皆争取前后（或更多面）临街，形成小网格的居住形态。虽交通便捷，但也产生了噪声、空气污染问题，并给行人带来一定安全威胁。而我国新建住宅多为高层，为提升居住品质，往往倾向于大规模、大路网及封闭管理，使其与城市隔绝，机动车难以穿越。如北京西四环的紫金长安（图4-6右）即是一个品质较高的城市中心居住小区，其用地东西向长520m，南北向390m，周边为32~42m的市政道路，约19hm^{2}的用地中不设任何市政道路。

4.4.4 传统居住区较少设地下车库

在住宅商品化初期，机动车远未普及，只要在地面安排少量地面停车位就足以满足相关要求，因此居住区普遍未设置地下车库。同时，以多层建筑为主的居住小区通常也不需要设置地下空间，为节约造价，很少建设有地下空间。但行人与机动车均位于地面，易造成流线交叉、噪声、心理、安全等干扰，故其道路往往曲折难行，以减少过境交通。随着我国城市化进程加速推进，因在居住小区中设地下车库可在不增加容积率和不减少绿地面积的前提下，通过高层化和规模化显著节地，故目前住宅已普遍向高层发展[②]。由于高层建筑结构要求有埋置深度和“满堂红”

---

① 《城市居住区规划设计规范》GB 50180—93（2002年版）8.0.1.2规定，居住区的道路规划，遵循小区内避免过境车辆穿行的原则。

② 2010年北京人均GDP超过1万美元，2019年达到2.3万美元，完全具备了地下空间快速发展的经济条件。同时北京地质条件较适宜开发地下空间，2005年7月审批通过的《北京市中心城中心地区地下空间开发利用规划（2004~2020年）》拟在现阶段开发利用浅层（-10m以上）地下空间，作为近期建设和主要城市功能布置的重点，同时积极拓展次浅层(-30m~-10m)。目前北京每年新增的地下空间就超过300万m^2，约占其总建筑面积的10%，这些地下空间大部分用于停车、交通、商业等。

图4-6 东西方4个城市典型居住小区同比例卫星影像图比较（距地均为810m）
巴黎第四区马莱斯（Le Marais）地区（左）、东京墨田区（左二）、巴西库里蒂巴比格瑞地区（左三）、北京西四环紫金长安居住小区（右）

人防，因此居住小区一般均建有一、二层地下空间①，实行人车分流，行人与机动车之间的矛盾大为减少。

4.5 在居住区地下车库的规划建设中考虑社会化

在居住区规划建设中，地下车库受到的重视还很不够，以上分析表明，由于尺度较大、道路曲折、人车分流以及地下车库的普遍建设等特征，我国居住小区大多具有较好的内部环境，但也对城市交通造成了较大影响②。这种闹中取静的做法与传统江南私家园林一脉相承[63]。如能将其地下车库的建设与西方居住区小网格的优点结合，则既能保证小区内部安静舒适，又能使其地下车库具有市政交通、停车的部分功能，就可能改进整体居住小区的内、外部环境，完善城市功能。因此，主张居住小区地下车库社会化，就是将我国居住小区环境较好、节地等优点与西方小网格市政交通能力强的特点结合，利用我国居住小区建设出现的高层化、大规模、普遍建设了地下空间等新特征，进一步挖掘其可利用的资源，并与城市交通规划建设相结合，它包括地下车库停车

---

① 如北京太阳星城居住区三期共200万m^2，均为18～30层的高层，普遍设有2层以上的地下空间。

② 在城市规模较小、机动交通量不大时，过境交通可以绕行而不增加太多时间成本，但城市规模增大后，机动交通完全依赖居住区外部道路就将导致拥堵，最终也降低了居住区的可居住性。居住区道路要“不畅”易，要“通”则难，这就是目前我国众多城市道路拥堵的根本原因之一。

时空资源的利用和地下车库部分机动车道社会化两个方面。

4.5.1　在规划中将地下车库中的空闲资源向社会开放

由于普遍缺乏在城市层面上对地下空间的统一规划，目前，居住区地下空间开发建设还存在不少盲点。从空间利用看，我国居住小区地下车库尚处于各自为政、分散管理阶段，还有很大的提升利用空间。从全天时段利用看，其使用具有明显时段特征。据对北京不同区域几个典型小区的调查，其地下车库在日间使用率较低，而在夜间则很高，日间使用率大约为夜间的30%～50%①。居住小区与工作区域是城市钟摆式交通的两端，如能将地下车库（尤其是城市中心区居住小区的地下车库）空闲车位在日间加以利用，就能为社会提供大量公共停车空间。事实上，有一些城市已经在尝试将居住区地下车库向社会开放。例如，在2016年，乌鲁木齐市七一阳光新城住宅小区地下停车场500个车位就开始向市民开放，在七一阳光生活广场原有的200个停车位饱和的情况下，允许车辆停至七一阳光新城住宅小区地下停车场。市民开车去新民路东街七一阳光生活广场看电影、泡酒吧、品美食，新增的500个停车位可满足市民的停车需求[64]。

4.5.2　将部分地下车库机动车道社会化，优化城市交通功能

在规划中应当有意识地设置若干具有市政功能的道路。居住小区地下车库中的机动车道具有一定的机动车通行能力，尤其是地下一层的机动车道更应与市政道路联系紧密。如能结合市政路网进行设计，使其兼作市政机动车道，改善其综合空间质量，提高使用的便捷性与舒适性，同时与地铁轨道交通衔接，构筑高效换乘体系，则可在原有较大网格道路的基础上增加大量小网格的市政支路，极大地强化城市交通机能。

4.6　居住区地下车库的社会化策略

综上所述，居住小区地下车库的社会化应将我国居住小区的既有特点与西方居住区小网格的优势相结合；根据城市规划布局进行统一安排、相互衔接；合理地结合市政道路网进行细部设计，并改善其出入口接驳、自然采光和通风条件以吸引机动车进入使用；同时加强管理，提高利用效率。

---

① 2011年8月、9月笔者对北京西三环万寿路某居住小区进行了调查，该小区共计384户，共计有车位132个，日间上班期间车位空余75～90个，早高峰7：00–9：00该居住小区机动车外出，傍晚6：00–8：00回，夜间车位全部占用，呈现明显的钟摆式运动规律。

4.6.1　结合小网格，形成大网络

居住区地下车库建设应当立足于两个视角，在居住区尺度中应当形成小网格，以利于社会共享；在城市层面应当适应大网格，以利于缓解交通拥堵。对于新建居住小区，可尝试结合小网格进行整体规划，如北京朝阳区的弘善家园（图4-7）就采取140m见方的网格布局，纵横两个方向均增加了多条地面机动车道，很好地改善了交通条件。如在地下车库中再设置同样数量的市政机动车道，并与周边小区地下车库相连，则可能进一步形成地面、地下一体化的综合网络。对于尺度较大的居住小区，则可在其地下车库中结合小网格设置一定数量的市政机动车道，并在城市交通的主要方向上将若干地下车库规划成带形网络并相连，形成包括主干道、次干道和小网格支路的大型网络，改善交通。

图4-7　北京朝阳区弘善家园

4.6.2　居住区建设要统一规划，居住区之间应相互衔接

对于城市，若将其交通系统比作江河水网，各种停车库就是类似洞庭湖的调蓄洪池，如果调蓄洪池规模巨大且通过水网相互连通，就能很好地适应城市交通量的波动。居住小区地下车库的最大优势与潜能，在于它能和地面、地下市政交通系统配合，将城市愈加高效地相互连通，形成网络和体系。如日本常将多种地下车库纳入城市交通系统，与地铁、公交、步行系统等整合，以便于在住区、地铁、公交、小汽车之间换乘，形成地上地下一体化、复合化的新型城市交通体系。地下车库社会化的实质就是通过地下空间将城市不同区域连接，最终在整个城市中心区内构筑一个更完善的交通、停车体系，并进一步与地铁、地下公交等多种交通方式配合，优化城市中心区的交通功能。为此必须做好居住小区私家车、社会车辆、公交、地铁等多种机动车的衔接，通过人车分流、分层，在确保居住小区环境品质的前提下充分合理地利用其地下空间。

在城市地下空间的控制性详细规划或修建性详细规划中，应确定地下车库中兼作市政支路的机动车道的位置、走线、路面标高等。确定各层地下车库的统一标高和出入口位置，以便于相互衔接。考虑到通行公共汽车和消防车，第一层地下车库的净高应为4m以上。地下二层及以下主要供小区业主停车用，日间兼用于社会停车，其净高可以降到2.2m。如瑞典马尔默市林德堡居住区的地下一层为机动车层，主要供市政公共和社会停车使用，其道路的走线与地面对应，有3条双车道，间隔5m，中间为公交车道，两边为停车场；支路则为单行道，两侧停车，车速为20～30km，目前已开始实验性建造[65]。

4.6.3 改善地下车库的采光通风，提高舒适度

传统居住区建设中，地下车库往往使用率不高，而采光通风不良，方向感、安全感低是造成机动车不愿进入的主要原因之一。如北京中关村地区规划建设了50万m^2大规模地下空间，但使用效果却不如人意。作为国内首个城市地下交通环廊，中关村西区地下环廊全长达1.9km，原规划目标是引导5000辆待停车辆改走地下，实现人车分流。为此，整个环廊建设了10个出入口与地面道路相通，共设停车位1万多个，其中公共停车位就超过2000个。但自从2007年底正式投入使用以来，该地下空间就一直陷于“叫好不叫座”的困境，地上车满为患，地下冷冷清清[66]。

地下车库建设应当注意提升其空间舒适度，不能因为地下车库为机动车所用就忽视其基本的采光、通风要求。已经有大量研究表明，由于通风不良，地下车库中普遍存在有害气体超标等问题，危害着人体健康[67]。在地下空间设置天井、庭院等景观以改善其自然采光与通风，增强空间安全感和方位感，可吸引机动交通，提升使用率。德国柏林在对其地下空间的研究中也发现，地下空间的使用率随其深度增加而显著减少，通过设置庭院等可加以改善[68]。此外，地下车库运营能耗中相当一部分是用于机械通风的电能①，设置天井、庭院改善其通风换气可极大地减少能耗，同时显著改善空气质量。如北京太阳星城金星园居住小区地下车库中设置了若干贯通2层的天井，内植以小型乔木、灌木、草地等，车库周边设高侧窗，很好地满足了地下车库的通风采光需要，其利用率明显高于同一小区的其他一般车库（图4–8）。

4.6.4 在水平及竖向规划中结合市政道路设计

居住区竖向设计对于地下空间利用极其重要，合理的标高、出入口及走线设计，可使居住小区地下一层停车库与市政道路有较好的衔接。要吸引机动车进入地下车库，就须提升其便捷性和舒适性，关键是结合市政道路进行小区平面布局和竖向设计。从出入口标高设计上看，在竖向上可通过市政道路—小区内消防车道—小区地面—地下车库等一系列标高变化，使地下车库的标高基本与市政道路持平或略低，以利于机动车进出，并利于防洪（图4–8）。在地下市政车道的走线设计上可利用建筑之间的消防间距（高层住宅之间为13m以上）设置南北向车道，而东西向则结合建筑间的绿地设置。如北京紫金长安居住小区的改造方案（图4–9左）在其地下车库的南北向上增加2条市政道路，东西向增加1条市政道路，同时保持其基本布局不变。在道路断面设计上，兼作市政机动车道的道路宜为双车道，机动车、非机动车混行，但不提供人行道。其余车库内道路可为7m双车道或5m单车道，供机动车使用。对于大规模集中连片式的居住区，则可将地下车库结合市政道路进行分层，利用地下一层的机动车道和停车位专作市政用②。如长沙湘江世

---

① 笔者对北京市中关村家乐福广场、北方工业居住区场地4教和5教、清华居住区场地医学院和万人食堂等地下车库的调查表明，为节约通风换气运行费用，相当一部分地下空间的通风设备闲置、半闲置。

② 包括公共交通和小汽车交通，用于公共交通的地下空间，应将其空间高度调整到4m净高。

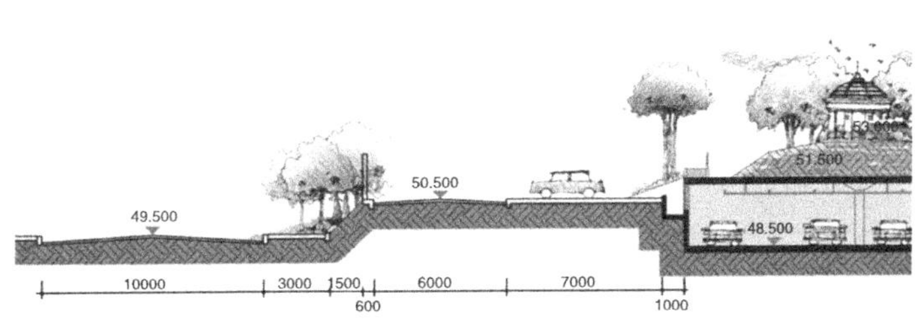

图4-8　太阳星城金星园居住小区地下车库中贯通2层的天井（左），地下车库、小区地面道路、市政道路之间的标高设计意向图（将居住小区步行区域抬高）（右）

图4-9　北京紫金长安居住小区的改造方案（左），长沙湘江世纪城居住区卫星影像图（局部）（右）

纪城居住区[①]的地下层面积近100hm^2，共5000个车位，通过设置市政交通层和地下车库，将车流全部导入地下，车库层高4.8m，可通行公共汽车，地面只设必要的消防车道（图4-9右）。

4.6.5　改善机动交通管理，提高利用率

为提高地下空间的利用率，将车位空闲时段资源用于社会停车，还要改善管理方式，其关键是将车位从固定变为不固定，以增强车位总量间的相互协调与平衡，并合理区别各种不同的人流、车流。对于居住小区的业主，其机动车应经由地下车库进入，停放在社会车位（一般设置在地下一层）或小区停车位（建议设在地下二层以下）后，通过门禁系统进入小区；对于社会车辆，应很方便地进出地下车库，同时停车后应通过楼电梯出地面或在地下直接换乘公交、地铁；而对于较大规模的居住区地下车库，则更可作为进入城市中心区公交系统的私家车换乘站，并兼作社会停车场使用。

---

① 为国内规模最大的地下空间社会化的建成项目之一，占地约1.1km^2，总建筑面积约400万m^2，商品房数量约22000套，规划入住居民数量约为7万，已全部建成。

4.7 小结

无论如何，地下空间大规模建设的时代已经到来，特别是对居住区，地下空间已经形成巨大的规模。我国正处于城市化进程的关键阶段，地下空间的大规模建设是优化城市结构、完善城市功能的有利契机。利用地下空间建设进行统筹规划，进一步挖掘地下空间停车、交通等时空资源，结合我国城市既有道路的现状特点，对有条件的城市新、旧城区的部分区域进行探索性的规划、土地出让和示范建设，对于构筑城市慢速交通网格、改善城市交通拥堵均非常重要。

5 基于“绿视率”改善居住区视觉环境

视觉生态设计是改善居住区环境质量的关键之一，也是居住区生态设计不可缺少的重要内容之一。在我国高密度城市居住区规划设计中应引入“绿视率”理论与方法，绿视率是视觉生态设计中有效、明确、可操作性较强的指标之一。在我国高密度城市居住区的规划建设中，既有必要也完全可能引入绿视率作为评价、引导指标。在居住区规划设计中采取集中与分散结合的“组团—居住区”等方式，通过减少道路占地、绿地细部自然化以及采取曲折式、短捷型的道路形态等方法，能有效提高绿视率。在居住区建筑布局、开放空间、道路形态、植物绿化等细部设计中遵循若干设计导则，可以有效提升我国高密度城市居住区的绿视率。

5.1 “绿视率”与视觉生态设计

“绿视率”系指人的视野中绿色所占的比率，这一比率约为25%时视觉最为舒适①。近年来，绿视率理论对城市居民身心健康所具有的重要意义已被多个学科所证实，并在景观规划设计中得以应用②[69]。景观设计学的创始人、纽约中央公园的设计师奥姆斯特德也认为，人不宜长期远离

① 绿视率是日本学者青木阳二1987年基于视觉心理学提出的。相关统计表明，世界上若干长寿地区的绿视率均在15%以上。

② 如日本京都市就在其城市建设中引入绿视率作为指标，并于2011年对市内37个地点进行相关评价，要求绿视率小于10%的13处要在2015年以前达标。

自然，否则就容易患上抑郁症等多种精神疾病。目前，我国尚未将绿视率作为城市环境生态评价的必要指标，但在道路设计[70]、绿视率的适宜标准、影响绿视率的主要因素等方面展开了一定的研究①。至2011年，我国城市化率已达51.27%，地级以上城市的建成区已占国土面积的6.7%，集中了29.5%的人口②，这些城市高度人工化、单一化，视觉生态质量不容乐观③。在高密度城市居住区的生态设计中，基于视觉的生态设计是其重要内容之一，而绿视率是视觉生态设计重要、直观、操作性较强的指标，引入该理论方法对居住区生态设计既必要且有意义。

5.2 结合“绿视率”进行居住区视觉生态设计

2013年4～6月，笔者对北京西三环与西四环间的恩济里、定慧里、翠微里等7个居住区进行了绿视率调查，其对象涵盖了“独立组团”“组团—居住区”“组团—居住小区”“组团—居住小区—居住区”4种主要布局方式，包含了人车混行和人车分流两种路网组织形态，囊括了高层围合式、多层行列式及多高层混合式等多种建筑布局模式（表5-1、图5-1）。

本次绿视率调查的案例汇总（各案例均与城市绿带紧邻） 表5-1

调查案例	总体布局方式	住宅高度及布局	植物构成及布局	其他概况
翠微居住区	组团—居住小区—居住区	高、多层混合式	沿道路行列式	人车混行、临金沟河绿带
恩济里居住区	组团—居住区	多层，围合式	自由式	人车混行、临蓝靛厂绿带
八里庄北里	组团—居住区	多层，围合式	沿道路行列式	人车混行、临蓝靛厂绿带
定慧里居住区	组团—居住小区—居住区	高、多层混合式	沿道路行列式	人车混行、临高压线绿带
万寿路甲15号院	小型独立组团	高、多层混合式	植乔木、乔灌草	人车分流、临金沟河绿带
铁路居住区	大型独立组团	多层行列式	沿道路行列式	人车混行、临金沟河绿带
紫金长安	大型独立组团	高层行列式	规则式、乔灌草结合	人车分流、临西四环绿带

调查显示，在高密度城市居住区的视觉生态设计中，一方面，应关注居民与绿地之间的视觉关系，结合视觉感受进行绿地及道路、开放空间的布局；另一方面，在植物种植、构成的设计中

① 如吴立蕾、黄旭东等在张家港城市道路绿地设计中对绿视率的影响因素进行了分析；赵生华等认为，绿视率小于15%时人工化的感觉突出，而大于15%能明显增加自然感受；袁菲菲等对影响绿视率的因素进行了研究，认为绿地的形状和集中度、植物的类型、绿化的形式等均对绿视率有较大影响。

② 此数据来源于国家统计局网站（www.stats.gov.cn）。

③《城市居住区规划设计规范（2006版）》《绿色建筑设计标准》等规范中并无绿视率等视觉生态内容。

应注意与居民主要活动场所、路线之间取得视觉协调。为在高密度、高容积率的城市居住区中有效提高绿视率，宜在总体规划及细部设计两方面遵循以下导则。

5.2.1 总体规划布局

所调查的7个居住区绿地率相近、规模相仿，并均紧邻城市绿带，但绿视率却相差巨大，其主要原因在于总体规划布局不同。从调查结果看，组团—居住区式往往有较高的绿视率，而多层行列式则绿视率较低（表5-2）。欲提高居住区绿视率，宜遵循以下规划导则。

本次绿视率调查（各案例均与城市绿带紧邻，除“紫金长安”外均为人车混行） 表5-2

调查案例	步行系统	开放空间	植物绿地	综合绿视率	调查概况
翠微居住区	18%	11%	10%	13%	本次调查对象均位于北京西三环与西四环间，调查时间为2013年4月、5月、6月，每个居住区均分为步行系统、开放空间、植物等三类。调查方法是，每个采样点平均45° 照相1次共计8张照片，照片按照网格法四舍五入进行绿视率计算，综合绿视率采用三类绿视率平均确定
恩济里居住区	42%	27%	30%	33%	
八里庄北里	38%	28%	24%	30%	
定慧里居住区	29%	21%	28%	26%	
万寿路甲15号院	9%	8%	11%	9%	
铁路居住区	13%	10%	9%	11%	
紫金长安	12%	17%	21%	17%	

（1）宜采用集中与分散结合的绿地系统布局

大型集中式绿地绿视率高、场所感强，其植物设计可采取围合式、行列式、孤植等多种形式，主要设置于人流聚集、可达性高的公共空间，能很好地为居民提供生态视觉场所；而分散式的绿地则适合于各级道路、住宅前后等散布开放空间，其植物多以行列式及孤植为主。居住区绿地以集中与分散结合的方式进行设置（如恩济里小区），能较好地适应住宅布局以及人行线路安排，绿视率较高（图5-1）。

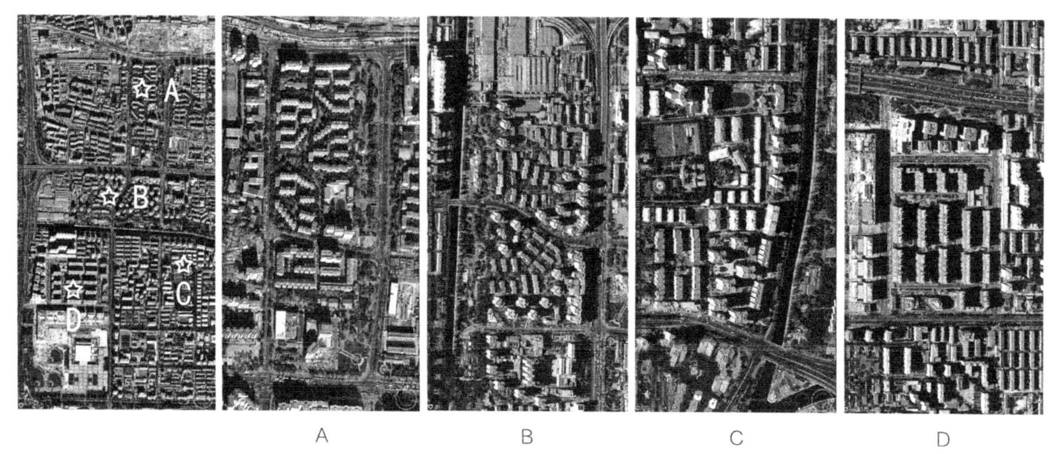

图5-1 调研案例分布：恩济里居住区（A）、定慧里居住区（B）、万寿路甲15号院5区（C）、紫金长安居住区（D）

（2）优先采用高层、低密度的建筑布局

虽然绿地率高未必绿视率也高，但没有一定的绿地率保证就很难有效提高绿视率，而采取高层、低密度的建筑布局能提高绿地率，从而有利于提高绿视率。如铁路小区与紫金长安同为行列式布局，建筑规模亦相近，但铁路小区为多层高密度行列式布局，绿地率较低，间接导致绿视率不高。而布局基本相同的紫金长安居住区则为高层低密度，绿地率较高，绿视率也显著提高（图5-2）。

图5-2　紫金长安（左上、右上）与铁路小区（左下、右下）绿视率比较

（3）减少道路占地，并优先采用小尺度、单行道的短捷路网

本次调查的7个居住区，由于总体布局不同，所采用的道路体系也各异，进而其道路所占用的土地面积相差亦颇大。以行列式与组团式对比为例，铁路小区为行列式布局，每一住宅均设若干南向出入口并与小区内部道路连接，道路多且宽，占地较大；而恩济里居住区为"组团—居住区式"布局，各组团内经由单行道向南、北两向进入各住宅单元，道路短捷，占地亦少。另外，从调查结果看，在居住区中合理设置道路的宽度亦可有效减少道路占地，从而提高绿地率。如万寿路甲15号院的道路均为宽7m的双车道，而恩济里居住区则为宽2.5m的单行道，二者道路形态类似、绿地率相近且同为地面停车，但后者绿视率较高（图5-3）。

图5-3　不同道路宽度下的绿视率比较（左上、右上为万寿路甲15号院，左下、右下为恩济里居住区）

5.2.2　细部设计方法

调查还显示，即便是总体布局相似的居住区，也可能因为道路形态、开放空间、植物布置等细部设计的不同而导致绿视率存在较大差异。如万寿路甲15号院与定慧里居住区均为多、高层混合式布局，但二者步行系统的绿视率却相差近3倍（表5-2）。从本次调查的结果看，在居住区规划中除采取适宜的总体规划外，尚应在细部设计中注意以下方面。

（1）植物结合开放空间设计

绿地率相近的居住区，其绿视率的高低主要取决于居民在开放空间中活动时与植物的视觉关系，包括视点、视线、距离、植物分布等视觉要素，并形成远、中、近景等的绿视内容。在绿地率有限的条件下，只要合理安排各种视觉要素，做好远、中、近景绿视搭配，仍可能将绿视率维持在较高水平。以植物与道路结合为例，居住区道路系统的绿视率主要受视线高度附近的植物影响，如恩济里居住区在其住宅出入口处内凹设置庭院绿化，就很好地提高了绿视率（图5-4左上）；再以植物结合广场为例，如恩济里居住区的室外健身空间用大型、低矮的乔木覆盖，同时广场尺度较小，因而绿视率极高（图5-4左下）；在绿地中植物布置方面也要注意视觉设计，如恩济里的中心绿地，其中心点片植大型乔木，而沿人行线路则行列式种植，无论从道路的哪一个视点向中心绿地看，均可形成绿视率极高的“中心—边框”式的视觉（图5-4右上、右下）。

图5-4　恩济里居住区植物与开放空间的结合

（2）道路形态设计

道路是居住区中居民极重要的活动空间，是绿视率的主要体验场所。在道路设计中首先应争取曲折的平面形态，以变换视觉、步移景异，且使其视觉焦点多集中于绿地，从而有效提高绿视率。如铁路小区与恩济里均为多层居住区，铁路小区采取的是规则式路网，不但视觉单调，且绿视率较低；而恩济里居住区中的道路多曲折，视线转换多，景观丰富，视觉焦点处往往设置绿植，绿视率高。另外，居住区如能采取人车分离的路网，则更能减少道路宽度，进一步提高绿视率（图5-5）。

（3）于细微处自然化

本次调查还发现，由于居住区中绿地极有限且常常改造①，故其绿视率设计必须重视小尺度的绿地并对其加以弥补。首先，绿地配置宜注意靠近居民的步行线路，如恩济里居住区各组团内道路原为单车道，在道路拓宽及增加停车位时注意将停车位以绿植相间，绿视率减少不多（图5-6右上）；而定慧里居住区中的绿地被辟为停车场后，在其东侧的乔灌草绿化中加入藤蔓绿化的围栏，绿视率很高（图5-6左上）。其次，要充分利用城市绿地，如恩济里居住区在紧邻城市绿地的东面设置通透的围栏，将绿地纳入居住区视野中，也是提升绿视率很有效的方法（图5-6左下、右下）。

---

① 本次调查发现，一些规划建设较早的居住区如铁路小区、恩济里居住区、万寿路甲15号院等，为了满足私家车停放的需要还在实际使用中将绿地辟为停车位，进一步减少了绿地。

图5-5 铁路小区（左上、右上）与恩济里居住区（左下、右下）的道路对比

图5-6 定慧里（左上、左下）、恩济里居住区（右上、右下）中的细部绿地

5.3 小结

（1）绿视率是视觉生态设计中有效、明确、可操作性较强的指标，在我国大力推进的绿色居住区生态建设中，有必要也完全可能引入绿视率作为评价指标。但在具体应用时还应当结合建筑、场地因素，例如在传统民居中，天空也应当纳入绿视率的范畴。

（2）采取集中与分散相结合的“组团—居住区”等方式进行规划，通过减少道路占地，采取短捷、曲折的道路等方法，能在绿地率基本不变的前提下有效提高绿视率。同时也应当注意到，绿视率不是越高越好，日本学者认为的25%左右最佳，但在实际应用时，还应当区分是城市地区还是乡村地区，总的来看，在城市地区绿视率可以适当高于25%，但在乡村地区则可以适当少于这一数值。

（3）在居住区规划设计的建筑布局、开放空间设计、道路形态选择、植物绿化等细部设计中遵循相应导则，能有效改善高密度城市居住区的视觉生态环境。

6 居住区园林绿地的生态意境设计

居住用地在城市建设用地中占比超过50%，居住区中的园林绿地是城市生态文明建设的重要载体之一。在居住区园林绿地建设中实际上是可以考虑进行生态意境创造的。这就要求立足于生态叙事、生态展示、居民参与及生态暴露等四个方面推进生态意境设计，本部分将阐述相关设计策略，主要包括：①立足居住区场地文脉，在居住区园林绿地建设中讲好“生态故事”。②把握好人和自然的界限，利用生态基础设施展示生态过程，使居民产生生态情感共鸣。在居住区园林绿地建设中展示野生动物等自然要素。③鼓励居民参与，发挥居住区地域特色，创造独特的生态意境。④顺应居住区社会化共享趋势，结合建筑布局增加居民的生态暴露。居住区园林绿地的生态意境设计对于提升公民的生态意识具有持续、深入的作用，是生态文明建设的根本之一。

2019年暴发的新型冠状病毒肺炎疫情也许与人类滥食野生动物无关[71]，但这一突发性公共卫生事件再次提醒我们，生态文明建设仍任重道远，忽视生态文明养成带来的后果，其严重性可能超过很多人的想象。要让人民过上美好生活，必须首先建设好生态文明。生态文明是人类遵循人、自然、社会和谐发展这一客观规律而取得的一切物质与精神成果的总和[72]。在生态文明建设中，居住区是城市居民生态文明养成的主阵地之一，而在居民的一生之中，大约有三分之二的时间是在居住区中度过的。与城市公园、皇家御苑、私家园林不同，居住区中的园林绿地服务于居民和城市，是可游、可观、可感的一类特殊绿地。在生态文明建设中，居住区园林绿地因其可达性高、贴近居民、影响社会等特点而具有独特优势。因此，对于生态文明建设而言，在居住区园林绿地中推进生态意境设计具有重要的意义。

生态文明的养成，很多时候并不是单纯依靠说教就能达成的，而是潜移默化的，是不自觉地发生的。城市就是一个人类自我驯化的场所，校园犹如柏拉图的“山洞”。之所以强调在居住区园林绿地中进行生态意境设计，是因为居住区园林绿地是人类自我驯化的主要场所之一，也是能提升其生态意识的主要场所之一[73]。作为生态文明的重要载体之一，居住区园林绿地具有休闲、环保、健身等多种功能。这些功能大致可分为物质和情感两个方面，其中的物质功能包括提供户外活动场所、增加近自然的体验等。其中的情感功能与生态文明密切相关。在居住区园林绿地设计中有意识地向使用者传达某种情感信息，通过生态体验诱发其产生对环境的友好、对自然的向往，就是生态意境设计[74]。居住区园林绿地的生态意境设计具有以下特点：强调场所感，注重对使用者潜移默化的情感唤醒；强调使用者的主观感受，主张通过使用者的精神活动，借助其生态体验增强生态意识；以展示自然世界的生态美为核心内容[75]。因此，利用生态意境设计，居住区园林绿地可增加居民的生态体验，提升其生态意识，推进生态文明[76]。

古代时，在我国大陆地区，一些文人士大夫在营建房屋时很追求意境的创造，强调“意在笔先”。其典型例子应当属以苏州园林为代表的江南私家园林，这些私家园林往往出自艺术家之手，林宅合一，是在人口密集和缺乏自然风光的城市中，人类依恋自然、追求与自然和谐相处、美化和完善自身居住环境的一种创造，其设计非常重视对心灵的陶冶①。“对古典园林意境的感知，是借由园林的景物所体现的思想境界，进而感化人的器官、打动人的心灵而产生的结果。首先这种能感化和打动人的园林景物，应该有很高的艺术水准。也就是说，景观艺术水平要达到一定层次，才能产生超出景物以外所表达的精神境界。其次，对这种境界的理解、感知要由有一定文化水平、文化修养的人来体现”。因此，作为人最主要的生活场所之一，居住区园林绿地与城市公园、私家园林的使命有所不同，在居住区园林绿地中应进行生态意境创造，呼应生态文明的时代背景，注重设计的思想境界，并将这一思想境界有效传播，被居民接受，进而与居民的生态修养形成良性互动。

经过改革开放40多年的发展，我国在经济上取得了巨大的成功，但同时也导致人们容易忽视生态环境保护，在居住区规划建设中也有不少表现。居住区园林绿地“千城一面”，完全不顾地域性特征，一味追求高端大气，崇洋媚外的风气、大草坪等伪生态做法也不时出现。改革开放以来，我国的发展观从“发展就是硬道理”演变到“边发边治理”再到“绿水青山就是金山银山”，经历了一个逐步走向生态文明的过程。在这一大背景下，居住区园林绿地的生态意境设计就显得紧迫而有意义。而要创造具有生态意境的居住区园林绿地，可以从文化传承、空间布局、场所体验以及生态暴露等方面入手。

---

① 引自：丁绍刚. 景观意象论：探索当代中国风景园林对传统意境论传承的途径［J］. 中国园林，2011，27(01)：42-45. 该文提出，园林意境的主要方法有象征与隐喻，象形与转意，点景的借鉴，人格化意境的传承，意象符号的创造，中国式空间与氛围的营造，历史、典故、传说的运用，地域特征与精神的提炼，传统风水的科学运用，传统与现代内在关联性的探寻等10种。

6.1 基于居住区场地文化积淀进行生态叙事

在2000年前后一段时期内，我国主张“边发展边治理”，虽然取得了经济建设的巨大成就，但也酿成了滇池污染、雾霾加剧等重大环境问题。针对我国城市建设中环境问题日益突出，功利主义思潮在社会肆意蔓延的现状[77]，居住区园林绿地的生态意境设计应基于场地的历史信息，结合场地的基本条件进行生态叙事。在设计中重视空间的组织，确保这些空间形成合理的序列，反映既定的生态主题，或展示特定生态过程。

6.1.1 立足于居住区场所文化，延续场地生态叙事

为什么会出现上述这些错误的做法呢？其原因是深层次的。实际上，当前，我国环境保护面临的许多困境，都与国民生态意识不强密切相关。例如，一项问卷调查发现，78%的武汉市民喜欢市政府大院中那种“干净的大草坪”，不喜欢近自然的荒野公园[78]，而“大草坪”正是城市生态学中的“绿色沙漠”。没有正确的生态意识，生态文明就无从谈起。国民生态境界之低下，严重阻碍了生态文明进步，已经到了必须改变的时刻。王国维先生认为，我国古代文化十分强调“境界”，还提出了造境、有我之境、无我之境等概念[79]。没有良好的生态文明作为发展的根本，取得的许多成就都不安全、不牢固。居住区园林绿地的审美之所以也强调生态“境界”，首先，是因为居住区场地的文化传统中往往包含着丰富的生态内涵，并且可以具体物化；其次，是因为居住区场地具有一定的规模，绿地率较高，绿地面积较大，其园林较容易创造出生态意境；再次，是因为居住区场地居民对新事物容易接受，对生态意境有追求；最后，是因为居住区园林绿地可以为周围市民共享，利用居住区园林绿地进行生态教育可以事半功倍。例如，厦门水晶湖郡居住区，由于当地有悠久的红砖文化，因此该居住区就在中心绿地中建了一座利用红砖制作的雕塑，延续了当地的文化传统（图6-1）。

6.1.2 突出特定主题的生态叙事

生态意境设计需要“讲故事”，要有故事情节，要有故事主线。通过设计将居住区园林绿地建设中某些有意义的生态主题予以展示，能让使用者直接获得更聚焦、更独特的生态体验。例如，生态文明强调人与自然的和谐共生，这也可以作为居住区园林绿地“天人合一”生态意境的主题。这一主题下有野生动物保护、生物多样性维护、污染物减排与治理等多个小主题①。在建

---

① 例如成都的活水公园，就是将污水净化过程作为主题，向市民展示了如何通过沉淀、暴气、生物塘床等方法将污水一步步净化，最终重新“活”过来的整个过程，其日处理污水能力为300吨，是整个成都市的“绿肺”之一。

图6-1 厦门市水晶湖郡居住区中的红砖雕塑

设中可以展示其中的某一小主题，既能够让居住区园林绿地有自身特点，又能够使其具有生态、教育、休闲等多种功能。

6.2 展示生态过程，激发生态情感

一切的美都来源于自然界，自然界的生态过程本身就具有高度的美感。在园林绿地设计中，意境是景观审美的终极目标，景观审美包括感知、情感、理解、联想和想象五大基本心理要素[80]。国画大师李可染先生也认为“意境就是景与情的结合”[81]。在具体的生态意境创造中，景与情、居住区园林绿地二者缺一不可。在建设中，如果把某些社会大众关注度较高的特定生态过程通过景观、空间、园林设施等予以展示，则可以显著唤起居民的生态情感，使其产生强烈的生态共鸣，进而营造浓浓的生态意境[82]。特别是对于城市这一特殊的生态系统，其生态过程和自然界很不一样，其中的一些生态过程（例如污水净化、野生动物繁衍等）非常适合于在居住区场地中展示。

6.2.1 展示野生动物的生存及繁衍

当前，居住区规划建设正在从粗放式的量的增加逐步过渡到精细化的量和质同步提高的阶段。在这一阶段，展示生态美，表现生态文明的主题应当成为城市居住区园林绿地建设的原则之一。其中，合理保护和展示野生动物的生态和繁衍，可以为居民提供大量接触自然、了解野生动

物的机会，有助于生态文明习惯养成。例如，新型冠状病毒肺炎疫情的发生让一些人对野生动物过度敏感，甚至有人提出将野生动物从城市中驱逐出去。虽然城市环境是高度人工化的，但野生动物仍然是城市景观中不可缺少的一部分，如果人类缺乏正确的态度和方法对待它们，这对于城市生态系统的健康将是致命的。我国台湾东海岸的一座大学校园中有一片自然保护区。当师生在大学校园里行走时，就可以在草坪上看到环颈雉，但是人抓不到它们，因为再往前走一点就是保护区，有围栏。这就是一个人与动物之间的缓冲地带[83]。“中等干扰假说”①认为，野生动物的生存和繁衍受到人的巨大影响，这一影响对城市生态系统既有利也有弊，若是生态文明程度高，则可能实现人与野生动物和谐相处，生物多样性保持稳定，反之则不然。如果城市中野生动物减少到一定程度，生物多样性降低到难以维持，则城市生态系统有可能不稳定，甚至发生难以预计的生态灾难，城市也难以可持续健康发展。实际上，在国外一些城市中经常可以见到野生动物，给野生动物留出生存和繁衍的空间，为野生动物过马路让道等做法也不鲜见。2020年新型冠状病毒肺炎疫情期间，由于人类大部分居家隔离，澳大利亚、新西兰、美国、德国、巴西、智利等国家的城市里大量出现了美洲豹、麋鹿、郊狼等野生动物，也许它们在说：“哦，人类终于消失啦。”和国外相比，我国大陆地区的城市中很难见到野生动物，而居住区园林绿地建设可在一定程度上改变这一现状。居住区园林绿地可以向居民正确展示如何与野生动物相处。例如，可以展示如何隔离人工干扰，为野生动物提供栖息地，为其生存和繁衍留出足够、安全的空间。在具体的居住区园林绿地设计中，可以利用景观序列，选择适宜于展示的生态过程，构筑视、听、体验和参与的多维度生态意境。

6.2.2 利用城市生态基础设施，展示生态演变过程

一些居住区中往往规划建设了城市的水系、绿带等生态基础设施，这里所谓的生态基础设施（ecological infrastructure，简称EI）一词最早见于1984年联合国教科文组织的“人与生物圈计划”（MAB），主要指自然景观及腹地对城市的持久支持能力。欧洲及北美的许多城市都在开展生态基础设施建设，以遏制人工基础设施建设对自然系统的破坏。例如，交通设施往往容易导致城市景观破碎化、栖息地丧失等，生态基础设施主张对人工基础设施采取生态化的设计和改造，以维护自然过程和促进生态功能恢复[84]。城市生态基础设施是城市所依赖的自然系统，是城市及其居民持续获得自然生态服务的保障和基础，这些生态服务包括提供新鲜空气、食物、体育场所、休闲娱乐、安全庇护以及审美和教育等[85]。

---

① 由美国学者J. H.Connell于1978年提出，认为生态系统处于中等程度干扰时，其物种多样性最高；而过于频繁的干扰，会使其栖息地不稳定，不利于处于演替后期的要求较稳定生境的种类生存；同样，干扰程度太低时，又不利于处于演替前期的种类生存。

6.3 鼓励居民参与，增强主观体验

居民是建筑园林绿地的使用者，生态意境设计是否成功，关键在于居民是否喜欢，愿不愿意体验。意境的本质在于“象外之象，景外之景”，是在与接受者的对话交流中产生的[86]。在这些对话中，看不如做，参与优于旁观，体验胜过观察。生态体验是使用者感受建成环境生态意境的主要途径，是一种人类最优的生存发展模式，其主要内容是营造体验场所、参与体验活动、优化生态位、开放式对话和反思性理论提升等[87]。营造具有生态意境的建成环境是展示城市生态美的最高层次，也是生态体验的必备条件[88]。居住区园林绿地建设中的生态体验主要立足于使用者的主观感受，包括视觉、听觉和感悟三部分。其中视觉体验是主要内容，但听觉体验则往往更具效果，而感悟则需要使用者思想浸入。一般认为使用者在场所中获得信息的主要来源为视觉，约占80%以上，但听觉体验则常常能达到较高的体验层次，最后则可能基于视觉和听觉促使使用者产生感悟[89]。

同济大学刘悦来博士在上海88个社区中推广“社区花园”，通过社区的组织，由专业的景观设计师、业主、青少年学生、环境保护志愿者多方参与，让居民参与建设、维护社区绿地，这在城市建设已经到达存量发展的阶段，对于提高居民生态意识无疑具有重要意义（图6–2）。

图6-2 上海社区花园

6.3.1 营造小环境的生态意境

对于城市而言，居住区的尺度并不大，并且由于住宅是一种生活型的建筑，其尺度往往接近人，因此小环境比较多。实际上，并非只有规模较大的居住区园林绿地才可能创造出良好的生态意境。一些尺度较小但与建筑临近的园林，由于可达性高、使用人群较大，也很有必要进行生态意境设计。正如计成所说：“轩楹高爽，窗户虚邻，纳千顷之汪洋，收四时之烂漫。”[90]在厦门市集美区的棕榈城居住区，其中心绿地利用地形高差使绿地高出地面2～4m，形成仰视的效果，虽然场地本身的尺度较小，但显著地突出了自然要素，似乎暗示着尊重自然、保护环境的意境（图6–3）。这一案例说明，居住区场地往往包含着很多类型的要素，或具有某些历史文脉，如果能巧妙地利用环境生态要素，就可以创造出强烈的生态意境。

图6-3 厦门棕榈城居住区的中心绿地

6.4 结合建筑设计，增加生态暴露

所谓“生态暴露”，指的是人置身于美好的环境中的量。生态暴露越充分，人的生态意识可能就越能得到提升。由于居住区人数众多，建筑密度及使用率较高，为了获得良好的生态意境，居住区园林绿地建设必须结合建筑设计，将生态美在多维度、多时空中最大限度地暴露给使用者，以愉悦其身心，激发其情感，进而潜移默化地提升其生态意识[91]。

6.4.1 结合场地设计，将自然引入居住区

设计师如何处理居住区场地，将会影响到居住区园林绿地的生态意境。例如崔恺先生在松山湖园区设计中不使用挡土墙，完全以自然的坡度设计道路，给使用者强烈的尊重自然、敬畏自然的体验。居住区生态意境设计的关键之一，是处理好园林与建筑的关系，其中最重要的是利用住宅所处的场地构筑生态意境。当然，居住区场地未必都环境优美，但每个居住区都有其环境的特殊性，通过巧妙的设计利用好这些环境要素，就可能创造出较强的生态意境。居住区园林绿地是居民日常使用率最高的开放空间，其可达性较强，使用效果普遍较好，居民暴露在优美环境中的机会也较多。在具体的建筑布局中，为使居民在日常生活中能尽可能多地接触自然、陶冶身心，在居住区场地设计中宜采取围合式布局，将园林置于建筑中心，或穿插于建筑内外。

6.4.2 促进社会化共享，增加市民生态体验

将来的居住区将会越来越多地社会化，将会向社会开放、共享。居住区园林绿地的规划建设也要立足于社会化共享。正如2016年习近平总书记在中央城市工作会议上提出，要树立密路网、小街区的城市道路布局理念，不再建设封闭式大院，对已建成的单位大院要逐步打开，实现内部道路社会化，改善交通路网，促进土地节约利用。这就明确指出了居住区规划建设的发展方向。因此，居住区园林绿地建设也应当立足于为全体市民服务，向社会开放，促进全民共享。习近平总书记2017年在十九大报告中进一步提出，要坚定不移地贯彻创新、协调、绿色、开放、共享的发展理念，其中的"共享理念"，就是要让发展成果更多地惠及每个人，坚持共享发展，必须坚持发展为了人民、发展依靠人民、发展成果由人民共享。在我国大陆地区，居住区用地很大，其中有不少园林绿地具有很高的艺术品质，从共享理念看，作为城市生态系统的重要组成部分，居住区园林绿地也应当和城市共享，使生态文明成果惠及更多人。

6.5 小结

在居住区生态设计中应当注意到，当前生态文明建设的主要困难之一，是社会大众的生态意识亟待提升。生态设计并不是简单的技术问题，如果将生态设计看作一个木桶，那么其中的短板是生态文明。而生态文明的养成中，居住区可以发挥更大的作用。为此，居住区园林绿地建设应将生态意境设计作为主要内容之一，这对于生态文明建设具有重要意义：一是在居住区园林绿地建设中，规模大小不是最重要的，只有依托居住区场地的历史信息，利用场地环境的特点，才能构建一定的生态意境，才可以潜移默化地提升居民的生态意识。二是利用各种场地要素引起居民的情感共鸣，这是居住区园林绿地生态意境设计的高级阶段，鼓励居民参与、展示野生动物栖息和繁衍等，有利于引发生态情感，是有效提升生态意境的主要方法。三是顺应居住区社会化趋势，共建、共享居住区园林绿地，有利于充分、广泛、持续地展示生态美。

参考文献

[1] 李强. 从邻里单位到新城市主义社区：美国社区规划模式变迁探究[J]. 世界建筑，2006(07)：92-94.

[2] 兰梅婷. 新城市主义居住社区理论的适应性探索：以武汉南湖住区为例[J]. 中华建设，2015(07)：74-75.

[3] 刘悦来，寇怀云. 上海社区花园参与式空间微更新微治理策略探索[J]. 中国园林，2019，35(12)：5-11.

[4] 宋媛媛. 常态社会化住区新型养老模式初探[D]. 天津：天津大学，2006.

[5] 吴云. 关于旧居住区改造问题的研究[J]. 居

舍，2019（29）：189.

[6] 陈惠芳，关瑞明. 居住区道路规划可否人车兼顾？[J]. 建筑学报，2006（04）：22-24.

[7] 边扬，郝萌. 国外典型城市自行车发展经验研究[J]. 交通工程，2019，19（S1）：1-4，20.

[8] 2018年中国小汽车保有量首次突破2亿辆[EB/OL].（2019-01-11）. https://baijiahao.baidu.com/s?id=1622339664306943210&wfr=spider&for=pc.

[9] 金俊，沈毅晗，雍玉洁，等. 我国城郊大型居住区功能复合探析：以万科良渚文化村为例[J]. 建筑学报，2014（02）：28-31.

[10] 胡雅岚. 既有居住区动、静态交通测评分析[D]. 北京：北京交通大学，2011.

[11] 城市居住区规划设计规范：GB 50180—2018[S]. 北京：中国建筑工业出版社，2018.

[12] 汉平，新声. 骄傲山水文园荣获全球金奖“绿色奥斯卡”：记加拿大LVC国际投资集团北京山水文园[J]. 黄埔，2009（01）：65.

[13] 北京社科院称北京人上班平均需要45分钟[EB/OL].（2011-10-23）. http://roll.sohu.com/20111023/n323117485.shtml.

[14] 北京居民平均每日工作时间较20年前少27分钟[EB/OL].（2017-07-19）. https://www.sohu.com/a/158292032_123753.

[15] 周焕云，黄飞，丁建明，等. 基于交通特性的居住区空间模式比较研究[J]. 规划师，2012（S2）：26-29.

[16] 凯尔博，钱睿，王茵. 论三种城市主义形态：新城市主义、日常都市主义与后都市主义[J]. 建筑学报，2014（01）：74-81.

[17] 李靖源. 居住区复合功能空间景观设计研究：以北京百旺府永丰嘉园景观改造为例[J]. 建筑与文化，2016（06）：196-197.

[18] 吴正旺，韩宇婷，单海楠. 从“通而不畅”走向“人车分离”[J]. 华中建筑，2015（08）：73-76.

[19] 北京市停车资源普查报告发布，城镇地区停车位总量382万[EB/OL].（2017-09-01）. https://www.sohu.com/a/168759528_492534.

[20] 2018年北京市机动车保有量将控制在610万辆以内[EB/OL].（2018-01-12）. https://www.sohu.com/a/216129428_123753.

[21] 王岩慧. 绿道理论在北京居住区规划设计中的应用研究[D]. 北京：北方工业大学，2016.

[22] 赵希. 城市居住区停车位配建标准研究[J]. 城市住宅，2016（07）：57-59.

[23] 陈燕萍，卜蓉. 对居住区交通规划指导模式的反思[J]. 建筑学报，2002（08）：10-11.

[24] 束煜，张明是，王剑，等. 基于社会公平的城乡基础设施规划与建设的思考：上海市节能型半地下车库实践和推行的规划机制研究[C]//中国城市规划学会，贵阳市人民政府. 新常态 传承与变革：2015中国城市规划年会论文集（02城市工程规划）. 中国城市规划学会，贵阳市人民政府，2015：9.

[25] 吴正旺，杨鑫，王晓博. 居住小区地下车库社会化的思考[J]. 建筑学报，2012（08）：96-99.

[26] 长沙建国内最深地下立体停车库 40米“深井”可停173台车[EB/OL].（2016-07-13）. https://baike.baidu.com/reference/19832748/026f1aFgTT0_JP0jujcOmXq3s89ofc-nVDpT9iZomnRzsjlCKxWdtTIz4ylBnJw7jIneJtd2lw2mWzTzs3EsDO2sxTWxqkITYA.

[27] 刘少才. 日本古城旧街老区停车有道[J]. 中华建设，2011（01）：66-68.

[28] 北京市建筑设计院恩济里小区规划设计组. 为实现小康居住水平而努力：北京恩济里小区规划设计实践[J]. 建筑学报，1994（04）：8-13.

[29] 王丽方. 取消日照间距政策 节约土地资源[J]. 团结，2007（04）：43-44.

[30] 吴正旺，吴彦强. 利用“镜面反射”增加日照、节能减排的实验[J]. 建筑学报，2017（04）：91-94.

[31] 吴正旺，吴彦强. 利用“镜面反射”减少日照间距并节能节地的可行性论证. 华中建筑，2016（11）：58-61.

[32] 黄建坤，黄石松. 人居环境的创造：从恩济里到龙泽苑的实践[J]. 北京规划建设，

1999（04）：42-45.

[33] 杨雪. 城市大型居住区居民出行特征分析与公交调度优化研究［D］. 北京：北京交通大学，2011.

[34] 陈燕萍. 城市交通问题的治本之路：公共交通社区与公共交通导向的城市土地利用形态［J］. 城市规划，2000（03）：10-14，64.

[35] 中国自行车保有量近4亿 世界第一 还是自行车王国！［EB/OL］.（2019-11-24）. https://baijiahao.baidu.com/s?id=1651057560186525037&wfr=spider&for=pc.

[36] 刘立钧，苏丹. 基于居住结构视角下的天津市自行车出行特征研究：以华苑居住区为例［J］. 天津城建居住区场地学报，2016，22（04）：248-253，277.

[37] 苏毅，王轩，王晗. 哥本哈根单车指数对北京自行车交通的评价［J］. 北京规划建设，2020（02）：83-87.

[38] 马乐. 绿色交通理念下的交通运输规划探讨［J］. 智能城市，2020，6（05）：129-130.

[39] 刘梦薇. 哥本哈根的绿色交通［J］. 北京规划建设，2013（05）：57-62.

[40] 高帆. 摩拜单车，优化配置资源的“钥匙”［N］. 解放日报，2016-09-13（014）.

[41] 王雪雪. 城市道路交叉口信息化数据质量评价体系研究［C］//中国智能交通协会. 第十四届中国智能交通年会论文集（2）. 中国智能交通协会，2019：7.

[42] 马浩翔，欧阳桦. 浅析居住区开放性设计策略［J］. 智能建筑与智慧城市，2020（03）：67，70.

[43] 田颖. 北京老城区居住区经济活力布局及影响因素解析［J］. 北京规划建设，2020（01）：36-40.

[44] 陈燕萍，卜蓉. 对居住区交通规划指导模式的反思［J］. 建筑学报，2002（08）：10-11.

[45] 侯战方，岳东霞，杜建括，等. 1995—2005中国城市化与城市人口密度变化分析［J］. 地球科学，2009（5）：1-7.

[46] 陈燕萍，卜蓉. 对居住区交通规划指导模式的反思［J］. 建筑学报，2002（08）：10-11.

[47] 王冬冬. 居住区交通安宁化探讨及在我国的应用建议［C］//中国城市规划学会，沈阳市人民政府. 规划60年 成就与挑战：2016中国城市规划年会论文集（05城市交通规划）. 中国城市规划学会，沈阳市人民政府，2016：7.

[48] 张茜. 路权共享导向的老旧社区交通安宁化策略研究：以长沙市咸嘉新村社区为例［C］//中国城市规划学会，杭州市人民政府. 共享与品质：2018中国城市规划年会论文集（06城市交通规划）. 中国城市规划学会，杭州市人民政府，中国城市规划学会，2018：913-921.

[49] 卓健. 历史文化街区保护中的交通安宁化［J］. 城市规划学刊，2014（04）：71-79.

[50] 郭城，张播.《城市居住区规划设计规范》使用中的若干问题［J］. 城市规划，2003（08）：84-85.

[51] 中华人民共和国2019年国民经济和社会发展统计公报［EB/OL］.（2020-02-28）. http://www.stats.gov.cn/tjsj/zxfb/202002/t20200228_1728913.html.

[52] 深圳拟编制重点片区地下空间详细规划［EB/OL］.（2019-12-25）. https://dc.sznews.com/content/2019-12/25/content_22730107.htm.

[53] 童林旭. 地下空间与未来城市［J］. 地下空间与工程学报，2005（03）：323-328.

[54] 姜佳怡，戴菲，章俊华. 以提升空间热度为导向的上海花木—龙阳路绿道选线及优化研究［J］. 中国园林，2020，36（01）：70-74.

[55] 郭继孚，刘莹，余柳. 对中国大城市交通拥堵问题的认识［J］. 城市交通，2011（02）：8-14，6.

[56] 佚名. 为实现小康居住水平而努力：北京恩济里小区规划设计实践［J］. 建筑学报，1994（04）：8-13.

[57] 陈志元. 美国城市公园生态设计实践：以纽约高线公园为例［J］. 城市建筑，2014（06）：214，216.

[58] 住建部发布《城市地下空间开发利用“十三五”

规划》[EB/OL].(2016-06-24). http://www.chinacem.com.cn/xhdt/2016-06/212286.html.
[59] 图解七座国际都市 | 北京私家车出行率最高，道路网密度最低[EB/OL].(2018-02-11). https://www.sohu.com/a/222228086_260616.
[60] 龚星星. 芝加哥中心区交通发展经验及启示[J]. 城市交通，2009，7(5)：49-56.
[61] 马斯克的地下高速公路，真的要实现了！[EB/OL].(2018-06-19). https://www.sohu.com/a/236516777_308613.
[62] 杨东援，韩皓. 道路交通规划建设与城市形态演变关系分析：以东京道路为例[J]. 城市规划汇刊，2001(4)：47-51.
[63] 胡沁怡，徐明阳，富诗语，等. 从苏州园林探究"生态美"原则[J]. 居舍，2019(19)：8，32.
[64] 七一阳光新城住宅小区地下停车场500个车位向市民开放[EB/OL].(2016-08-25). https://www.sohu.com/a/111974567_478926.
[65] 童林旭，祝文君. 城市地下空间资源评估与开发利用规划[M]. 北京：中国建筑工业出版社，2009.
[66] 中关村西街地下环廊为啥没人爱走[EB/OL].(2011-07-26). http://news.ifeng.com/c/7fa3MVwnm4i.
[67] 李若岚，李博洋，张振伟，等. 地下车库空气中一氧化碳污染状况分析与控制对策[J]. 环境卫生学杂志，2013，3(03)：211-213，217.
[68] BOBYLEV N，Underground space in the Alexanderplatz area，Berlin：research into the quantification of urban underground space use[J]. Tunnelling and underground space technology，2010(25)：495-507.
[69] 田梦. 城市道路绿化模式与绿视率的关系探讨：以重庆市为例[D]. 重庆：西南大学，2011.
[70] 吴立蕾. 基于绿视率的城市道路绿地设计研究[D]. 上海：上海交通大学，2008.
[71] 刘昌孝，伊秀林，王玉丽，等. 认识新冠病毒(SARS-COV-2)，探讨抗病毒药物研发策略[J]. 药物评价研究，2020，43(03)：361-371.
[72] 俞可平. 科学发展观与生态文明[J]. 马克思主义与现实，2005(04)：4-5.
[73] 赵秀芳，苏宝梅. 生态文明视域下高校生态教育的思考[J]. 中国高教研究，2011(04)：66-68.
[74] 刘丛红，邹德侬. 生态·场所·意境：国外景观设计作品的启示[J]. 世界建筑，2005(06)：80-82.
[75] 刘惊铎. 道德体验论[D]. 南京：南京师范大学，2002.
[76] 庄逸苏，潘云鹤. 论居住区园林绿地[J]. 建筑学报，2003(06)：7-9.
[77] 周光迅，吴晓飞. 创建绿色居住区场地的现状和展望[J]. 高等教育研究，2018，39(08)：1-6.
[78] 陈涛，张旭阳，李鹏宇，等. 武汉地区绿地对热环境的影响[J]. 地理空间信息，2014，12(02)：53-55，8.
[79] 邹维娜. 景观意境的研究[D]. 武汉：华中农业大学，2004.
[80] 王福兴. 试论中国古典园林意境的表现手法[J]. 中国园林，2004(06)：46-47.
[81] 杨辛，甘霖. 美学原理. 北京：北京大学出版社，1985.
[82] 刘惊铎. 生态体验德育的实践形态[J]. 教育研究，2010(12)：90-93.
[83] 自然|城市里的野生动物有哪些？人类如何与它们和谐相处？[EB/OL].(2018-09-20). https://www.sohu.com/a/193430533_456025.
[84] 刘海龙，李迪华，韩西丽. 生态基础设施概念及其研究进展综述[J]. 城市规划，2005(09)：70-75.
[85] 李锋，王如松，赵丹. 基于生态系统服务的城市生态基础设施：现状、问题与展望[J]. 生态学报，2014，34(01)：190-200.
[86] 金荷仙. 寺庙园林意境的表现手法[J]. 中国园林，1998(06)：28-30.

[87] 刘惊铎. 道德体验论[D]. 南京：南京师范大学，2002.
[88] 赵杰，徐苏宁. 城市化进程下城市生态美的意境创造[C]//中国城市规划学会，生态文明视角下的城乡规划：2008中国城市规划年会论文集. 中国城市规划学会，2008：9.
[89] 韩绪. 看不见围墙的城堡：基于视觉感知下的城市美学与城市规划思考[J]. 新美术，2013(11)：73-77.
[90] 叶朗. 说意境[J]. 文艺研究，1998(01)：16-21.
[91] 龚忠玲. 谈女书视觉形态中蕴涵的原生态情感[J]. 华章，2013(28)：84.

附录

附录A

调研居住小区概况表

序号	居住区名称	周边绿道	区域	位置	建筑布局形式	建设年代	建筑层高及组成	容积率	绿化率	居住区交通方式	地下停车
1	紫金长安	四环路绿地、五棵松奥林匹克文化公园	海淀区	三至四环	混合式	2006	板楼、高层	3.7	49%	人车分流	有
2	定慧西里	永定河绿道	海淀区	三至四环	混合式	1990	板楼、塔楼、多层	2.83	35%	人车混行	—
3	定慧东里	永定河绿道	海淀区	三至四环	混合式	1992	板楼、塔楼、多层、小高层	—	30%	人车混行	—
4	恩济里小区	恩济东街社区绿道	海淀区	三至四环	周边式	1994	板楼、塔楼、多层、高层	1.36	30%	人车混行（小区内采用机动车单循环）	—
5	西八里庄北里	恩济东街绿道、玲珑公园	海淀区	三至四环	周边式	1996	板楼、多层、高层	2.5	30%	人车混行	—
6	万柳星标家园（碧水云天）	长春健身园、巴沟山水园	海淀区	三至四环	混合式	2003	板楼塔楼、多层、小高层、高层	4.74	35%	人车分流（部分）	有
7	光大水墨风景	长春健身园、巴沟山水园	海淀区	三至四环	周边式	2005	板楼、小高层	2.4	30%	人车分流（部分）	有
8	蜂鸟社区	长春健身园、巴沟山水园	海淀区	三至四环	周边式	2004	板楼、小高层、高层	2.77	31%	人车混行规模小，设有停车楼	—
9	康桥水郡	长春健身园、巴沟山水园	海淀区	三至四环	周边式	2004	板楼、小高层	4.22	35%	人车分流（部分）	有
10	蓝靛厂晴雪园	四环路绿地、居住区内部带状绿地梦之园	海淀区	三至四环	行列式	2004	板楼、小高层	1.7	48%	人车分流	有
11	蓝靛厂观山园	四环路绿地、居住区内部带状绿地梦之园	海淀区	三至四环	行列式	2004	板楼、小高层	1.7	45%	人车分流	有
12	蓝靛厂春荫园	四环路绿地、居住区内部带状绿地梦之园	海淀区	三至四环	行列式	2004	板楼、小高层、高层	2.2	48%	人车分流	有

续表

序号	居住区名称	周边绿道	区域	位置	建筑布局形式	建设年代	建筑层高及组成	容积率	绿化率	居住区交通方式	地下停车
13	蓝靛厂晴波园	四环路绿地、居住区内部带状绿地梦之园	海淀区	三至四环	行列式	2004	板楼、塔楼、高层	2.5	45%	人车分流	有
14	蓝靛烟树雪园	四环路绿地、居住区内部带状绿地梦之园	海淀区	三至四环	自由式	2001	塔楼、小高层	2.2	35%	人车分流	有
15	颐和园新建宫门21号	三山五园、绿道	海淀区	四至五环	行列式	1995	板楼、低层、多层	1.2	40%	人车混行	—
16	北坞嘉园	三山五园绿道、玉泉公园	海淀区	四至五环	行列式	2010	板楼、多层	—	40%	人车混行	有
17	万寿路甲15号院五区	沿河社区绿道	海淀区	三至四环	自由式	1998	板楼、塔楼、多层、高层	—	40%	人车分流	有
18	八宝庄	蓝靛厂南路滨水绿道	海淀区	三至四环	行列式	1990	塔楼、高层	2.2	12%	人车混行	—
19	翠微北里	永定河绿道	海淀区	三至四环	自由式	1999	板楼、塔楼、多层、高层	—	30%	人车混行设有步行道，但易受干扰和占用	有
20	颐源居	永定河绿道、玉渊潭公园	海淀区	三至四环	混合式	2001	板楼、塔楼、高层	2.8	40%	人车分流	有
21	观澜国际花园	蓝靛厂南路滨水绿道	海淀区	三至四环	自由式	2003	5幢弧形板楼	2.2	45%	人车分流	有
22	曙光花园望河园	蓝靛厂南路滨水绿道	海淀区	三至四环	自由式	2004	板楼、高层	2.1	37%	人车混行	—
23	曙光花园望山园	蓝靛厂南路滨水绿道	海淀区	三至四环	自由式	2001	塔楼、高层	—	35%	人车分流	有
24	曙光花园智业园	蓝靛厂南路滨水绿道	海淀区	三至四环	—	2001	板楼、塔楼、高层	4.3	37%	人车分流	—
25	西钓鱼台庄园	蓝靛厂南路滨水绿道	海淀区	三至四环	周边式	1997	板楼	1.8	33%	人车混行	有
26	长昆名居	南长河公园社区绿道	海淀区	三至四环	混合式	2000	塔楼、高层	2.5	40%	人车混行	有
27	车道沟10号院	南长河公园社区绿道	海淀区	三至四环	混合式	1993	板楼、塔楼、多层	2.3	38%	人车混行	有
28	半壁街南路1号院	南长河公园社区绿道	海淀区	三至四环	混合式	2000	板楼、塔楼、高层	2	34%	人车混行	—

续表

序号	居住区名称	周边绿道	区域	位置	建筑布局形式	建设年代	建筑层高及组成	容积率	绿化率	居住区交通方式	地下停车
29	汇景阁公寓	南长河公园社区绿道	海淀区	三至四环		2000	板楼、高层	3.2	35%	人车分流	—
30	车道沟东路4号院	南长河公园社区绿道	海淀区	三至四环	混合式	1985	板楼、多层	3.2	36%	人车混行	—
31	华澳中心公寓	南长河公园社区绿道	海淀区	三至四环	自由式	2000	塔楼、高层	—	35%	人车分流	有
32	美林花园	南长河公园社区绿道	海淀区	三至四环	行列式	2001	塔楼、高层	—	41%	人车分流	有
33	厂洼西街10号院	南长河公园社区绿道	海淀区	三至四环	周边式	2000	板楼、多层	2.8	40%	人车混行	—
34	厂洼街7号院	南长河公园社区绿道	海淀区	三至四环	周边式	2000	板楼、多层	4	40%	人车混行	—
35	鸭子桥北里	环二环绿道	西城区	二环外	混合式	1998	板楼、塔楼、多层	4.1	36%	人车混行	—
36	鸭子桥南里	环二环绿道			混合式					人车混行	—
37	鹏润家园	环二环绿道	西城区	二环外	自由式	2003	塔楼、高层	5.6	40%	人车分流	有
38	天伦北里小区	环二环绿道	西城区	二环外	混合式	2004	塔楼、高层	2.5	33%	人车混行	—
39	白菜湾社区	环二环绿道	西城区	二环外	周边式	2001	板楼、多层	2	25%	人车混行	—
40	白菜湾四巷17号院	环二环绿道	西城区	二环外	混合式	2000	板楼、多层	2.8	33%	人车混行	—
41	立恒名苑	环二环绿道	西城区	二环外	混合式	2002	塔楼、高层	—	35%	人车混行	有
42	天宁寺东里	环二环绿道	西城区	二环外	行列式	1990	板楼、多层	3.5	30%	人车混行	—
43	新居东里	环二环绿道	西城区	二环外	行列式	1983	板楼、多层	2.8	33%	人车混行	—
44	中国水科院南小区	环二环绿道	海淀区	二环至三环	混合式	1985	板楼、多层	—	40%	人车混行	有
45	茂林居	环二环绿道	海淀区	二环至三环	混合式	1981	板楼、高层	3	30%	人车混行	—
46	西便门西里小区	环二环绿道	西城区	二环至三环	混合式	1986	板楼、塔楼、小高层、高层	—	30%	人车混行	—

续表

序号	居住区名称	周边绿道	区域	位置	建筑布局形式	建设年代	建筑层高及组成	容积率	绿化率	居住区交通方式	地下停车
47	汽北小区	环二环绿道	西城区	二环至三环	混合式	1992	板楼、高层	—	30%	人车混行（部分）	有
48	汽南小区	环二环绿道	西城区	二环至三环	混合式	1990	板楼、多层	—	30%	人车混行	—
49	国兴观湖国际	姚家园路带状绿地	朝阳区	四至五环	混合式	2006	塔楼、高层	3.5	45%	人车分流	有
50	泛海国际碧海园	姚家园路带状绿地	朝阳区	四至五环	行列式	2008	板楼、高层	2.3	35%	人车分流	有
51	泛海国际香海园	姚家园路带状绿地	朝阳区	四至五环	行列式	2008	板楼、高层	2.3	35%	人车分流	有
52	紫萝园	姚家园路带状绿地	朝阳区	四至五环	自由式	2002	塔楼、高层	3.1	30%	人车混行	—
53	御翠尚府	姚家园路带状绿地	朝阳区	四至五环	行列式	2012	板楼、多层	1.5	30%	人车分流	有
54	石佛营西里	姚家园路带状绿地	朝阳区	四至五环	混合式	2000	板楼、塔楼、多层	2.8	30%	人车混行	—
55	石佛营东里	姚家园路带状绿地	朝阳区	四至五环	混合式	1998	塔楼、板楼、多层	2	30%	人车混行	—
56	澳林春天	奥森公园	朝阳区	四至五环	行列式	2003	板楼、小高层	2.5	34%	人车分行（部分）	有

附录B

开放现状居住区居民意愿问卷调查表

性别：男　女

年龄：18岁以下　18～30岁　30～50岁　50岁以上

职业：生产技术　加工制造　金融销售　服务娱乐　政治　科研设计
教育培训　行政文秘　自由职业

教育程度：初中及以下　高中　大学

1. 您日常出行有没有因为街区的封闭造成绕行才能到达目的地的情况？
A. 有　B. 没有

2. 您所在的小区是封闭的还是开放的？
A. 开放　B. 封闭

3. 现在将您所在的小区对外开放您愿意吗？（如果第2题中选择开放则此题不做）
A. 愿意　B. 不愿意

4. 您所在小区的会所、活动中心、体育健身设施等对外开放吗？
A. 开放　B. 不开放

5. 您所在小区周边日常生活购物方便吗？
A. 方便　B. 一般　C. 不方便

6. 您所在小区周边人口活力高吗？
A. 高　B. 较高　C. 一般　D. 较低　E. 低

7. 您所在小区距离您上班地点远吗？
A. 远　B. 较远　C. 一般　D. 较近　E. 近

8. 您现居住的小区邻里关系怎么样？日常交往多吗？
A. 多　B. 较多　C. 一般　D. 较少　E. 少

9. 小区开放会给业主带来的问题中您最担心的是什么？（多选，可选择2～4个选项）
A. 小区内部住户的安全无法保证　B. 小区内部环境遭到破坏
C. 社会车辆穿越小区对业主有交通安全隐患　D. 外来车辆会占用小区内的停车位
E. 外来人群会影响小区内居民的正常生活　F. 小区业主的权益受到侵害

10. 您觉得小区开放能给社会带来哪些好处？
A. 缓解城市交通拥堵　B. 增加小区内部的活力
C. 促进商业繁荣　D. 使小区内部的公共服务设施得到充分利用　E. 促进邻里交往

11. 在保证居住环境不受影响的情况下，打开您的小区，并给您一定的金钱补偿，您愿意吗？
A. 愿意　B. 不愿意

12. 如果在您的小区内新建一些商业，将这些商业用房所有权分给各个业主，商业用房的收益也分给各个业主您愿意吗？前提条件是开放小区。
A. 愿意　B. 不愿意

13. 您对开放现有小区的其他意见和建议。

附录C

居住区街区化改造适宜性评价因子评语调查表

性别：男/女
年龄：10-20岁、20-30岁、30-40岁、40-50岁、50-60岁、60岁以上
职业：生产技术、加工制造、金融销售、服务娱乐、政治、科研设计、教育培训、行政文秘、自由职业
出行目的：上班、休闲游玩、购物、接送人、走亲访友、吃饭

评价指标	V1	V2	V3	V4	V5
开放路网密度（街区尺度）U11	高	较高	一般	较低	低
通过该街区到达目的地绕行距离U12	远	较远	一般	较近	近
小区内白天停车位利用率及周边公共停车位的使用情况U13	高	较高	一般	较低	低
小区功能混合度U21	高	较高	一般	较低	低
环境舒适度U22	高	较高	一般	较低	低
交往空间U23	高	较高	一般	较低	低
人文活动（人际关系阶层、邻里交往活动）U24	好	较好	一般	较差	差
街道空间环境（高宽比、沿街界面风貌、贴线率）U31	高	较高	一般	较低	低
小区内肌理与周边契合度U32	高	较高	一般	较低	低
住区边界空间U33	好	较好	一般	较差	差

附录D

居住区街区化改造适宜性评价因子评语集计算表

因子权重计算表

因子权重计算表1

A	B	C	D	E	F	G	H	I	J	K	L	M	N
1		交通	活力	风貌	公服	C*D*E*F	4√G	WI	AWI	AWI/WI	CI	RI	CR
2	交通	1	3	5	4	60.000	2.783	0.541	2.220	4.100	0.037	0.890	0.042
3	活力	1/3	1	3	2	2.000	1.189	0.231	0.942	4.070			
4	风貌	1/5	1/3	1	1/3	0.022	0.386	0.075	0.311	4.144			
5	公服	1/4	1/2	3	1	0.375	0.783	0.152	0.629	4.129			
6							5.141			4.111			

因子权重计算表2

A	B	C	D	E	F	G	H	I	J	K	L	M	N
1		交通	活力	风貌	公服	C*D*E*F	4√G	WI	AWI	AWI/WI	CI	RI	CR
2	交通	1	4	6	4	96.000	3.130	0.579	2.389	4.125	0.032	0.890	0.036
3	活力	1/4	1	4	1	1.000	1.000	0.185	0.756	4.086			
4	风貌	1/6	1/4	1	1/3	0.014	0.343	0.064	0.264	4.152			
5	公服	1/4	1	3	1	0.750	0.931	0.172	0.693	4.022			
6							5.404			4.096			

因子权重计算表3

A	B	C	D	E	F	G	H	I	J	K	L	M	N
1		交通	活力	风貌	公服	C*D*E*F	4√G	WI	AWI	AWI/WI	CI	RI	CR
2	交通	1	3	7	5	105.000	3.201	0.567	2.338	4.120	0.062	0.890	0.070
3	活力	1/3	1	4	3	4.000	1.414	0.251	1.040	4.148			
4	风貌	1/7	1/4	1	1/4	0.009	0.307	0.054	0.230	4.222			
5	公服	1/5	1/3	4	1	0.267	0.719	0.127	0.542	4.258			
6							5.641			4.187			

因子权重计算表4

A	B	C	D	E	F	G	H	I	J	K	L	M	N
1		交通	活力	风貌	公服	C*D*E*F	4√G	WI	AWI	AWI/WI	CI	RI	CR
2	交通	1	4	6	5	120.000	3.310	0.586	2.493	4.254	0.081	0.890	0.091
3	活力	1/4	1	5	2	2.500	1.257	0.223	0.932	4.186			
4	风貌	1/5	1/5	1	1/3	0.013	0.340	0.060	0.266	4.414			
5	公服	1/5	1/2	3	1	0.300	0.740	0.131	0.540	4.121			
6							5.647			4.244			

交通子因子权重计算表

交通子因子权重计算表1

A	B	C	D	E	F	G	H	I	J	K	L	M
1		密度	绕行	停车	C*D*E	3√F	WI	AWI	AWI/WI	CI	RI	CR
2	密度	1	2	5	10.000	2.154	0.582	1.747	3.004	0.002	0.580	0.003
3	绕行	1/2	1	3	1.500	1.145	0.309	0.928	3.004			
4	停车	1/5	1/3	1	0.067	0.405	0.109	0.329	3.004			
5						3.705			3.004			

交通子因子权重计算表2

A	B	C	D	E	F	G	H	I	J	K	L	M
1		密度	绕行	停车	C*D*E	3√F	WI	AWI	AWI/WI	CI	RI	CR
2	密度	1	3	6	18.000	2.621	0.644	1.967	3.054	0.027	0.580	0.046
3	绕行	1/3	1	4	1.333	1.101	0.271	0.826	3.054			
4	停车	1/6	1/4	1	0.042	0.347	0.085	0.260	3.054			
5						4.068			3.054			

交通子因子权重计算表3

A	B	C	D	E	F	G	H	I	J	K	L	M
1		密度	绕行	停车	C*D*E	3√F	WI	AWI	AWI/WI	CI	RI	CR
2	密度	1	1/2	3	1.500	1.145	0.309	0.928	3.004	0.002	0.580	0.003

续表

A	B	C	D	E	F	G	H	I	J	K	L	M
3	绕行	2	1	5	10.000	2.154	0.582	1.747	3.004			
4	停车	1/3	1/5	1	0.067	0.405	0.109	0.329	3.004			
5						3.705			3.004			

交通子因子权重计算表4

A	B	C	D	E	F	G	H	I	J	K	L	M
1		密度	绕行	停车	C*D*E	3√F	WI	AWI	AWI/WI	CI	RI	CR
2	密度	1	1/3	5	1.667	1.186	0.287	0.889	3.094	0.047	0.580	0.081
3	绕行	3	1	6	18.000	2.621	0.635	1.964	3.094			
4	停车	1/5	1/6	1	0.033	0.322	0.078	0.241	3.094			
5						4.128			3.094			

活力子因子权重计算表

活力子因子权重计算表 1

A	B	C	D	E	F	G	H	I	J	K	L	M	N
1		混合	环境	交往	人文	C*D*E*F	4√G	WI	AWI	AWI/WI	CI	RI	CR
2	混合	1	5	3	4	60.000	2.783	0.523	2.215	4.239	0.063	0.890	0.071
3	环境	1/5	1	1/5	1/3	0.013	0.340	0.064	0.269	4.212			
4	交往	1/3	5	1	3	5.000	1.495	0.281	1.172	4.175			
5	人文	1/4	3	1/3	1	0.250	0.707	0.133	0.548	4.131			
6							5.325			4.189			

活力子因子权重计算表2

A	B	C	D	E	F	G	H	I	J	K	L	M	N
1		混合	环境	交往	人文	C*D*E*F	4√G	WI	AWI	AWI/WI	CI	RI	CR
2	混合	1	4	2	3	24.000	2.213	0.444	1.853	4.175	0.049	0.890	0.055
3	环境	1/4	1	1/5	1/3	0.017	0.359	0.072	0.300	4.166			
4	交往	1/2	5	1	3	7.500	1.655	0.332	1.371	4.132			
5	人文	1/3	3	1/3	1	0.333	0.760	0.152	0.627	4.116			
6							4.987			4.147			

活力子因子权重计算表3

A	B	C	D	E	F	G	H	I	J	K	L	M	N
1		混合	环境	交往	人文	C*D*E*F	4√G	WI	AWI	AWI/WI	CI	RI	CR
2	混合	1	6	4	3	72.000	2.913	0.535	2.238	4.180	0.049	0.890	0.055
3	环境	1/6	1	1/3	1/5	0.011	0.325	0.060	0.247	4.142			
4	交往	1/4	3	1	1/3	0.250	0.707	0.130	0.535	4.112			
5	人文	1/3	5	3	1	5.000	1.495	0.275	1.142	4.154			
6							5.440			4.147			

活力子因子权重计算表4

A	B	C	D	E	F	G	H	I	J	K	L	M	N
1		混合	环境	交往	人文	C*D*E*F	4√G	WI	AWI	AWI/WI	CI	RI	CR
2	混合	1	3	1/4	1/2	0.375	0.783	0.150	0.614	4.083	0.039	0.890	0.044
3	环境	1/3	1	1/5	1/4	0.017	0.359	0.069	0.288	4.164			
4	交往	4	5	1	3	60.000	2.783	0.535	2.219	4.148			
5	人文	2	4	1/3	1	2.667	1.278	0.246	1.001	4.075			
6							5.203			4.118			

风貌子因子权重计算表

风貌子因子权重计算表1

A	B	C	D	E	F	G	H	I	J	K	L	M
1		空间	肌理	边界	C*D*E	3√F	WI	AWI	AWI/WI	CI	RI	CR
2	空间	1	3	1/3	1.000	1.000	0.258	0.785	3.039	0.019	0.580	0.033
3	肌理	1/3	1	1/5	0.067	0.405	0.105	0.318	3.039			
4	边界	3	5	1	15.000	2.466	0.637	1.935	3.039			
5						3.872			3.039			

风貌子因子权重计算表 2

A	B	C	D	E	F	G	H	I	J	K	L	M
1		空间	肌理	边界	C*D*E	3√F	WI	AWI	AWI/WI	CI	RI	CR
2	空间	1	4	1/2	2.000	1.260	0.333	1.007	3.025	0.012	0.580	0.021

续表

A	B	C	D	E	F	G	H	I	J	K	L	M
3	肌理	1/4	1	1/5	0.050	0.368	0.097	0.295	3.025			
4	边界	2	5	1	10.000	2.154	0.570	1.723	3.025			
5						3.783			3.025			

风貌子因子权重计算表3

A	B	C	D	E	F	G	H	I	J	K	L	M
1		空间	肌理	边界	C*D*E	3√F	WI	AWI	AWI/WI	CI	RI	CR
2	空间	1	5	1/3	1.667	1.186	0.287	0.889	3.094	0.047	0.580	0.081
3	肌理	1/5	1	1/6	0.033	0.322	0.078	0.241	3.094			
4	边界	3	6	1	18.000	2.621	0.635	1.964	3.094			
5						4.128			3.094			

风貌子因子权重计算表4

A	B	C	D	E	F	G	H	I	J	K	L	M
1		空间	肌理	边界	C*D*E	3√F	WI	AWI	AWI/WI	CI	RI	CR
2	空间	1	4	1/3	1.333	1.101	0.280	0.863	3.086	0.043	0.580	0.074
3	肌理	1/4	1	1/5	0.050	0.368	0.094	0.289	3.086			
4	边界	3	5	1	15.000	2.466	0.627	1.934	3.086			
5						3.935			3.086			

公服子因子权重计算表

公服子因子权重计算表1

A	B	C	D	E	F	G	H	I	J	K
1		布局	丰富	C*D	2√E	WI	AWI	AWI/WI	CI	RI
2	布局	1	5	5.000	2.236	0.833	1.667	2.000	2.000	0.000
3	丰富	1/5	1	0.200	0.447	0.167	0.333	2.000		
4					2.683			4.000		

公服子因子权重计算表2

A	B	C	D	E	F	G	H	I	J	K
1		布局	丰富	C*D	2√E	WI	AWI	AWI/WI	CI	RI
2	布局	1	4	4.000	2.000	0.800	1.600	2.000	2.000	0.000
3	丰富	1/4	1	0.250	0.500	0.200	0.400	2.000		
4					2.500			4.000		

公服子因子权重计算表3

A	B	C	D	E	F	G	H	I	J	K
1		布局	丰富	C*D	2√E	WI	AWI	AWI/WI	CI	RI
2	布局	1	1/2	0.5	0.707	0.333	0.667	2.000	2.000	0.000
3	丰富	2	1	2	1.414	0.667	1.333	2.000		
4					2.121			4.000		

公服子因子权重计算表4

A	B	C	D	E	F	G	H	I	J	K
1		布局	丰富	C*D	2√E	WI	AWI	AWI/WI	CI	RI
2	布局	1	3	3.000	1.732	0.750	1.500	2.000	2.000	0.000
3	丰富	1/3	1	0.333	0.577	0.250	0.500	2.000		
4					2.309			4.000